普通高等院校“十四五”计算机类专业系列教材

计算机科学导论

主　编　杜小甫　刘鹤丹　付　爽

副主编　郭一晶　曾党泉　白书平

陈晓凌　黄凤英

内容简介

本书着重培养学生的“计算思维”能力，力图使读者通过学习本书，对计算机科学建立起初步而全面的了解。全书共分 12 章，内容主要包括计算机科学基本概念、数制与信息编码、计算机硬件组成、操作系统基础、程序设计与软件开发基础、网络与信息安全基础、数据库应用基础、Office 办公软件应用和计算机科学前沿展望等。

本书兼具基础性、前沿性和应用性，在普及计算机科学基本原理的同时，介绍近年来计算机学科发展的前沿成果，同时又着重培养学生的应用实践能力。

本书适合作为普通高校信息大类“计算机导论”课程的教材，也可以作为计算机专业学习者的入门自学教材。

图书在版编目（CIP）数据

计算机科学导论/杜小甫，刘鹤丹，付爽主编.—北京：中国铁道出版社有限公司，2022.8（2024.7 重印）
普通高等院校“十四五”计算机类专业系列教材
ISBN 978-7-113-29353-6

Ⅰ.①计… Ⅱ.①杜… ②刘… ③付… Ⅲ.①计算机科学-高等学校-教材 Ⅳ.①TP3

中国版本图书馆 CIP 数据核字（2022）第 111179 号

书　名：计算机科学导论
作　者：杜小甫　刘鹤丹　付　爽

策　划：贾　星　　编辑部电话：（010）63549501
责任编辑：贾　星　贾淑媛
封面设计：刘　颖
责任校对：焦桂荣
责任印制：樊启鹏

出版发行：中国铁道出版社有限公司（100054，北京市西城区右安门西街 8 号）
网　址：https://www.tdpress.com/51eds/
印　刷：北京铭成印刷有限公司
版　次：2022 年 8 月第 1 版　2024 年 7 月第 4 次印刷
开　本：787 mm×1 092 mm 1/16　印张：23.25　字数：624 千
书　号：ISBN 978-7-113-29353-6
定　价：60.00 元

前　言

近年来，经历着第三次工业革命和第四次工业革命的大潮洗礼，人类已经全面进入了信息时代，以计算机为代表的信息技术已经成为人类的基础生产力。信息技术深刻地影响着其他一切行业的基本运行模式，计算机技术已渗透到各行各业，“计算思维”也成为大学教育的重要基础组成部分。无论哪个专业，都有必要掌握“计算思维”，了解计算机技术在各自学科领域中的应用技术。“计算思维”也成为了继“实验思维”和“理论思维”之后的第三种基本科学思维方法。

本书落实立德树人根本任务，践行二十大报告精神，充分认识党的二十大报告提出的“实施科教兴国战略，强化现代人才建设支撑”的精神，落实“加强教材建设和管理”新要求。在编写过程中以通俗易懂、紧跟科技前沿为宗旨，期望能够适应学生的需求，贴合教学目标。在内容组织上强调计算思维能力的培养，将计算思维能力的训练融入计算机专业完整的教学体系中，从而实现计算机导论课程的教学改革。本书的主要特色如下：

- 着重对计算机基础理论知识进行讲解和介绍。
- 力求通过深入浅出的语言风格，讲授计算机和计算思维之间相互支撑和相互制约的关系。
- 突出介绍计算机科学与技术发展的最新技术和成果，将其融入课程内容中。
- 将“计算思维”的新理念贯穿始终，达到提升计算机专业能力的教学目的。
- 将理论知识和实际应用相结合，让学生清楚地了解计算机擅长哪些方面、计算机能做什么、如何利用计算机来解决实际问题。

本书共分 12 章，内容主要包括计算机科学的基本概念、数制与信息编码、计算机硬件组成、操作系统基础、程序设计与软件工程基础、计算机网络与信息安全基础、数据库应用基础、Office 办公软件应用和计算机科学前沿展望等。

本书的编者都是多年从事大学计算机专业教学的一线教师，在各自从事的专业领域具有丰富的教学经验。各章节中有很多素材，也经历了多年的一线教学实践的检验。本书由杜小甫、刘鹤丹、付爽任主编，由郭一晶、曾党泉、白书平、陈晓凌、黄凤英任副主编。具体编写分工如下：第 1 章、第 5 章由杜小甫编写，第 2 章由陈晓凌编写，第 3 章由白书平编写，第 4 章、第 8 章由付爽编写，第 6 章由郭一晶编写，第 7 章、第 10 章、第 11 章由刘鹤丹编写，第 9 章由黄凤英编写，第 12 章由曾党泉编写。刘鹤丹、付爽参与全书各章节修改及编校工作，全书由杜小甫统稿和定稿。

由于编者水平有限，加上时间仓促，书中难免会存在疏漏和不足之处，恳请广大读者批评指正。勘误信息请发送到电子邮箱 duerfu@163.com。

编　者

2023 年 7 月

目　　录

第 1 章　计算机科学概述 1
1.1　计算机发展历史 1
1.1.1　第一台电子计算机 1
1.1.2　电子计算机的发展 2
1.1.3　微型计算机的发展 2
1.1.4　计算机的未来发展 4
1.2　计算机的特点及分类 5
1.2.1　计算机的特点 5
1.2.2　计算机的分类 6
1.3　冯·诺依曼体系计算机 8
1.3.1　基本概念 8
1.3.2　当代计算机基本硬件结构 9
1.3.3　当代计算机的基本软件结构 10
1.3.4　操作系统 10
1.3.5　数据库管理系统 11
1.3.6　语言处理程序 12
1.3.7　应用软件 12
1.4　计算机的应用领域 13
1.5　计算思维 14
1.5.1　“计算思维”的基本概念 14
1.5.2　“计算思维”的特征 14
1.5.3　“计算思维”的要素 15
本章小结 17
习题 17
第 2 章　数制与信息编码 18
2.1　数制的基本概念 18
2.1.1　“模拟”和“数字” 18
2.1.2　数制系统 19
2.2　数制转换 19
2.2.1　常见数制 19
2.2.2　R 进制数转换为十进制数 21
2.2.3　十进制数转换为 R 进制数 21
2.2.4　二进制数与八进制、十六进制数之间的转换 23
2.3　整数的机内表示 23
2.3.1　有符号整数和无符号整数 23
2.3.2　原码、反码、补码 24

2.3.3 基本的整数运算 27
2.4 小数的机内表示 29
2.4.1 定点表示法 29
2.4.2 浮点表示法 30
2.5 字符的机内表示 30
2.5.1 ASCII 码 31
2.5.2 汉字编码 32
2.5.3 统一编码字符集 34
2.6 其他信息的机内表示 34
2.6.1 图像信息编码 35
2.6.2 声音信息编码 36
2.6.3 视频信息编码 38
本章小结 39
习题 40
第 3 章 计算机硬件组成 41
3.1 计算机硬件的三个子系统 41
3.1.1 计算机硬件系统的组成 41
3.1.2 计算机的工作原理 43
3.1.3 计算机组成部件的三个子系统 43
3.2 中央处理单元和指令执行 43
3.2.1 中央处理单元 44
3.2.2 指令执行 46
3.3 存储子系统 48
3.3.1 主存储器 48
3.3.2 辅助存储器 50
3.3.3 主存储器与辅助存储器的区别 53
3.3.4 主存储器与寄存器和高速缓冲存储器的比较 54
3.4 输入/输出子系统 54
3.4.1 输入设备 54
3.4.2 输出设备 56
3.5 三个子系统互连 58
3.5.1 通过总线实现 CPU 和主存储器的连接 58
3.5.2 通过接口实现 I/O 设备的连接 58
3.5.3 微型计算机子系统互连设备——主板 59
本章小结 61
习题 61
第 4 章 操作系统基础 62
4.1 操作系统的概念和发展历史 62
4.1.1 操作系统的概念 62
4.1.2 操作系统发展历史 63
4.2 操作系统基础 64

4.2.1 用户界面 64
4.2.2 内存管理器 64
4.2.3 进程管理器 65
4.2.4 设备管理器 66
4.2.5 文件管理器 66
4.3 主流操作系统介绍 67
4.3.1 DOS 67
4.3.2 Windows 67
4.3.3 Linux 68
4.3.4 UNIX 68
4.3.5 Mac OS 69
4.3.6 国产操作系统介绍 69
4.4 Windows 10 操作系统 70
4.4.1 桌面及其设置 70
4.4.2 账户与设置 73
4.4.3 程序与文件管理 77
4.4.4 管理文件和文件夹 81
4.4.5 磁盘和设备管理 86
本章小结 96
习题 96
第 5 章 程序设计基础 98
5.1 程序设计的基本概念 98
5.2 程序设计语言的发展历史和种类 98
5.3 程序基本结构 100
5.4 程序开发基础 102
5.4.1 Scratch 介绍 102
5.4.2 顺序结构程序 104
5.4.3 选择结构程序 107
5.4.4 循环结构程序 108
5.4.5 一个完整的小游戏 108
5.5 常用算法介绍 110
5.5.1 算法基础 110
5.5.2 算法流程图 112
5.5.3 排序算法 113
5.6 常用数据结构介绍 114
5.6.1 数据结构基础 114
5.6.2 数组基础 115
本章小结 116
习题 116
第 6 章 软件工程基础 117
6.1 软件生存周期 117

6.1.1 需求分析 117
6.1.2 系统设计 120
6.1.3 系统实现 123
6.1.4 系统测试 124
6.2 常见软件开发模型介绍 126
6.2.1 瀑布模型 126
6.2.2 快速原型模型 127
6.2.3 增量模型 128
6.2.4 敏捷开发模型 129
6.3 常用软件开发工具介绍 130
本章小结 131
习题 131
第 7 章 计算机网络与信息安全 132
7.1 计算机网络的基本概念 132
7.1.1 计算机网络的定义和功能 132
7.1.2 计算机网络的组成与分类 133
7.2 网络协议与体系结构 134
7.2.1 网络协议的基本概念 134
7.2.2 网络体系结构 134
7.3 因特网应用 136
7.3.1 万维网 WWW 136
7.3.2 浏览器 Internet Explorer 的设置 138
7.3.3 电子邮件 146
7.3.4 网盘的应用 151
7.4 信息安全基本概念 155
7.4.1 信息安全与信息系统安全 155
7.4.2 信息安全的实现目标 156
7.5 常用保密技术介绍 157
7.5.1 信息安全威胁 157
7.5.2 信息系统不安全因素 158
7.5.3 信息安全防范技术 159
本章小结 165
习题 165
第 8 章 数据库应用基础 166
8.1 数据库原理概述 166
8.1.1 数据库技术的概念 166
8.1.2 数据模型 167
8.1.3 概念模型 168
8.1.4 逻辑模型 171
8.2 关系数据库 173
8.2.1 数据结构 173

8.2.2 常用术语 174

8.3 Access 2016 基础知识 175

8.3.1 Access 2016 概述 175

8.3.2 数据表 177

8.3.3 查询 187

8.3.4 窗体 192

8.3.5 报表 195

8.3.6 宏 195

8.3.7 模块 195

本章小结 196

习题 196

第 9 章 Word 2016 文字处理 199

9.1 Word 2016 简介 199

9.1.1 Word 2016 概述 199

9.1.2 Word 2016 的新增功能 199

9.2 Word 2016 基础知识 200

9.2.1 Word 2016 的启动 200

9.2.2 Word 2016 的退出 200

9.2.3 Word 2016 的窗口组成 201

9.3 文档的基本操作 202

9.3.1 文档的新建 202

9.3.2 文档的保存 203

9.3.3 文档的打开和关闭 204

9.3.4 文档的显示方式 205

9.4 文档的基本排版 207

9.4.1 输入文档内容 207

9.4.2 文本的编辑 210

9.4.3 拼写检查与自动更正 214

9.4.4 字符的格式化 215

9.4.5 段落的格式化 216

9.4.6 页面格式化 219

9.5 图文混排 220

9.5.1 使用文本框 220

9.5.2 图片 221

9.5.3 使用艺术字 224

9.5.4 使用各类图形 225

9.5.5 使用图表 227

9.6 使用表格 227

9.6.1 创建表格 227

9.6.2 编辑表格 228

9.6.3 设置表格格式 232

9.6.4 表格的高级应用 233

9.7 文档的高级排版 237
9.7.1 格式刷的使用 237
9.7.2 长文档处理 237
9.7.3 分隔符 242
9.7.4 编辑页眉和页脚 244
9.7.5 脚注、尾注和题注 247
9.7.6 文档的页面设置与打印 248
本章小结 252
习题 252
第 10 章 电子表格处理软件 Excel 2016 254
10.1 Excel 2016 的基础知识 254
10.1.1 Excel 2016 的新增功能 254
10.1.2 Excel 2016 的基本功能及特点 255
10.1.3 Excel 2016 的启动和退出 255
10.1.4 Excel 2016 的窗口页面 257
10.2 Excel 2016 的基本操作 258
10.2.1 工作簿的创建、保存和打开 258
10.2.2 选定单元格 260
10.2.3 撤销与恢复 261
10.2.4 数据编辑 261
10.2.5 数据自动填充 263
10.2.6 单元格的操作 264
10.3 工作表的编辑 266
10.3.1 选定工作表 266
10.3.2 插入工作表 267
10.3.3 删除工作表 267
10.3.4 重命名工作表 267
10.3.5 复制和移动工作表 267
10.3.6 隐藏或显示工作表 268
10.3.7 共享工作簿 268
10.4 工作表的格式化 269
10.4.1 使用格式刷 269
10.4.2 设置字符格式 270
10.4.3 设置数字格式 270
10.4.4 设置单元格对齐方式 272
10.4.5 设置边框 272
10.4.6 设置背景 273
10.4.7 设置行高和列宽 274
10.4.8 自动套用样式 275
10.4.9 条件格式 275
10.5 公式与函数 278
10.5.1 使用公式 278

10.5.2　使用函数 283
10.5.3　错误值 285
10.6　数据管理 287
10.6.1　数据筛选 288
10.6.2　数据排序 290
10.6.3　数据分类汇总 290
10.6.4　数据透视表和数据透视图 291
10.7　数据图表 295
10.7.1　创建图表 295
10.7.2　修改图表 297
10.8　页面设置与打印 299
10.8.1　页面设置 299
10.8.2　打印预览 301
10.8.3　打印工作表 301
10.9　Excel 2016 的重要功能 303
10.9.1　自定义功能区 303
10.9.2　公式编辑器 304
本章小结 305
习题 305
第 11 章　PowerPoint 2016 电子演示文稿 308
11.1　PowerPoint 2016 的基础知识 308
11.1.1　PowerPoint 2016 的新增功能 308
11.1.2　PowerPoint 2016 的工作界面 308
11.1.3　PowerPoint 2016 的视图 309
11.2　创建演示文稿 313
11.2.1　创建空白演示文稿 313
11.2.2　用模板来创建文稿 315
11.2.3　幻灯片的操作与编辑 315
11.3　制作幻灯片 317
11.3.1　选择幻灯片版式 317
11.3.2　插入文本 319
11.3.3　插入图片和剪贴画 321
11.3.4　插入表格和图表 322
11.3.5　插入 SmartArt 图形 326
11.3.6　插入超链接和动作设置（动画） 330
11.3.7　添加音频和视频文件 333
11.4　修饰幻灯片 335
11.4.1　幻灯片母版 335
11.4.2　幻灯片主题的设计 336
11.5　设置幻灯片的放映效果 337
11.5.1　幻灯片的动画 337
11.5.2　设置幻灯片的切换效果 338

11.5.3 幻灯片的放映 339
11.6 演示文稿的导出 342
11.6.1 将演示文稿导出为其他格式文件 342
11.6.2 保护演示文稿 342
11.6.3 打印演示文稿 343
本章小结 344
习题 344
第12章 计算机科学前沿 347
12.1 人工智能技术 347
12.1.1 人工智能技术概述 347
12.1.2 人工智能技术研究和应用 349
12.1.3 人工智能技术对未来的影响 350
12.2 云计算技术 350
12.2.1 云计算技术概述 350
12.2.2 云计算技术应用 351
12.2.3 云计算技术对未来的影响 352
12.3 大数据技术 352
12.3.1 大数据技术概述 352
12.3.2 大数据技术应用 353
12.3.3 大数据技术对未来的影响 354
12.4 物联网技术 354
12.4.1 物联网技术概述 354
12.4.2 物联网技术应用 355
12.4.3 物联网技术对未来的影响 356
12.5 区块链技术 357
12.5.1 区块链技术概述 357
12.5.2 区块链技术应用 358
12.5.3 区块链技术对未来的影响 359
本章小结 360
习题 360
参考文献 360

第1章

计算机科学概述

随着以计算机、物联网、云计算、人工智能、5G 通信、智能制造等技术为代表的第四次工业革命的蓬勃发展，计算机技术已经成为各行各业的基础生产力。在日常工作、学习过程中，几乎离不开计算机的帮助。

回顾计算机科学的发展历史，同时也是在回顾第三次工业革命的历史，我们可以再次深刻地认识到“科学技术是第一生产力”这一伟大论断的正确性。新中国成立后，通过几十年几代人的艰苦奋斗，中国在第三次工业革命中一直努力走在世界科技发展的前沿。而在方兴未艾的第四次工业革命中，中国弯道超车，更是在很多领域位于世界科技发展的第一梯队中。作为新时代的大学生，大家要增强对我国科技发展的自信心，树立科技强国理念，坚定“四个自信”，在专业领域作出自己的贡献。

通过本章的学习，大家将会对计算机的发展历史、冯·诺依曼体系计算机的基本组成以及计算机应用领域等知识具有初步的认知。希望大家能够初步认识并建立起“计算思维”，为后续的专业学习打下基础。

1.1 计算机发展历史

1.1.1 第一台电子计算机

目前对“计算机”比较公认的定义为：能够按照程序自动运行，高效处理海量数据的现代智能电子设备。和所有事物一样，人类计算工具的发展也经历了从简单到复杂、从低级到高级的过程。人类历史中使用的算盘、计算尺、机械齿轮计算机等，都属于传统计算工具。它们在不同的历史时期发挥了各自的作用，也为现代电子计算机的产生和发展奠定了一定的基础。

20世纪初，电子技术得到了迅猛的发展。1904年，英国电气工程师弗莱明（J. A. Fleming）研制出了真空二极管；1906年，美国发明家、科学家福雷斯特（D. Forest）发明了真空三极管。这些都为电子计算机的出现奠定了基础。

目前世界公认的第一台电子计算机是1946年美国宾夕法尼亚大学研制的ENIAC。1943年，正值第二次世界大战，由于军事上的需要，美国军械部与宾夕法尼亚大学的莫尔学院签订合同，研制一台电子计算机，取名为ENIAC（Electronic Numerical Integrator And Computer），意思是“电子数值积分和计算机”。在莫奇里（J. W. Mauchly）和埃克脱（J. Eckert）的领导下，ENIAC于1945年底研制成功。1946年2月15日，人们为ENIAC举行了揭幕典礼，所以通常认为世界上第一台电子计算机诞生于 1946 年。

ENIAC 重 30 t，占地 167 m^2，用了 18 000 多个电子管、1 500 多个继电器、70 000 多个电阻、10 000 多个电容，功率为 150 千瓦。ENIAC 每秒可完成 5000 次加减法运算，虽然其运算速度很慢，但它的诞生宣布了电子计算机时代的到来。

1.1.2 电子计算机的发展

自 ENIAC 诞生以来，由于人们不断将最新的科学技术成果应用在计算机上，同时科学技术的发展也对计算机提出了更高的要求，再加上计算机公司之间的激烈竞争，在短短的 50 多年中，计算机技术取得了突飞猛进的发展，计算机体积越来越小、功能越来越强、价格越来越低、应用越来越广。通常人们按计算机所采用的核心元器件将其划分为 4 代。

1．第一代计算机（1945—1958 年）

这一时期计算机的元器件大都采用电子管，因此称为电子管计算机。这时计算机软件还处于初始发展阶段，人们使用机器语言与符号语言编制程序，应用领域主要是科学计算。第一代计算机不仅造价高、体积大、耗能多，而且故障率高。第一代计算机的代表性产品有 ENIAC（1946 年）、ISA（1946 年）、EDVAC（1951 年）、UNIVACl（1951 年）、IBM 701（1953 年）等。

2．第二代计算机（1959—1964 年）

这一时期计算机的元器件大都采用晶体管，因此称为晶体管计算机。其软件开始使用计算机高级语言，出现了较为复杂的管理程序，在数据处理和事务处理等领域得到应用。这一代计算机的体积大大减小，具有运算速度快、可靠性高、使用方便、价格便宜等优点。第二代计算机的代表性产品有 Univac LARC（1960 年）、IBM 7030（1962 年）、ATLAS（1962 年）等。

3．第三代计算机（1965—1970 年）

这一时期计算机的元器件大都采用中小规模集成电路，因此称为中小规模集成电路计算机。软件出现了操作系统和会话式语言，应用领域扩展到文字处理、企业管理、自动控制等。第三代计算机的体积和功耗都进一步减小，可靠性和速度也得到了进一步提高，产品实现系列化和标准化。第三代计算机的代表性产品有 IBM 360（1965 年）、CDC 7600（1969 年）、PDPⅡ（1970 年）等。

4．第四代计算机（1971 年至今）

这一时期计算机的元器件大都采用大规模或超大规模集成电路（VLSI），因此称为大规模或超大规模集成电路计算机。软件也越来越丰富，出现了数据库系统、可扩充语言、网络软件等。这一代计算机的各种性能都得到大幅度提升，并随着微型计算机网络的出现，其应用已经渗透到国民经济的各个领域，在办公自动化、数据库管理、图像识别、语音识别、专家系统及家庭娱乐等众多领域中大显身手。第四代计算机的代表性产品有 CRAYⅠ（1976 年）、VAXⅡ（1977 年）、IBM 4300（1979 年）、IBM PC（1981 年）等。

1.1.3 微型计算机的发展

在第四代计算机发展过程中，人们采用超大规模集成电路技术，将计算机的中央处理器（CPU）制作在一块集成电路芯片内，将其称作“微处理器”。由微处理器、存储器和输

入/输出接口等部件构成的计算机称为微型计算机。我们日常生活中使用的台式计算机、笔记本计算机等，都属于微型计算机。

1971 年，美国英特尔（Intel）公司研制成功第一个微处理器 Intel 4004，同年，以这个微处理器构造了第一台微型计算机 MSC4，此后这一系列的微处理器不断发展，不仅引导了微处理器发展的潮流，而且还引导了微型计算机发展的潮流。

自 Intel 4004 问世以来，微处理器发展极为迅速，大约每两三年就换代一次。依据微处理器的发展进程，微型计算机的发展也大致可分为几代：

1．第一代微型计算机（1971—1973 年）

第一代微型计算机采用的是 4 位或 8 位微处理器，包括 Intel 公司的 4004、4040、8008 等。这些微处理器集成度达到每片 2 000 个晶体管，功能相对简单。这一代微型计算机的代表性产品有 Intel 公司的 MSC4 和 MSC8。

2．第二代微型计算机（1973—1977 年）

第二代微型计算机采用的是 8 位微处理器，包括 Intel 公司的 8080、8085，Motorola 公司的 M6800 和 Zilog 公司的 Z80 等，集成度达到每片 9 000 个晶体管。这一代微型计算机也称 8 位微型计算机。其代表性产品有 Radio shack 公司的 TRS80 和 Apple 公司的 Apple Ⅱ。特别是 Apple Ⅱ，被誉为微型计算机发展的第一个里程碑。

3．第三代微型计算机（1978—1983 年）

第三代微型计算机采用的是 16 位微处理器，包括 Intel 公司的 8086、8088、80286，Motorola 公司的 M68000 和 Zilog 公司的 Z8000 等，其集成度达到每片 29 000 个晶体管。这一代微型计算机也称 16 位微型计算机。代表性产品有 DEC 公司的 LSI 11、DGC 公司的 NOVA 和 IBM 公司的 IBM PC。

特别是 IBM PC，性能优良、功能强大，被誉为微型计算机发展的第二个里程碑。IBM 公司开放了 PC 体系架构标准，允许其他公司研发符合 PC 标准的各种设备。很快 PC 体系就成为个人计算机领域的行业标准，直至今日仍然保持极高的市场占有率。

4．第四代微型计算机（1983—2001 年）

第四代微型计算机采用的是 32 位微处理器，包括 Intel 公司的 80386、80486、Pentium（奔腾）、Pentium Ⅱ、Pentium Ⅲ，Motorola 公司的 M68020 和 HP 公司的 HP32 等，其集成度达到每片 10 万个晶体管以上。后期的奔腾系列 CPU，单个芯片上集成的晶体管数量已经达到千万级以上。这一代微型计算机的代表性产品有 ComPaq 公司的 ComPaq 486、ComPaq 586，AST 公司的 AST 486、AST 586 等。

有些资料中，会把 1993 年问世的奔腾系列处理器看作第五代微处理器。尤其是 1997 年问世的第 3 代奔腾处理器（Pentium Ⅲ），首次采用了 MMX（多媒体扩展）指令集。它的出现，使普通个人计算机也能够处理视频、音频等多媒体数据，从而让个人计算机真正进入多媒体时代。从这个角度来说，奔腾系列微处理器确实居功甚伟。

5．第五代微型计算机（2001 年至今）

第五代微型计算机采用的是 64 位微处理器，包括 Intel 公司的 Itanium(安腾)、Itanium2、Core（酷睿），AMD 公司的 Sempron、Opteron、Athlon、Duron、Ryzen 等。Itanium 微处理器是 Intel 公司于 2001 年 5 月推出的，它是 Intel 公司和 HP 公司合作开发的第一款通用 64 位微处理器。

第五代微处理器中，单个芯片的集成度普遍达到每片 1 000 万个晶体管以上，2006 年发布的 Core 2，单个芯片的集成度已经达到一亿四千万以上。另外，在第五代微处理器中，广泛采用多核技术。也就是在一块 CPU 上集成多个内核，每个内核的性能就是传统意义上的一个 CPU。这种多核技术，使普通家用计算机的 CPU 集成度达到了恐怖的十亿级别。这使得微型计算机的性能得到极大提高，很多微型计算机的性能都达到或超过小型计算机。

1.1.4 计算机的未来发展

目前绝大多数计算机的核心元器件仍然采用超大规模集成电路，所以仍然普遍认为我们还处于第四代计算机时代。但是计算机的未来发展已经在很多方向出现了曙光。基于各种新型核心计算元器件的新型计算机初露苗头，它们采用的核心元器件不再是集成电路，甚至不再是单纯的电子设备。

1. 量子计算机

量子计算机，简单地说，它是一种可以实现量子计算的机器，它通过量子力学规律实现数学和逻辑运算，实现信息存储和处理。量子计算机以“量子态”为基本的记忆单元，将量子动力学演化为信息传递与加工的基础，因此在量子计算机中各种硬件元件的尺寸达到原子或分子量级。传统计算机可以通过一些基础物理状态的变化来表示 0 或 1 的区别，例如集成电路中某个电路的通断、磁盘中某个小磁粒的极性、光盘轨道上某个位置是否有坑等等。量子计算机也有着自己的基本单位——昆比特（Qubit）。昆比特又称量子比特，它通过量子两态的量子力学体系来表示 0 或 1，比如光子的两个正交的偏振方向，磁场中电子的自旋方向，或核自旋的两个方向，原子中量子处在的两个不同能级，或任何量子系统的空间模式等。量子计算的原理就是将量子力学系统中量子态进行演化。

以中国科学院潘建伟院士为代表的中国量子计算机研发团队，目前处于世界领先地位。2020 年 12 月 4 日，潘建伟院士团队成功构建 76 个光子的量子计算原型机“九章”，求解数学算法高斯玻色取样只需 200 秒，而目前世界最快的超级计算机要用 6 亿年。这一突破使中国成为全球第二个实现“量子优越性”的国家。

2. 分子计算机

分子计算机体积小、耗电少、运算快、存储量大。它的运行是吸收分子晶体上以电荷形式存在的信息，并以更有效的方式进行组织排列。分子芯片体积大大减小，效率大大提高，分子计算机完成一项运算，所需的时间仅为 10 微微秒，比人的思维速度快 100 万倍。分子计算机具有惊人的存储容量，1 立方米的 DNA 溶液可存储 1 万亿亿的二进制数据。分子计算机消耗的能量非常小，只有电子计算机的十亿分之一。

3. 光子计算机

1990 年初，美国贝尔实验室制成世界上第一台光子计算机。

光子计算机是一种由光信号进行数字运算、逻辑操作、信息存储和处理的新型计算机。光子计算机的基本组成部件是集成光路，要有激光器、透镜和核镜。由于光子比电子速度快，光子计算机的运行速度可高达一万亿次。它的存储量是现代计算机的几万倍，还可以对语言、图形和手势进行识别与合成。

许多国家都投入巨资进行光子计算机的研究。随着现代光学与计算机技术、微电子技术相结合，在不久的将来，光子计算机将成为人类普遍的工具。

4. 纳米计算机

纳米计算机是用纳米技术研发的新型高性能计算机。纳米管元件的尺寸在几到几十纳米范围，质地坚固，有着极强的导电性，能代替硅芯片制造计算机。“纳米”是一个计量单位，一个纳米等于 10^{-9} 米，大约是氢原子直径的 10 倍。纳米技术是从 20 世纪 80 年代初迅速发展起来的新的前沿科研领域，最终目标是人类按照自己的意志直接操纵单个原子，制造出具有特定功能的产品。纳米技术正从微电子机械系统起步，把传感器、电动机和各种处理器都放在一个硅芯片上而构成一个系统。应用纳米技术研制的计算机内存芯片，其体积只有数百个原子大小，相当于人的头发丝直径的千分之一。纳米计算机不仅几乎不需要耗费任何能源，而且其性能要比今天的计算机强大许多倍。

5. 生物计算机

20 世纪 80 年代以来，生物工程学家对人脑、神经元和感受器的研究倾注了很大精力，以期研制出可以模拟人脑思维、低耗、高效的第六代计算机——生物计算机。用蛋白质制造的计算机芯片，存储量可以达到普通计算机的 10 亿倍。生物计算机元件的密度比大脑神经元的密度高 100 万倍，传递信息的速度也比人脑思维的速度快 100 万倍。其特点是可以实现分布式联想记忆。并能在一定程度上模拟人和动物的学习功能。它是一种有知识、会学习、能推理的计算机，具有能理解自然语言、声音、文字和图像的能力，并且具有说话的能力，使人机能够用自然语言直接对话，它可以利用已有的和不断学习到的知识，进行思维、联想、推理，并得出结论，能解决复杂问题，具有汇集、记忆、检索有关知识的能力。

1.2 计算机的特点及分类

1.2.1 计算机的特点

1. 运算速度快

计算机可以高速准确地完成各种算术运算，计算机最基本的特点就是速度快。

Flops（Floating-point Operation Per Second，每秒浮点运算）是目前最常用的衡量计算机性能的单位，指计算机每秒能进行多少次浮点数运算。目前普通家用计算机速度可达每秒几十到几百 GFlops，在 1 秒内可以完成几百亿到几千亿次浮点运算。

在各类计算机中，运算速度最快的是超级巨型计算机。根据 2021 年 6 月底公布的最新超级计算机排行榜，目前排名第一的是日本超级计算机 Fugaku，速度达到了 442 PFlops，也就是每秒完成 44.2 亿亿次浮点运算。

超级计算机是一个国家综合国力的体现，我国近年来在超级计算机领域始终处于第一梯队。例如最新榜单中，我国的“神威 · 太湖之光”位于第四名（见图 1–1），速度达到 93 PFlops。它一分钟的计算量，相当于全球 72 亿人利用手持计算器连续计算 32 年。另外，我国的“天河二号”目前排名第七，速度达到 61 PFlops。

2. 计算精度高

科学技术的发展特别是尖端科学技术的发展，需要高度精确的计算。计算机控制的导弹之所以能准确地击中预定的目标，是与计算机的精确计算分不开的。一般计算机可以有十几位甚至几十位（二进制）有效数字，计算精度可由千分之几到百万分之几，是任何其他计算工具望尘莫及的。目前普通家用计算机内部数据位数为 64 位（二进制），可精确到 15 位有效数字（十进制）。同时，我们可以采用算法进一步提高精度，例如在 2019 年，谷歌的工程师通过超级计算机，耗时 4 个月，将圆周率精确到了小数点后 31.4 万亿位。

图 1-1 “神威 · 太湖之光”超级计算机

3. 记忆能力强

计算机的存储器类似于人的大脑，能够记忆大量的信息。它能把数据、程序存入，进行数据处理和计算，并把结果保存起来。目前普通家用计算机的存储容量达到 1 TB 字节以上，也就是能保存 1 万亿个二进制的 0 或 1。这些信息，不仅包括各类数字信息，还包括数字化后的各种多媒体信息，例如视频、音频、图片等。

4. 逻辑判断能力强

计算机的两个基础运算能力包括算术运算，例如加、减、乘、除，还包括逻辑运算，例如与、或、非。利用基础的逻辑运算，计算机能对信息进行比较和判断。这种能力，保证了计算机信息处理的高度自动化。

5. 智能化程度高

由于计算机具有存储记忆能力和逻辑判断能力，所以人们可以将预先编好的程序组纳入计算机内存中，在程序控制下，计算机可以连续、自动地工作，不需要人的干预，这就是“自动化”。由于历史条件的限制，早期计算机的软硬件技术存在较大局限，当时只能实现“自动化”。近十年，随着人工智能等技术的突破，我们已经可以说，计算机具有了“智能化”的特征。“智能化”相对于“自动化”，最大的进步在于具有了一定程度的自主学习能力。“自动化”的计算机，在遇到程序代码预设的条件之外的异常情况，往往无法处理，只能寻求人工帮助。而“智能化”的计算机，遇到预料之外的异常时，具有一定的自主学习能力，能够一定程度上自行解决问题。并且这种解决问题的能力会随着问题出现次数的增加而不断自我完善。当问题出现次数较多时，计算机对这类问题的解决办法就会不断成熟。

1.2.2 计算机的分类

随着计算机的不断发展，各种计算机类型都得到了广泛的应用。随着计算机技术的迅速发展，计算机的种类也非常的多，可以按不同的方法对计算机进行分类，这些分类方法在不同的时期也不完全一样。

1. 按计算机性能分类

这是常用的一种分类方法，按这种方法，可以将计算机分为巨型机、大型机、小型机、微型机、工作站和服务器。

（1）巨型机也称为超级计算机，是目前功能最强、速度最快，价格最昂贵的计算机，一般用于气象、航空、能源等尖端科学研究和战略武器研制中的复杂计算，巨型机主要用在国家的高级研究机关，例如国防的尖端技术、空间技术、重大的灾害预报等。巨型机的开发研制是一个国家综合国力和国防实力的体现，世界上只有少数几个国家能生产这种机器，例如美国的Summit、Titan，日本的Fugaku等。我国生产的银河-Ⅲ、天河2号和神威·太湖之光都属于巨型机。

（2）大型机也有较高的运算速度和较大的存储容量，规模上比巨型机要小，允许有几十个用户同时使用，例如IBM 4300系列、IBM 9000系列等都属于大型机。大型机主要用于科学计算、银行业务、大型的企业等。

（3）小型机规模比大型机要小，但仍可以支持十几个用户同时使用，这类机器价格便宜，适合于中小型单位使用，例如DEC公司生产的VAX系统，IBM公司生产的AS/400系列都是典型的小型机。

（4）微型机也称为个人计算机PC（Personal Computer），采用微处理器芯片、半导体存储器芯片和输入/输出芯片等主要元件组装，最大的特点就是体积小、价格便宜、灵活性好，最适合于家庭个人的使用，因此更有利于普及和推广。目前，微型机已广泛应用于办公自动化、信息检索、数据库管理、企业管理、图像识别、家庭教育和娱乐等。通常的微型机包括台式机和笔记本计算机，除此之外，掌上电脑、PDA（个人数字助理）、平板电脑、智能手机等也属于微型机。

（5）工作站的性能与功能较强的高档微机之间已经没有明显的差别，它们的区别往往在于应用目的不同。普通微机用于一般办公学习，没有很强的目的性，而工作站往往用于某个技术领域的专业开发，因此需要针对该技术领域进行相关软硬件的专门强化升级。例如用于工程制图、计算机动画制作等工作的图形工作站，往往配备更好的显示器和更专业的显卡，一般也需要配套AutoCAD、Photoshop、Maya等专业软件。用于音频处理、录音制作等工作的音频工作站，则要配备专业的声卡、高保真麦克风，以及Adobe Audition、Cubase等专业的音频处理、编曲软件。

（6）和工作站类似，服务器也是从应用目的角度划分的一种计算机类型。服务器一般用于被网络用户共享，为广大远程用户提供优秀迅捷的网络服务。为了追求更好的性能，服务器的硬件配置往往较高，例如高性能的CPU、大容量的存储器、快速的网络适配器等，同时也要安装为用户服务的专用软件。服务器用于存放各类网络资源并为网络用户提供不同的资源共享服务，根据更细致的功能划分，服务器又包括Web服务器、电子邮件服务器、域名服务器、用于文件传输的FTP服务器等。

2. 按处理数据的形态分类

按处理数据的形态，可以将计算机分为模拟计算机、数字计算机和混合计算机。模拟计算机处理的数据是连续的，称为模拟量。模拟量可以用电信号的连续变化来模拟其他物理量的连续变化，例如用电流来模拟声波、用电压来模拟温度等。

数字计算机处理的数据都是用“0”或“1”表示的二进制数字，用二进制数字来表示在时间上和幅度上都离散的量，它的基本运算部件是数字逻辑电路，运算结果也是以数字形式保存，然后通过输出设备将其转换为相应的模拟信号形式输出。

模拟计算机的优点是运算速度快，缺点是精度差，通用性差；数字计算机优点是精度高、存储量大、通用性强；混合计算机则是集模拟和数字计算机的优点于一身。

我们目前普及使用的计算机全称应该是微型电子数字计算机。

3. 按使用范围分类

按使用范围可以将计算机分为通用计算机和专用计算机，通用计算机可以执行不同程序，满足不同需求，例如可以进行科学运算、工程设计和数据处理等。我们平时使用的PC，以及各种智能手机，都是通用计算机。

专用计算机是为满足某种特殊需要而设计的计算机，往往运行的程序单一，针对性强、效率高。例如手持式计算器、公交车刷卡器、网络路由器等，都是专用计算机。

1.3 冯·诺依曼体系计算机

1.3.1 基本概念

美籍匈牙利科学家冯·诺依曼最先提出“存储程序”“二进制”“五大部件”等思想，并成功将其运用在计算机的设计之中。根据这一系列思想原理制造的计算机被统称为“冯·诺依曼体系计算机”。由于他对现代计算机技术的突出贡献，因此冯·诺依曼又被称为“现代计算机之父”。

从严格意义上来说，世界上第一台现代电子计算机ENIAC并不符合冯·诺依曼的思想，并不是完整意义上的“冯·诺依曼体系结构计算机”。ENIAC存在两个明显的缺陷：①没有存储器；②只能使用布线接板进行硬连接（硬编程）。冯·诺依曼本人在较晚期才介入到ENIAC的研发，因此ENIAC并没有严格按照冯·诺依曼的思路来建设。为了更好地实现自己的设想，1945年冯·诺依曼提出了EDVAC（Electronic Discrete Variable Automatic Computer的缩写）的设计草稿，并于1951年正式交付使用。EDVAC才是真正意义上的第一台“冯·诺依曼体系计算机”。

具体来说，“冯·诺依曼体系计算机”都具有如下三个共同特征：

1. 二进制

所有的“冯·诺依曼体系计算机”内部数据都采用二进制形式存储、处理、表示。二进制具有技术实现简单、可靠性高、运算规则简单等优点。

只要一个物理量具有两种稳定的对立状态，那么就可以用来实现二进制。例如电路的开关、磁体的极性、电压的高低、光线的明暗等，都可以用来表达实现二进制。二进制中只使用“0”和“1”两个数字，传输和处理时不易出错，因而可以保障计算机具有很高的可靠性。与十进制数相比，二进制数的运算规则要简单得多，这不仅可以使运算器的结构得到简化，而且有利于提高运算速度。

2. 五大部件

冯·诺依曼体系计算机包括五大部件：运算器、控制器、存储器、输入设备和输出设

备。它们各司其职，紧密合作，完成了各种复杂的操作。即使到了今天，各种各样无比复杂的计算机设备，也都可以归类于这五大部件。

3．“存储程序”思想

“存储程序”思想，是将“程序”和“数据”一样存放到存储器中，计算机工作时，一条条读入程序中的指令，并在其控制下一步一步完成处理，直到得出结果。

“存储程序”思想本质上是将硬件“软化”的一种方法。首先利用硬盘等外部存储器，将程序代码长期保存。运行程序时，将指令代码读入内部存储器，从而改变了内部存储区的局部电路状态。这相当于临时改变了一部分硬件电路，最终导致计算机执行不同的操作，得到不同的结果。当然，这种改变不是永久性的，内存一旦断电后，全部电路都要归零。

1.3.2 当代计算机基本硬件结构

计算机系统包括硬件（Hardware）系统和软件（Software）系统，硬件系统是看得见、摸得着的实体部分；软件系统是为了利用计算机而编写的程序、数据及文档的总和。它们的区分犹如躯体和思想一样，躯体是硬件，思想则是软件。

按照冯•诺依曼的设计，计算机结构可以归纳为五大部件，分别是控制器、运算器、存储器、输入设备和输出设备。目前各种各样类型丰富的计算机硬件设备，都可以归类于这五大部件之一。另外值得注意的是，随着现代计算机应用领域越来越复杂，计算机的硬件结构也越来越复杂，很多硬件设备包含了多个部件的功能。例如在显卡（显示适配器）中，既包含了控制器、运算器，使它可以完成复杂的视频信号处理，同时显卡中又有大容量的存储器（显存），使其可以保存海量的中间数据，最后在显卡中又有复杂输入、输出的电路。

如图 1-2 所示，是当代微型计算机（简称微型机）系统的基本组成。其他类型计算机系统的组成和其类似。

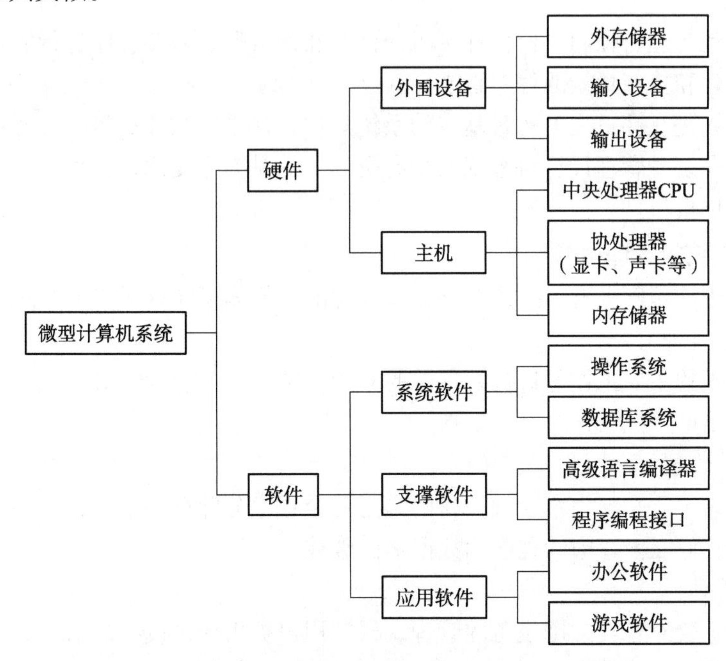

图 1-2 微型计算机系统组成图

1.3.3 当代计算机的基本软件结构

软件是指计算机程序、支持程序运行的数据，以及开发、使用和维护程序所需要的相关的技术文档的组合。可以简单地把软件看作“程序、数据、文档”的组合。

当代计算机中，根据软件的用途可以将软件分为系统软件、支撑软件和应用软件三大类，如图 1–3 所示。

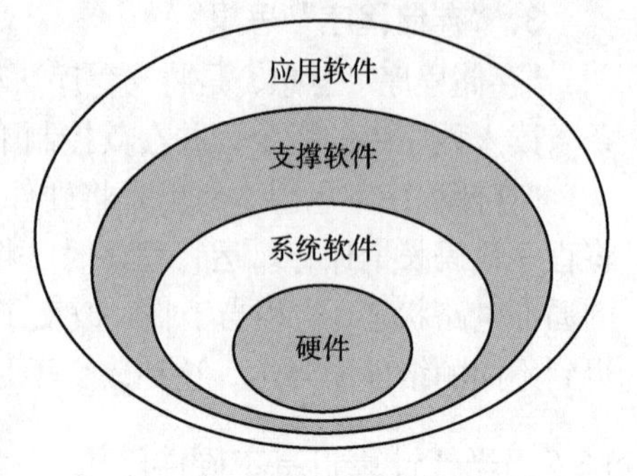

图 1–3 当代计算机的软件结构

系统软件是指管理、维护计算机，为用户使用计算机提供服务的软件。系统软件一般与具体的应用无关，可以直接操作硬件。系统软件可以确保计算机正常工作，并为用户提供使用计算机的操作环境。系统软件包括操作系统、数据库管理系统和硬件驱动程序等。

支撑软件一般也与具体的应用无关，它们被用来开发其他软件或对其他软件的运行提供支撑作用。和系统软件的区别主要在于，支撑软件基于系统软件之上，一般不直接操作硬件。常见的支撑软件包括语言处理程序、程序开发工具、应用程序接口（Application Programming Interface，API）等。普通用户基本感觉不到支撑软件的存在，但是却离不开支撑软件的支持。

应用软件是指直接为最终用户服务的各类软件，一般都运行在系统软件的平台之上，并得到支撑软件的支持。例如各种常用的办公软件、游戏软件、音视频播放软件等，都属于应用软件。

1.3.4 操作系统

操作系统是管理、控制和监督计算机硬件、软件资源、协调程序运行的系统，由一系列具有不同管理和控制功能的程序组成。

操作系统则是在裸机之上的最基本的系统软件，是系统软件的核心，使用操作系统有两大目的：一是统一管理计算机系统的所有资源；二是为方便用户使用计算机而在用户和计算机之间提供接口。

1. 操作系统的管理功能

从资源管理的角度上看，操作系统的管理功能主要体现在以下四个方面：

1）处理器管理

处理器管理的主要工作是进行处理器的分配调度，主要是解决当同时运行多个程序时，处理器即 CPU 的时间分配。

2）存储器管理

存储器管理主要是指内存管理，目的是为各个程序分配存储空间，并保证程序之间互不干扰，保护存储在内存中的程序和数据不被破坏。

3）设备管理

设备管理负责对各类外围设备的管理，根据用户提出使用设备的请求进行设备分配，目的是提高设置的使用效率。

4）文件管理

文件管理负责保存在外存中的文件的存储、检索、共享和保护，对用户实现按名存取，为用户提供方便的诸如文件的存储、检索、共享、保护等操作。

不同操作系统其结构和内容差异较大，但从管理功能上都应具有上面四个方面的功能。

2. 操作系统的分类

按操作系统的功能和特性，将操作系统分为批处理操作系统、分时操作系统和实时操作系统等；按同时管理用户数的多少，分为单用户操作系统和多用户操作系统等；下面是按操作系统的发展进行的分类。

1）单用户操作系统

单用户操作系统的计算机内一次只能运行一个用户程序。微型机中早期的 DOS 就属于这一类，它的最大缺点是计算机系统的资源不能得到充分的利用。

2）批处理操作系统

批处理操作系统是 20 世纪 70 年代运行于大、中型计算机上的操作系统，为了提高 CPU 的使用效率和充分利用 I/O 设备资源，产生了多道批处理系统，多道是指多个程序或多个作业同时存在和运行，故也称为多任务操作系统。

3）分时操作系统

使用分时操作系统时，可以在一台计算机上连接多个终端，每个用户可以在各自的终端上以交互的方式控制作业运行。

分时操作系统将 CPU 时间资源划分成极短的时间片，轮流分给每个终端用户使用，当一个用户的时间片用完后，CPU 就转给另一个用户，前一个用户只能等待下一次轮到。由于人操作的速度比 CPU 的速度慢很多，所以每一位用户都感觉是独占计算机。UNIX 是最流行的分时操作系统。

4）实时操作系统

实时是指对随机发生的外部事件作出及时的响应，并能在限定的时间内完成对输入的信息进行处理和送出结果。例如在自动控制系统中，计算机必须对测得的数据做及时、快速地处理和反应，这就需要实时操作系统。

5）网络操作系统

网络操作系统主要提供网络通信功能和网络资源的共享功能。

6）微机操作系统

微机操作系统随着微机硬件技术的发展而发展，例如 Microsoft 公司最早开发的 DOS 是一个单用户单任务系统，后来的 Windows 操作系统经过几十年的发展，已从 Windows 3.1 发展到目前的 Windows NT、Windows 2000、Windows XP、Windows Vista、Windows 7、Windows 8、Windows 10 和 Windows 11，它是当前微机中广泛使用的操作系统之一。

Linux 是一个源代码公开的操作系统，目前已被越来越多的用户所采用。

1.3.5 数据库管理系统

数据库管理系统（Database Management System，DBMS）是一类系统软件，它的主要作用一方面是对数据库进行统一的管理，包括建立数据库、数据的维护、检索、统计等；另一方面是使用数据库编程语言并结合数据进行应用程序的开发。

常用的 DBMS 有 Visual FoxPro、Oracle、Access、SQL Server 等。

数据库管理系统是数据库系统（Database System，DBS）的重要组成部分。数据库系统是计算机科学中发展最快的领域之一，主要是解决数据处理的非数值计算问题，数据库系统可以用于档案管理、图书管理、财物管理、仓库管理等的数据处理，数据处理的特点是数据量大，处理的主要内容是数据的存储、查询、修改、分类等，数据库技术就是针对这类数据处理而产生和发展起来的。

数据库系统是一个复杂而庞大的系统，通常由硬件、操作系统、数据库、数据库管理系统和应用程序组成。

数据库（Database，DB）是指按一定的组织方式组织起来的数据的集合，它具有数据冗余度小、可以共享等特点。

数据库系统中的应用程序是指使用 DBMS 开发的用于数据管理的应用系统。

1.3.6 语言处理程序

计算机硬件能识别和执行的是用机器语言编写的程序，如果使用汇编语言或高级语言编写的程序，在执行之前要先进行翻译的处理过程，完成这个翻译过程的工具称为语言处理程序，语言处理程序包括汇编程序、解释程序和编译程序。

1. 汇编程序

汇编程序的作用是将用汇编语言编写的源程序翻译成机器语言的目标程序。

2. 解释程序

将高级语言编写的源程序翻译成机器语言指令时，有两种翻译方式，分别是“解释”方式和“编译”方式，分别由解释程序和编译程序完成。

解释方式是通过解释程序对源程序一边翻译一边执行，目前最常见的解释型语言包括 JavaScirpt 和 Python。

3. 编译程序

编译程序首先将源程序编译成目标程序，再使用连接程序，生成可执行文件。很多高级语言编写的程序采用编译的方式，例如 C、C++等。

在当代计算机中，为了给程序员提供更方便的程序开发环境，解释器或编译器一般会配合其他服务功能使用。包括诊断程序、调试程序等，将解释器或编译器和这些服务程序组合在一起的环境，叫作集成开发环境（Integrated Development Environment，IDE）。在程序员的日常工作中，各种语言开发工具软件，一般都属于 IDE 软件，例如 Visual Studio、Eclipse、PyCharm 等。

1.3.7 应用软件

应用软件是为某一个特定的应用目的而开发的软件，也就是为解决各类实际问题而设计的，按其服务对象不同，可以分为通用软件和专门软件。

1. 通用软件

通用软件是为解决某一类问题而开发的，这类问题是大多数用户都要遇到和使用的，例如文字处理、表格处理、电子演示文稿、电子邮件的收发、图像处理等。

2. 专用软件

专用软件是针对特殊用户要求而开发的软件，例如，在某个医院里，病房的监护系统就是一个专用软件。

1.4 计算机的应用领域

计算机的应用领域已渗透到社会的各行各业，正在改变着传统的工作、学习和生活方式，推动着社会的发展。计算机的主要应用领域有：

1. 科学计算

科学计算是计算机最早的应用领域。同人工计算相比，计算机不仅速度快，而且精度高，特别是对于大量的重复计算，计算机不会感到疲劳和厌烦。

2. 信息处理

信息处理即数据处理，是指对各种原始数据进行采集、整理、转换、加工、存储、传播以供检索、再生和利用。目前，计算机信息处理已经广泛应用于办公自动化、企业计算机辅助管理、文字处理、情报检索、电影电视动画设计、会计电算化、医疗诊断等各行各业。据统计，世界上的计算机 80%以上主要用于信息处理。

3. 计算机辅助设计与计算机辅助制造（CAD/CAM）

计算机辅助设计（Computer Aided Design，CAD）与计算机辅助制造（Computer Aided Manufacture，CAM）主要用于机械、电子、宇航、建筑等产品的总体设计、造型设计、结构设计、数控加工等环节。应用 CAD/CAM 技术，可以缩短产品开发周期、提高设计质量、增加产品种类。

4. 计算机辅助教学与计算机管理教学（CAI/CMI）

利用计算机辅助教学（Computer Aided Instruction，CAI）系统使得学生能在轻松的教学环境中学到知识，减轻教师的教学负担。计算机管理教学（Computer Managed Instruction，CMI）利用计算机实现各种教学管理，如教务管理、制定教学计划、课程安排等。

5. 自动控制

用计算机控制机床，加工速度比普通机床快 10 倍以上。现代军用飞机控制，可用计算机在很短的时间内计算出敌机的各种飞行技术参数，从而采取相应的攻击方案。

6. 多媒体应用

多媒体计算机的出现提高了计算机的应用水平，扩大了计算机技术的应用领域，多媒体计算机除了能够处理文字信息外，还能处理声音、视频、图像等多媒体信息。

7. 电子商务

所谓电子商务（Electronic Commerce），是利用计算机技术、网络技术和远程通信技术，实现整个商务（买卖）过程中的电子化、数字化和网络化。人们不再是面对面的、看着实实在在的货物，靠纸介质单据（包括现金）进行买卖交易，而是通过网络，浏览网上琳琅满目的商品信息、借助完善的物流配送系统和方便安全的资金结算系统进行交易（买卖）。

计算机的应用领域远远不止上述七点，可以说计算机早已渗透到生产生活的各个领域。每当计算机应用在某个应用领域成熟落地，往往意味着该领域的一次深刻的生产力革命。

1.5 计算思维

1.5.1 “计算思维”的基本概念

2006年3月，美国卡内基·梅隆大学计算机科学系主任周以真（Jeannette M. Wing）教授在美国计算机权威期刊 *Communications of the ACM* 杂志上给出了计算思维（Computational Thinking）的明确定义。周教授认为：计算思维是运用计算机科学的基础概念进行问题求解、系统设计，以及人类行为理解等涵盖计算机科学之广度的一系列思维活动。

上述概念比较抽象，我们可以利用微软创始人比尔·盖茨的一句话来理解什么是计算思维，计算思维到底有什么用。盖茨说过：“不一定要会编程，但学习工程师的思考方式，了解编程能做什么以及不能做什么，对未来会很有帮助。”计算思维的本质就是用人的大脑去模拟计算机来思考问题，进行问题求解和系统设计的过程。一个具有“计算思维”的人，不一定是程序员，甚至不一定具有计算机学科知识，但是他应该知道计算机能做什么、不能做什么，进而在分析问题时，可以将现实问题转化为计算机能够解决的问题。在当代社会，计算机已经成为基础工具，而“计算思维”则决定了一个人利用计算机的能力。

从人类认识世界和改造世界的思维方式出发，科学思维可分为实验思维（Experimental Thinking）、理论思维（Theoretical Thinking）和计算思维（Computational Thinking）三种。人类的思维能力也是在不断进化的，上述三种思维方法，基本代表了人类思维进化的三个阶段。在远古时代，人类只具有观察和总结自然规律的思维方法，也就是实验思维（当然，实验思维本身也经过不断的完善和进化）。后来随着人类对自然世界观察的不断深入，人类思维进化出了理论思维。理论思维允许人类的大脑进行推理和演绎，允许人类从各种表面现象中抽象总结出底层客观规律，然后再从底层规律预测还没发生的事情。可以说理论思维是人类理性的高度凝练，是人类区别于其他生物的本质区别之一。

最近几十年来，随着计算机科学的高速发展，人类又发现了一种全新的分析、解决问题的思维方法，这就是计算思维。借助于计算思维，人类可以突破自身的思维极限，利用计算机解决一些仅凭人类大脑无法解决的问题。

1.5.2 “计算思维”的特征

1. 概念化的，而不是程序化的

计算机科学不只是计算机编程。计算思维更不仅仅是学会计算机编程，还要求能够在更多思维层次上具有抽象能力。

2. 根本的，而不是刻板的技能

根本技能是每一个人为了在现代社会中发挥职能所必须掌握的。刻板技能意味着机械的重复。计算思维其实已经渗透到人们日常生活的方方面面，只不过可能大部分人没有意识到。

比如人们在工作时，会把最常用的工具放在桌面手边，把不太常用的工具放在桌子旁边的柜子里，这就是一级缓存和二级缓存的区别；人们在分解问题时，会画一棵树根在上的分解图，这就是计算机学科中的树形数据结构；人们开车到达一个高速公路收费站时，

会很快计算出哪个 ETC 口可以更快通过，这就是多服务器的负载均衡算法。具有了计算思维，会帮助人们更好地处理日常工作生活中的很多问题。

3. 是人的，不是计算机的思维方式

计算思维是人类求解问题的一条途径，但决非要使人类像计算机那样思考。计算机枯燥且沉闷，人类聪颖且富有想象力，是人类赋予计算机激情。配置了计算设备，我们就能用自己的智慧去解决那些在计算时代之前不敢尝试的问题，实现“只有想不到，没有做不到”的境界。

4. 数学和工程思维的互补与融合

计算机科学主要有两个学科基础，分别是数学学科和工程学科。计算机科学在本质上源自数学思维，因为像所有的科学一样，其形式化基础建筑于数学之上。计算机科学又从本质上源自工程思维，因为我们建造的是能够与实际世界互动的系统，基本计算设备的限制迫使计算机学家必须计算性地思考，不能只是数学性地思考。构建虚拟世界的自由使我们能够设计超越物理世界的各种系统。

5. 是思想，不是人造物

计算思维绝不只是我们生产的计算机软件、硬件等人造物，而更是我们用以接近和求解问题、管理日常生活、与他人交流和互动的思想。而且，计算思维对所有人都有用，在日常生活所有领域都有用。

1.5.3 “计算思维”的要素

“计算思维”是由一些基础要素组成的，这些要素每个单独拿出来，也都是很有力的思想工具。目前普遍认为“计算思维”包括六点要素：分解、抽象、算法、调试、迭代和泛化，如图 1-4 所示。一般情况下，针对具体问题的分析是从“分解”开始的，然后依次是抽象、算法、调试、迭代和泛化。当然有些时候不同方法使用的步骤会有所变化，或有所取舍，不一定拘泥于固定的顺序。

图 1-4 “计算思维”六要素

1. 分解

面对复杂的现实世界，“计算思维”首先要学会分解问题。

根据心理学“7±2 法则”，人类能够同时关注的兴奋点数量在 5～9 个。现实世界中的业务逻辑往往很复杂，其中的处理步骤很多时候都远远多于 9 步。那么我们可以采用“分解”的思想，将整个过程分解。但是很多时候将一个业务流程分解为 7 步后，每一步骤仍然很复杂，那就需要逐层分解：将其中的每一步进一步分解为 7 小步骤，这样不断重复，直到分解后的每一个步骤都足够简单为止。

2．抽象

所谓“抽象”，是指将本质特征抽离出表象的过程，是从众多具有共同特征的具体事物中抽取出本质共同特性的过程，是从丰富的感性体验总结出理性规律的过程。

抽象最终的目的是建立模型，将现实世界复杂多变的事物，转化为数学世界中的数学模型。计算机科学领域的抽象整体上可以分为两类：方法抽象和数据抽象。方法抽象就是对处理某个业务的流程进行归纳总结，得到可以广泛推广使用的通用方法。数据抽象是在处理某个业务过程中对使用的数据的内容、结构特征进行提取，最终得到一个通用的模型。

无论哪一种抽象，都是基于经验的，都是在对大量同类业务的分析基础上才能完成的。这里可以借助“模式识别”的思想，利用前人已经总结好的一些“模式”来套用到我们目前面对的具体问题上，达到尽快完成抽象建模的目的。

3．算法

算法是指对问题解决步骤的准确而完整的描述，是能够解决问题的一系列清晰指令。找到解决问题的“算法”，可以说是我们利用计算思维解决问题的关键步骤和重要阶段成果。

算法不一定是交给计算机来完成的，也可以是对人类活动的指导。

4．调试

算法刚刚提出的时候，可能不够准确，这就需要我们针对目前的具体问题，调整步骤细节，调整参数，以追求最优化。

调试的第一个主要内容是调整步骤细节。一个算法的某些步骤可能会存在一些问题，或者能找到更好的替代方法。

调试的另外一个重要内容就是调整参数。为了提高算法的通用性，在算法的具体步骤中可以设置一些参数，通过调整参数，可以让同一个算法在不同的具体过程中使用。而对于不同的具体问题，可能需要适当的调整参数，从而找到最适合目前问题的参数值。

5．迭代

所谓“迭代”，是指根据上一次执行的结果，作为下一次执行的初始值，不断调整优化，不断生成新版本的过程。

利用计算思维解决问题时，不要追求一步到位，所有的算法都不可能适应所有情况。经过调试，得到一个“够用”的算法版本，就要尽快投入使用。后期在使用过程中发现问题，边使用边更新，不断完善，这就是迭代的思想。

6．泛化

泛化是指由具体的、个别的扩大为一般的，即将在当前问题中好用的结果推广到更广泛的领域的过程。泛化可以看作是抽象的逆过程，将一个普遍规律应用到不同的具体场景中。计算思维中，算法的通用性是一个非常重要的优点，最理想的算法应该是最通用的。但是实际情况不可能这么理想，在一个应用场景中可行的算法，移到别的场景后肯定会有不适应。解决这种不适应，让老算法使用新场景的过程，就是泛化。

以上，我们初步学习了“计算思维”的相关内容，希望大家通过本章的学习，初步建立起计算思维，在后续的学习工作中，有意识的运用计算思维来解决问题。

本章小结

本章主要介绍了计算机的历史、计算机的特点及分类、冯·诺依曼体系计算机的基本组成、计算机应用领域以及“计算思维”等知识。通过本章的学习，对计算机系统整体组成有初步了解，并为后面章节的进一步学习打下良好的基础。

习　题

1. 请简述电子计算机的发展历史。
2. 什么是冯·诺依曼体系计算机？它们有哪些核心特征？
3. 简述现代电子计算机系统的组成结构。
4. 什么是“计算思维”？简述它的基本特征和组成要素。

第2章

数制与信息编码

计算机的本质就是信息加工的工具，信息可以看作有意义的信号，信号则是信息的载体。从这个角度来说，计算机的核心功能就是进行信号处理。现实世界的信息多种多样，怎样将它们都转化为计算机能够存储、表示、处理的数据信号，就是本章要研究的问题。中文符号有着和西文符号不同的特征，中文的信息化则是中华民族进入信息时代的一道门槛。在前辈科学家的努力下，中国人民顺利解决了这个在当时看似无解的问题，再一次证明中国人民的智慧是无穷无尽的。

通过本章的学习，大家将了解数制与信息编码的基本概念，将掌握常见数制之间的转换方法。也会学习整数、小数、字符等信息在计算机内部的表示形式，会理解中文信息在计算机内部的表示方法。最后会了解声音、图片、视频等信息的编码方法。

2.1 数制的基本概念

2.1.1 “模拟”和“数字”

1. 模拟量、模拟信号和模拟电路

现实世界中许多物理量，如速度、声音、温度、亮度等，它们的取值在时间上和幅度上的分布都是连续的。我们把这类连续变化的物理量称之为模拟量，模拟量的表示称为模拟信号，处理模拟信号的电路，称为模拟电路。

2. 数字量、数字信号和数字电路

与模拟信号相对的，现实世界存在另外一些物理量，例如班级人数、实验成功的次数、一年中某地下雨的天数等，它们的取值在时间和幅度上的分布都是离散的，而不是连续的。我们把这类离散变化的物理量称为数字量，数字量的表示称为数字信号，处理数字信号的电路，称为数字电路。

计算机学科发展早期，曾经存在内部大量使用模拟电路对某些模拟信号直接处理的“模拟计算机”。但是发展到今天，绝大多数计算机内部使用的都是数字电路，其上处理的也都是数字信号，这些计算机都是“数字计算机”。

根据我们日常生活的经验，我们知道“数字计算机”也是可以处理各种模拟信号的，例如处理声音、图片、视频等。但是这就需要我们通过一些方法，将外界模拟信号转换为数字信号，输入到计算机中，在计算机内部采用数字信号的形式进行处理，处理完毕后再

将数字信号转换为模拟信号输出到外界。当然这会带来一定的误差，但是数字信号的优点更多，例如便于处理、便于传输、容错性高等。

在下面的章节中我们会详细讨论如何用数字信号来处理模拟量。

2.1.2 数制系统

为了在计算机内部表示数字信号，我们需要采用适当的“数制系统”。当前绝大多数计算机使用的都是“二进制数制系统”，而现实世界我们更多使用的是“十进制数制系统”。为了更好地理解计算机的工作原理，我们有必要学习“数制系统”的基本概念，并且掌握不同进制之间转化的方法。那么到底什么是“数制系统”呢？

“数制系统”是一套完整的数学定义和约定，它使用一组固定的符号和统一的规则来表示数值，有时候简称为“数制”或“计数制”。因为现代数学采用的都是“进位计数制”，所以“数制系统”有时候也简称“进制系统”。

所谓“进位计数制”，是指同一个数字符号在不同的位置，代表不同的大小；当低位数字增加到极限后，会向高位数字“进位”；当低位数字减小到极限后，会向高位数字“借位”；使用这套方法的计数方式称为“进位计数制”。

另外一个很容易混淆的概念是“数字系统”，其一般指代使用数字电路组成的计算机系统，请大家注意两者的区别。

“数制系统”包含一些基础的概念，定义如下：

1．数码

数码指的是数制中表示基本数值大小的不同数字符号。例如，十进制有 10 个数码：0、1、2、3、4、5、6、7、8、9。

2．基数

基数指的是数制所使用数码的个数。例如，二进制的基数为 2，十进制的基数为 10。

3．位权

位权指的是数制中某一位上的 1 所表示数值的大小（所处位置的权值）。例如，十进制的 123，1 的位权是 100，2 的位权是 10，3 的位权是 1。二进制的 1011，从左到右第一个 1 的位权是 8，0 的位权是 4，第二个 1 的位权是 2，第三个 1 的位权是 1。

“基数”和“位权”是任何一个数制中最基本的两个要素。

2.2 数制转换

2.2.1 常见数制

1．十进制（Decimal）

十进制是人们日常生活中最熟悉的数制系统。十进制的特点如下：

有 10 个数码：0、1、2、3、4、5、6、7、8、9。

运算规则：逢十进一，借一当十。

进位基数是 10。

设任意一个具有 n 位整数、m 位小数的十进制数 D，可表示为：

$$D = D_{n-1} \times 10^{n-1} + D_{n-2} \times 10^{n-2} + \cdots + D_1 \times 10^1 + D_0 \times 10^0 + D_{-1} \times 10^{-1} + \cdots + D_{-m} \times 10^{-m}$$

上式称为“按权展开式”。十进制的位权是以 10 为底的幂。

例2-1 将十进制数$(153.75)_{10}$按权展开。

【解】$(153.75)_{10} = 1 \times 10^2 + 5 \times 10^1 + 3 \times 10^0 + 7 \times 10^{-1} + 5 \times 10^{-2}$

$= 100 + 50 + 3 + 0.7 + 0.05$

2．二进制（Binary）

二进制是当前计算机系统中采用的进位计数制。二进制的特点如下：

有 2 个数码：0、1。

运算规则：逢二进一，借一当二。

进位基数是 2。

例2-2 将$(10011010.11)_2$按权展开。

【解】$(10011010.11)_2 = 1\times2^7 + 0\times2^6 + 0\times2^5 + 1\times2^4 + 1\times2^3 + 0\times2^2 + 1\times2^1 + 0\times2^0 + 1\times2^{-1} + 1\times2^{-2}$

$= (154.75)_{10}$

二进制不符合人们的使用习惯，在日常生活中不经常使用，但是在计算机内部的数都是用二进制表示的，其主要原因如下：

（1）电路简单。二进制数只有 0 和 1 两个数码，计算机是由逻辑电路组成的，因此可以很容易地用电气元件的导通和截止来表示这两个数码。

（2）可靠性强。用电气元件的两种状态表示两个数码，数码在传输和运算中不易出错。

（3）简化运算。二进制的运算法则很简单。例如：求和法则只有 3 个，求积法则也只有 3 个，而如果使用十进制要烦琐得多。

（4）逻辑性强。计算机在数值运算的基础上还能进行逻辑运算，逻辑代数是逻辑运算的理论依据。二进制的两个数码，正好代表逻辑代数中的“真”（True）和“假”（False）。

3．八进制（Octal）

计算机内部数据基本都是由二进制表示的，但是在数字较大的情况下，二进制的数字就会很长，书写和讨论都不方便。为了方便人们讨论，经常将二进制转换为八进制或十六进制。但是大家仍然要明确，计算机内部仍然是用二进制表示。

八进制的特点如下：

有 8 个数码：0、1、2、3、4、5、6、7。

运算规则：逢八进一，借一当八。

进位基数是 8。

例2-3 将$(654.23)_8$按权展开。

【解】$(654.23)_8 = 6 \times 8^2 + 5 \times 8^1 + 4 \times 8^0 + 2 \times 8^{-1} + 3 \times 8^{-2} = (428.296875)_{10}$

4．十六进制（Hexadecimal）

十六进制是人们在计算机指令代码和数据的书写中经常使用的数制。十六进制的特点如下：

有16个数码：0、1、2、3、4、5、6、7、8、9、A、B、C、D、E、F（或a，b，c，d，e，f）。16个数码中的 A、B、C、D、E、F 6个数码，分别代表十进制数中的 10、11、12、13、14、15。

运算规则：逢十六进一，借一当十六。

进位基数是16。

例2-4 $(3A6E.5)_{16}$按权展开。

【解】$(3A6E.5)_{16}=3\times16^3+10\times16^2+6\times16^1+14\times16^0+5\times16^{-1}=(14958.3125)_{10}$

5．数制符号

在讨论中，为了区分不同进制数，一种方法如上面例子中所示，将不同进制数字用小括号括起来，然后在后面标注上2、8、10、16来表明当前数字所采用的进制。还有一种方法，是在数字后用不同的英文字母作为后缀，来区别不同的进制。

（1）十进制数（Decimal），数字后加D 或不加，如10D 或 10。

（2）二进制数（Binary），数字后加 B，如10010B。

（3）八进制数（Octal），数字后加 O（注意，是大写字母O，而不是数字0），如123O。

（4）十六进制数（Hexadecimal），数字后加H，如2A5EH。

2.2.2 *R*进制数转换为十进制数

*R*进制数转换为十进制数，采用"位权展开法"，即只需要按照位权展开后相加即可。

*R*进制数的位权是以*R*为底的一个幂，小数点左侧第一位的位权指数为0，向左每升高一位，位权指数加1，向右每降低一位，位权指数减1。

任意*R*进制数都可以转换为十进制数，转换方法也都基本一致，下面以二进制数转换成十进制数为例讨论。

例2-5 将$(10010.11)_2$转换成十进制数。

【解】$(10010.11)_2=1\times2^4+0\times2^3+0\times2^2+1\times2^1+0\times2^0+1\times2^{-1}+1\times2^{-2}=(18.75)_{10}$

例2-6 将$(175.62)_8$ 转换成十进制数。

【解】$(175.62)_8=1\times8^2+7\times8^1+5\times8^0+6\times8^{-1}+2\times8^{-2}=(121.78125)_{10}$

再来看一个十六进制数转换为十进制数的例子。注意，十六进制数中有可能出现数码A到数码F，将它们分别转换为十进制数的10到15即可。

例2-7 将$(A91.D2)_{16}$ 转换成十进制数。

【解】$(A91.D2)_{16}=10\times16^2+9\times16^1+1\times16^0+13\times16^{-1}+2\times16^{-2}=(2705.8203125)_{10}$

2.2.3 十进制数转换为*R*进制数

十进制数可以转换成任意*R*进制数，在此过程中，整数部分的转换采用"除*R*取余"法，小数部分的转换采用"乘*R*取整"法。下面以十进制数转换为二进制数为例讨论。

1．整数部分："除*R*取余"法

口诀为："除 2取余，逆序排列。"将十进制数反复除以2，直到商是0为止，并将每次相除之后所得的余数逆序排列，就得到了结果。例如第一次相除所得余数是 K_0，最后一次相除所得的余数是K_{n-1}，则$K_{n-1}K_{n-2}\cdots K_2K_1K_0$ 即为转换所得的二进制数。

例 2-8 将十进制数 $(123)_{10}$ 转换成二进制数。

【解】

2 | 123		低位 ↑
2 | 61	……余1	
2 | 30	……余1	
2 | 15	……余0	
2 | 7	……余1	
2 | 3	……余1	
2 | 1	……余1	
0	……余1	高位

得：$(123)_{10} = (1111011)_2$

2．小数部分："乘 R 取整"法

口诀为："乘 2 取整，顺序排列。"将十进制数的纯小数部分反复乘以 2，直到乘积的小数部分为 0 或小数点后的位数达到精度要求为止，就得到了结果。第一次乘以 2 所得的结果是 K_{-1}，最后一次乘以 2 所得的结果是 K_{-m}，则所得二进制数为 $0.K_{-1}K_{-2}\cdots K_{-m}$。

例 2-9 将十进制小数$(0.2541)_{10}$转换成二进制数。

【解】

$0.2541 \times 2 = 0.5082$ ……$0=(K_{-1})$

$0.5082 \times 2 = 1.0164$ ……$1=(K_{-2})$

$0.0164 \times 2 = 0.0328$ ……$0=(K_{-3})$

$0.0328 \times 2 = 0.0656$ ……$0=(K_{-4})$

取整数部分，得：

$(0.2541)_{10} = (0.0100)_2$

需要注意的是，十进制小数转换为二进制小数时，很多时候得不到有限小数，或者有限小数的位数特别多。理论上，只有恰好是 2 的整数次幂的十进制小数才能转换为有限位的二进制小数。这种时候，我们一般求解到一定精度后，即可停止运算。下面再看一个示例。

例 2-10 将十进制数$(126.1875)_{10}$ 转换成二进制数。

【解】对于这种既有整数又有小数的十进制数，可以将其整数部分和小数部分分别转换为二进制数，然后再组合起来，就是所求的二进制数了。

$(126)_{10} = (1111110)_2$

$(0.1875)_{10} = (0.011)_2$

$(126.1875)_{10} = (1111110.0011)_2$

同理，十进制数转换成八进制、十六进制数值时遵循类似的规则，即整数部分除基取余、反向排列，小数部分乘基取整，顺序排列。

2.2.4 二进制数与八进制、十六进制数之间的转换

同样数值的二进制数比十进制数占用更多的位数，书写长，容易出错。为了方便读写，人们就用八进制数和十六进制数来表示二进制数据。由于 $2^3=8$、$2^4=16$，八进制数与二进制数的关系是 1 位八进制数对应 3 位二进制数，十六进制数与二进制数的关系是 1 位十六进制数对应 4 位二进制数。因此，二进制数与八进制数、十六进制数之间的转换运算相对简单，这样方便我们使用八进制、十六进制数来代替二进制数进行讨论。

将二进制数转换成八进制数时，以小数点为中心向左和向右两边分组，每三位一组进行分组，两头不足三位则补零。

例2-11 将二进制数$(1101101110.110101)_2$转换为八进制数。

【解】$(001\ 101\ 101\ 110.110\ 101)_2=(1\ 556.65)_8$

将二进制数转换成十六进制数时，以小数点为中心向左和向右两边分组，每四位一组进行分组，两头不足四位则补零。

例2-12 将二进制数$(1101101110.110101)_2$转换为十六进制数。

【解】$(0011\ 0110\ 1110.1101\ 0100)_2=(36E.D4)_{16}$

将八进制数转换成二进制数时，以小数点为中心向左和向右，每一位八进制数拆分为三位二进制数，最终结果中将两头多余的 0 要去掉。

例2-13 将八进制数$(74.26)_8$转换为二进制数。

【解】$(74.26)_8=(111\ 100.010\ 11)_2$

将十六进制数转换成二进制数时，以小数点为中心向左和向右，每一位十六进制数拆分为四位二进制数，最终结果中将两头多余的 0 要去掉。

例2-14 将十六进制数$(C3.9E)_{16}$转换为二进制数。

【解】$(C3.9E)_{16}=(1100\ 0011.1001\ 111)_2$

2.3 整数的机内表示

2.3.1 有符号整数和无符号整数

1．机器数的范围

机器数的范围由硬件（CPU 的寄存器）决定。使用 8 位寄存器时，字长为 8 位，一个无符号整数的最大值是 $(11111111)_2=(255)_{10}$，机器数的范围为 0～255。

使用 16 位寄存器时，字长为 16 位，一个无符号整数的最大值是$(FFFF)_{16}=(65535)_{10}$，机器数的范围为 0～65 535。

2．机器数的符号

在计算机内部，任何数据都只能用二进制的两个数码“0”和“1”来表示。除了用“0”和“1”的组合来表示数值的绝对值大小外，其正负号也必须以“0”和“1”的形式表示。通常规定最高位为符号位，并用“0”表示正，用“1”表示负。最高的这一位如果用来表示这个数是正数还是负数，这样的话这个数就是有符号整数。

如果最高的这一位不用来表示正负，而是和后面的连在一起表示整数，那么就不能区分这个数是正还是负，就只能是正数，这就是无符号整数。

这时在一个 8 位字长的计算机中，数据的格式如图 2–1 所示。最高位 D_7 为符号位，$D_6 \sim D_0$ 为数值位。

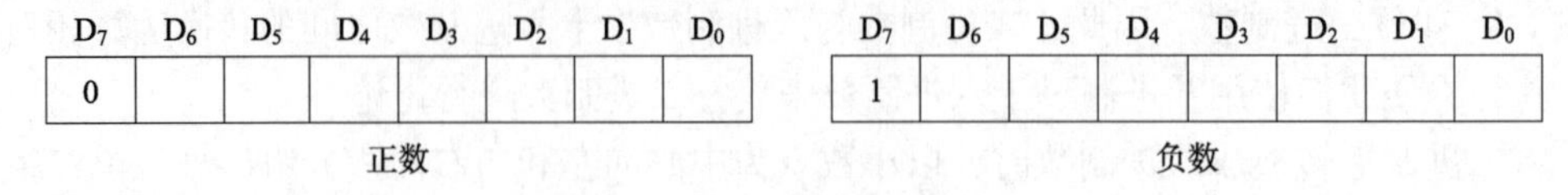

D_7	D_6	D_5	D_4	D_3	D_2	D_1	D_0
0							

正数

D_7	D_6	D_5	D_4	D_3	D_2	D_1	D_0
1							

负数

图 2–1　正负数的符号表示

2.3.2　原码、反码、补码

通过最高位为“符号位”的约定，我们已经可以把所有整数都表示为一个二进制串了。但是在实际计算机系统中，整数其实有 3 种表示法：原码、反码和补码。这又是为什么呢?下面我们来一一讨论。

1．原码

在数值前直接加一符号位的表示法。

例如：符号位　　数值位

[+7]原=　　0　　0000111 B

[−7]原=　　1　　0000111 B

注意：

数“0”的原码有两种形式：

[+0]原=00000000 B

[−0]原=10000000 B

8 位二进制原码的表示范围：−127 ~ +127。

2．反码

利用原码来表示负数，优点是直观容易理解，缺点是加法计算不方便。一个正数和一个负数相加的运算，需要考虑哪个数字的绝对值大，还要额外考虑结果的符号位。

为了更方便地进行任意两个整数的加法运算，目前绝大多数计算机系统中，整数的编码形式其实采用的是“补码”。为了计算“补码”，我们需要先学习“反码”。

需要注意的是，“反码”其实是计算“补码”的一种中间结果形式，实际使用中绝大多数计算机都不采用反码表示数。反码的表示规则如下：

（1）正数：正数的反码与原码相同。

例如：[+7]原= 0 0000111 B

　　　[+7]反= 0 0000111 B

（2）负数：负数的反码，符号位为“1”，数值部分按位取反。

例如：符号位　数值位

[+7]反=　　0　　0000111 B

[−7]反=　　1　　1111000 B

注意：

数“0”的反码也有两种形式，即

$[+0]_{反}$=00000000 B

$[-0]_{反}$=11111111 B

8 位二进制反码的表示范围：−127 ~ +127。

3. 补码

首先要理解一下“模”的概念。我们把一个完整的计量单位称之为模或模数，一般用十进制来讨论。

例如，时钟是以 12 进制进行计数循环的，即以 12 为模。在时钟上，时针加上（正拨）12 的整数位或减去（反拨）12 的整数位，时针的位置不变。14 点钟在舍去模 12 后，成为（下午）2 点钟（14=14−12=2）。从 0 点出发逆时针拨 10 格即减去 10 小时，也可看成从 0 点出发顺时针拨 2 格（加上 2 小时），即 2 点（0−10 = −10 = −10+12=2）。因此，在模 12 的前提下，−10 可映射为+2。由此可见，对于一个模数为 12 的循环系统来说，加 2 和减 10 的效果是一样的；因此，在以 12 为模的系统中，凡是减 10 的运算都可以用加 2 来代替，这就把减法问题转化成加法问题了。10 和 2 对模 12 而言互为补数。

同理，计算机的运算部件与寄存器都有一定字长的限制（假设字长为 8），因此它的运算也是一种模运算。当计数器计满 8 位也就是 256 个数后会产生溢出，又从头开始计数。产生溢出的量就是计数器的模，显然，8 位二进制数，它的模数为 $2^8 = 256$。在计算中，两个互补的数称为“补码”。

补码的表示：

正数：正数的补码和原码相同。

负数：负数的补码则是符号位为“1”。并且，这个“1”既是符号位，也是数值位。数值部分按位取反后再在末位（最低位）加 1，也就是“反码+1”。

例如：　符号位　数值位

$[+7]_{补}$ =　0　0000111 B

$[-7]_{补}$ =　1　1111001 B

补码在微型机中是一种重要的编码形式，请注意：

采用补码后，可以方便地将减法运算转化成加法运算，运算过程得到简化。正数的补码即是它所表示的数的真值，而负数的补码的数值部分却不是它所表示的数的真值。采用补码进行运算，所得结果仍为补码。

与原码、反码不同，数值 0 的补码只有一个，即 $[0]_{补}$=00000000 B。

若字长为 8 位，则补码所表示的范围为−128 ~ +127；进行补码运算时，应注意所得结果不应超过补码所能表示数的范围。

4. 转换

由于正数的原码、补码、反码表示方法均相同，不需转换。在此，仅讨论负数情况。下面来讨论已知原码，求补码和反码的问题。

例2-15 已知某数 X 的原码为 10110100 B，试求 X 的补码和反码。

【解】由$[X]_{原}$=10110100 B 知，X 为负数。求其反码时，符号位不变，数值部分按位求反；求其补码时，再在其反码的末位加 1。

1 0 1 1 0 1 0 0 B 原码；

1 1 0 0 1 0 1 1 B 反码，符号位不变，数值位取反；

补码=反码+1；

1 1 0 0 1 1 0 0 B 补码；

故：$[X]_{补}$=11001100 B，$[X]_{反}$=11001011 B。

接下来讨论已知补码，求原码的问题。

分析：按照求负数补码的逆过程，数值部分应是最低位减 1，然后取反。但是对二进制数来说，先减 1 后取反和先取反后加 1 得到的结果是一样的，故仍可采用取反加 1 的方法。

例2-16 已知某数 X 的补码 11101110 B，试求其原码。

【解】由$[X]_{补}$=11101110 B 知 X 为负数。

采用逆推法：

1 1 1 0 1 1 1 0 B 补码

1 1 1 0 1 1 0 1 B 反码（末位减 1）

1 0 0 1 0 0 1 0 B 原码（符号位不变，数值位取反）

利用补码进行正负整数之间的加法运算，可以将符号位也当作普通数字参与计算，直接得到结果。下面我们来看两个例子。

例2-17 已知两个整数 X=+5，Y=−7，利用补码求 Z=X+Y 的补码值，并求 Z 的反码、原码和十进制值。

【解】因为 X 是正数，所以：

$[X]_{原}=[X]_{反}=[X]_{补}$=00000101B

因为 Y 是负数，所以：

$[Y]_{原}$=10000111B　　负数原码符号位为 1

$[Y]_{反}$=11111000B　　负数反码，符号位不变，数值位取反

$[Y]_{反}$=11111001B　　负数补码=反码+1

所以：$[X]_{补}+[Y]_{补}$为

$$\begin{array}{r} 00000101 \\ +\ \ 11111001 \\ \hline 11111110 \end{array}$$

所以：$[Z]_{补}$=11111110B

采用逆推法：

$[Z]_{反}$=11111101B 反码（末位减 1）

$[Z]_{原}$=10000010B 原码（符号位不变，数值位取反）

所以 $Z=(-2)_{10}$

2.3.3 基本的整数运算

二进制数的运算规则与十进制数一样，同样可以进行加、减、乘、除四则运算。其算法规则如下：

1．二进制加法运算法则

0 + 0 = 0；

0 + 1 = 1；

1 + 0 = 1；

1 + 1 = 0（逢 2 向高位进 1）。

例2-18 求$(1101)_2+(1011)_2$的值。

【解】

$$\begin{array}{r} 1101 \\ +\ \ 1011 \\ \hline 11000 \end{array}$$

得：$(1101)_2+(1011)_2=(11000)_2$

例2-19 求$(10011.01)_2+(100011.11)_2$的值。

【解】

$$\begin{array}{r} 10011.01 \\ +\ \ 100011.11 \\ \hline 110111.00 \end{array}$$

得：$(10011.01)_2+(100011.11)_2=(110111.00)_2$

2．二进制减法运算法则

0–0 = 0；

1–0 = 1；

1–1 = 0；

0–1 = 1（向高位借 1 当 2）。

例2-20 $(10110.01)_2-(1100.10)_2$的值。

【解】

$$\begin{array}{r} 10110.01 \\ -\ \ \ \ 1100.10 \\ \hline 1001.11 \end{array}$$

得：$(10110.01)_2-(1100.10)_2=(1001.11)_2$

3．二进制乘法运算法则

0 × 0 = 0；

1 × 0 = 0；

0 × 1 = 0；

1 × 1 = 1。

任何数乘以“0”时为“0”；或只有同时为“1”时结果才为“1”。

例2-21 求$(1101.01)_2 \times (110.11)_2$的积。

【解】

```
         1101.01
×         110.11
----------------
          110101
         110101
        000000
       110101
      110101
----------------
     1011001.0111
```

得：$(1101.01)_2 \times (110.11)_2 = (1011001.0111)_2$

4．二进制除法运算法则

0÷0 = 0；

1÷0 = 无意义；

0÷1 = 0；

1÷1 = 1；

例2-22 求$(11011)_2 \div (11)_2$的结果。

【解】

```
        1001
   11 √ 11011
        11
   ----------
         00
         00
   ----------
          01
          00
   ----------
           11
           11
   ----------
            0
```

得：$(11011)_2 \div (11)_2 = (1001)_2$

5．二进制按位逻辑运算法则

在很多计算机程序设计语言中，都提供二进制的按位逻辑运算，包括：按位非（NOT），按位与（AND），按位或（OR），按位异或（XOR）。

1）按位非（NOT）

按位非是一个单目运算，只有一个被操作数。它的运算法则很简单，将每一位二进制数取反（0变1,1变0）即可。

例2-23 求NOT$(0011\ 1011)_2$。

【解】按位取反得：$(1100\ 0100)_2$。

2）按位与（AND）

按位与是一个双目运算，有两个被操作数。运算时首先将两个二进制数低位对齐，然

后从低到高将每一位的两个二进制数进行逻辑与运算（只有两个都是 1 结果才是 1，只要有一个 0 结果就是 0）即可。

例2-24 求$(1010\ 1010)_2$ AND $(0011\ 1011)_2$。

【解】

```
     1010 1010
AND  0011 1011
--------------
     0010 1010
```

3）按位或（OR）

按位或是一个双目运算，有两个被操作数。运算时首先将两个二进制数低位对齐，然后从低到高将每一位的两个二进制数进行逻辑或运算（只有两个都是 0 结果才是 0，只要有一个 1 结果就是 1）即可。

例2-25 求$(1010\ 1010)_2$ OR $(0011\ 1011)_2$。

【解】

```
     1010 1010
OR   0011 1011
--------------
     1011 1011
```

4）按位异或（XOR）

按位异或是一个双目运算，有两个被操作数。运算时首先将两个二进制数低位对齐，然后从低到高将每一位的两个二进制数进行逻辑异或运算（两个数字相同结果是 1，两个数字不同结果是 0）即可。

例2-26 求$(1010\ 1010)_2$ XOR $(0011\ 1011)_2$。

【解】

```
     1010 1010
XOR  0011 1011
--------------
     0110 1110
```

2.4 小数的机内表示

2.4.1 定点表示法

对于定点整数，小数点的位置约定在最低位的右边，用来表示整数，如图 2–2 所示。参考这种思路，计算机学科发展早期，很多计算机系统采用定点小数，也就是说小数点的位置约定在符号位之后，用来表示小于 1 的纯小数，如图 2–3 所示。

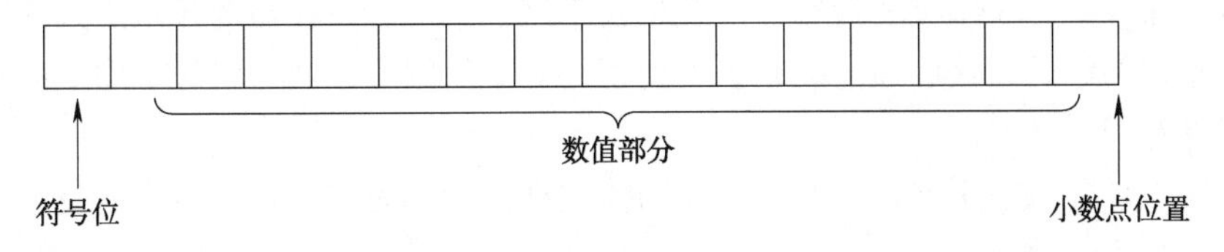

图 2–2 机器内的定点整数

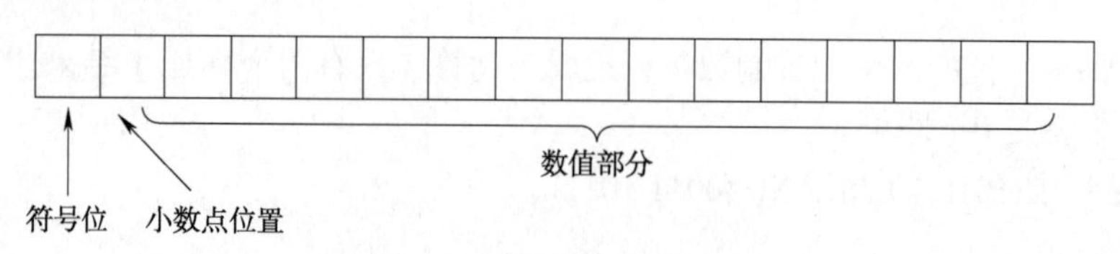

图 2-3　机器内的定点小数

这种表示方法简单直观易理解，缺点则是能表达的数值范围和精度都很受限。

2.4.2　浮点表示法

一个二进制数 N 也可以表示为 $N = \pm S \times 2 \pm P$。式中的 N、P、S 均为二进制数。S 称为 N 的尾数，即全部的有效数字（数值小于 1），S 前面的 ± 号是尾数的符号；P 称为 N 的阶码（通常是整数），即指明小数点的实际位置，P 前面的 ± 号是阶码的符号。

在计算机中一般浮点数的存放形式如图 2-4 所示。

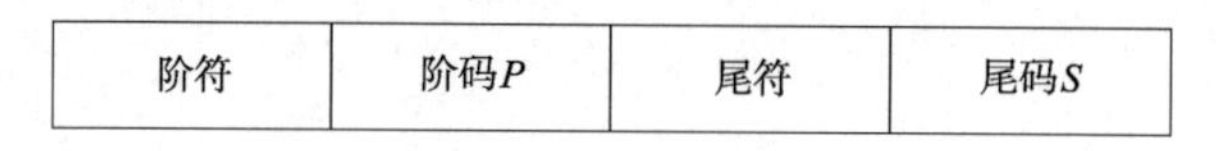

图 2-4　浮点数的存放形式

在浮点数表示中，尾数的符号和阶码的符号各占一位。阶码是定点整数，阶码的位数决定了所表示的数的范围；尾数是定点小数，尾数的位数决定了数的精度。在不同字长的计算机中，浮点数所占的字长是不同的。采用浮点表示法的情况下，同样的存储空间能够表达的数值范围和精度都要比定点表示法高出很多。

2.5　字符的机内表示

如果把屏幕上的文字放大看一下，可以看出屏幕上的文字是由一个一个的像素点组成的，每一个字符用一组像素点拼接出来，这些像素点组成一幅图像，变成了文字。

计算机是如何将文字保存起来的呢？是用一个个的点组成的图像将文字保存起来的吗？当然不是。让我们从英文开始，英文是拼音文字，实际上所有的英文字符和符号加起来也不超过 100 个，但在文字中存在着大量的重复符号，这就意味着保存每个字符的图像会有大量的重复，比如 e 就是出现较多的符号。所以在计算机中，实际上不会保存字符的图像。

由于文字中存在着大量的重复字符，而计算机天生就是用来处理数字的，为了减少需要保存的信息量，我们可以使用一个数字编码来表示一个字符，对每一个字符规定一个唯一的数字代号，然后，对应每一个代号，建立其相对应的图形。这样，在每一个文件中，我们只需要保存每一个字符的编码，这就相当于保存了文字，在需要显示出来的时候，先取得保存起来的编码，然后通过编码表查到字符对应的图形，然后将这个图形显示出来，这样就可以看到文字了。

这些用来规定每一个字符所使用的代码的表格，就称为编码表。编码就是对日常使用字符的一种数字编号。

2.5.1 ASCII 码

1. ASCII 编码表

1967 年，美国制定了《美国标准信息交换码》，简称 ASCII，共规定了 128 个符号所对应的数字，使用了 7 位二进制的位来表示这些数字。其中包含了英文的大小写字母、数字、标点符号等常用的字符，也包含了一些控制符号，如图 2-5 所示。

L	H							
	0000	0001	0010	0011	0100	0101	0110	0111
0000	NUL	DLE	SP	0	@	P	‘	p
0001	SOH	DC1	!	1	A	Q	a	q
0010	STX	DC2	“	2	B	R	b	r
0011	ETX	DC3	#	3	C	S	c	s
0100	EOT	DC4	$	4	D	T	d	t
0101	ENQ	NAK	%	5	E	U	e	u
0110	ACK	SYN	&	6	F	V	f	v
0111	BEL	ETB	’	7	G	W	g	w
1000	BS	CAN	)	8	H	X	h	x
1001	HT	EM	(	9	I	Y	i	y
1010	LF	SUB	*	:	J	Z	j	z
1011	VT	ESC	+	;	K	[	k	{
1100	FF	FS	,	<	L	\	l	|
1101	CR	GFS	-	=	M	]	m	}
1110	SO	RS	.	>	N	^	n	~
1111	SI	US	/	?	O	_	o	DEL

图 2-5 ASCII 码表

2. ASCII 编码扩展 ISO 8859

美国顺利解决了字符的问题，可是欧洲的各个国家还没有解决，比如法语中就有许多英语中没有的字符，因此 ASCII 不能帮助欧洲解决编码问题。为了解决这个问题，人们借鉴 ASCII 的设计思想，创造了许多使用 8 位二进制数来表示字符的扩充字符集，这样就可以使用 256 种数字代号表示更多的字符了。在这些字符集中，0 ~ 127 的代码与 ASCII 保持兼容，128 ~ 255 用于其他的字符和符号。由于有很多种语言，它们有着各自不同的字符，于是人们为不同的语言制定了大量不同的编码表，在这些编码表中，128 ~ 255 表示各自不同的字符，其中国际标准化组织的 ISO 8859 标准得到了广泛的应用。

在 ISO 8859 的编码表中，编号 0 ~ 127 与 ASCII 保持兼容，编号 128 ~ 159 共 32 个编码保留给扩充定义的 32 个扩充控制码，160 为空格，161 ~ 255 的 95 个数字用于新增加的字符代码。编码的布局与 ASCII 的设计思想如出一辙，由于在一张编码表中只能增加 95 种字符的代码，所以 ISO 8859 实际上不是一张编码表，而是一系列标准，包括 14 个字符码表。例如，西欧的常用字符就包含在 ISO 8859-1 字符表中，在 ISO 8859-7 中则包含了 ASCII 和现代希腊语字符。

ISO 8859 标准解决了大量的字符编码问题，但也带来了新的问题，比如说，没有办法在一篇文章中同时使用 ISO 8859-1 和 ISO 8859-7，也就是说，在同一篇文章中不能同时出现希腊文和法文，因为它们的编码范围是重合的。例如，在 ISO 8859-1 中 217 号编码表示字符 ù，而在 ISO 8859-7 中则表示希腊字符 Ω，这样一篇使用 ISO 8859-1 保存的文件，在使用 ISO 8859-7 编码的计算机上打开时，将看到错误的内容。为了同时处理一种以上的文字，出现了一些同时包含原来不属于同一张编码表的字符的新编码表，如图 2–6 所示。

低四位		高四位															
		1000		1001		1010		1011		1100		1101		1110		1111	
		8		9		A/10		B/16		C/32		D/48		E/64		F/80	
		十进制	字符	十进制	字符	十进制	字符	十进制	字符	十进制	字符	十进制	字符	十进制	字符	十进制	字符
0000	0	128	Ç	144	É	160	á	176	░	192	└	208	╨	224	α	240	≡
0001	1	129	ü	145	æ	161	í	177	▒	193	┴	209	╤	225	ß	241	±
0010	2	130	é	146	Æ	162	ó	178	▓	194	┬	210	╥	226	Γ	242	≥
0011	3	131	â	147	ô	163	ú	179	│	195	├	211	╙	227	π	243	≤
0100	4	132	ä	148	ö	164	ñ	180	┤	196	─	212	Ô	228	Σ	244	⌠
0101	5	133	à	149	ò	165	Ñ	181	╡	197	┼	213	╒	229	σ	245	⌡
0110	6	134	å	150	û	166	ª	182	╢	198	╞	214	╓	230	µ	246	÷
0111	7	135	ç	151	ù	167	º	183	╖	199	╟	215	╫	231	τ	247	≈
1000	8	136	ê	152	ÿ	168	¿	184	╕	200	╚	216	╪	232	Φ	248	°
1001	9	137	ë	153	Ö	169	⌐	185	╣	201	╔	217	┘	233	Θ	249	•
1010	A	138	è	154	Ü	170	¬	186	║	202	╩	218	┌	234	Ω	250	·
1011	B	139	ï	155	¢	171	½	187	╗	203	╦	219	█	235	δ	251	√
1100	C	140	î	156	£	172	¼	188	╝	204	╠	220	▄	236	∞	252	ⁿ
1101	D	141	ì	157	¥	173	¡	189	╜	205	═	221	▌	237	φ	253	²
1110	E	142	Ä	158	₧	174	«	190	╛	206	╬	222	▐	238	ε	254	■
1111	F	143	Å	159	ƒ	175	»	191	┐	207	╧	223	▀	239	∩	255	BLANK FF

图 2–6　一种 ASCII 扩展码表

2.5.2　汉字编码

欧洲的大多数国家的文字都还可以用一个字节来保存，一个字节由 8 个二进制位组成，用来表示无符号的整数，范围正好是 0 ~ 255。但是，更严重的问题出现在东方，中国、朝鲜和日本的文字包含大量的符号。例如，中国的文字不是拼音文字，汉字的个数有数万之多，远远超过区区 256 个字符，因此 ISO 8859 标准实际上不能处理中文的字符。

通过借鉴 ISO 8859 的编码思想，中国的专家灵活地解决了中文的编码问题。既然一个字节的 256 种字符不能表示中文，那么我们就使用两个字节来表示一个中文，在每个字符的 256 种可能中，为了与 ASCII 保持兼容，不使用低于 128 的编码。借鉴 ISO 8859 的设计方案，只使用从 160 以后的 96 个数字，两个字节分成高位和低位，高位的取值范围从 176 ~ 247 共 72 个，低位从 161 ~ 254 共 94 个，这样两个字节就有 72 × 94=6 768 种可能，也就是可以表示 6 768 种汉字，这个标准就是 GB 2312—1980。

1. 汉字编码分类

汉字在不同的处理阶段有不同的编码。

（1）汉字的输入：输入码。

（2）汉字的机内表示：机内码。

（3）汉字的输出：字形码（字库 Font）。

各种汉字编码之间的关系如图 2–7 所示。

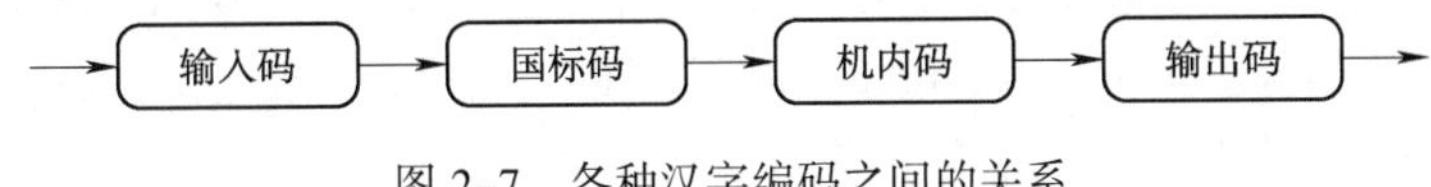

图 2–7 各种汉字编码之间的关系

2. 汉字的机内表示——机内码

计算机在信息处理时表示汉字的编码，称作机内码。现在我国都用国标码（GB 2312）作为机内码，GB 2312—1980 规定如下：

（1）一个汉字由两个字节组成，为了与 ASCII 码区别，最高位均为“1”。

（2）汉字 6 763 个：一级汉字 3 755 个，按汉字拼音字母顺序排列；二级汉字 3 008 个，按部首笔画汉字排列。

（3）汉字分区：94 行（区），94 列（位）（区位码）。

3. 汉字的输入——汉字输入码

（1）数字码（或流水码）。如：电报码、区位码、纵横码。

优点：无重码，不仅能对汉字编码，还能对各种字母、数字符号进行编码。

缺点：是人为规定的编码，属于无理码，只能作为专业人员使用。

（2）字音码。如：全拼、双拼、微软拼音。

优点：简单易学。

缺点：汉字同音多，所以重码很多，输入汉字时要选字。

（3）字形码。如：五笔字型、表形码、大众码、四角码。

优点：不考虑字的读音，见字识码，一般重码率较低，经强化训练后可实现盲打。

缺点：拆字法没有统一的国家标准，拆字难，编码规则烦琐，记忆量大。

（4）音形码。如：声形、自然码、钱码。

优点：利用音码的易学性和形码可有效减少重码的优点。

缺点：既要考虑字音，又要考虑字形，比较麻烦。

4. 汉字的输出——字形码（字库 Font）

（1）点阵字形：按照显示和打印输出格式的需要，通常将汉字在计算机中的点阵字形分为 16 × 16、24 × 24、48 × 48 等几种。每一个点在存储器中用一个二进制位（bit）存储，所以一个 16 × 16 点阵汉字需要 32（16 × 16/8= 32）个字节存储空间。

（2）轮廓字形。用一组直线和曲线勾画出字的笔画轮廓形成的轮廓字形。记录的是这些几何形状之间的关系，精度高。Windows 的 TrueType 字库采用此法。

5. GBK 码

GB 2312—1980 仅收汉字 6 763 个，大大少于现实使用的汉字。而且由于 GB 2312 规定的字符编码实际上与 ISO 8859 是冲突的，所以，当我们在中文环境下看一些西文的文档时，会出现一些乱码。

为了解决这些问题，全国信息技术化技术委员会于 1995 年 12 月 1 日制定了《汉字内码扩展规范》(GBK)。GBK 向下与 GB 2312 完全兼容，向上支持 ISO 10646 国际标准，在前者向后者过渡过程中起到承上启下的作用。GBK 亦采用双字节表示，总体编码范围为 8140 ~ FEFE，高字节在 81 ~ FE，低字节在 40 ~ FE，不包括 7F。在 GBK 1.0 中共收录了 21 886 个符号，汉字有 21 003 个，包括 GB 2312 中的全部汉字、非汉字符号，BIG5 中的全部汉字，与 ISO 10646 相应的国家标准 GB 13000 中的其他 CJK 汉字，以上合计 20 902 个汉字。另外还包含了其他一些生僻汉字、部首、符号，共计 984 个。

6. GB 18030 码

GB 18030 是最新的汉字编码字符集国家标准， 向下兼容 GBK 和 GB 2312 标准。GB 18030 编码是一二四字节变长编码。一字节部分从 0x0 ~ 0x7F，与 ASCII 编码兼容。二字节部分，首字节从 0x81 ~ 0xFE，尾字节从 0x40 ~ 0x7E 以及 0x80 ~ 0xFE，与 GBK 标准基本兼容。四字节部分，第一字节从 0x81 ~ 0xFE，第二字节从 0x30 ~ 0x39，第三和第四字节的范围和前两个字节分别相同。

2.5.3 统一编码字符集

由于全世界要表示的字符如此之多，在 20 世纪 80 年代，为了解决传统的字符编码方案的局限，计算机科学领域里制定了一项业界标准 Unicode（单一码，也称万国码、统一码）的编码方案，是一个能够覆盖几乎任何语言的编码表。Unicode 基于通用字符集（Universal Character Set）的标准，为每种语言中的每个字符设定了统一并且唯一的二进制编码，以满足跨语言、跨平台进行文本转换、处理的要求。

Unicode 编码共有三种具体实现，分别为 utf-8、utf-16、utf-32，其中 utf-8 占用一到四个字节，utf-16 占用二或四个字节，utf-32 占用四个字节。Unicode 码在全球范围的信息交换领域均有广泛的应用。

2.6 其他信息的机内表示

在计算机的世界中，除了数值信息外，还有图像、声音、视频、动画等丰富多彩的非数值信息，它们也都是用二进制进行特定的编码来表示的。由于信息的表示基本上依赖于计算机的硬件及其物理状态，因此必然有其独特的物理含义和实际意义。

将图形、图像、声音、视频和动画等多媒体信息通过计算机进行采集、处理、存储和传输的各种技术统称多媒体技术，包括：多媒体信息编码和数字化处理过程、多媒体信息压缩技术、多媒体信息存储技术和多媒体网络通信技术。

声音、图像和视频都是模拟信号，而计算机只能处理二进制的数字信号，为了在计算机中处理多媒体信息，必须先将声音、图像、视频等模拟信号转换成计算机能够处理的数字信号。模拟信号数字化的过程主要有三步：采样、量化、编码。

采样：是以固定的时间间隔（采样周期）抽取模拟信号的幅度值（振幅）。采样后得到的是离散的声音振幅样本序列，仍是模拟量。

量化：是指把采样得到的信号的幅度的样本值从模拟量转换成数字量。

编码：是指把采样量化后得到的数字音频信息按照一定的数据格式表示并存储到计算

机的过程。

下面分别介绍图像、声音、视频等多媒体信息编码。

2.6.1 图像信息编码

1. 图像的类型

能为视觉系统所感知的信息形式称为图像。根据图像在计算机中的表示方式不同，分为矢量图形和位图图像两种。

1）矢量图形

矢量图形使用一些基本的图像元素来描述图形，包括点、线、矩形、多边形、圆和弧线等。这些图形元素都只保存基本的数学参数，一幅复杂的图像是使用这些基本参数，再通过数学计算获得的。例如一幅花的矢量图形实际上是由线段构成外框轮廓，由外框的颜色以及外框所封闭的颜色决定花显示出的颜色。

矢量图形最大的优点是无论放大、缩小或旋转等都不会失真，且数据量较小；最大的缺点是难以表现色彩层次丰富的逼真图像效果。

2）位图图像

位图又叫点阵图或像素图，一幅图像由很多行、列光点（称之为像素）构成，每个光点用二进制数据来保存其颜色与亮度等信息，这些点是离散的，类似于点阵。所有行列像素的组合就形成了图像，称之为位图。

位图图像的主要优点在于表现力强、细腻、层次多、细节多，可以十分容易地模拟出像照片一样的真实效果。但是在对位图图像进行拉伸、放大或缩小等处理时，会产生一定的失真，其清晰度和光滑度会受到影响。另外，由于像素点往往很多，因此位图图像的数据量比较大。

2. 图像的数字化处理

在计算机中处理图像，必须先把真实的图像（照片、画报、图书、图纸等）通过数字化转变成计算机能够接受的显示和存储格式，然后再用计算机进行分析处理。图像的数字化过程主要分为采样、量化与压缩编码三个步骤。

（1）采样：采样的实质就是要用多少点来描述一幅图像，采样结果质量的高低用图像分辨率来衡量。简单来讲，二维空间上连续的图像在水平和垂直方向上等间距地分割成矩形网状结构，所形成的微小方格称为像素点。一幅图像就被采样成有限个像素点构成的集合。例如：一幅 640 × 480 分辨率的图像，表示这幅图像是由 640 × 480=307 200 个像素点组成。如图 2-8 所示，左图是要采样的物体，右图是采样后的图像，每个小格即为一个像素点。

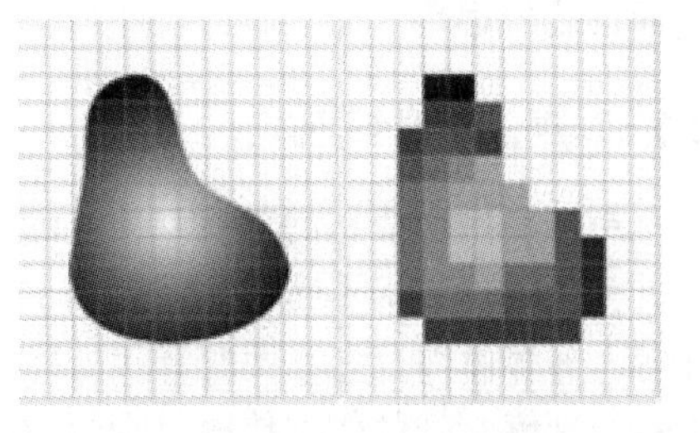

图 2-8 真实图像转换成数字图像的对比效果

在进行采样时，采样点间隔大小的选取很重要，它决定了采样后的图像能真实地反映原图像的程度。一般来说，原图像中的画面越复杂，色彩越丰富，则采样间隔应越小。采样间隔越小，图像样本越逼真，图像的质量越高，但要求的存储量也越大。

（2）量化：量化是指要使用多大范围的数值来表示图像采样之后的每一个点。量化的结果是图像能够容纳的颜色总数，它反映了采样的质量。

例如：如果以 4 位存储一个点，就表示图像只能有 16 种颜色；若采用 16 位存储一个点，则有 2^{16}=65 536 种颜色。

所以，量化位数越大，表示图像可以拥有更多的颜色，自然可以产生更为细致的图像效果。但是，也会占用更大的存储空间。两者的基本问题都是视觉效果和存储空间的取舍。

（3）压缩编码：数字化后得到的图像数据量十分巨大，很多场合需要采用编码技术来压缩其信息量。在一定意义上讲，编码压缩技术是实现图像传输与储存的关键。已有许多成熟的编码算法应用于图像压缩。常见的有图像的预测编码、变换编码、分形编码、小波变换图像压缩编码等。

3．常见图像文件格式

（1）BMP 格式：位图（Bitmap），它是 Windows 操作系统中的标准图像文件格式，能够被多种 Windows 应用程序所支持。BMP 格式的图像文件结构简单，未经过压缩，因此，其数据量比较大。它最大的优点是通用性强。

（2）JPEG（jpg）格式：也是应用最广泛的图像格式之一，它采用一种特殊的有损压缩算法，将不易被人眼察觉的图像颜色删除，从而达到较大的压缩比（可达到 2∶1 甚至 40∶1），在取得极高的压缩率的同时还能展现十分丰富生动的图像。比如我们最高可以把 1.37 MB 的 BMP 位图文件压缩至 20.3 KB。因此 JPEG 成为网络上很流行的图像格式，各类浏览器也均支持 JPEG 图像格式。

（3）GIF 格式：图形交换格式（Graphics Interchange Format），顾名思义，这种格式是用来交换图片的。GIF 格式的特点是压缩比高，并且可以同时存储若干幅静止图像进而形成连续的动画，使之成为网络上广泛应用的一种图片格式。

（4）PNG 格式：可移植的网络图形（Portable Network Graphics）。PNG 是一种新兴的网络图像格式。PNG 汲取了 GIF 和 JPG 二者的优点，存储形式丰富，采用无损压缩算法，可以只下载 1/64 的图像信息就显示出低分辨率的预览图像，并且支持透明图像，这使得它近年来成为网络广泛应用的一种图片格式。

（5）SVG 格式：可缩放的矢量图形（Scalable Vector Graphics）。它是一种开放标准的矢量图形语言，可设计高分辨率的 Web 图形页面。SVG 图像可以任意放大，而不会影响图像质量；SVG 图像中的文字可编辑、可搜索；SVG 文件比 JPEG 和 GIF 格式的文件要小很多，因而下载也很快。

2.6.2 声音信息编码

声音是携带信息的重要媒体。随着多媒体信息处理技术的发展，计算机处理能力的增强，音频处理技术不断增强并得到了广泛应用，如视频伴音、游戏伴音、IP 电话、音乐创作等。多媒体涉及多方面的音频处理技术，如音频采集、语音编码/解码、音乐合成、语音识别与理解、音频数据传输、音频-视频同步、音频效果与编辑等。

声音是振动产生的，如敲一个茶杯，它振动发出声音；拨动吉他的琴弦，吉他就发出声音。但是仅仅振动还产生不了声音，例如，把一个闹钟放在一个密封的罐子里，抽掉空

气，无论闹钟怎么振动，也没有声音。因为声音要靠介质来传递，例如空气。所以声音是一种波，又叫声波。声波传进人的耳朵，人们才感觉到了声音。

声音是一种波，人的耳膜感受到声波的振动，通过听神经传给大脑，于是我们就听到了声音。声波的振幅越大，听到的声音越响，声波振动的频率越高，听到的音调就越高。正常人的耳朵只能听到频率从 20 Hz 到 20 kHz 之间的声音。声波的物理元素包括振幅、频率和周期。三种物理元素分别决定了声音的音量、振动强弱和声波之间的距离。

声音是一种模拟信号，而计算机只能处理数字信息 0 和 1。首先要把模拟的声音信号变成计算机能够识别和处理的数字信号，称为数字化。然后把数字信号转变成模拟声音信号，再输出到耳机或扬声器，这叫数模转换。

1. 音频信息概念及其数字化过程

声音信号是典型的连续信号，不仅在时间上是连续的，而且在幅度上也是连续的，这种时间和幅度上都连续的声音信号称为模拟音频。计算机中的信息都采用二进制数字 0 和 1 表示，用二进制数字表示的声音信号，称之为数字音频。数字音频在时间上是断续的，由一个数据序列组成。

数字音频是由模拟音频数字化得到的，其过程包括采样、量化和编码三个步骤。数字化过程由安装在计算机中的声卡完成。

1）采样

采样是以固定的时间间隔（采样周期）抽取模拟信号的幅度值（振幅）。采样后得到的是离散的声音振幅样本序列，仍是模拟量。

采样频率是决定音频质量的重要因素之一。采样的频率越大则音质越有保证，所需的存储量也越大。由于采样频率一定要高于录制的最高频率的两倍才不会失真，而人类听力范围是 20 Hz ~ 20 kHz，所以采样频率至少要 20 kHz × 2=40 kHz，才能保证不产生低频失真。当今主流音频采集卡上采集频率一般分为 22.05 kHz、44.1 kHz、48 kHz 三个等级。22.05 kHz 只能达到 FM 广播的声音品质，44.1 kHz 则是理论上的 CD 音质界限，48 kHz 则更加精确一些。对于高于 48 kHz 的采样频率，人耳已无法辨别出来了。

2）量化

量化是指把采样得到的信号的幅度的样本值从模拟量转换成数字量。转换成的数字量的位数叫作量化精度，位数越多，转换的越真实，声音质量也越高，所需的存储量也越大。因此，量化的位数即量化精度，是决定音频质量的第二个因素。

采样和量化的过程实际上是将通常的模拟音频信号的电信号转换成二进制码的 0 和 1，这些 0 和 1 便构成了数字音频文件。所用到的主要设备便是模拟/数字转换器（Analog to Digital Converter，ADC）。反之，在播放时则是把数字音频信号还原成模拟音频信号再输出，所用的设备为数字/模拟转换器（Digital to Analog Converter，DAC）。

3）编码

编码是指把采样量化后得到的数字音频信息按照一定的数据格式表示并存储到计算机的过程。

2. 音频文件格式

音频文件通常分为两类：声音文件和 MIDI 文件。声音文件是指通过声音录入设备录入的原始声音，直接记录了真实声音的二进制采样数据，通常文件较大；而 MIDI 文件则是一种音乐演奏指令序列，相当于乐谱，可以利用声音输出设备或与计算机相连的电子乐器进行演奏，由于不包含声音数据，其文件尺寸较小。

目前较流行的音频文件有 WAV、MP3、WMA、RM、MID 等。

（1）Wave 文件（.WAV）。Wave 格式文件是 Microsoft 公司开发的一种声音文件格式，用于保存 Windows 平台的音频信息资源，被 Windows 平台及其应用程序广泛支持，但其文件尺寸较大，多用于存储简短的声音片段。

（2）MPEG 文件（.MP1、.MP2、.MP3）。MPEG（Moving Pictures Experts Group）文件是由 Wave 声音文件压缩而成的。根据压缩质量和编码复杂程度不同可分为三层：MPEG Audio Layer 1/2/3，分别对应 MP1、MP2、MP3 这三种声音文件。三种文件的压缩比例分别为 4：1、6：1~8：1 和 10：1。一个时长 3 分钟的音乐文件压缩成 MP3 后大约是 4 MB，同时其音质基本保持不失真。目前在网络上使用最多的是 MP3 的文件格式。

（3）RealAudio 文件（.RA、.RM、.RAM）。RealAudio 是 Real Networks 公司开发的一种新型音频文件格式，主要用于在低速率的广域网上实时传输音频信息，网络连接速率不同，客户端所获得的声音质量也不尽相同，速率越快，声音质量越好。

（4）WMA 文件（Windows Media Audio）。WMA 是继 MP3 后最受欢迎的音乐格式，在压缩比和音质方面都超过了 MP3，能在较低的采样频率下产生好的音质。WMA 有微软的 Windows Media Player 播放器做强大的后盾，目前网上的许多音乐纷纷转向 WMA。

（5）MIDI 文件（Musical Instrument Digital Interface）。MIDI 是数字音乐/电子合成乐器的统一国际标准，可用于为不同乐器创建数字声音。在 MIDI 文件中只包含产生某种声音的指令，计算机将这些指令发送给声卡、声卡按照指令将声音合成出来，相对于声音文件，MIDI 文件显得更加紧凑，其文件尺寸也小得多。

2.6.3 视频信息编码

1. 视频的数字化过程

视频信息的数字化过程包括视频的采集、压缩和编辑。

1）视频采集

视频采集是将摄像机、录像机、电视机等输出的模拟视频信号通过专用的模拟、数字转换设备，转换为二进制数字信息的过程。

2）视频压缩

模拟视频信号数字化后，数据量是相当大的。因此需要很大的存储空间，同时存储的速度也要足够快，以满足视频数据连续存储的要求。解决这一问题的有效办法就是采用视频压缩编码技术，压缩数字视频中的冗余信息，减少视频数据量。视频压缩的主要指标如下：

- 压缩类别：有损压缩和无损压缩，以及不同压缩比例的压缩方法。有损压缩会导致数据损失，压缩比例过高会导致图像质量的下降。
- 压缩比例：各种压缩方案支持不同的压缩比例，压缩比例越大，压缩和还原时需要的时间越多，采用有损压缩时图像的还原效果也越差。
- 压缩时间：压缩算法通常需要较长时间才能完成，有些压缩方案可以通过专用硬件

提高压缩速度。

3）视频编辑

采集后的视频文件需要经过编辑加工后才可以在多媒体软件中使用。例如去除图像中的污点、视频的混合、增加字幕、增加特效等效果。

编辑视频文件可以说是一件艺术性很强的工作，除了需要很好地应用某个专门软件的技巧之外，制作者还必须具有某种程度的艺术构思。

2. 常见视频文件格式

（1）AVI 格式（Audio Video Interleaved）：又称为音频/视频交错格式，是由 Microsoft 公司开发的一种数字音频和视频文件格式。AVI 格式允许视频和音频同步播放，但由于 AVI 文件没有限定压缩标准，因此 AVI 文件格式不具有兼容性。不同压缩标准生成的 AVI 文件，必须使用相应的解压缩算法才能播放。

（2）MOV 格式（Quick Time）：MOV 格式是 Apple 公司开发的一种音频和视频文件格式，用于保存音频和视频信息。它支持 25 位彩色和支持领先的集成压缩技术，提供 150 多种视频效果并提供 200 多种 MIDI 兼容音响和设备的声音装置。

（3）MPEG 格式：即 Moving Picture Experts Group 运动态图像专家组。MPEG 在保证影像质量的基础上，采用有损压缩算法减少运动图像中的冗余信息。MPEG 家族中包括 MPEG-1、MPEG-2 和 MPEG-4 等在内的多种视频格式。平均压缩比为 50∶1，最高可达 200∶1，而且在计算机上有统一的标准格式，兼容性相当好。

（4）RM 格式（Real Media）：RM 格式是 RealNetworks 公司开发的一种流媒体视频文件格式，它主要包含 RealAudio、RealVideo 和 RealFlash 三部分。Real Media 可以根据网络数据传输的不同速率制定不同的压缩比率，从而实现在低速率的 Internet 上进行视频文件的实时传送和播放。这种格式的另一个特点是用户使用 RealPlayer 或 RealOnePlayer 播放器可以在不下载音频/视频内容的条件下实现在线播放。

（5）ASF 格式（Advanced Streaming Forma）：高级串流格式，是微软公司开发的一种可以直接在网上观看视频节目的视频文件压缩格式。视频部分采用先进的 MPEG-4 压缩算法。ASF 应用的主要部件是 NetShow 服务器和 NetShow 播放器。ASF 格式的主要优点包括本地或网络回放、可扩充的媒体类型、部件下载以及扩展性等。

（6）WMV 格式（Windows Media Video）：WMV 格式是微软推出的一种流媒体格式，它是在“同门”的 ASF 格式升级延伸来的。在同等视频质量下，WMV 格式的文件可以边下载边播放，因此很适合在网上播放和传输。

WMV 的主要优点包括本地或网络回放、可扩充的媒体类型、部件下载、可伸缩的媒体类型、多语言支持等。

本章小结

本章首先介绍了数制与信息编码的基本概念，然后讲解了常见数制之间的转换方法，之后讲解了整数、小数、字符等信息在计算机内部的表示形式。通过本章的学习，大家将理解各种常见信息在计算机内部的表示形式。

习　题

1. 什么是“数制系统”？请简述它的两个基本要素。

2. 请简述汉字的编码分类，并简述不同处理阶段常见的汉字编码类型。

3. 请简述声音、图片等模拟信号数字化的过程。

4. 计算题：请完成下列数字的进制转换。

（1）$(10010010.0101)_2=(\qquad)_{10}$

（2）$(254.625)_{10}=(\qquad)_2$

（3）$(17.46)_8=(\qquad)_2$

（4）$(A3.2E)_{16}=(\qquad)_2$

（5）$(10010010.0101)_2=(\qquad)_8$

（6）$(10010010.0101)_2=(\qquad)_{16}$

5. 计算题：已知两个整数 $X=+12$，$Y=-9$，利用补码求 $Z=X+Y$ 的补码值，并求 Z 的反码、原码和十进制值。

第3章

计算机硬件组成 «‹

通过前面的学习，我们知道计算机系统由硬件子系统和软件子系统构成，那么计算机硬件子系统的基本组成有哪些呢?

在本章中，大家将了解计算机硬件的三个子系统，分别是中央处理单元子系统、存储子系统和输入/输出子系统，最后学习三个子系统互连的原理和方法。

3.1 计算机硬件的三个子系统

3.1.1 计算机硬件系统的组成

计算机系统包括硬件（Hardware）系统和软件（Software）系统。硬件系统是看得见、摸得着的、按照一定的体系结构要求构成一个有机整体的各种物理装置的总称；软件系统是为了更好地利用计算机而编写的程序、数据及文档的总和。硬件系统是软件系统工作的基础，而软件系统又控制着硬件系统的运行，它们犹如一个人的躯体和思想一样，躯体是硬件，思想则是软件。本章重点讨论计算机硬件系统的组成。

1. 计算机系统的基本组成

一个完整的计算机系统基本组成如图 3-1 所示。

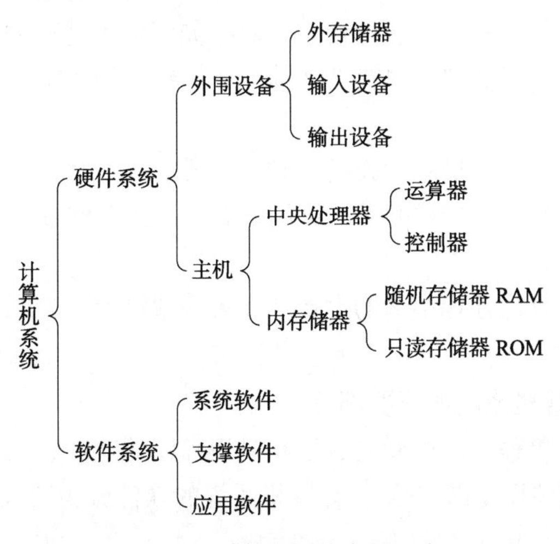

图 3-1 计算机系统完整组成

2. 计算机硬件系统

计算机硬件系统是以冯•诺依曼所设计的计算机体系结构为基础的，按照这个体系结构，可将计算机硬件划分为五大功能模块，分别是控制器、运算器、存储器、输入设备和输出设备，如图 3–2 所示。

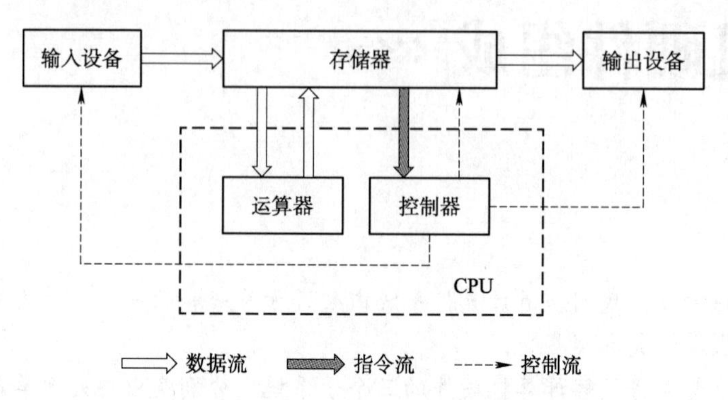

图 3–2　冯 · 诺依曼体系计算机五大功能模块

硬件系统的核心是中央处理器单元（Central Processing Unit，CPU），也称为中央处理器。它主要由控制器、运算器等组成，并采用大规模集成电路工艺制成的芯片，又称微处理器芯片。

1）运算器

运算器又称算术逻辑单元（Arithmetic Logic Unit，ALU），它是计算机对数据进行加工处理的部件，包括算术运算（加、减、乘、除等）和逻辑运算（与、或、非、异或、比较等）。

2）控制器

控制器负责从存储器中取出指令，并对指令进行译码；根据指令要求，按时间先后顺序，向其他各部件发出控制信号，保证各部件协调一致地工作，一步一步地完成各种操作。控制器主要由指令寄存器、译码器、程序计数器、操作控制器等组成。

3）存储器

存储器是计算机记忆或暂存数据的部件。计算机中的全部信息，都存放在存储器中。而且，指挥计算机运行的各种程序，即规定对数据如何加工处理的一系列指令，也存放在存储器中。存储器分为内存储器（内存）和辅助存储器（外存）两种。

4）输入设备

输入设备是给计算机输入信息的设备。它是重要的人机接口，负责将输入的信息（包括数据和指令）转换成计算机能识别的二进制代码，送入存储器保存。

5）输出设备

输出设备是输出计算机处理结果的设备。在大多数情况下，它将这些结果转换成便于人们识别的形式。

3. 软件是组成计算机系统的重要部分

计算机软件是计算机程序，所属的数据和对该程序的功能、结构、设计思想以及使用方法等的整套文字资料说明（即文档）。计算机系统的软件分为三大类，即系统软件、支撑软件和应用软件。

4．硬件和软件的关系

（1）硬件软件相辅相成，硬件是计算机的物质基础，没有硬件就无所谓计算机。

（2）软件是计算机的灵魂，没有软件，计算机的使用将万分困难。

（3）硬件系统的发展给软件系统提供了良好的开发环境，而软件系统的发展又给硬件系统提出了新的要求。

3.1.2 计算机的工作原理

计算机的基本工作原理即“存储程序”原理，它是由美籍匈牙利数学家冯•诺依曼于1946年提出的。他将计算机工作原理描述为：将编好的程序和原始数据输入并存储在计算机的内存储器中（即“存储程序”），计算机按照程序逐条取出指令加以分析，并执行指令规定的操作（即“程序控制”）。这一原理称为“存储程序”原理，是现代计算机的基本工作原理，至今的计算机仍采用这一原理，如图3–3所示。

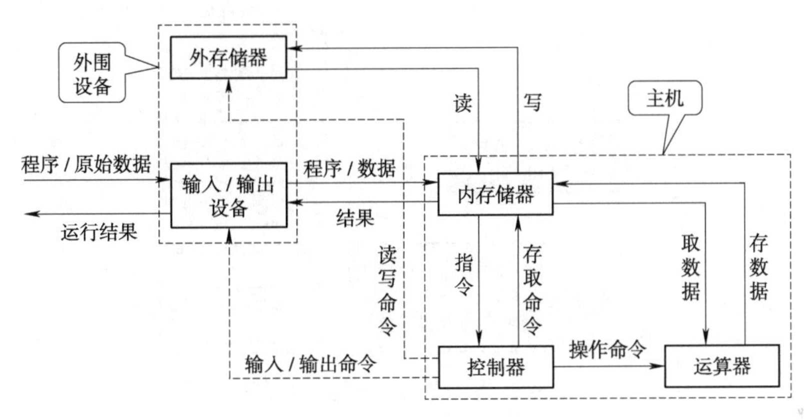

图3–3 计算机“存储程序”原理

3.1.3 计算机组成部件的三个子系统

综上所述，计算机的组成部件包括运算器、控制器、存储器、输入设备和输出设备，这些设备按其功能可分为三个子系统或三大类，即中央处理单元（或中央处理器CPU）、存储子系统和输入/输出子系统。这三个子系统按一定的体系结构连接成一个有机整体而组成一台计算机。

需要注意的是，辅助存储器用来存储大量信息，是一种典型的存储设备。但是从体系结构上来讲，它又属于输入/输出设备。也就是说，辅助存储器既可归为存储子系统，又可归为输入/输出子系统。为了更加清楚地说明计算机的存储器，本书将其划归为存储子系统。

3.2 中央处理单元和指令执行

中央处理单元（Central Processing Unit，CPU）是计算机硬件系统的核心，是计算机的心脏，在微型计算机中又叫微处理器。

计算机使用程序来处理数据，而程序是由一系列指令组成的。因此计算机是通过执行一系列指令来处理数据的。

3.2.1 中央处理单元

中央处理单元包括运算逻辑部件（Arithmetic and Logic Unit，ALU）和控制部件（Control Circuit）。运算逻辑部件的功能是对数据进行各种算术运算和逻辑运算，即对数据进行加工处理。控制部件是整个计算机的中枢神经，其功能是对程序规定的控制信息进行解释，根据其要求进行控制，调度程序、数据、地址，协调计算机各部分工作及内存与外设的访问等。

中央处理单元是一块超大规模的集成电路，是一台计算机的运算核心和控制核心。它的功能主要是解释计算机指令以及处理计算机软件中的数据。CPU 品质的高低直接决定了计算机系统的档次。

1. 基本结构

CPU 用于数据运算，在大多数体系结构中，它包括运算逻辑部件、寄存器部件和控制部件，而控制部件又包括程序计数器和指令寄存器，如图 3-4 所示。

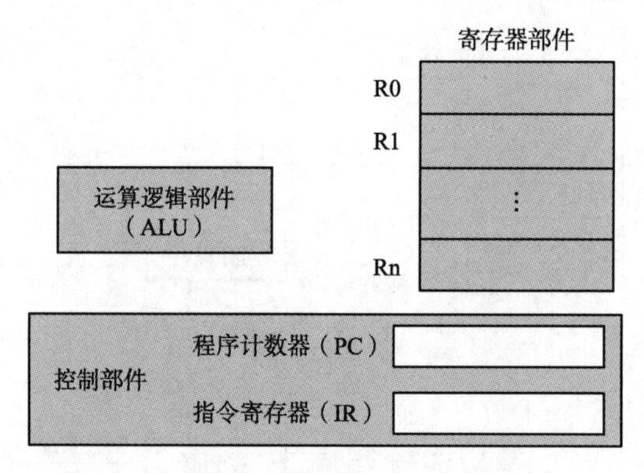

图 3-4　中央处理单元的基本结构

运算逻辑部件（ALU）用以对数据进行逻辑、移位和算术运算。寄存器部件是一组高速独立的存储单元，用来存放临时数据，其中数据寄存器用来存放输入数据和运算结果。控制部件控制各个子系统的操作，其中指令寄存器用来存放 CPU 从内存单元中取出的即将执行的指令，程序计数器保存着当前正在执行的指令，当前指令执行结束，程序计数器自动加 1，指向下一条指令的内存地址。

中央处理器的工作速度与工作主频和体系结构都有关系。中央处理器的速度一般都在几个 MIPS（每秒执行 100 万条指令）以上，有的已经达到几百 MIPS。

速度最快的中央处理器的电路已采用砷化镓工艺。在提高速度方面，流水线结构是几乎所有现代中央处理器设计中都已采用的重要措施。未来，中央处理器工作频率的提高已逐渐受到物理上的限制，而内部执行性（指利用中央处理器内部的硬件资源）的进一步改进是提高中央处理器工作速度而维持软件兼容的一个重要方向。

2. 主要性能参数

1）主频

主频也叫时钟频率，单位是兆赫（MHz）或千兆赫（GHz），用来表示 CPU 的运算、处理数据的速度。

CPU 的主频=外频×倍频系数。主频和实际的运算速度存在一定的关系，但并不是一个

简单的线性关系。所以，CPU 的主频与 CPU 实际的运算能力是没有直接关系的，主频表示在 CPU 内数字脉冲信号震荡的速度。在 Intel 的处理器产品中，也可以看到这样的例子：1 GHz Itanium 芯片能够表现得差不多跟 2.66 GHz Xeon/Opteron 一样快，或是 1.5 GHz Itanium 2 大约跟 4 GHz Xeon/Opteron 一样快。CPU 的运算速度还要看 CPU 的流水线、总线等各方面的性能指标。

主频和实际的运算速度是有关的，主频仅仅是 CPU 性能表现的一个方面，不代表 CPU 的整体性能。

2）外频

外频是 CPU 的基准频率，单位是 MHz。CPU 的外频决定着整块主板的运行速度。在台式机中，所说的超频，都是超 CPU 的外频。

3）字长

计算机技术中将 CPU 能一次处理的二进制数的位数称为字长。字长为 32 位数据的 CPU 通常称为 32 位 CPU，字长为 64 位数据的 CPU 通常称为 64 位 CPU。目前主流的 CPU 是 64 位 CPU。

4）倍频系数

倍频系数是指 CPU 主频与外频之间的相对比例关系。在相同的外频下，倍频越高 CPU 的频率也越高。

5）缓存

缓存大小也是 CPU 的重要指标之一，而且缓存的结构和大小对 CPU 速度的影响非常大，CPU 内缓存的运行频率极高，一般是和处理器同频运作，工作效率远远大于系统内存和硬盘。根据距离 CPU 内核的远近，可以分为 L1 Cache（一级缓存）、L2 Cache（二级缓存）和 L3 Cache（三级缓存）。

6）制造工艺

制造工艺的微米是指集成电路内电路与电路之间的距离。制造工艺的趋势是向密集度愈高的方向发展。密度愈高的集成电路设计，意味着在同样大小面积的集成电路中，可以拥有密度更高、功能更复杂的电路设计，现在主要的制造工艺有 180 纳米、130 纳米、90 纳米、65 纳米、45 纳米。Intel 的 14 纳米制造工艺的酷睿 i7/i9 系列是目前主流的 CPU。

7）多线程

同时多线程（Simultaneous Multithreading，SMT）可通过复制处理器上的结构状态，让同一个处理器上的多个线程同步执行并共享处理器的执行资源。多线程技术可以为高速的运算核心准备更多的待处理数据，减少运算核心的闲置时间。这对于桌面低端系统来说无疑十分具有吸引力。Intel 从 3.06 GHz Pentium 4 开始，所有处理器都支持 SMT 技术。

8）多核心

多核心，也指单芯片多处理器（Chip Multiprocessors，CMP）。CMP 是将大规模并行处理器中的 SMP（对称多处理器）集成到同一芯片内，各个处理器并行执行不同的进程。多核心处理器可以在处理器内部共享缓存，提高缓存利用率，简化多处理器系统设计的复杂度。

3. 主流生产厂商

1）Intel 公司

Intel 是生产 CPU 的老大哥，个人计算机市场，它占有 75%多的市场份额，Intel 生产的 CPU 就成了事实上的 CPU 技术规范和标准。个人计算机平台酷睿系列成为 CPU 的首选，下一代酷睿 i10、酷睿 i11 抢占先机，在性能上大幅领先其他厂商的产品。

2）AMD 公司

目前使用的 CPU 有好几家公司的产品，除了 Intel 公司外，最有挑战力的就是 AMD 公司，如 AMD 速龙 II X2 和羿龙 II 具有很好性价比，尤其采用了 3DNOW+ 技术并支持 SSE 4.0 指令集，使其在 3D 上有很好的表现。

图 3-5 所示为 Intel 和 AMD 中央处理器。

图 3-5　Intel 和 AMD 中央处理器

3.2.2　指令执行

CPU 从存储器或高速缓冲存储器中取出指令，放入指令寄存器，并对指令译码。它把指令分解成一系列的微操作，然后发出各种控制命令，执行微操作系列，从而完成一条指令的执行。

1. 指令构成

指令是计算机规定执行操作的类型和操作数的基本命令。指令是由一个字节或者多个字节组成，包括操作码和操作数两个部分，其中操作码指明了对操作数应实施的操作类型，如加、减、乘、除等，操作数是要参与运算的数据。如图 3-6 所示，假定每条指令由 16 位组成，分成 4 个 4 位的域，最左边的域为操作码域，其他 3 个为操作数域。

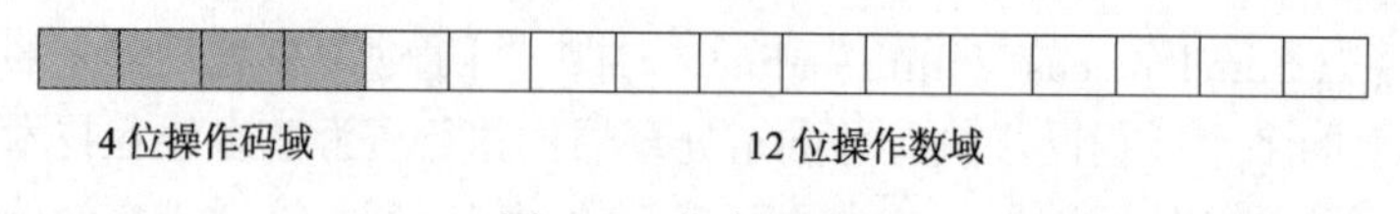

图 3-6　指令的构成

需要说明一点，就是并不是每条指令都需要有 3 个操作数，不需要操作数的域，其各个位均以 0 填充。

2. 指令执行

CPU 使用机器周期来执行程序中的指令，一个机器周期执行一条指令，直到执行完程序中的所有指令。CPU 执行指令分三步：取指令、译码和执行，如图 3-7 所示。

（1）取指令：在此阶段，控制部件发出命令，系统从内存中将下一条要执行的指令复制到指令寄存器 IR 中，其地址保存在程序计数器 PC 中。该条指令复制完毕后，程序计数器 PC 自动加 1，并指向存储在内存中的下一条指令。

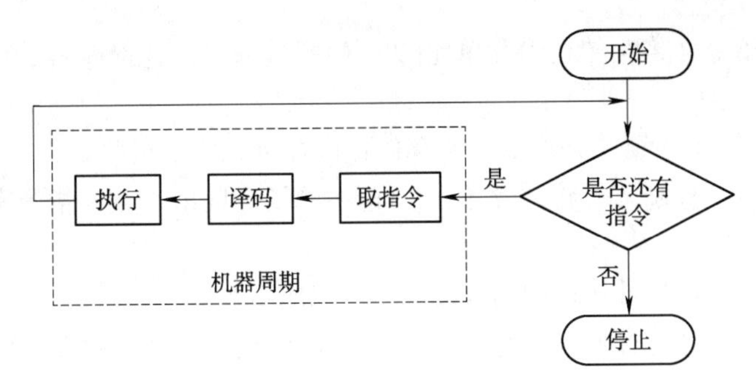

图 3-7 指令执行示意图

（2）译码：在此阶段，控制部件负责将存放在指令寄存器 IR 中的指令进行译码，从而产生一系列可以执行的二进制代码。

（3）执行：在此阶段，控制部件发送命令到 CPU 的各个部件，完成操作码所指定的操作。例如让系统从内存中加载操作数据，或者将数据寄存器中的内容相加，并将相加的结果保存在数据寄存器中。

下面以完成两个整数 *X* 和 *Y* 相加求和，结果为 *Z* 作为例子，来简要说明指令的执行过程。假定 *X* 和 *Y* 分别存储在内存单元$(20)_{16}$和$(21)_{16}$中，结果 *Z* 被存储在$(22)_{16}$中，计算机要完成 *X*+*Y* 的操作，需要以下 5 条指令。

（1）把存储在内存单元$(20)_{16}$中的数据载入到寄存器 R0（R0<-M20）。

（2）把存储在内存单元$(21)_{16}$中的数据载入到寄存器 R1（R1<-M21）。

（3）将 R0 和 R1 中的数据相加，结果存入寄存器 R2（R2<-R0+R1）。

（4）把 R2 中的数据存入内存单元$(22)_{16}$中（M22<-R2）。

（5）停机（HALT）。

假设这 5 条指令的代码如表 3-1 所示，分别存储在内存单元$(00)_{16}$、$(01)_{16}$、$(02)_{16}$、$(03)_{16}$和$(04)_{16}$中。

表 3-1 实现 X+Y 的 5 条指令

代码（十六进制）	含义	说明				存储单元
1020	R0 <- M20	1：LOAD	0：R0	20：M20	0	M00
1121	R1 <- M21	1：LOAD	1：R1	21：M21	0	M01
2201	R2 <- R0+R1	2：ADD	2：R2	0：R0	1：R1	M02
3222	M22 <- R2	3：SAVE	22：M22	2：R2	0	M03
0000	HALT	0	0	0	0	M04

计算机利用 5 个机器周期执行以上 5 条指令。

（1）周期 1。

程序计数器 PC 指向第一条指令，它存放在内存单元$(00)_{16}$中。

第一步取指令，控制部件将内存单元$(00)_{16}$中的指令取出，放入指令寄存器 IR 中，程序计数器 PC 增加 1。

第二步译码，控制部件译码，将$(1020)_{16}$译为 R0 <- M20。

第三步执行指令，将存储在内存单元$(20)_{16}$中的数据载入到寄存器 R0 中。

（2）周期 2。

程序计数器 PC 指向第二条指令，它存放在内存单元$(01)_{16}$中。

第一步取指令，控制部件将内存单元$(01)_{16}$中的指令取出，放入指令寄存器 IR 中，程序计数器 PC 增加 1。

第二步译码，控制部件译码，将$(1121)_{16}$译为 R1 <- M21。

第三步执行指令，将存储在内存单元$(21)_{16}$中的数据载入到寄存器 R1 中。

（3）周期 3。

程序计数器 PC 指向第三条指令，它存放在内存单元$(02)_{16}$中。

第一步取指令，控制部件将内存单元$(02)_{16}$中的指令取出，放入指令寄存器 IR 中，程序计数器 PC 增加 1。

第二步译码，控制部件译码，将$(2201)_{16}$译为 R2 <- R0+R1。

第三步执行指令，将寄存器 R0 和 R1 中的数据相加，结果存入寄存器 R2 中。

（4）周期 4。

程序计数器 PC 指向第四条指令，它存放在内存单元$(03)_{16}$中。

第一步取指令，控制部件将内存单元$(03)_{16}$中的指令取出，放入指令寄存器 IR 中，程序计数器 PC 增加 1。

第二步译码，控制部件译码，将$(3222)_{16}$译为 M22 <- R2。

第三步执行指令，将寄存器 R2 中的数据存入内存单元$(22)_{16}$中。

（5）周期 5。

程序计数器 PC 指向第五条指令，它存放在内存单元$(04)_{16}$中。

第一步取指令，控制部件将内存单元$(04)_{16}$中的指令取出，放入指令寄存器 IR 中，程序计数器 PC 增加 1。

第二步译码，控制部件译码，将$(0000)_{16}$译为 HALT。

第三步执行指令，计算机停止。

3.3 存储子系统

存储子系统的主要功能是存放程序和数据，包括主存储器和辅助存储器（外存储器）。使用时，可以从存储器中取出信息来查看、运行程序，称其为存储器的读操作；也可以把信息写入存储器、修改原有信息、删除原有信息，称其为存储器的写操作。

存储器的最小存储单位是字节（Byte），一个字节能存放一个英文字母，而一个汉字占两个字节。

3.3.1 主存储器

主存储器是指计算机的内部存储器，简称内存。要执行的程序、要处理的信息和数据，都必须先从外存储器中取出再存入内存，才能由 CPU 进行处理。内存是一系列存储单元的集合，每个存储单元都有一个地址，通过地址实现对内存单元的访问，内存单元中的数据是以字为单位读取和写入的。

1. 分类

（1）ROM 称为只读存储器。ROM 中存储的数据只能读出，而用一般方法不能写入。它的最大优点是断电后保存的数据不会丢失，因此用来保存计算机经常使用固定不变的程序和数据。ROM 中保存的最重要的程序是基本输入/输出系统 BIOS，这是一个对输入/输出设备进行管理的程序。只读存储器（ROM）的特点：存储的信息只能读（取出）不能写（存入或修改），其信息在制作该存储器时就被写入，断电后信息不会丢失。

（2）RAM 称为随机读写存储器。RAM 中存储的数据可以随时取出来（称为读出），也可以随时存入新数据（称为写入），或对原来的数据进行修改，用来临时存放程序和数据。目前计算机上所采用的“内存条”是一小条印刷电路板，其上是一些存储芯片组。随机存储器 RAM 的特点：既可读，也可写，断电后信息丢失。

（3）高速缓冲存储器（Cache）：指在 CPU 与内存之间设置的一级或两级高速小容量存储器，固化在主板上。在计算机工作时，系统先将数据由外存读入 RAM 中，再由 RAM 读入 Cache 中，然后 CPU 直接从 Cache 中取数据进行操作，如图 3-8 所示。

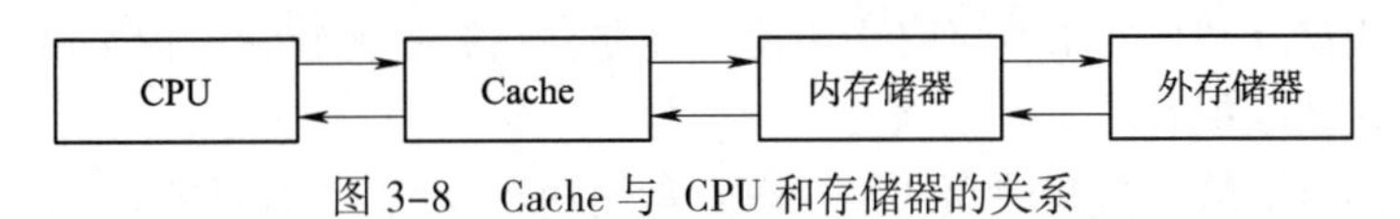

图 3-8　Cache 与 CPU 和存储器的关系

人们通常所说的内存是指 RAM，即随机存储器，也就是所谓的“内存条”。

2. 基本结构

内存主要由内存芯片、散热片、金手指、卡槽和缺口等部分组成。内存芯片是用来临时存储数据的，是内存上最重要的部件；散热片用来帮助内存散热，以维持内存工作的温度，提高其工作性能；金手指是内存与主板（关于主板的详细介绍请参见 3.5.3）进行连接的桥梁；卡槽是用来固定内存于内存插槽中，而缺口则保证内存正确插入内存插槽，防止内存条插反。目前主流的 DDR4 内存的结构如图 3-9 所示。

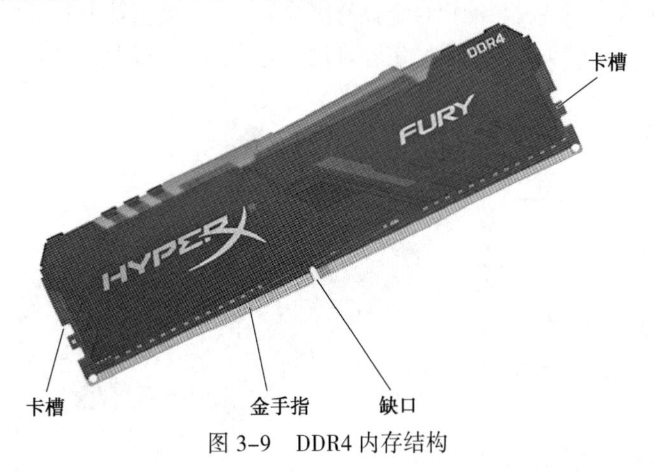

图 3-9　DDR4 内存结构

3. 主要性能参数

（1）类型：内存有 DDR2、DDR3、DDR4 和 DDR5 四种类型，其中 DDR5 工作性能最好，DDR4 是目前主流内存。

（2）容量：容量代表了内存存储数据的多少，以吉字节（GB）为单位。目前单条内存容量有 2 GB、4 GB、8 GB、16 GB、32 GB、64 GB 等。

（3）频率：内存主频和 CPU 主频一样，习惯上被用来表示内存的速度，它代表着该内存所能达到的最高工作频率。内存主频以兆赫（MHz）为单位，DDR4 内存的主频有 2 133 MHz、2 400 MHz、2 800 MHz、3 200 MHz 等几种。

4．主流品牌

目前内存的主流品牌包括金士顿、宇瞻、影驰、芝奇、三星、金邦、海盗船等。截至 2021 年 2 月，内存品牌排行榜前十名的是金士顿、芝奇、海盗船、威刚、影驰、三星、七彩虹、十铨科技、铭瑄、英睿达。

3.3.2 辅助存储器

辅助存储器，也称为外存储器，是指除计算机内存及 CPU 缓存以外的存储器，此类存储器一般断电后仍然能保存数据。PC 常见的外存储器有磁盘存储器、光盘存储器、U 盘等。外存储器一般用来存储需要长期保存的各种程序和数据。它不能被 CPU 直接访问，必须先调入内存才能被 CPU 利用。与内存相比，外存存储容量比较大，但速度比较慢，用来长久保存大量数据以备后用。

磁盘存储器包括软磁盘和硬盘两种，软磁盘使用柔软的聚酯材料制成原型底片，在两个表面涂有磁性材料。常用软盘直径为 3.5 英寸，存储容量为 1.44 MB，通过软盘驱动器来读取数据，不过现代计算机已经很少使用软磁盘了。硬盘是计算机硬件系统中最重要的数据存储设备，它具有存储容量大、数据传输速度较快、安全系数高的优点，因此操作系统、应用程序、用户数据等都保存在硬盘中，硬盘分为机械硬盘和固态硬盘两种类型。

1．机械硬盘

机械硬盘是传统硬盘，人们平常所说的硬盘就是指机械硬盘。

1）基本结构

机械硬盘是由涂有磁性材料的铝合金盘片组成的，每个硬盘都由若干个磁性圆盘（盘片）组成，主要包括盘片、磁头、传动臂、主轴及接口等几部分。硬盘的外观如图 3-10 所示。

图 3-10　机械硬盘外观的正、反面

硬盘外观的正面，是一张铭牌，记录着硬盘的相关信息，如品牌、容量等；反面则是硬盘的主控芯片和集成电路；后侧面是硬盘电源接口和数据线接口。

硬盘的内部结构较为复杂，主要由主轴、盘片、磁头和传动臂等部件组成，如图 3-11（a）所示，盘片安装在主轴上，每张盘片有两个盘面，而每个盘面被划分成若干磁道，每个磁道又分成若干个扇区，如图 3-11（b）所示。当硬盘工作时，主轴带动盘片转动，磁头在电路和传动臂的控制下在盘面上移动，从而将盘片上指定位置的数据读取出来，或将数据写入到指定位置。

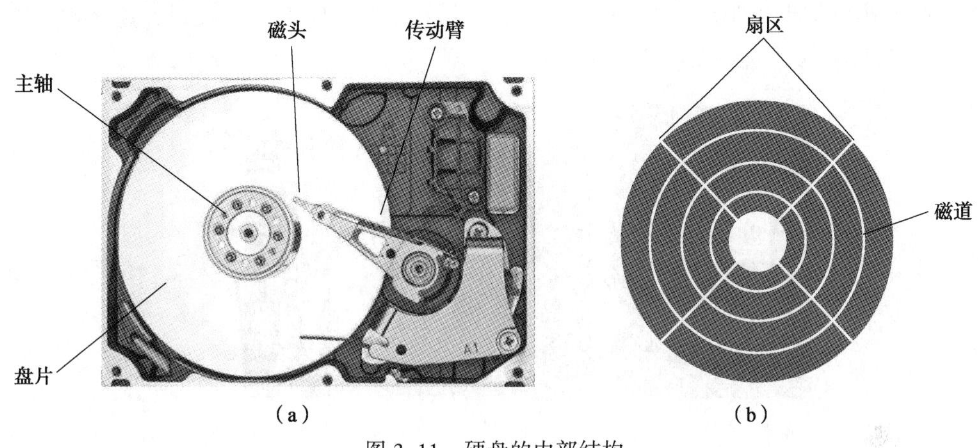

图 3-11　硬盘的内部结构

2）主要性能参数

影响硬盘工作性能的参数主要有容量、接口类型、传输速率等。

容量：硬盘的容量是表示硬盘存储数据多少的指标，是硬盘的主要指标之一，以吉字节（GB）或太字节（TB）为单位，如 500 GB、1 TB 等。

接口类型：目前硬盘的接口类型主要是串行 ATA 接口，即 SATA 接口。SATA 接口具有数据传输可靠、结构简单、支持热插拔等优点。计算机中使用的 SATA 接口主要有 SATA 2.0 和 SATA 3.0 两种标准接口，SATA 2.0 的传输速率可达 300 MB/s，而 SATA 3.0 的传输速率可高达 600 MB/s。

传输速率：传输速率是衡量硬盘性能的重要指标，主要包括缓存、转速和平均寻道时间。其中硬盘缓存的大小与速度直接影响硬盘的传输速度，目前硬盘缓存有 8 MB、16 MB、32 MB、64 MB、128 MB、256 MB。转速是指硬盘主轴的转动速度，它反映了硬盘在一分钟内的最大转数。显然主轴转动越快，硬盘的转速也就越快，寻找硬盘上文件的速度也就越快。硬盘的转速以 r/min（转/分）为单位，通常有 5 400 r/min、5 900 r/min、7 200 r/min、10 000 r/min 等几种。平均寻道时间是指磁头从开始移动到数据所在磁道所花费的平均时间，以 ms（毫秒）为单位。

3）主流品牌

目前，计算机使用的硬盘主流品牌有西部数据、希捷、三星、日立、东芝等。国内的海康威视（HIKVISION）、飚王（SSK）、雷神（Thunderobot）、创见（Transcend）等品牌硬盘质量也很好，拥有一定的市场占有率。

2. 固态硬盘

固态硬盘（Solid State Drivers，SSD）和机械硬盘的制作工艺完全不一样，固态硬盘是利用固态电子存储芯片阵列制成的硬盘，整个固态硬盘无机械装置，全部由电子芯片和电路板组成。

1）基本结构

固态硬盘从外观上看，目前主要有三种样式。第一种是与机械硬盘外观类似的固态硬盘，目前较多也使用 SATA 接口，如图 3-12（a）所示；第二种是电路板裸露的固态硬盘，一般直接安装在主机内部，如图 3-12（b）所示；第三种是与显卡类似的固态硬盘，这种固态硬盘的外观与计算机的显卡的外观类似，使用显卡常用的 PCI-E 接口，速度要比普通的 SATA 接口快，如图 3-12（c）所示。

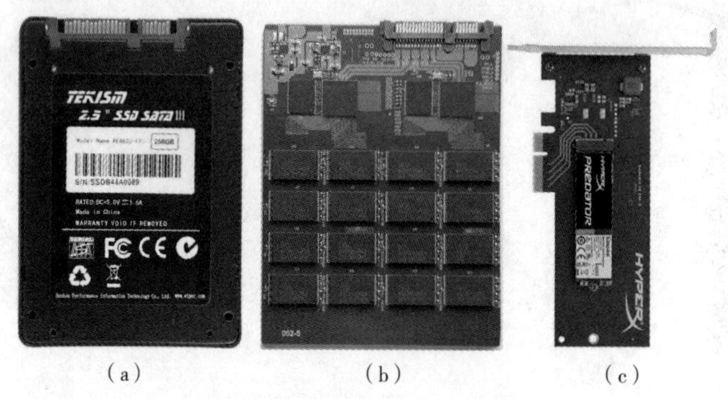

图 3-12　不同外观的固态硬盘

固态硬盘的内部结构主要是电路板的结构，电路板中有主控芯片、闪存芯片和缓存单元，如图 3-13 所示。

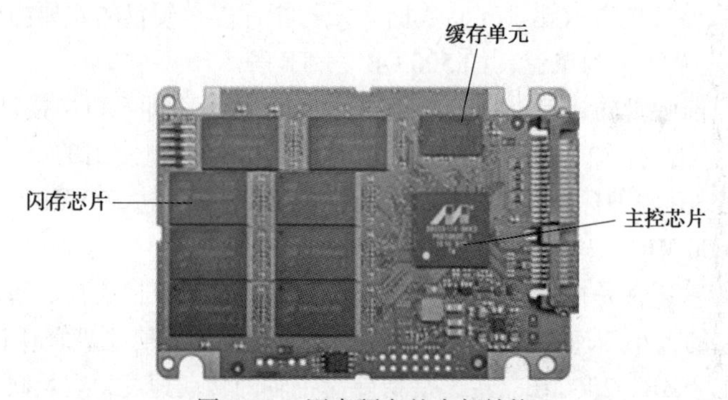

图 3-13　固态硬盘的内部结构

- 主控芯片：固态硬盘的核心部件，其作用是合理调配数据在各个闪存芯片上的负荷，承担整个数据中转，连接闪存芯片和外部接口。
- 闪存芯片：固态硬盘的存储单元，用来存储数据。
- 缓存单元：辅助主控芯片进行数据处理，提高固态硬盘的工作性能。

2）主要性能参数

影响固态硬盘性能的参数主要有：闪存芯片的架构、固态硬盘的接口类型。

（1）闪存芯片的架构：固态硬盘的闪存芯片是 NAND Flash 闪存芯片。NAND Flash 闪存芯片又分为 SLC（单层单元）、MLC（多层单元）以及 TLC（三层单元）NAND 闪存。SLC NAND 闪存使用单层电子结构，使用寿命长，成本高，用于高端产品；MLC NAND 闪存使用双层电子结构，使用寿命长，成本较高，用于中端产品；TLC NAND 闪存使用三层电子

结构，使用寿命短，但成本低，是目前主流产品首选的闪存芯片。

（2）接口：固态硬盘的接口有很多类型，但最常用有四种类型，即 SATA3 接口、M.2 接口、mSATA 接口及 PCI-E 接口。SATA3 接口是非常成熟的接口，固态硬盘和机械硬盘都可以使用这种接口，它能够发挥固态硬盘的最佳性能。mSATA 接口是迷你型 SATA（mini SATA）接口的规范标准；M.2 接口是英特尔推出的一种新的、用来替代 mSATA 接口的接口规范。另外，近些年出现了使用显卡 PCI-E 接口的固态硬盘，读取达到 800 MB/s 级别，写入 600 MB/s 级别。

3）主流品牌

固态硬盘的品牌比较多，有关网站根据品牌评价以及销量评选出了 2021 年计算机固态硬盘十大品牌排行榜，前十名分别是金士顿（KINGSTON）、三星（SAMSUNG）、联想（Lenovo）、惠普（HP）、西部数据（WD）、海康威视（HIKVISION）、光威（GW）、铠侠（KIOXIA）、英特尔（Intel）、威刚（ADATA）。

3．其他常用辅助存储器

计算机中的辅助存储器除了机械硬盘和固态硬盘外，还有以下常用的辅助存储器。

1）光盘存储器

光盘指的是利用光学方式进行信息存储的圆盘，如图 3-14 所示。它采用了光存储技术，即使用激光在某种介质上写入信息，然后再利用激光读出信息。光盘存储器可分为只读光盘（CD-ROM）、可刻录光盘（CD-R）、可重写光盘（CD-RW）和数字多功能光盘（DVD-ROM）等。

图 3-14　光盘及光盘驱动器

2）U 盘

U 盘也被称为“闪存盘”，可以通过计算机的 USB 口存储数据。与软盘相比，由于 U 盘的体积小、存储量大及携带方便等诸多优点，U 盘已经取代软盘的地位。

3）移动硬盘

移动硬盘（Mobile Hard Disk）是以硬盘为存储介质，用于存储大容量数据，可以理解为计算机外置的硬盘。移动硬盘多采用 USB 接口，可用较高的速度与系统进行数据传输。移动硬盘内部有使用机械硬盘的，也有使用固态硬盘的。

移动硬盘具有以下特点：

（1）存储容量大。移动硬盘可以提供相当大的存储容量，目前市场中的移动硬盘的常见存储容量有 1 TB、2 TB 等，有的甚至可达 12 TB。

（2）体积小，重量轻，便于携带，一般没有外置电源。

（3）移动硬盘大多采用 USB 接口，与计算机连接方便，能提供较高的数据传输速度。

（4）可靠性高。移动硬盘采用硅氧材料，数据可靠性高。另外移动硬盘还具备较好的防震功能，在剧烈震动时也能很好地保护盘片，防止盘片损坏。

3.3.3　主存储器与辅助存储器的区别

从冯·诺依曼的存储程序工作原理及计算机的组成来说，计算机分为运算器、控制器、存储器和输入/输出设备，这里的存储器就是指内存，而硬盘虽然也是存储设备，但它属于输入/输出设备。

CPU运算所需要的程序代码和数据来自于内存，内存中的东西则来自于硬盘，所以硬盘并不直接与CPU打交道，硬盘相对于内存来说就是外存储器。

内存储器最突出的特点是存取速度快，但是容量小、价格高；外存储器的特点是容量大、价格低，但是存取速度慢。内存储器用于存放那些立即要使用的程序和数据；外存储器用于存放暂时不用的程序和数据。内存储器和外存储器之间常常频繁地交换信息。外存通常是磁性介质、固态电子存储芯片阵列或光盘，像机械硬盘、固态硬盘、光盘、U盘、移动硬盘等，能长期保存信息，并且不依赖于通电来保存信息，但是其速度与CPU相比就显得慢得多。

3.3.4 主存储器与寄存器和高速缓冲存储器的比较

在计算机硬件系统中，有多种类型存储器，以适用于用户的不同需求。按照存取速度和价格，硬件系统中的存储器可分为三个层次，如图3–15所示。

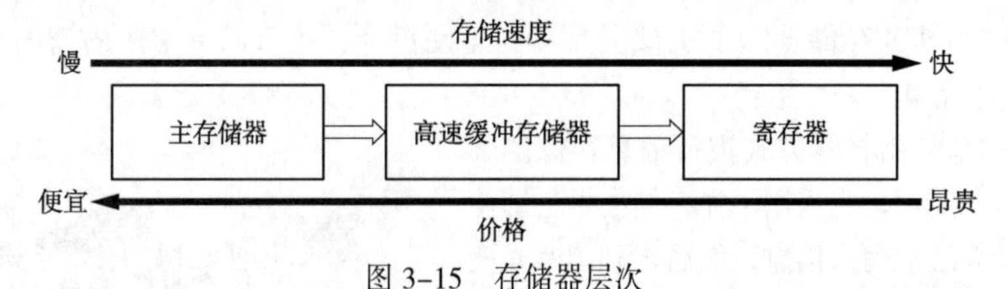

图3–15 存储器层次

从图3–15可以看出，在三个层次的存储器中，主存储器速度最慢，价格最便宜，用于存储大量不经常访问的数据；高速缓冲存储器的速度比主存储器快，但价格也比主存储器高，用于存储经常需要访问的数据。寄存器是用来存放临时数据的高速独立存储单元，存取速度最快，价格也最贵，如CPU中的寄存器就是这种类型的存储器。

3.4 输入/输出子系统

输入/输出子系统是用户与计算机进行通信的设备，以实现信息交换的目的。输入/输出子系统包括输入设备和输出设备。

3.4.1 输入设备

输入设备（Input Device）是用户和计算机系统之间进行信息交换的主要装置之一，用于把原始数据和处理这些数据的程序输入到计算机中。是计算机与用户或其他设备通信的桥梁。计算机能够接收各种各样的数据，既可以是数值型的数据，也可以是各种非数值型的数据，如数字、模拟量、文字符号、语音和图形图像等形式。对于这些信息形式，计算机往往无法直接处理，必须把它们转换成相应的数字编码后才能进行存储、处理和输出。键盘，鼠标，摄像头，扫描仪，光笔，手写输入板，游戏杆，语音输入装置等都属于输入设备。

计算机的输入设备按功能可分为下列几类：

1. 键盘

键盘（Keyboard）是常用的输入设备，它是由一组开关矩阵组成，包括数字键、字母键、

符号键、功能键及控制键等。每一个按键在计算机中都有它的唯一代码。当按下某个按键时，键盘接口将该按键的二进制代码送入计算机主机中，并将按键字符显示在显示器上。当快速大量输入字符，主机来不及处理时，先将这些字符的代码送往内存的键盘缓冲区，然后再从该缓冲区中取出进行分析处理。键盘接口电路多采用单片微处理器，由它控制整个键盘的工作，如上电时对键盘的自检、键盘扫描、按键代码的产生、发送及与主机的通信等。

2．鼠标

鼠标（Mouse）是一种手持式屏幕坐标定位设备，它是为适应菜单操作的软件和图形处理环境而出现的一种输入设备。常用的鼠标有两种：一种是机械式的，另一种是光电式的。

机械式鼠标的底座上装有一个可以滚动的金属球，当鼠标在桌面上移动时，金属球与桌面摩擦，发生转动。金属球与四个方向的电位器接触，可测量出上下左右四个方向的位移量，用以控制屏幕上光标的移动。光标和鼠标的移动方向是一致的，而且移动的距离成比例。

光电式鼠标的底部装有两个平行放置的小光源。这种鼠标在反射板上移动，光源发出的光经反射板反射后，由鼠标接收，并转换为电移动信号送入计算机，使屏幕的光标随之移动。其他方面与机械式鼠标一样。

鼠标上有两个键的，也有三个键的。最左边的键是拾取键，最右边的键为消除键，中间的键是菜单的选择键。由于鼠标所配的软件系统不同，对上述三个键的定义有所不同。一般情况下，鼠标左键可在屏幕上确定某一位置，该位置在字符输入状态下是当前输入字符的显示点；在图形状态下是绘图的参考点。在菜单选择中，左键（拾取键）可以选择菜单项，也可以选择绘图工具和命令。当作出选择后系统会自动执行所选择的命令。鼠标能够移动光标，选择各种操作和命令，并可以方便地对图形进行编辑和修改，但却不能输入字符和数字。

3．扫描仪

图形（图像）扫描仪是利用光电扫描将图形（图像）转换成像素数据输入到计算机中的输入设备。目前一些部门已开始把图像输入用于图像资料库的建设。如人事档案中的照片输入，公安系统案件资料管理，数字化图书馆的建设，工程设计和管理部门的工程图管理系统，都使用了各种类型的图形（图像）扫描仪。

4．语音输入设备

语音输入设备由麦克风、声卡和语音输入软件系统组成。

5．手写板

手写板用特制的电子笔在触摸屏上书写文字，通过软件将手工书写的字转换为标准的编码，并输入到计算机中。

6．数字化输入设备

数字化输入设备可以在不同场合录制图像、图片和声音，常用的数字化输入设备有数字照相机、录像机、录音笔、数字录音机等。

7．触摸屏

触摸屏（Touch Screen）又称为“触控屏”“触控面板”，是一种可接收触头等输入信号的感应式液晶显示装置，当接触了屏幕上的图形按钮时，屏幕上的触觉反馈系统可以根据预先编写的程式驱动各种连结装置，可用以取代机械式的按钮面板，并借由液晶显示画面制造出生动的影音效果。触摸屏作为一种最新的计算机输入设备，它是目前最简单、方便、自然的一种人机交互方式。它赋予了多媒体以崭新的面貌，是极富吸引力的全新多媒体交互设备。触摸屏主要应用于公共信息的查询、工业控制、军事指挥、电子游戏、点歌点菜、多媒体教学、房地产预售等。

从技术上来区分，触摸屏可分为五个基本种类：矢量压力传感技术触摸屏、电阻技术触摸屏、电容技术触摸屏、红外线技术触摸屏、表面声波技术触摸屏。

3.4.2 输出设备

输出设备（Output Device）将计算机中的数据或信息输出给用户，是人与计算机交互的一种部件，用于数据的输出。它把各种计算结果数据或信息以数字、字符、图像、声音等形式表示出来。

常见的输出设备有显示器、打印机、绘图仪、影像输出系统、语音输出系统等。

1. 显示器

显示器（Display）又称监视器，是实现人机对话的主要工具。它既可以显示键盘输入的命令或数据，也可以显示计算机数据处理的结果。

老式的 CRT（Cathode Ray Tube，阴极射线管）显示器目前已经很少见了。目前常见的显示器有液晶（Liquid Crystal Display，LCD）显示器和发光二极管 LED 显示器。它们都具有轻薄的外观，显示效果也都不错。

显示器的基本原理都是基于像素的，屏幕上纵横排列很多小亮点，每个点称为一个像素。如果是彩色显示器，则每个像素又是由红、绿、蓝三色亮点拼成的。它们均可由程序控制其亮度和颜色，从而显示出完整的图形或图像。

2. 打印机

打印机（Printer）是将计算机的处理结果打印在纸张上的输出设备。人们常把显示器的输出称为软拷贝，把打印机的输出称为硬拷贝。按工作原理，可以分为击打式打印机和非击打式印字机。其中：击打式又分为字模式打印机和点阵式打印机；非击打式又分为喷墨印字机、激光印字机、热敏印字机和静电印字机。

（1）针式打印机：这是一种计算机系统中常用的点阵式打印机。点阵针式打印机结构简单，体积小，价格低，字符种类不受限制，对打印介质要求不高，可以打印多层介质，目前在打印发票、单据等需要击打的场合中仍然广泛应用。日常使用的多为 9 针或 24 针的打印机，主要是 24 针打印机。

（2）喷墨打印机：喷墨式打印机原理是通过磁场控制一束很细墨汁的偏转，同时控制墨汁的喷与不喷，即可得到相应的字符或图形。喷墨打印机是类似于用墨水写字的打印机，可直接将墨水喷射到普通纸上实现印刷，如喷射多种颜色墨水则可实现彩色输出。喷墨打印机的喷墨技术有连续式和随机式两种，目前市场上流行的各种型号打印机，大多采用随机式喷墨技术。而早期的喷墨打印机以及当前输出的大幅面打印机采用连续式喷墨技术。

（3）激光打印机：激光打印机则是利用电子照相原理，由受到控制的激光束射向感光鼓表面，在不同位置吸附厚度不同的碳粉，通过温度与压力的作用把相应的字符或图形印在纸上，它与静电复印机的方式很相似。激光打印机分辨率高，印出字形清晰美观，但价格较高。

普通激光打印机的印字分辨率都能达到 300 DPI（每英寸 300 个点）或 400 DPI，甚至 600 DPI。特别是对汉字或图形/图像输出，是理想的输出设备。激光打印机为“页式输出设

备”，用每分钟输出的页数（Pages Per Minute，PPM）来表示。高速的在 100 PPM 以上，中速为 30 ~ 60 PPM，它们主要用于大型计算机系统。低速为 10 ~ 20 PPM，甚至 10 PPM 以下，主要用于办公自动化系统和文字编辑系统。

（4）热转印打印机：热转印打印机的印字质量优于点阵针式打印机，与喷墨打印机相当，印字速度比较快，串式一般可超过 6 页/分钟，分辨率达到 360 DPI。

热转印打印机中的印字头是用半导体集成电路技术制成的薄膜头，头中有发热电阻，它由一种能耐高功率密度和耐高温的薄膜材料组成。将具有热敏性能的油墨涂在涤纶基膜上便构成热转印色带，色带位于热印字头与记录纸之间。印字时，脉冲信号将印字头中的发热电阻加热到几百摄氏度（如 300℃），而印字头又压在涤纶膜上，使膜基上的油墨熔化而转移到记录纸上留下色点，由色点组成字符、图形或图像。

3．显示器适配器

显示器适配器又称显示器控制器，也就是我们常说的“显卡”。它是显示器与主机的接口部件，以硬件插卡的形式插在主机板上。早期的一些适配器，例如 CGA（Colour Graphic Adapter）彩色图形适配器、EGA（Enhanced Graphic Adapter）增强型图形适配器、VGA（Video Graphic Array）视频图形阵列适配器等，现在已经很少见。目前市面常见的显示适配器，根据接口类型，可以分为 AGP、PCI-E 1X、PCI-E 16X 等几种，其中 PCI-E 的两种较为常见。

近年来，随着多媒体应用需求的不断提高，人们对显卡性能的要求也不断提升。导致在很多计算机系统中，计算能力最强的不再是 CPU，而是显卡。因此近年来，显卡也被称为“图形处理单元”（Graphics Processing Unit，GPU）。随着 GPU 性能的不断提升，目前利用 GPU 编程成为一个热点。

4．绘图仪

自动绘图机是直接由电子计算机或数字信号控制，用以自动输出各种图形、图像和字符的绘图设备，可采用联机或脱机的工作方式，是在计算机辅助制图和计算机辅助设计中广泛使用的一种外围设备。按绘图方式，可分为跟踪式绘图机（如笔式绘图机）和扫描式绘图机（如静电扫描绘图机、激光扫描绘图机、喷墨扫描绘图机）等。按机械结构，可分为滚筒式（鼓式）绘图机和平台式绘图机两大类。数控绘图机的传动方式有钢丝或钢带传动，有滚珠丝杠或齿轮齿条传动，有电机传动，如采用开环控制方式的直线步进电机和采用闭环控制的伺服电机等。绘图仪是能按照人们要求自动绘制图形的设备。它可以将计算机的输出信息以图形的形式输出，主要可以绘制各种管理图表和统计图、大地测量图、建筑设计图、电路布线图、各种机械图与计算机辅助设计图等。最常用的是 X-Y 绘图仪。现代的绘图仪已具有智能化的功能，它自身带有微处理器，可以使用绘图命令，具有直线和字符演算处理以及自检测等功能。这种绘图仪一般还可以选配多种与计算机连接的标准接口。

绘图仪是一种输出图形的硬拷贝设备。绘图仪可以在绘图软件的支持下绘制出复杂、精确的图形，是各种计算机辅助设计不可缺少的工具。绘图仪的性能指标主要有绘图笔数、图纸尺寸、分辨率、接口形式及绘图语言等。

绘图仪一般是由驱动电机、插补器、控制电路、绘图台、笔架、机械传动等部分组成。绘图仪除了必要的硬件设备之外，还必须配备丰富的绘图软件。只有软件与硬件结合起来，才能实现自动绘图。

3.5 三个子系统互连

本章前面几节分别介绍了计算机硬件的三个子系统，计算机要能在程序的控制之下，自动高速地完成数据处理，这三个子系统必须连接在一起形成一个有机整体，从而构成一个完整的计算机硬件系统。

3.5.1 通过总线实现 CPU 和主存储器的连接

CPU 和主存储器是通过“总线”连接在一起的。计算机中传输信息的公共通路称为总线（BUS），能够在总线上同时传输的二进制位数被称为总线宽度。 CPU 内部不同部件之间的总线被称为内部总线；而连接系统各部件间的总线称为外部总线，也称为系统总线。按照总线上传输信息的不同，总线可以分为数据总线（DB）、地址总线（AB）和控制总线（CB）3 种，计算机的总线结构如图 3–16 所示。

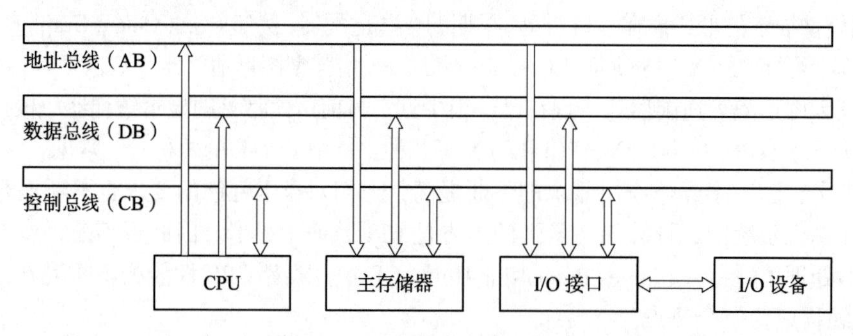

图 3–16 计算机的总线结构

地址总线的宽度决定了 CPU 的寻址能力；数据总线的宽度决定了 CPU 与其他器件传送一次数据的传送量；控制总线宽度决定了 CPU 指令的数量，从而决定了对系统中其他器件的控制能力。

3.5.2 通过接口实现 I/O 设备的连接

输入/输出设备和 CPU、内存相比，速度慢很多，因此输入/输出设备不能直接与总线连接，必须通过 I/O 接口连接到总线上。在常见的台式机中，I/O 接口一般都集成到主板上。一些以内部接口的形式提供，这部分内容下一小节讨论；另外，一些则在机箱外部提供对外接口。图 3–17 所示为一款主流 PC 主板的对外接口。

图 3–17 PC 主板对外接口

（1）Line In 接口（天蓝色）。线性输入接口，可以接收外部音频的输入，通常另一端连接外部声音设备的 Line Out 端。

（2）Line Out 接口（淡绿色）。提供双声道音频输出，可以接在喇叭或其他放音设备的

Line In 接口中。

（3）MIC 接口（粉红色）。MIC 接口用于连接麦克风。

上述三种声音接口是标准配置，而在一些新型主板上，还提供另外三个声音接口：橙色是中置/低音炮内部喇叭接口，当使用 6 个以上声道时需要；黑色是后环绕扬声器接口，当使用 4 个以上声道时需要使用；灰色是侧环绕扬声器接口，当使用 8 个以上声道时需要使用。

（4）PS/2 键盘接口（紫色）。PS/2 键盘接口是用于连接 PS/2 类型的键盘接口。

（5）PS/2 鼠标接口（绿色）。PS/2 鼠标接口是连接 PS/2 类型的鼠标接口。在一些新型主板上，会提供 PS/2 的键鼠通用接口，图 3-17 中左下角小圆接口即是。

（6）USB 接口。USB 接口用于连接键盘、鼠标等外围设备，是目前非常常用的接口。根据传输速度，又分为 USB 2.0（黑色）和 USB 3.0（蓝色）两种版本。

（7）显示器接口（DVI）。DVI 全称为 Digital Visual Interface，分为两种：一种是 DVI-D 接口，只能接收数字信号；另一种是 DVI-I 接口，可同时兼容模拟和数字信号。

（8）显示器接口（HDMI）。高清多媒体接口（High Definition Multimedia Interface，HDMI）是一种全数字化视频和声音接口，可以发送未压缩的音频及视频信号。和 DVI 一样，也是目前主流的显示器接口之一。

（9）显示器接口（VGA）。VGA（Video Graphics Array）接口，也叫 D-Sub 接口，用于显卡上输出模拟信号，目前已经不太常用。

（10）RJ-45 接口。RJ-45 接口向内连接计算机的是以太网卡，向外利用双绞线和水晶头进行网络连接。

3.5.3 微型计算机子系统互连设备——主板

微型计算机具有体积小、价格低、耗电少等优点，所以它的应用范围十分广阔。下面以微型计算机为例，介绍其子系统互联设备——主板。主板是微型计算机中最复杂的设备，它为其他部件提供插槽和接口，几乎所有的硬件都通过主板进行连接。

主板，又叫主机板（Mainboard）、系统板（Systemboard）或母板（Motherboard），它安装在机箱内，是微型计算机的骨架。

主板一般为矩形电路板，上面安装了组成微型计算机的主要电路系统，一般有 BIOS 芯片、I/O 控制芯片、键盘和面板控制开关接口、指示灯插接件、扩充插槽、主板及插卡的直流电源供电接插件等元件，如图 3-18 所示。

1．主板特点

主板采用了开放式结构。主板上大约有 6 ~ 8 个扩展插槽，供 PC 外围设备的控制卡（适配器）插接。通过更换这些插卡，可以对计算机的相应子系统进行局部升级，使厂家和用户在配置机型方面有更大的灵活性。总之，主板在整个计算机系统中扮演着举足轻重的角色。可以说，主板的类型和档次决定着整个计算机系统的类型和档次，主板的性能影响着整个计算机系统的性能。

2．工作原理

在电路板下面，是错落有致的电路布线；在上面则为棱角分明的各个部件：插槽、芯片、电阻、电容，等等。当主机加电时，电流会在瞬间通过 CPU、南北桥芯片、内存插槽、AGP 插槽、PCI 插槽、IDE 接口以及主板边缘的串口、并口、PS/2 接口等。随后，主板会根据 BIOS 来识别硬件，并进入操作系统发挥出支撑系统平台工作的功能。

图 3-18　微型计算机主板

3．主板构成

1）芯片部分

（1）BIOS 芯片：是一块方块状的存储器，里面存有与该主板搭配的基本输入/输出系统程序。能够让主板识别各种硬件，还可以设置引导系统的设备，调整 CPU 外频等。BIOS 芯片是可以写入的，这方便用户更新 BIOS 的版本，以获取更好的性能及对计算机最新硬件的支持，当然不利的一面便是会让主板遭受诸如 CIH 病毒的袭击。

（2）南北桥芯片：横跨 AGP 插槽左右两边的两块芯片就是南北桥芯片。南桥多位于 PCI 插槽的上面；而 CPU 插槽旁边，被散热片盖住的就是北桥芯片。芯片组以北桥芯片为核心，一般情况，主板的命名都是以北桥的核心名称命名的（如 P45 的主板就是用的 P45 的北桥芯片）。北桥芯片主要负责处理 CPU、内存、显卡三者之间的“交通”，由于发热量较大，因此需要散热片散热；南桥芯片则负责硬盘等存储设备和 PCI 之间的数据流通。南桥芯片和北桥芯片合称芯片组，芯片组在很大程度上决定了主板的功能和性能。

（3）RAID 控制芯片：相当于一块 RAID 卡的作用，可支持多个硬盘组成各种 RAID 模式。目前主板上集成的 RAID 控制芯片主要有 HPT372 RAID 控制芯片和 Promise RAID 控制芯片。

2）扩展槽部分

（1）内存插槽：内存插槽一般位于 CPU 插座下方。

（2）AGP 插槽：颜色多为深棕色，位于北桥芯片和 PCI 插槽之间。AGP 插槽有 1×、2×、4×和 8×之分。AGP4×的插槽中间没有间隔，AGP2×则有。在 PCI Express 出现之前，AGP 显卡较为流行，其传输速度最高可达到 2133 MB/s（AGP8×）。

（3）PCI Express 插槽：随着 3D 性能要求的不断提高，AGP 已越来越不能满足视频处

理带宽的要求，目前主流主板上显卡接口多转向 PCI Express。PCI Express 插槽有 1×、2×、4×、8×和16×之分。

（4）CNR 插槽：多为淡棕色，长度只有 PCI 插槽的一半，可以接软 Modem 或网卡。

3）对外接口部分

在上一小节，我们介绍了常见的主板对外接口，如图 3-17 所示。还有一些其他类型的对外接口，介绍如下：

（1）硬盘接口：有一些主板提供对外的硬盘接口，可以外接硬盘、光驱等设备；又可分为 SATA 接口和 M.2 接口。

（2）COM 接口（串口）：一些老型号的主板上提供 COM 接口，一般有两个，分别为 COM1 和 COM2，作用是连接串行鼠标和外置 Modem 等设备。很多单片机、嵌入式的开发板都采用 COM 接口与主机连接，如果要进行这方面的学习，COM 接口还是比较有用的。

（3）LPT 接口（并口）：一般用来连接打印机或扫描仪。现在使用 LPT 接口的打印机与扫描仪基本已经很少了，多为使用 USB 接口的打印机与扫描仪。

（4）MIDI 接口：声卡的 MIDI 接口和游戏杆接口是共用的。接口中的两个针脚用来传送 MIDI 信号，可连接各种 MIDI 设备，例如电子键盘等，现在市面上已很难找到基于该接口的产品。

本章小结

本章首先介绍了计算机硬件系统的组成和基本工作原理，然后分别介绍了三个子系统的组成。它们分别是：中央处理单元子系统、存储子系统和输入/输出子系统，同时介绍了三个子系统的基本工作原理和分工。最后介绍了三个子系统之间互连的原理，以及总线和各类常见 I/O 接口。

习　题

1. 计算机由哪三个子系统构成？
2. 中央处理单元由哪几部分构成？其作用又是什么？
3. 简述计算机的工作原理。
4. 简述指令的执行过程。
5. 简述主存的作用及分类。
6. 辅助存储器的作用是什么？计算机系统常用的辅助存储器有哪些？
7. 简述主存储器和辅助存储器的区别。
8. 输入/输出子系统的作用是什么？
9. 计算机总线是什么？可以分几种？简单介绍每种总线的功能。
10. 冯·诺依曼型计算机的五大部件是什么？简要说明其功能。

第4章

操作系统基础 <<<

计算机系统是由硬件和软件组成，而计算机软件分成三大类:系统软件、支撑软件和应用软件。操作系统则是一种最重要、最基础的系统软件，向下对所有软硬件资源进行管理，向上则对其他所有软件提供支持，并对最终用户提供人机交互界面。在计算机科学发展早期，我国在操作系统领域不断发展。从中标麒麟、深度 Linux（Deepin）和起点（StartOS）等主流操作系统，到近期华为发布的鸿蒙（HarmonyOS）智能跨平台操作系统，我国在操作系统方面已取得了长足的进步。

在本章中，大家首先将学习操作系统的概念和发展历史，然后初步学习操作系统的功能。之后将介绍目前主流的操作系统，包括我国的国产操作系统。最后我们以 Windows 10 操作系统为例，介绍操作系统的基本使用方法。

4.1 操作系统的概念和发展历史

4.1.1 操作系统的概念

操作系统（Operating System，OS），是管理计算机硬件与软件资源的计算机程序。操作系统需要管理与配置内存、决定系统资源供需的优先次序、控制输入设备与输出设备、操作网络并管理文件系统。此外，操作系统也提供给用户一个与计算机系统交互的操作界面。

操作系统的两个主要作用包括：

- 管家婆：高效地管理各种硬、软件资源。
- 接待员：让用户更容易地使用各种资源。

操作系统是硬件系统的首次扩充，提高其利用率和系统的吞吐量，最早的计算机没有操作系统的概念。那时使用计算机的人是研究、设计、开发计算机系统的专家，他们对计算机硬件系统及各部件之间如何配合工作非常熟悉。开机后，再启动计算机由计算机自动执行程序。当时，计算机运行一次只能执行一个程序，即处理一个任务，处理完之后就停下来，等待工作人员为它加载下一个待处理的任务并安排所需要的资源。这样使用计算机非常麻烦，对用户掌握计算机技术的要求非常高，并且用计算机处理问题的效率非常低。这就促使人们考虑如何使计算机系统能够自动地管理好硬件资源，屏蔽硬件的复杂性，降低对用户使用计算机的技术要求；如何使计算机一次能够自动处理多个任务，协调好各种软件之间的关系以及被执行的顺序，合理充分地使用计算机内存资源，提高 CPU 的使用效

率；如何使计算机自动地管理好事先设计好的程序、待处理的数据，在需要时能够自动地被调入计算机内处理，并自动保存处理后的结果。

4.1.2 操作系统发展历史

1946年诞生的第一台计算机没有操作系统，甚至没有任何软件。但是计算机发展到今天，已经离不开操作系统。根据任务处理方式，操作系统的发展可以划分为以下几个时代：

1. 手工操作时代

手工操作时代可以追溯到1946—1955年，那时的计算机没有操作系统，普遍使用机器语言，用插件板、纸带、卡片输入/输出进行科学计算。世界上第一台电子计算机ENIAC就是手工操作时代计算机的代表。手工操作存在很多弊端，例如随着计算机处理能力的提高，手工操作的低效率会造成很多浪费。

2. 单道批处理系统时代

单道批处理系统在1955—1965年较为流行，它使用汇编语言、Job等语言。为实现对作业的连续处理，需要先把一批作业以脱机方式输入到磁带上，并在系统中配上监督（Monitor），在它的控制下，使这批作业能一个接一个地连续处理。其处理过程是：首先由监督程序将磁带上的第一个作业装入内存，并把运行控制权交给该作业；当该作业处理完成时，又把控制权交还给监督程序，再由监督程序把磁带上的第二个作业调入内存。计算机系统就这样自动地一个作业紧接一个作业地进行处理，直至磁带上的所有作业全部完成，这样便形成了早期的批处理系统。虽然系统对作业的处理是成批进行的，但在内存中始终只保持一道作业，故称为单道批处理系统。一般用于微型计算机系统中，如微型计算机的磁盘操作系统（DOS）。

3. 多道批处理系统时代

多道批处理系统在1965—1980年应用广泛。批处理系统的代表是兼容机思想的诞生与多道程序设计思想的实现，其主机的CPU按照预先分配给各终端的时间片（Time Slice）轮流为各个终端服务，各个终端在分配给自己的时间片内独占CPU，分时共享计算机系统的资源。分时操作系统具有会话功能，可以在工作过程中随时进行人机会话。工作时，同时在系统上工作的不同用户好像自己独占这台计算机，没有分时运行的感觉。

多道批处理有多个优点，例如作业流程自动化，即使得资源的使用效率比较高，而且同时吞吐率高，也就是在1个单位时间中进行的线程总数比较大。但同样也有缺点，用户之间交流性比较低，调试程序困难，浪费了时间和空间。多道批处理是指多个用户将需要执行的程序、数据和作业说明一起送到计算机中，由操作系统对各个作业进行调度运行。

4. 分时系统时代

分时系统存在于20世纪70年代至今，分时系统即为多个程序分时共享硬件和软件资源，MIT的Compatible TimeSharing System的分时系统开创了多用户共享计算机资源的新时代，它拥有便利的终端使用，高可靠的大型文件系统，内核、层次式目录、面向流的I/O以及把设备当作文件处理的多种新方式，播撒了许多原创的概念，对现代操作系统具有重大影响。分时系统把计算机的系统资源进行时间上的分割，提高了计算机用户使用计算机时的多路性、交互性、独立性和及时性。

5. 个人计算机时代

1973 年，第一个微机操作系统 CP/M 诞生，CP/M 操作系统有较好的层次结构，有指挥主机、内存、磁鼓、磁带、磁盘、打印机等硬设备的特权，它在 1981 年成为世界上流行最广的 8 位操作系统之一。个人计算机有较多新技术的发展，例如在分时系统的基础上，操作系统的发展开始分化，有主机计算、个人计算、分布计算等，例如网络操作系统（Network OS）。网络操作系统管理连接在计算机网络上的所有计算机。由于各计算机都有自己的一套操作系统，因此，网络操作系统提供了一个网络通信的协议，在上层把网络中的计算机联系起来，使得在网络中的各计算机均按照协议的规定进行通信。

4.2 操作系统基础

现在的操作系统十分复杂，它必须可以管理系统中的不同资源。它像是一个有多个上层部门经理的管理机构，每个部门经理负责管理自己的部门，并且相互协调。现代操作系统至少具有以下四种功能：内存管理器、进程管理器、设备管理器、文件管理器。就像很多组织有一个部门不归任何经理管理一样，操作系统也有这样一个部分，称为用户界面或命令解释程序，它负责操作系统与外界通信。图 4–1 所示为操作系统的组成部分。

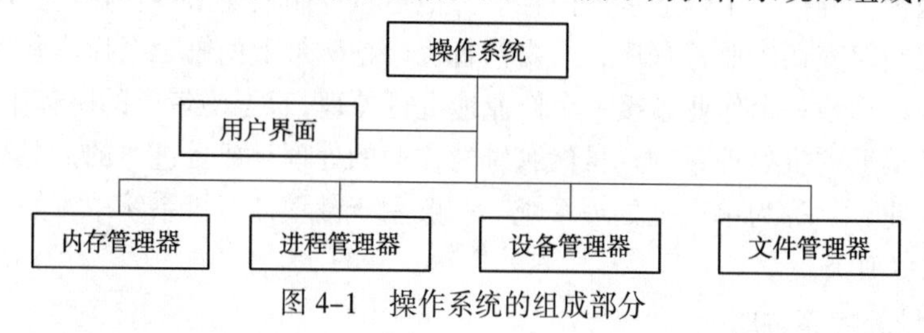

图 4–1 操作系统的组成部分

4.2.1 用户界面

每个操作系统都有用户界面，即用来接收用户（进程）的输入并向操作系统解释这些请求的程序。一些操作系统（比如 UNIX）的用户界面被称作命令解释程序（Shell）。在其他操作系统中，则被称为窗口，以指明它是一个由菜单驱动的并有着 GUI（图形用户界面）的部件。

4.2.2 内存管理器

如今计算机操作系统的一个重要职责是内存管理。计算机中存储器的容量近年来得到激增，同样所处理的程序和数据也越来越大。内存分配必须进行管理以避免“内存溢出”的错误。操作系统按照内存管理可以分为两大类：单道程序和多道程序。

1. 单道程序

在单道程序中，大多数内存用来装载单一的程序（我们考虑数据作为程序的一个部分被程序处理），仅仅一小部分用来装载操作系统。如图 4–2 所示，在这种配置下，整个程序被装入内存运行。运行结束后，程序区域由其他程序取代。

内存	操作系统
	程序

图 4–2 单道程序

这里内存管理器的工作是简单明了的，即将程序载入内存、运行它、再装入新程序。但是，在技术方面仍然有很多问题：

（1）程序必须能够载入内存。如果内存容量比程序小，程序将无法运行。

（2）当一个程序正在运行时，其他程序不能运行。一个程序在执行过程中经常需要从输入设备得到数据，并且把数据发送至输出设备。但输入/输出设备的速度远远小于 CPU，所以当输入/输出设备运行时，CPU 处于空闲状态。而此时由于其他程序不在内存中，CPU 不能为其服务，这种情况下 CPU 和内存的使用效率很低。

2. 多道程序

在多道程序下，同一时刻可以装入多个程序并且能够同时被执行，CPU 轮流为其服务。如图 4-3 所示，给出了多道程序的内存分配。

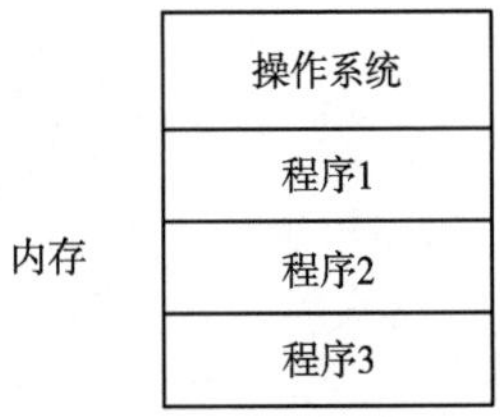

图 4-3 多道程序

4.2.3 进程管理器

为了描述程序在计算机系统内的执行情况，现代操作系统关于指令集有三个术语:程序、作业和进程。

1. 程序、作业和进程

（1）程序：程序是由程序员编写的一组稳定的指令，存在硬盘（或磁带）上。

（2）作业：从一个程序被选中执行，到其运行结束并再次成为一个程序的过程中，该程序称为作业。在整个过程中，作业可能会或不会被执行，或者驻留在硬盘上等待被调入内存，或者在内存中等待 CPU 执行，或者驻留在硬盘或内存中等待一个输入/输出事件，在所有这些情况下程序才被称为作业。当一个作业执行完毕（正常或不正常），它又变成程序并再次驻留于硬盘中，操作系统不再支配该程序。需要注意的是，每个作业都是程序，但并不是所有的程序都是作业。

（3）进程：进程是一个执行中的程序，该程序开始执行但还未结束。换句话说，进程是一个在内存中运行的作业，它是从众多等待作业中选取出来并装入内存中的作业。一个进程可以处于运行状态或者等待 CPU 调用。只要作业装入内存就成为一个进程。需要注意的是，每个进程都是作业，而作业未必是进程。

2. 状态转换

状态图显示了每个实体的不同状态，图 4-4 中用框线将这三者分开。

一个程序被操作系统选中时就成为作业并且成为保持状态，直至它载入内存之前都保持这个状态。当内存可以整体或者部分地载入这个程序时，作业转成就绪状态，并变成进程。它在内存中保持这个状态直至 CPU 运行它;这时它转成运行状态。当处于运行状态后，可能出现下面三种情况之一：

（1）进程运行直至它需要 I/O 资源。

（2）进程可能耗尽所分配的时间片。

（3）进程终止。

在第一种情况下，进程进入等待状态，直至输入/输出结束；在第二种情况下，它直接进入就绪状态；在第三种情况下，它进入终止状态，并且不再是进程。进程进入终止状态前在运行、等待、就绪状态中转换。

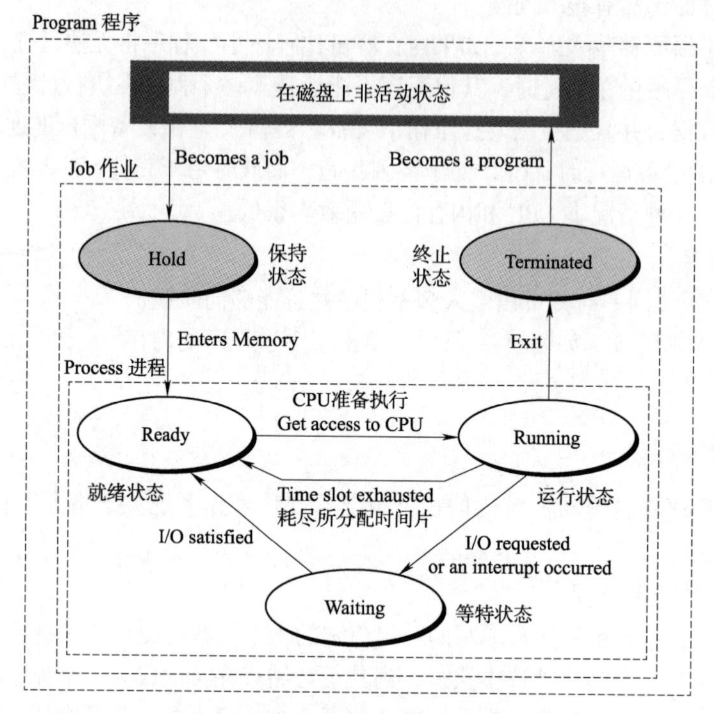

图 4-4　程序、作业和进程分界状态图

4.2.4　设备管理器

设备管理器（或者是输入/输出管理器）负责访问输入/输出设备。在计算机系统中，输入/输出设备存在着数量和速度上的限制。由于这些设备与 CPU 和内存比起来速度要慢很多，所以当一个进程访问输入/输出设备时，在该段时间内这些设备对其他进程而言是不可用的。设备管理器负责让输入/输出设备使用起来更有效。

设备管理器不停地监视所有的输入/输出设备，以保证它们能够正常运行。管理器同样也需要知道何时设备已经完成一个进程的服务，而且能够为队列中下一个进程服务。

设备管理器为每一个输入/输出设备维护一个队列，或是为类似的输入/输出设备维护一个或多个队列。例如：如果系统中有两台高速打印机，管理器能够分别用一个队列维护一个设备，或是用一个队列维护两个设备。

设备管理器控制用于访问输入/输出设备的不同策略。例如，可以用先入先出法来维护一个设备，而用最短长度优先法来维护另一个设备。

4.2.5　文件管理器

如今的操作系统使用文件管理器来控制对文件的访问。

文件管理器的主要功能有：

（1）文件管理器控制文件的访问。只有那些获得允许的应用程序才能够访问，访问方式也可以不同。例如，一个进程（或一个调用进程的用户）也许可以读取文件，但却不允

许写（改变）操作。另一个进程也许被允许执行文件，但却不允许读取文件的内容。

（2）文件管理器管理文件的创建、删除和修改。

（3）文件管理器可以给文件命名。

（4）文件管理器管理文件的存储：怎样存储，存在哪里等。

（5）文件管理器负责归档和备份。

4.3 主流操作系统介绍

在计算机的发展过程中，出现过许多不同的操作系统，其中最为常用的有 DOS、Windows、Linux、UNIX、Mac OS 等，下面介绍常见的微机操作系统。

4.3.1 DOS

DOS（Disk Operation System，磁盘操作系统）是早期个人计算机上的一类操作系统。DOS 就是人与机器的一座桥梁，是罩在机器硬件外面的一层“外壳”，有了 DOS，就不必去深入了解机器的硬件结构，也不必去死记硬背那些枯燥的机器指令。只需通过一些接近于自然语言的 DOS 命令，就可以轻松地完成绝大多数的日常操作。此外，DOS 还能有效地管理各种软硬件资源，对它们进行合理的调度，所有的软件和硬件都在 DOS 的监控和管理之下，有条不紊地进行着自己的工作。

从 1981 年到 1995 年的 15 年间，DOS 在 IBM PC 兼容机市场中占有举足轻重的地位。当时，计算机操作系统就是 DOS，输入 DOS 命令运行，其他应用程序都是在 DOS 界面下输入 EXE 或 BAT 文件运行。早期的 DOS 系统是由微软公司为 IBM 的个人计算机开发的，称为 MS-DOS。后来，其他公司生产的与 MS-DOS 兼容的操作系统，也延用了这个称呼，如 PC-DOS、DR-DOS、FreeDOS、NovellDOS、PTS-DOS、ROM-DOS、JM-OS 等，其中以 MS-DOS 最为著名。

随着计算机硬件的不断发展，从 Windows 95 到 Windows Me 中，MS-DOS 的核心依然存在，只是加上 Windows 当作系统的图形界面，直到纯 32 位版本的 Windows 系统（从 Windows NT 开始，其中就包含了 Windows 2000、Windows XP、Windows 2003、Windows Vista、Windows 7、Windows 8、Windows 10 和 Windows 11）。由此可见 DOS 的生命力极强。例如，系统还原和安装都可能需要 DOS，DOS 用起来也很方便。在微软图形界面操作系统 Windows 中，DOS 是以后台程序的形式出现的，如图 4-5 所示，是 Windows 命令提示符，可以按【Win+R】组合键打开“运行”对话框，输入“CMD”命令，即可进入。

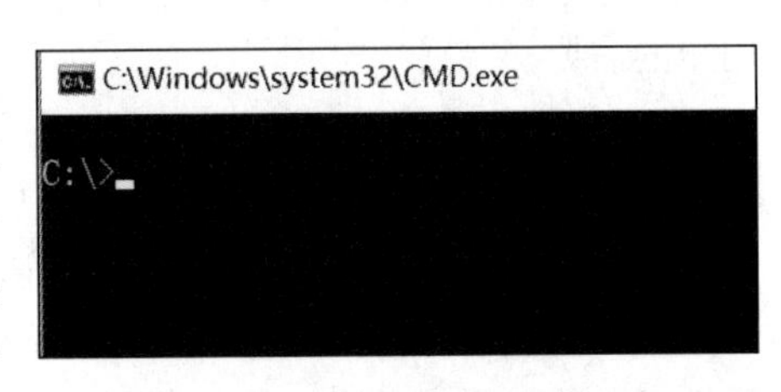

图 4-5 命令提示符

4.3.2 Windows

微软公司 1985 年发布第一个 GUI（Graphical User Interface，图形用户接口）系统，命名为 Windows。如表 4-1 所示，列出了 Windows 系统各个重要的里程碑版本。如今，Windows 操作系统在全世界的个人计算机操作系统中占有绝对的垄断地位。

表 4-1　Windows 个人操作系统发布历程

内部版本号	操作系统名称	发布年份
1.0	Windows 1.0	1985
2.0	Windows 2.0	1987
3.0	Windows 3.0	1990
4.0	Windows 95	1995
4.1	Windows 98	1998
4.9	Windows ME	2000
NT 5.1（32 位） NT 5.2（64 位）	Windows XP	2001
NT 6.0.6000	Windows Vista	2005
NT 6.1.7600	Windows 7	2009
NT 6.2.9200	Windows 8	2012
NT 10.0.10240	Windows 10	2015
NT 10.0 21H2	Windows 11	2021

Windows 采用了图形用户界面（GUI），比起从前的 MS-DOS 需要输入指令使用的方式更为人性化。随着计算机硬件和软件的不断升级，Windows 也在不断升级，从架构的 16 位、32 位再到 64 位，系统版本从最初的 Windows 1.0 到大家熟知的 Windows 95、Windows 98、Windows 2000、Windows XP、Windows Vista、Windows 7、Windows 8、Windows 8.1、Windows 10、Windows 11 和 Windows Server 服务器企业级操作系统，微软一直在致力于 Windows 操作系统的开发和完善。

4.3.3　Linux

Linux，全称 GNU/Linux，是一套免费使用和自由传播的类 UNIX 操作系统，是一个基于 POSIX 的多用户、多任务、支持多线程和多 CPU 的操作系统。伴随着互联网的发展，Linux 得到了来自全世界软件爱好者、组织、公司的支持。它除了在服务器方面保持着强劲的发展势头以外，在个人计算机、嵌入式系统上都有着长足的进步。使用者不仅可以直观地获取该操作系统的实现机制，而且可以根据自身的需要来修改完善 Linux，使其最大化地适应用户的需要。

Linux 不仅系统性能稳定，而且是开源软件。其核心防火墙组件性能高效、配置简单，保证了系统的安全。在很多企业网络中，为了追求速度和安全，Linux 不仅仅被网络运维人员当作服务器操作系统使用，甚至当作网络防火墙软件使用，这是 Linux 的一大亮点。

Linux 具有开放源码、没有版权、技术社区用户多等特点。使得用户可以自由裁剪，灵活性高，功能强大，成本低。尤其系统中内嵌网络协议栈，经过适当的配置就可实现路由器的功能。这些特点使得 Linux 成为开发路由交换设备的理想开发平台。

4.3.4　UNIX

UNIX 是由贝尔实验室的计算机科学研究小组的 Thomson 和 Ritchie 在 1969 年首先开发出来的。从那时起，UNIX 经历了许多版本。它是一个在程序设计员和计算机科学家中较为

流行的操作系统。它是一个非常强大的操作系统，有三个显著的特点：

第一，UNIX是一个可移植的操作系统，它可以不经过较大的改动而方便地从一个平台移植到另一个平台。原因是它主要是用C语言编写的（而不是特定于某种计算机系统的机器语言）。

第二，UINX拥有一套功能强大的工具（命令），它们能够组合起来（在可执行文件中被称为脚本）去解决许多问题，而这一工作在其他操作系统中则需要通过编程来完成。

第三，它具有设备无关性，因为操作系统本身就包含了设备驱动程序，这意味着它可以方便地来配置运行任何设备。

UNIX是多用户、多道程序、可移植的操作系统，方便编程、文本处理、通信和其他许多希望操作系统来完成的任务。它包含几百个简单、单一目的的函数，这些函数能组合起来可完成任何可以想象的处理任务。它的灵活性通过它可以用在三种不同的计算环境中而得到证明，这三种环境为：单机个人环境、分时系统和客户/服务器系统。

4.3.5 Mac OS

Mac OS是由苹果开发的运行于Macintosh系列计算机上的操作系统。Mac OS是首个在商用领域成功的图形用户界面操作系统。Mac OS基于XNU混合内核的图形化操作系统，全屏幕窗口是它最为重要的功能，一切应用程序均可以在全屏模式下运行。这种用户界面将极大简化计算机的使用，减少多个窗口带来的困扰。它将使用户获得与iPhone、iPod touch和iPad用户相同的体验。计算体验并不会因此被削弱；相反，苹果正帮助用户更为有效地处理任务。另外，疯狂肆虐的计算机病毒几乎都是针对Windows的，由于Mac OS的架构与Windows不同，所以很少受到计算机病毒的袭击。

4.3.6 国产操作系统介绍

随着计算机系统应用越来越广泛，保证信息的安全性和可靠性是我国信息化建设中需要解决的重要问题。而操作系统是信息安全的“底座”，要想让应用真正安全，应大力开发自主创新的国产操作系统。目前主要的国产操作系统基本上是基于Linux开源内核开发的，如中标麒麟（NeoKylin）、深度Linux（Deepin）、统一（Unity Operating System，UOS）、起点（StartOS）、鸿蒙操作系统（HarmonyOS）等。

1. 中标麒麟

中标麒麟操作系统是由民用的“中标Linux”操作系统和军用“银河麒麟”操作系统合并而来，并以“中标麒麟”品牌出现在市场。中标麒麟操作系统采用强化的Linux内核，分成桌面版、通用版、高级版和安全版等，满足不同客户的要求，已经广泛地使用在能源、金融、交通、政府、央企等行业领域。

中标麒麟增强安全操作系统采用银河麒麟KACF强制访问控制框架和RBA角色权限管理机制，支持以模块化方式实现安全策略，提供多种访问控制策略的统一平台，是一款真正的B2级结构化保护操作系统产品。

2. 深度Linux

深度操作系统是由武汉深度科技有限公司发行的一款致力于为全球用户提供美观易用、安全稳定服务的桌面操作系统。它清新的视觉设计、化繁为简的交互、丰富的功能、支持使用安卓应用，给用户带来了更好的应用管理及使用体验。它包含了所需要的应用程序，网页浏览器、幻灯片演示、文档编辑、电子表格、娱乐、声音和图片处理软件，即时通信软件等等。深度操作系统拥有自主设计的特色软件：深度软件中心、深度截图、深度音乐播放器和深度影音，全部使用自主的DeepinUI。

深度操作系统是国内比较活跃的 Linux 发行版，Deepin 为所有人提供稳定、高效的操作系统，强调安全、易用、美观。不仅让用户体验到丰富多彩的娱乐生活，也可以满足日常工作需要。

3. 统一（UOS）

统一操作系统是由包括中国电子集团（CEC）、武汉深之度科技有限公司、南京诚迈科技、中兴新支点在内的多家国内操作系统核心企业自愿发起“统信 UOS 统一操作系统筹备组”共同打造的中文国产操作系统。经过短短的时间，UOS 产品已在政府管理、金融、国防、能源、交通、电信、教育等多个领域获得应用，成为中国重要的操作系统之一。

UOS 采用 Wine（Wine 是一个能够在多种操作系统上运行 Windows 应用的兼容层）相关技术，让用户可以尽可能延续自己过去在 Windows 下的使用体验。此外，统信对于国产硬件的兼容生态，也做了很多工作。和其他国外的 Linux 发行版不同，统信 UOS 针对国产的芯片，诸如龙芯、飞腾、申威、鲲鹏、兆芯、海光等芯片，都提供了良好的支持。

4. 起点

起点操作系统是由广东爱瓦力科技股份有限公司发行的一套 Linux 桌面操作系统。StartOS 操作系统具有运行速度快，安全稳定，界面美观，操作简洁明快等特点。StartOS 使用全新的包管理，全新的操作界面，是一个易用、安全、稳定、易扩展，更加符合中国人操作习惯的桌面操作系统。

5. 鸿蒙操作系统

鸿蒙操作系统是华为公司开发的一款“面向未来”的分布式全场景（移动办公、运动健康、社交通信、媒体娱乐等）的智慧操作系统。是华为的专有操作系统，旨在释放对安卓平台的依赖以及谷歌对其的限制。HarmonyOS 旨在连接多个设备组成一个功能、资源、设备齐全的，面向 IoT 物联网设备的超级系统。鸿蒙操作系统最大的卖点是它可以在任何设备上运行，包括智能手机、智能手表、平板电脑、电视和汽车音响。它甚至可以在物联网设备上运行，例如冰箱、智能扬声器和烤箱。使消费者实现通过智能手机方便、快捷地控制其他设备，从而获得更优质的视、听、感、触等全方位的服务，以实现在特定场合下，以最低的能耗、最快的速度、通过最优的硬件设备，操作最全面的优质资源，获得最佳的用户体验。

4.4 Windows 10 操作系统

4.4.1 桌面及其设置

一进入 Windows 10 操作系统，首先看到的就是“桌面”了。Windows 10 恢复了在 Windows 8 中被取消的“开始”按钮，但保留了开始菜单磁贴。桌面共包括桌面背景、桌面图标、“开始”按钮、“任务栏”等部分，如图 4-6 所示。

图 4-6 桌面组成

1. 桌面背景

桌面背景可以是任意数字图片，用户可以选择 Windows 10 自带的图片或者自己收藏的精美图片作为背景图片。

在桌面的空白处右击，选择"个性化"选项，显示图 4-7 所示窗口，若单击窗口左侧的"背景"栏，可进一步选择对应的图片或者计算机中的图片作为桌面。

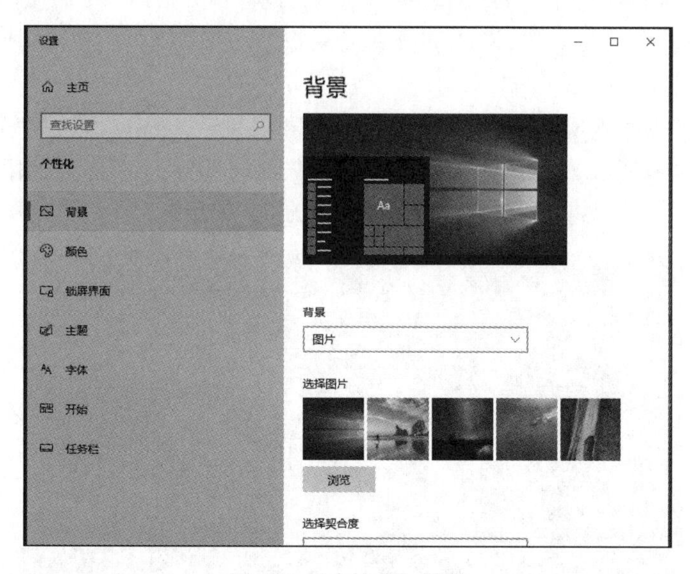

图 4-7 "个性化"设置

2. 桌面图标

桌面图标由文字和图片组成，用户双击桌面上的图标可以快速打开相应的文件、文件夹或者应用程序。新安装的 Windows 10 操作系统中，桌面图标默认只有一个"回收站"图标。可以在"个性化"设置窗口中单击左侧"主题"选项，在"主题"设置窗口中选择桌面图标设置，出现图 4–8 所示窗口，可设置在桌面上是否显示“计算机”“回收站”“用户的文件”“控制面板”“网络”等图标。

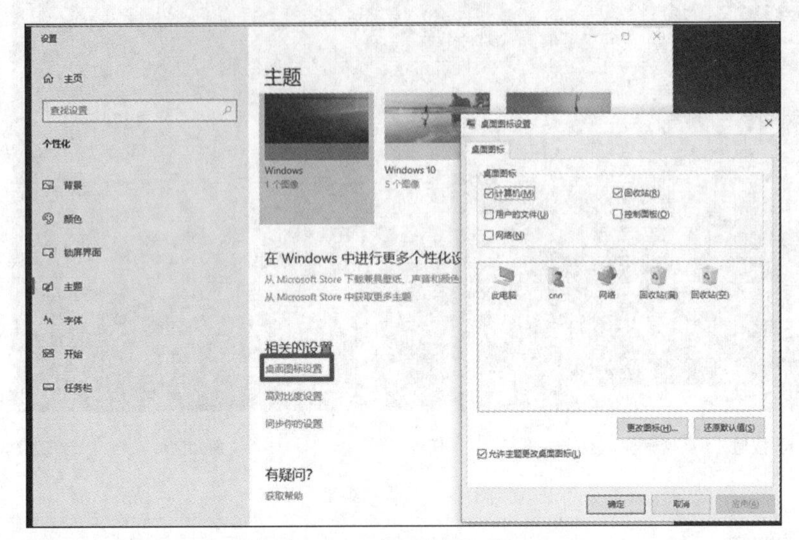

图 4–8 “桌面图标”设置

3. 任务栏

“任务栏”是位于桌面底部的长条，显示正在运行的程序、系统通知等，包括“开始”按钮、搜索栏、任务视图、系统通知区域和“显示桌面”按钮。当鼠标指针指向任务栏上的图标时，便会马上显示出该程序的缩略图预览，鼠标指针指向该缩略图时还可看到该程序的全屏幕预览，也可以使用【Alt+Tab】组合键快速地在不同窗口之间切换。

4. “开始”按钮

Windows 10 恢复了在 Windows 8 中被取消的“开始”按钮，单击“开始”按钮即可打开“开始”菜单，如图 4–9 所示。左侧为应用程序列表，右侧为“开始”屏幕，沿用了 Windows 8 的现代设计风格，用户可以将常用的软件以图形方块的形式固定在“开始”屏幕，称为磁贴。

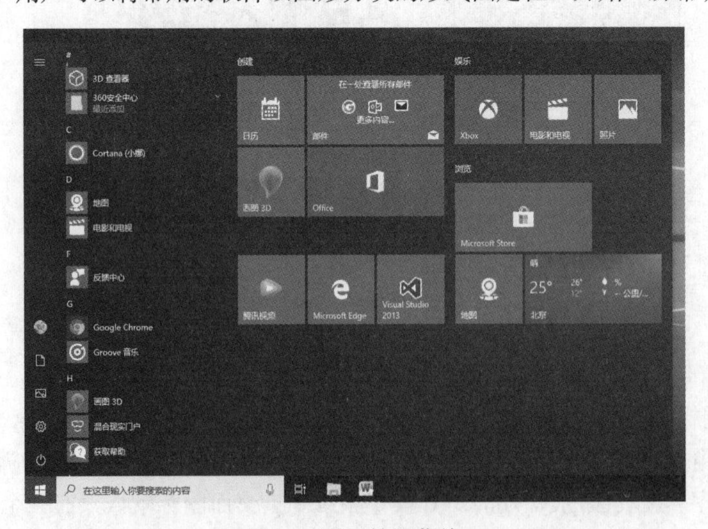

图 4–9 “开始”菜单

用户可以在程序列表或桌面图标中右击需要设置磁贴的程序图标，选择固定到“开始”屏幕，如图 4-10 所示。下次只需要直接单击磁贴即可打开程序。若要取消，则右击磁贴，选择从“开始”屏幕取消固定即可。磁贴的大小和排列顺序也可以进行修改。

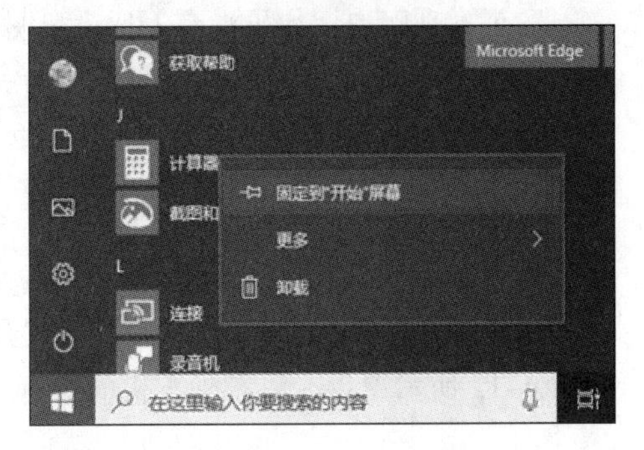

图 4-10 “开始”屏幕磁贴设置

5. 搜索框

Windows 10 中，可以在搜索框中输入关键词，即可快速搜索应用程序、网页以及本地文件等。

6. 任务视图

单击任务栏上搜索框右侧的“任务视图”按钮，可以用于切换打开的程序窗口，也可以用于虚拟桌面的创建和使用。在打开的图 4-11 所示的任务视图中，右击窗口缩略图，将程序移动到其他虚拟桌面。

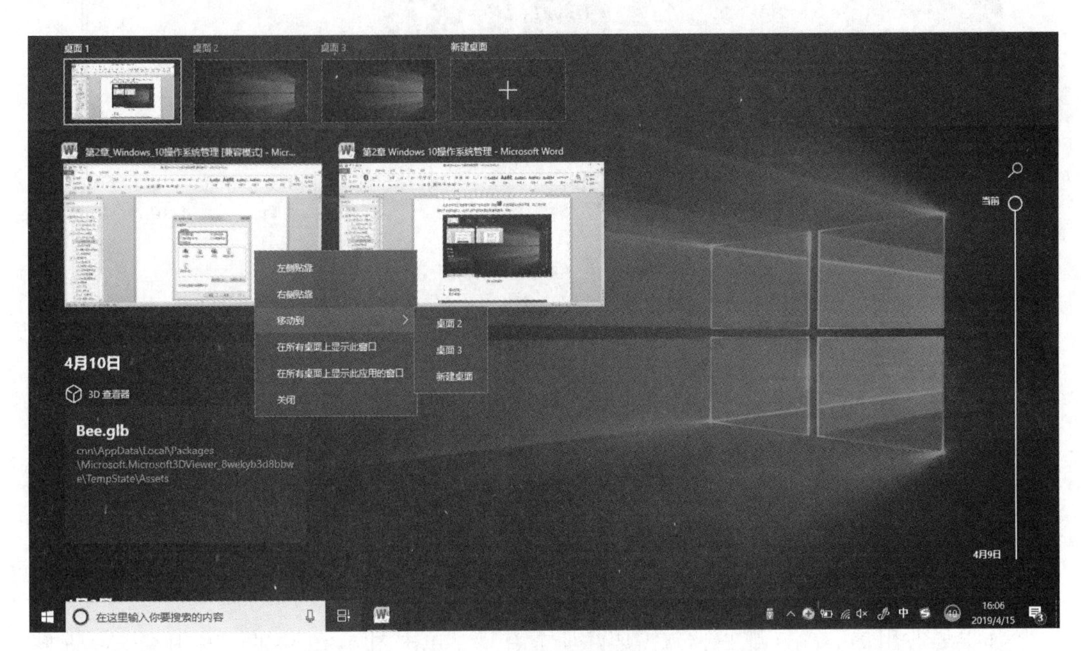

图 4-11 任务视图

4.4.2 账户与设置

1. Windows10 账户

通过用户账户，可以在拥有自己的文件和设置的情况下与多人共享使用计算机，每个人都可以使用用户名和密码访问其用户账户。

Windows 10 中提供两种类型的账户：

（1）Microsoft 账户：Microsoft 账户是用于登录 Outlook、OneDrive、Windows Phone 或 Xbox Live 等一系列微软服务的电子邮件地址和密码的组合，可以在不同的设备上同步用户的设置、内容、使用习惯以及搜索历史等。

（2）本地账户：如果没有 Microsoft 账户，也可以使用本地账户进行登录。本地账户又分为两类：管理员账户和标准用户，分别具有不同的计算机控制级别。用户在首次使用 Windows 10 时，系统会以计算机的名称创建本地账户。

小贴士

只有具有管理员权限的用户才能创建和删除用户。

依次选择“开始”菜单、“设置”（“开始”菜单左侧）选项，再选择“账户”选项，出现图 4-12 所示窗口，将看到本机的所有用户和所属类别。

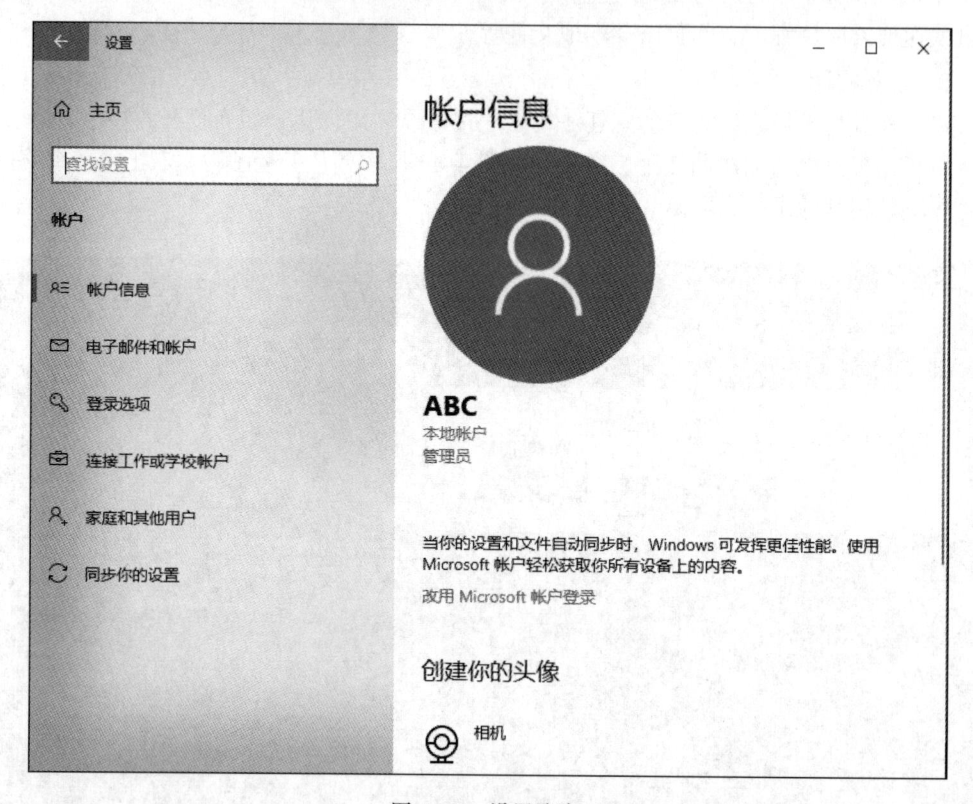

图 4-12 设置账户

如果要改用 Microsoft 账户，就需要注册或登录。单击图 4-12 中的“改用 Microsoft 账户登录”命令，出现图 4-13 所示的对话框，在这里可以创建新的 Microsoft 账户。

在图 4-12 所示窗口中，也可以对账户进行相关设置，包括账户头像、登录密码等。依次单击“家庭和其他用户”→“其他用户”→“将其他人添加到这台电脑”，出现图 4-14 所示窗口，在这里可以添加其他拥有 Microsoft 账户的用户。若要创建本地账户，则选择“我没有这个人的登录信息”，添加一个没有 Microsoft 账户的用户。

Windows 10 中提供了多样化的登录选项，包括刷脸登录、指纹验证、PIN 码登录、图片密码手势登录。最传统的是密码登录，但是这样可能会因泄露密码而导致账户被盗。而 PIN 只针对这台设备，即使别人知道 PIN 登录密码，仍然不会影响你的账户安全。另外，针对一些公用设备，不需要密码限制，也可以设置账户自动登录。

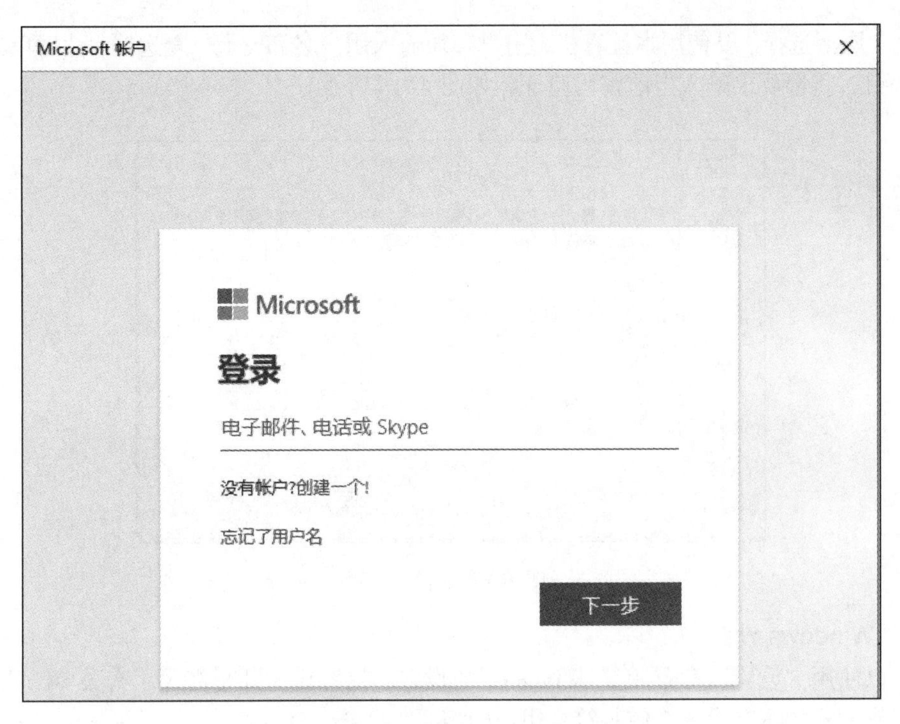

图 4-13　创建新 Microsoft 账户

例 4-1 设置账户自动登录功能。

【操作步骤】

（1）在任务栏搜索框中输入 netplwiz 并打开，出现图 4-15 所示的对话框。

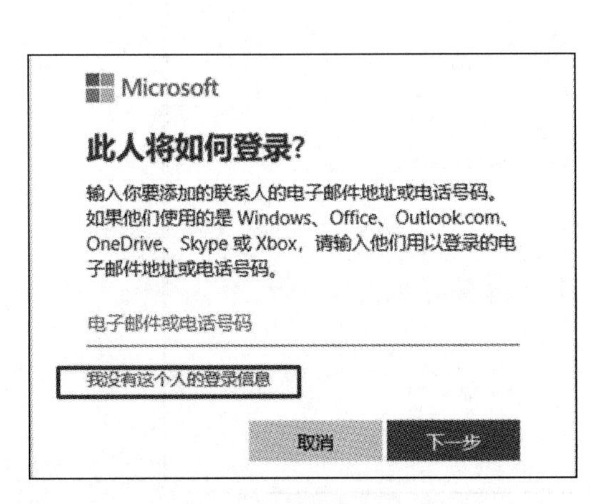

图 4-14　添加其他用户

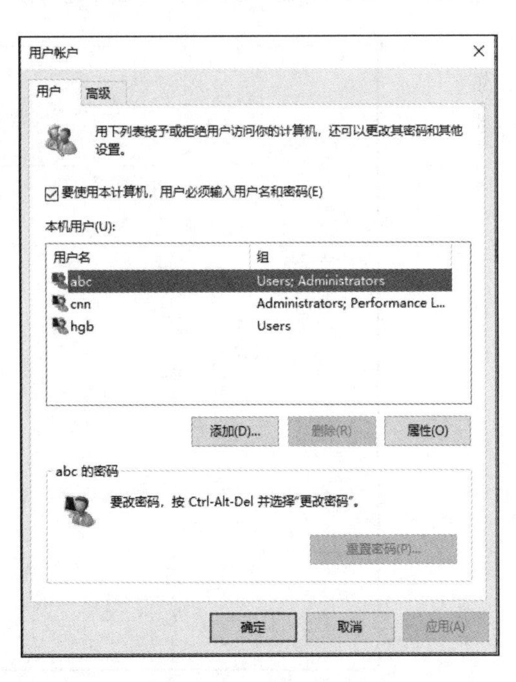

图 4-15　用户账户设置

（2）取消选择“要使用本计算机，用户必须输入用户名和密码”复选框，然后单击“应用”按钮，将会要求输入当前密码验证，如图 4-16 所示。

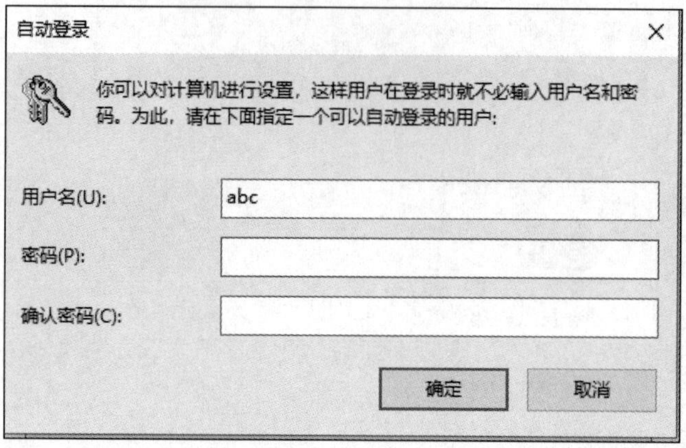

自动登录

你可以对计算机进行设置，这样用户在登录时就不必输入用户名和密码。为此，请在下面指定一个可以自动登录的用户：

用户名(U): abc

密码(P):

确认密码(C):

确定　取消

图 4-16　自动登录

2. Windows 设置

可以使用“设置”命令调整 Windows 的设置，这些设置几乎涉及了有关 Windows 外观和工作方式的所有设置，使其符合用户的需要。

单击“开始”菜单→“设置”命令即可启动 Windows 设置，如图 4-17 所示，可以看到，包括“系统”“账户”“网络和 Internet”“个性化”“设备”“时钟和语言”“应用”“手机”等常见设置内容，单击每一类下面的常用操作可直接进入相应的设置页面；或者在页面上方的搜索框中输入关键字，即可进行搜索。

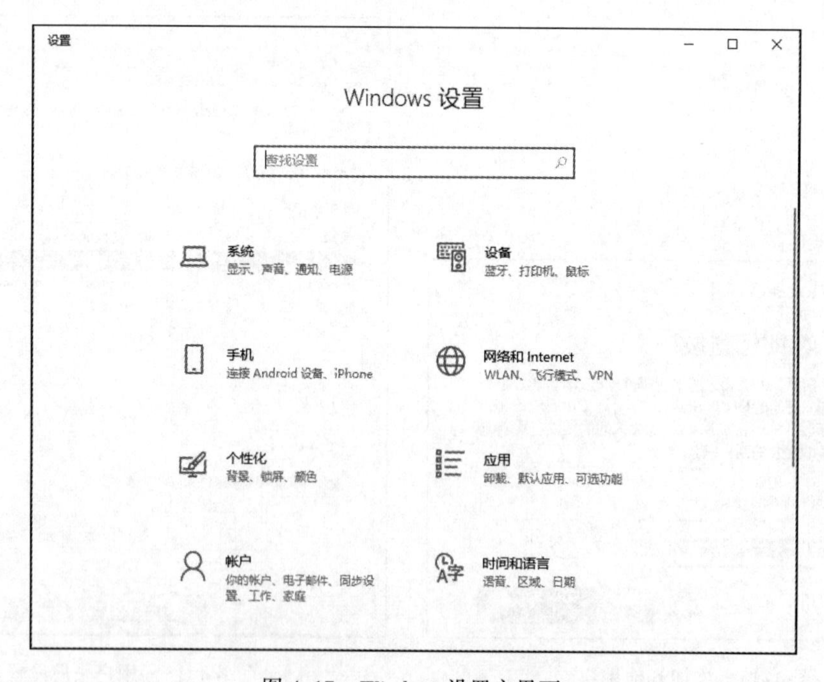

图 4-17　Windows 设置主界面

4.4.3 程序与文件管理

1. 程序

在计算机上做的每一件事几乎都需要使用程序。例如，若要浏览 Internet，需要使用名为 Web 浏览器的程序（比如 Microsoft Edge）；若要编写材料，需要使用字处理程序（比如 Microsoft Office Word）；若要编辑图片，需要使用图片处理程序（比如 Adobe Photoshop）。

在不同的操作系统环境下，可执行程序的扩展名字不太一样，在 Windows 操作系统下，可执行程序可以是*.exe 文件、*.com 和*.sys 文件等类型文件。

通过“开始”菜单可以访问计算机上的所有程序。单击“开始”图标即可打开“开始”菜单，如图 4-18 所示。

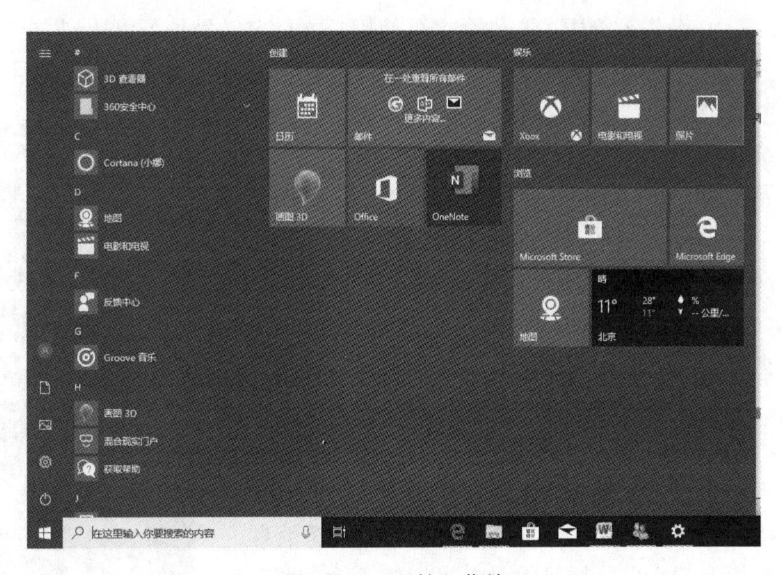

图 4-18 “开始”菜单

“开始”菜单的左侧窗格中列出了所有应用程序，单击它即可直接打开某个程序。右侧为“开始”屏幕，可以将常用的应用固定到这里。

如果未找到要打开的程序，但是大致知道它的名称，则可以在任务栏的搜索框中输入全部或部分名称。显示搜索结果后，单击相关程序即可打开它。

退出程序总共如下有三种方式：

（1）单击程序窗口右上角的“关闭”按钮。

（2）单击菜单栏最左侧的“文件”菜单（也可能是应用程序对应的图标），然后选择“退出”选项（也可能是“关闭”选项）。

（3）按【Alt+F4】组合键。

如果在退出程序时存在尚未保存的修改时，则程序将自动弹出一个对话框，询问是否保存文档（如果要保存目前所做的修改，则单击“保存”按钮；如果不想保存，则单击“不保存”按钮），如图 4-19 所示，这时如果还想要放弃退出，可单击

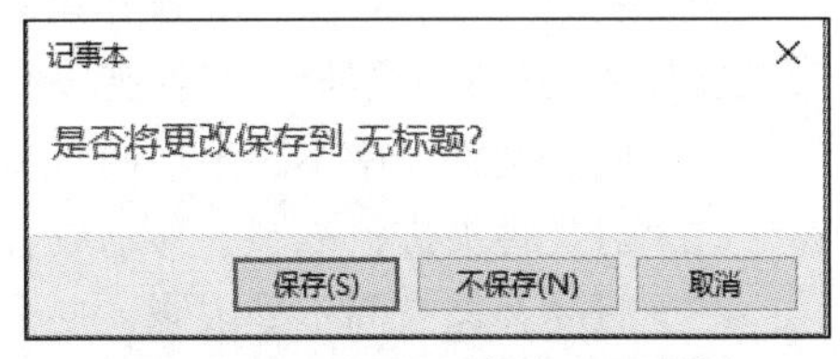

图 4-19 询问是否保存的对话框

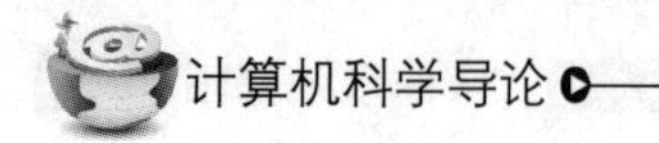

“取消”按钮来继续使用程序。

小贴士

有些程序会自动关闭并重新启动，为了避免未及时保存而造成的损失，使用程序时应养成“随手”保存的好习惯，间隔一段时间就要进行保存操作（大部分程序按组合键【Ctrl+S】即可保存）。

2. 文件

文件是指计算机中存储的某种相关信息的集合。在计算机系统中，文件是最小的数据组织单位，其内容可以是文档、图片、音乐或视频等。每个文件都有具体的文件名称，也有特定的文件类型。

在 Windows 10 操作系统中，文件命名可使用长文件名，最长可以达到 255 个英文字符（包括扩展名），文件命名允许由字母、数字、空格、下画线、汉字和部分符号等组成，但不能包含/、\、:、*、?、"、<、>和|等特殊符号。

操作系统使用扩展名来区分不同的文件类型。比如，文档文件的扩展名是“.txt”“.doc”“.pdf”等；图片文件的扩展名是“.jpg”“.bmp”等；音乐文件的扩展名是“.wav”“.mp3”等；视频文件的扩展名是“.avi”“.mp4”等。

3. 任务管理器

任务管理器是一个非常实用的管理小工具，可显示本机目前正在运行的程序、进程和服务，还可以监视本机的性能或者关闭没有响应的程序；如果计算机与网络连接，还可以查看本机的网络状态；如果有多个用户连接到计算机，可以看到谁在连接、它们在做什么，甚至可以给它们发送消息。

右击任务栏上的空白区域，然后单击“任务管理器”命令即可打开任务管理器，如图 4-20 所示。

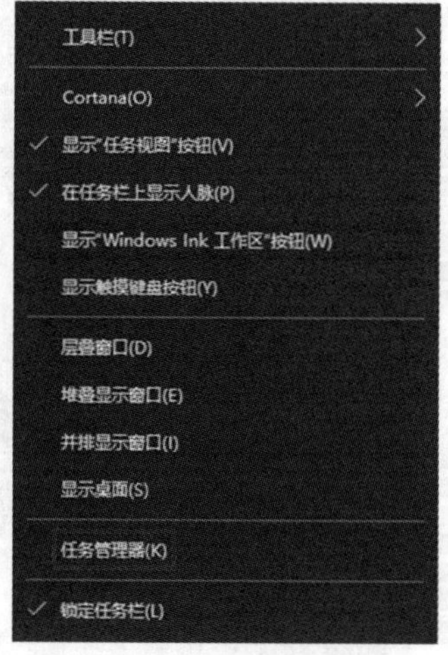

图 4-20　启动任务管理器

小贴士

可以通过按【Ctrl+Shift+Esc】组合键直接打开任务管理器，或者按【Ctrl+Alt+Delete】组合键接着单击“启动任务管理器”命令来打开任务管理器。

在“进程”选项卡中，可以查看本用户的所有应用程序列表以及本机的进程列表，在“性能”选项卡中可以查看 CPU 使用率和物理内存使用率的情况。选中某个应用程序，比如“Microsoft Edge”，再单击“结束任务”按钮即可关闭该应用程序，如图 4-21 所示。

4. 文件夹

为了更方便地管理文件，操作系统中引入文件夹对文件进行分类和汇总，文件夹是存放文件或文件夹的容器，文件夹没有扩展名，它具有以下特点：

（1）同一文件夹中不能出现同名文件或者文件夹，但不同文件夹下允许出现。

（2）对文件夹进行复制、移动或者删除等操作，将对文件夹中的所有内容同时有效。

（3）只要存储空间不受限制，一个文件夹可以根据需要存放相关材料。

（4）文件夹可以嵌套，即一个文件夹中可以包括其他的文件夹（称作“子文件夹”）。

访问文件时需要给出路径告诉程序或用户该文件的所在位置，文件路径由驱动器、文件夹或子文件夹组成，如 C:\windows\system32\notepad.exe。

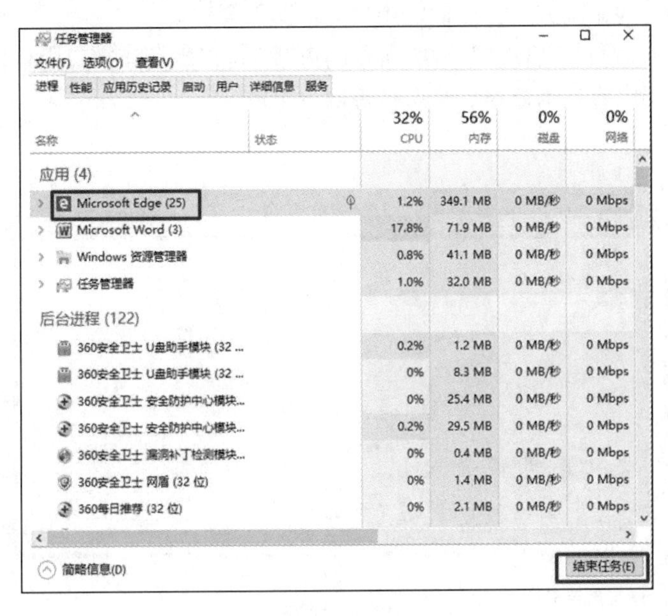

图 4-21　关闭某应用程序

小贴士

在 Windows 10 操作系统中，用户可以方便地在地址栏的文件路径上直接跳转，比如当前地址栏上的文件路径是 C:\windows\system32\，直接单击“OS（C:）”命令，则马上跳转到 C 盘，单击路径后面的 > 标志，还可以显示出当前路径下的所有目录，可以用鼠标直接进行选择，如图 4-22 所示。

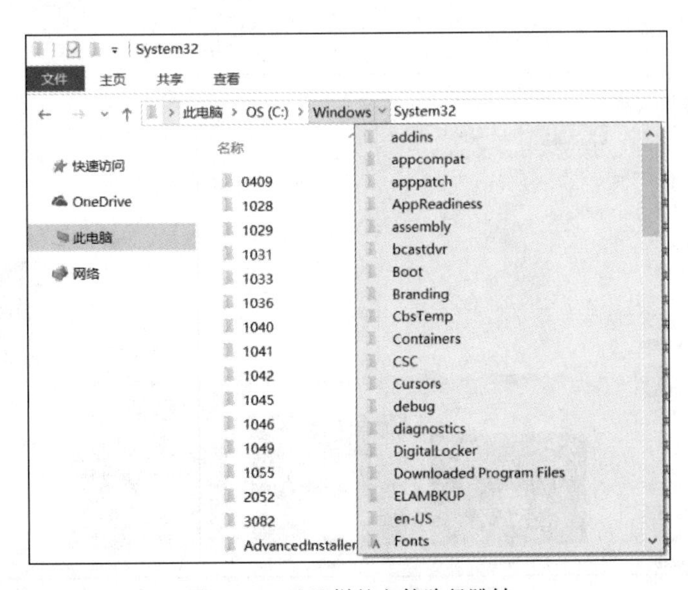

图 4-22　地址栏的文件路径跳转

5．“计算机”与“资源管理器”

操作系统利用“计算机”与“资源管理器”来管理文件和文件夹，在相应窗口中可以改变文件与文件夹的显示方式，以适应用户的不同需要。

双击“此电脑”窗口，出现图 4-23 所示的窗口，可以看到该窗口由地址栏、导航窗格、搜索框、菜单栏、内容显示窗格和状态栏等部分组成。

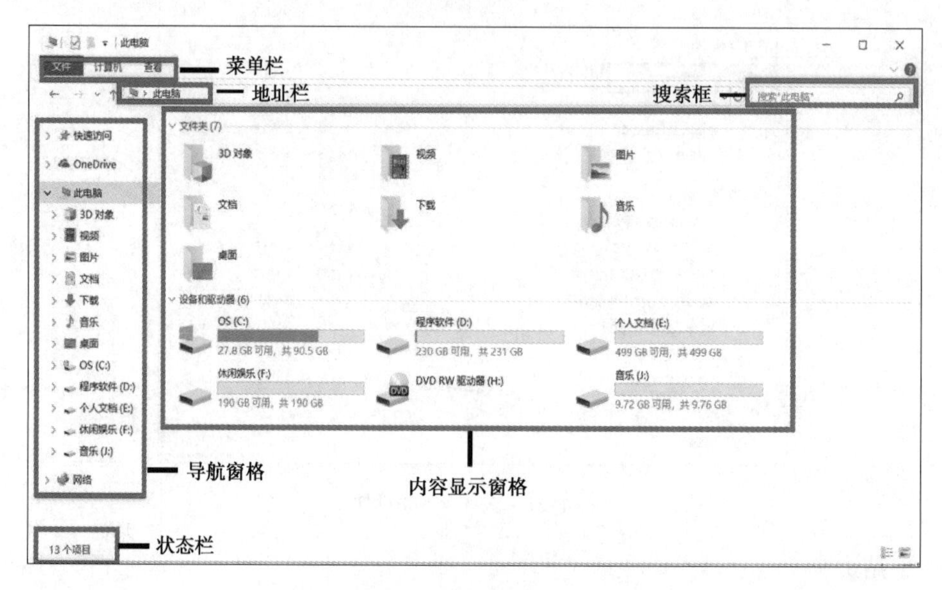

图 4-23 “此电脑”窗口

选择导航窗格中的“图片”选项，单击内容选择窗格中的“图片”，在本例中可看到 6 张图片。菜单栏的“查看”菜单中提供了多种查看方式，如图 4-24 所示窗口是以“超大图标”方式显示，如图 4-25 所示窗口是以“列表”方式显示，如图 4-26 所示窗口是以“大图标”方式显示。

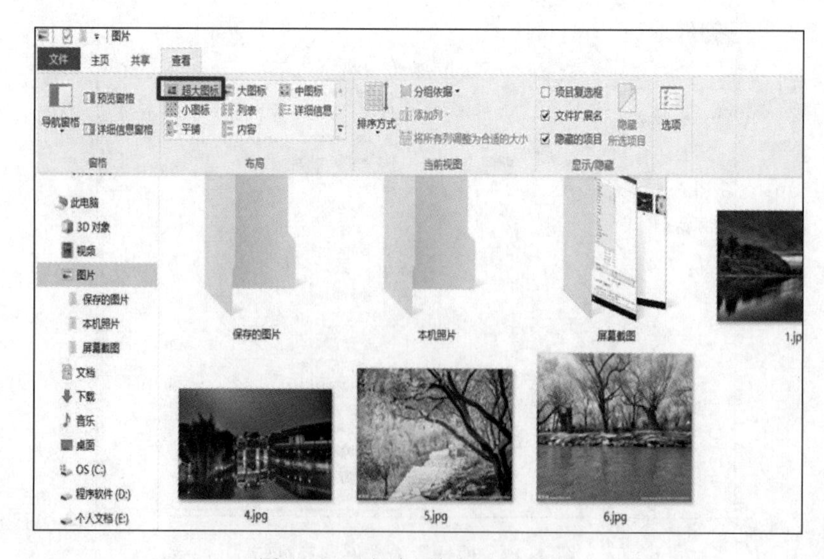

图 4-24 “超大图标”方式显示

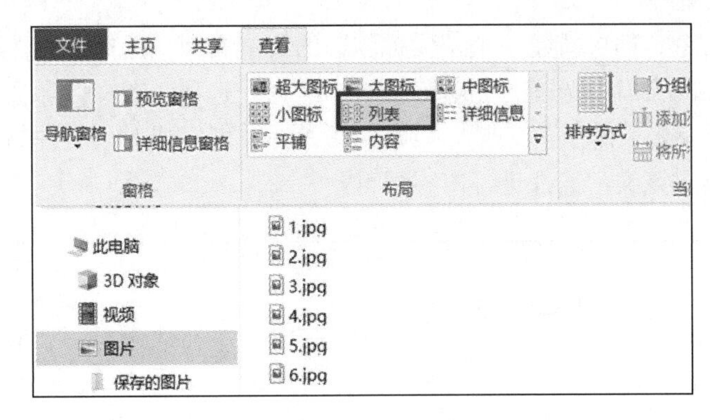

图 4–25 “列表”方式显示

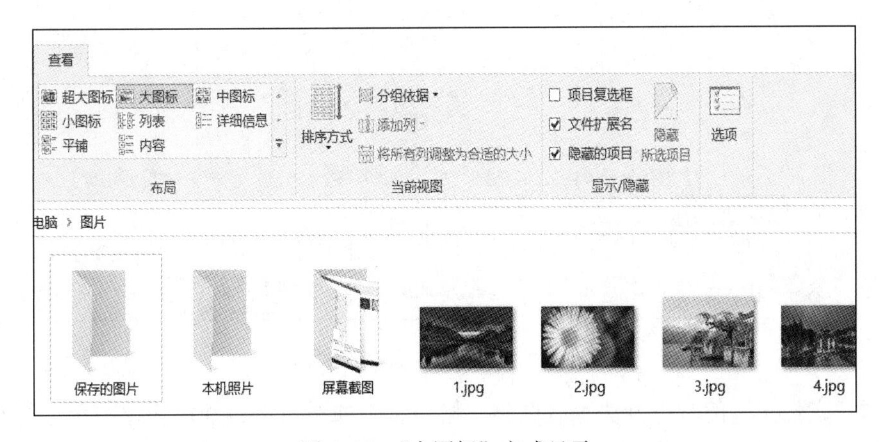

图 4–26 “大图标”方式显示

4.4.4 管理文件和文件夹

在 Windows 10 操作系统中，文件和文件夹的常用操作主要包括新建和重命名、复制和移动、删除和恢复、隐藏和显示、查找等，下面分别进行介绍。

1. 新建和重命名

新建文件的常用方法有两种：第一种是通过右击，利用快捷菜单进行新建；第二种是通过应用程序的菜单进行新建。下面以新建“文本文档”为例进行介绍。

双击“此电脑”→“D 盘”命令，在空白位置右击，选择“新建”→“文本文档”选项，如图 4–27 所示，即可看到 D 盘目录下多了个 新建文本文档 图标，此时文件名处于可编辑状态，直接输入用户想要的文件名，并按【Enter】键或者在空白位置单击，即完成对该文件的重命名操作，接下来可以双击该文本文件进行内容编辑。

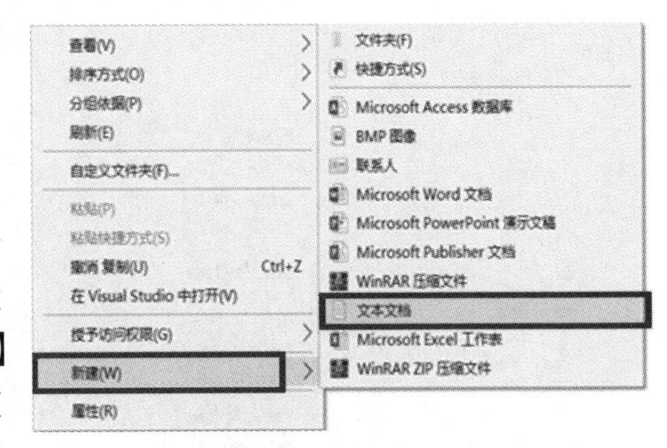

图 4–27 新建文本文档

新建“文本文档”的第二种方法：双击打开任意一个已存在的文本文档，选择“文件”

菜单→“新建”命令，即可新建一个“无标题”的文本文档，选择“文件”菜单→“另存为”命令，在弹出的窗口中选择“此电脑”→“D 盘”选项，在文件名文本框中输入用户想要的文件名，再单击“保存”按钮，如图 4–28 所示，即完成对该文件的保存和重命名操作，接下来可继续对该文本文件进行内容编辑。

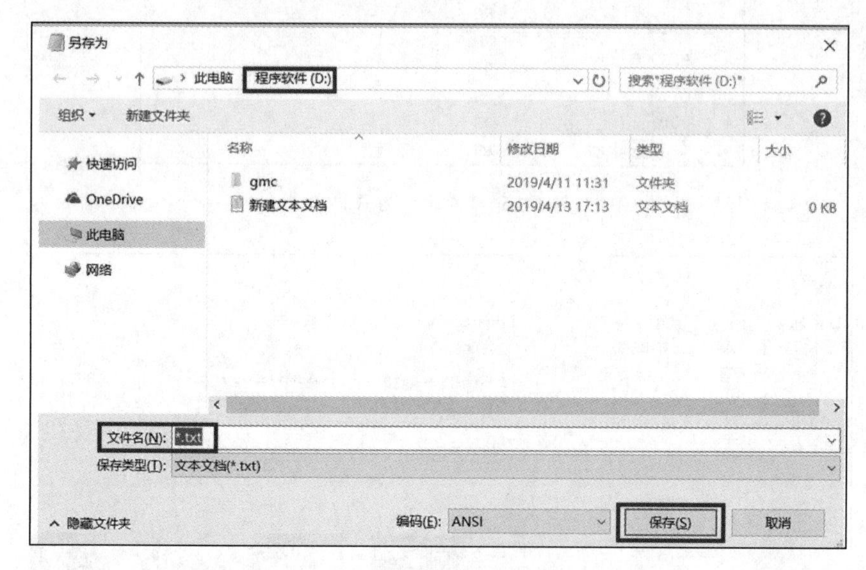

图 4–28 “另存为”的文本文档

新建“文件夹”的常用方法也有两种：第一种是通过右击，利用快捷菜单进行新建，第二种是通过工具栏上的按钮进行新建。

与之前的新建“文本文档”类似，在“D 盘”的空白位置右击，选择“新建”→“文件夹”命令，如图 4–29 所示，即可看到 D 盘目录下多了个新建文件夹图标，此时文件夹名字处于可编辑状态，直接输入用户想要的文件夹名字，并按【Enter】键或者单击空白位置，即完成对该文件夹的重命名操作。

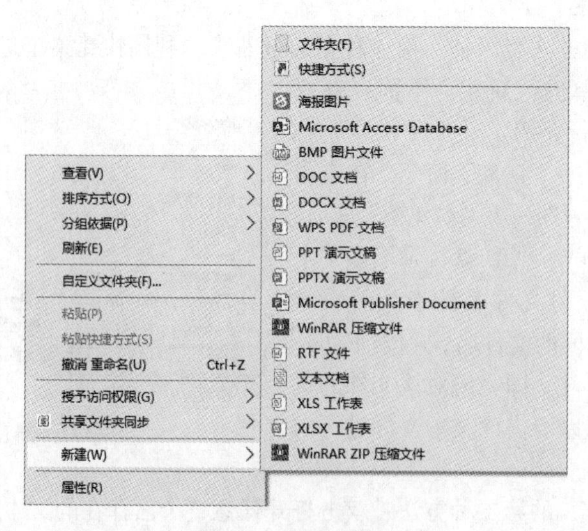

图 4–29 新建文件夹

新建“文件夹”的第二种方法，在“D 盘”窗口上方工具栏右侧有一个按钮，单击，即可看到 D 盘目录下多了个新建文件夹图标，可直接重命名操作。

小贴士

如果以后还需要对某个文件或文件夹重新命名，可单击该文件或文件夹，或者右击该文件或文件夹并在弹出的快捷菜单中选择“重命名”选项，其名字处于可编辑状态时即可输入用户想要的名字。

2. 复制和移动

“复制”文件或文件夹是指在另一个位置创建一个文件或文件夹备份，而原位置的文件或文件夹仍然保留；“移动”文件或文件夹是指将文件或文件夹从一个目录移动到另一个目录，而原来位置将不存在该文件或文件夹。

操作之前，首先应选定相关文件或文件夹，单击要选定的某个文件或文件夹，被选定的文件或文件夹将以蓝底形式显示，如果想要取消选择，单击空白位置即可。

例4-2 将 D 盘下的“123.txt”文件复制到 E 盘。

【操作步骤】

（1）选中 D 盘的“123.txt”文件右击，选择“复制”命令，如图 4-30 所示。

（2）打开 E 盘，在空白处右击，选择“粘贴”命令，如图 4-31 所示，可以看到 E 盘也多了一个与 D 盘一模一样的“123.txt”文件。

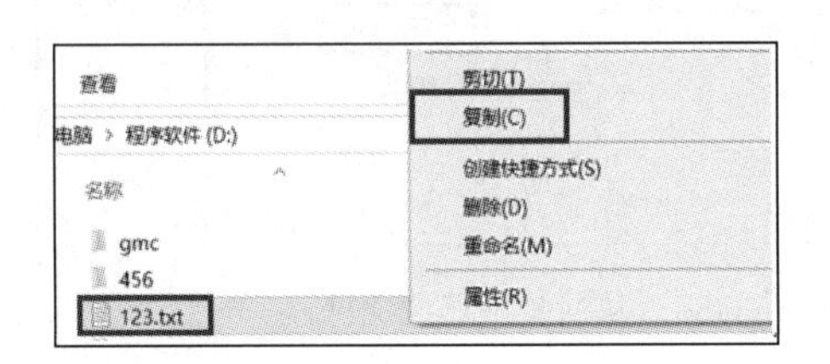

图 4-30 “复制”某个文件

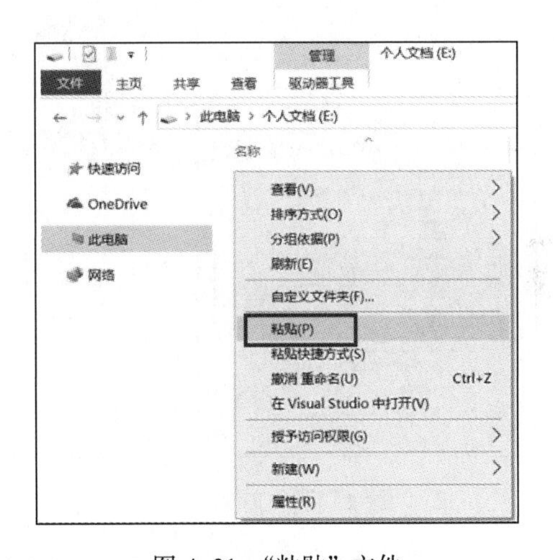

图 4-31 “粘贴”文件

移动“123.txt”与复制“123.txt”操作的区别在于第（1）步，移动操作为选中文件后右击，选择“剪切”命令，第（2）步操作相同，操作完成后可以看到 D 盘的“123.txt”已经不存在了。

小贴士

按组合键【Ctrl+C】或者“主页”菜单下选择“复制”与上述“复制”功能一样，按组合键【Ctrl+X】或者“主页”菜单下选择“剪切”与上述“剪切”功能一样，按组合键【Ctrl+V】或者“编辑”菜单下选择“粘贴”与上述“粘贴”功能一样。

若想选中多个文件一起进行复制或移动等相关操作，有以下操作技巧：

（1）按组合键【Ctrl+A】或者在“主页”菜单下选择“全部选择”命令，则可选中当前目录下的所有文件。

（2）按住【Ctrl】键不放，单击任意多个文件，则可选中任意多个文件；按【Ctrl】键不放，再次单击某个文件，则该文件将被取消选中。

（3）单击文件 A，按住【Shift】键不放，再单击同一目录下的另一个文件 B，则可以选中从文件 A 到文件 B 的所有文件。

（4）按住鼠标左键不放，拖出一个矩形形状（比如从左上角到右下角），则落在该矩形范围里的所有文件将被选中。

3. 删除和还原

文件或文件夹的删除，就是将文件或文件夹暂时移动到桌面的“回收站”里，若需要，用户可以从“回收站”里恢复到原位置。

选中要删除的若干文件或文件夹，比如“123.txt”，按【Delete】键（或者右击，选择“删除”命令），则“123.txt”将被移动到“回收站”里，如图 4-32 所示。

双击“回收站”图标，在“回收站”里可以看到刚被删除的“123.txt”文件，右击该文件，出现图 4-33 所示的快捷菜单，选择“还原”选项，“123.txt”文件将还原到原位置。

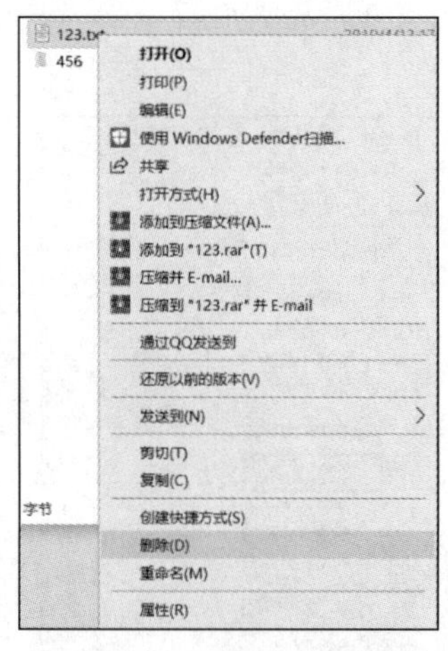

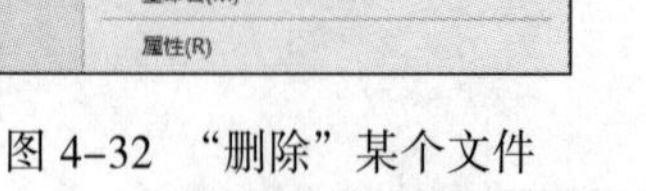

图 4-32 “删除”某个文件

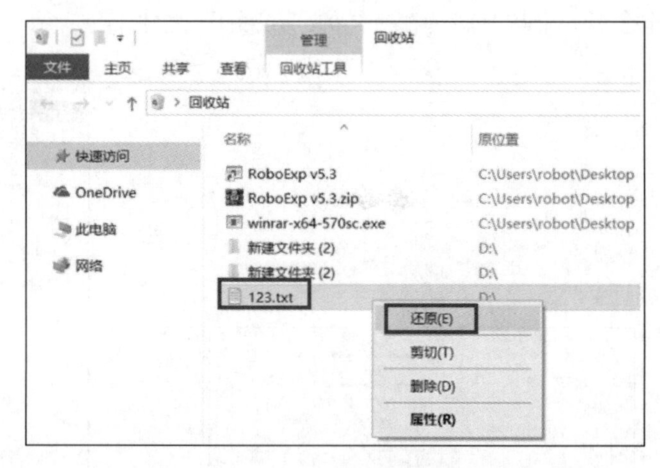

图 4-33 从回收站还原文件

右击“回收站”图标，选择“清空回收站”命令，系统弹出“确定要永久删除这 X 项吗?”的对话框，如图 4-34 所示，单击“是”按钮，则永久删除回收站里的内容，文件无法再还原到原位置。

图 4-34 确认删除对话框

小贴士

按【Shift+Delete】组合键删除某些文件或者文件夹，将直接永久删除而不是放入回收站，建议少用；若永久删除后还想再还原，则要尽量避免再次进行硬盘的写操作，并使用专门的数据恢复软件来尝试找回。

4. 隐藏与显示

对于一些比较重要的私人文件或者文件夹，用户可以设置它的属性为“隐藏”，其他用户就无法看到它。

例4-3 设置“私人文件.txt”的属性为“隐藏”。

【操作步骤】

（1）右击“私人文件.txt”选项，选择“属性”命令，如图4-35所示。

（2）在“常规”选项卡中，选中“隐藏”复选框。

（3）单击“确定”按钮，如图4-36所示。

图4-35 选择文件的属性

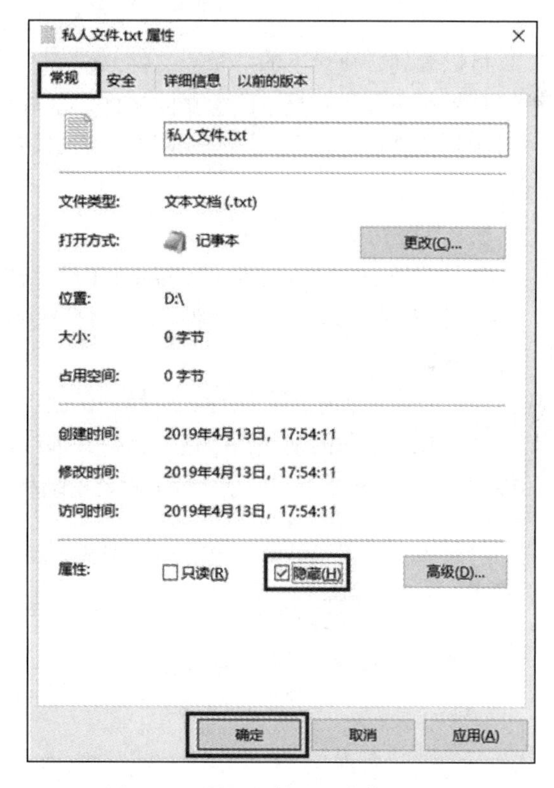

图4-36 设置文件的“隐藏”属性

可以看到，在目录下显示出了“私人文件.txt”的半透明图标，但用户还是能看到该文件；若要真正隐藏，还需要进一步设置不显示隐藏的文件。

例4-4 设置不显示隐藏的文件。

【操作步骤】

（1）双击“此电脑”图标，选择“查看”选项卡，如图4-37所示。

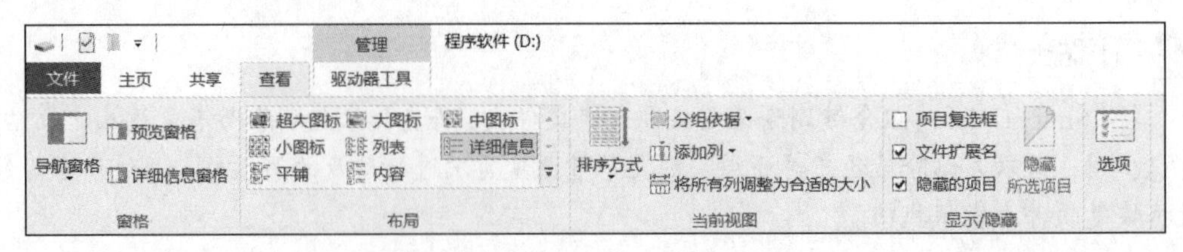

图 4-37　设置文件的“隐藏”属性

（2）单击选中“隐藏的项目”复选框，如图 4-38 所示。

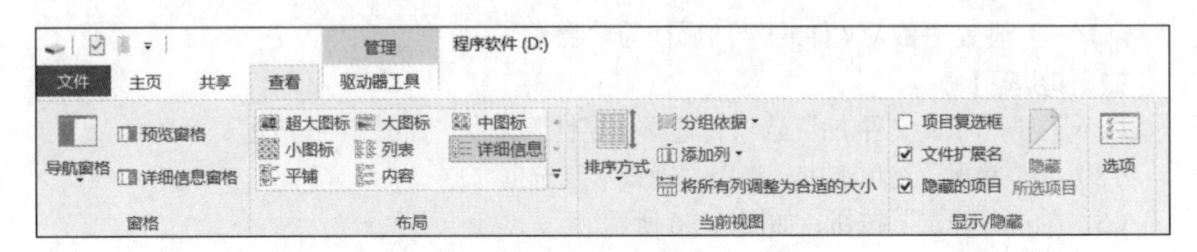

图 4-38　设置“不显示隐藏的文件”

可以看到，目录下的“私人文件.txt”已完全隐藏，包括用户自己也看不到了。

如果用户要重新显示已隐藏的文件，在图 4-38 中选中“隐藏的项目”复选框，此时可以看到隐藏文件均显示出半透明图标，右击该文件，在图 4-38 中取消选中“隐藏”属性即可。

5. 查找

为了方便用户查找文件，Windows 10 系统提供了方便的“查找”功能。

例 4-5 在 D 盘下查找文件名中包含“ab”的文本文档文件。

【操作步骤】

（1）双击“此电脑”图标，选择“D 盘”选项。

（2）在右上角的地址栏旁边，在搜索框中输入搜索词，比如本例为*ab*.txt，输入完成后按【Enter】键。窗口中将开始持续显示结果，如图 4-39 所示。

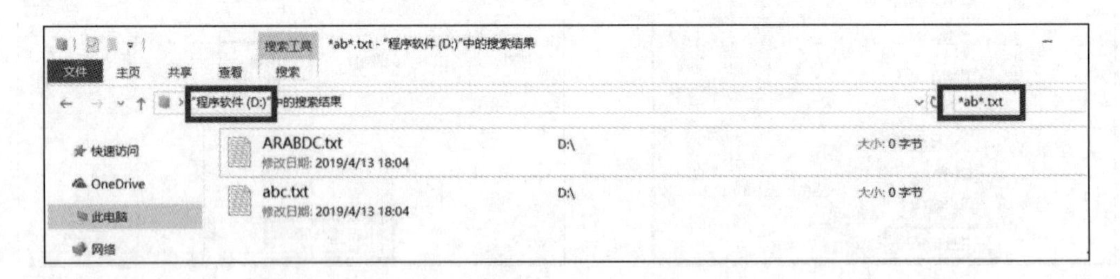

图 4-39　查找文件

4.4.5　磁盘和设备管理

1. 磁盘分区与创建逻辑驱动器

磁盘分区是指将磁盘划分成若干个逻辑部分来操作；划分成分区之后，不同类型的目录与文件可以存储到不同的分区。用户可以根据自己的需要，仔细考虑分区的大小，以后可以方便地进行管理。

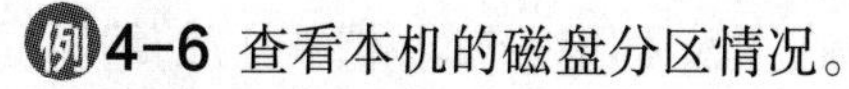

例4-6 查看本机的磁盘分区情况。

【操作步骤】

（1）右击“此电脑”图标，选择“管理”命令。

（2）在出现的“计算机管理”窗口中，单击“存储”下的“磁盘管理”命令，稍等几秒即可以在右侧看到本机的磁盘分区情况。

如图 4-40 所示，C 盘是系统盘，属于主分区，大小为 90.56 GB，目前可用空间为 29.44 GB，扩展分区包括 D 盘、E 盘、F 盘和 G 盘；其中未分配分区有 890 MB，用不同颜色进行标识。

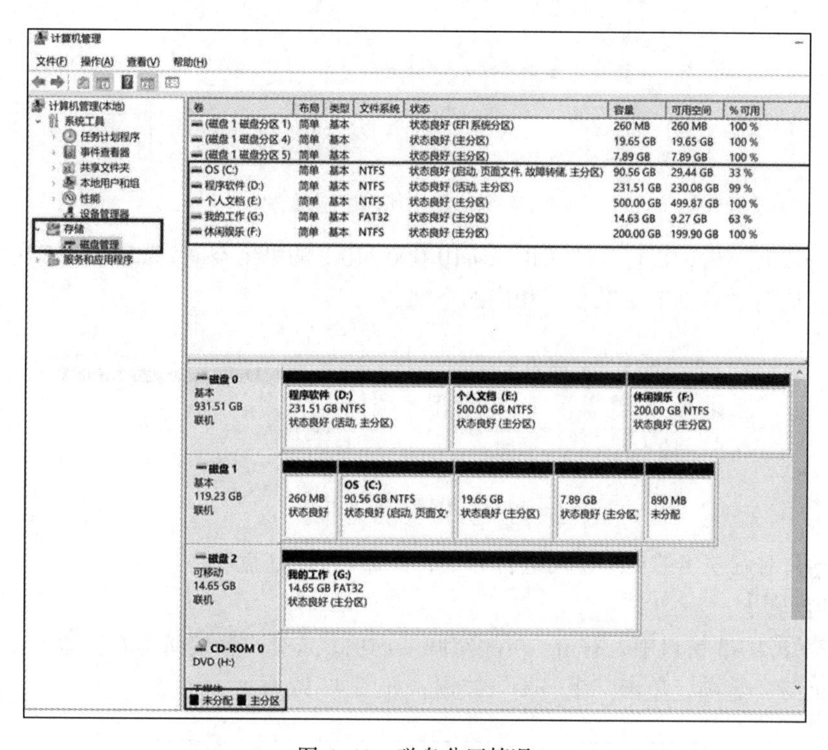

图 4-40 磁盘分区情况

接下来要创建新的逻辑驱动器，由于本机不存在未分配的空间，所以需要先对某个逻辑驱动器进行“压缩卷”，才能创建新的逻辑驱动器。

例4-7 对 F 盘“压缩卷”，调整出 10 000 MB 的可用空间。

【操作步骤】

（1）在图 4-41 窗口中，右击“F 盘”选项，选择“压缩卷”命令。

（2）出现“查询压缩空间”的提示，如图 4-41 所示。

图 4-41 查询压缩空间

（3）等待几秒后，出现提示 F 盘情况的窗口，在“输入压缩空间量”对应的编辑框里输入 10 000，再单击“压缩”按钮，如图 4-42 所示。

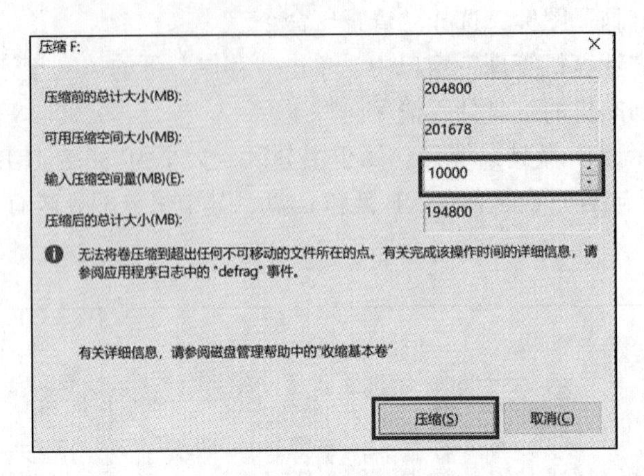

图 4-42　输入压缩空间量

稍等一段时间后，出现 9.77 GB（即 10 000 MB）的可用空间，如图 4-43 所示，以墨绿色标识，同时注意到 F 盘减少了相应的空间。

图 4-43　出现新的可用空间

例 4-8 对调整出的可用空间进行分配，并命名为“J 盘”。

【操作步骤】

（1）在图 4-43 窗口中，右击“可用空间”选项，选择“新建简单卷”命令，出现“新建简单卷向导”选项，单击“下一步”按钮，如图 4-44 所示。

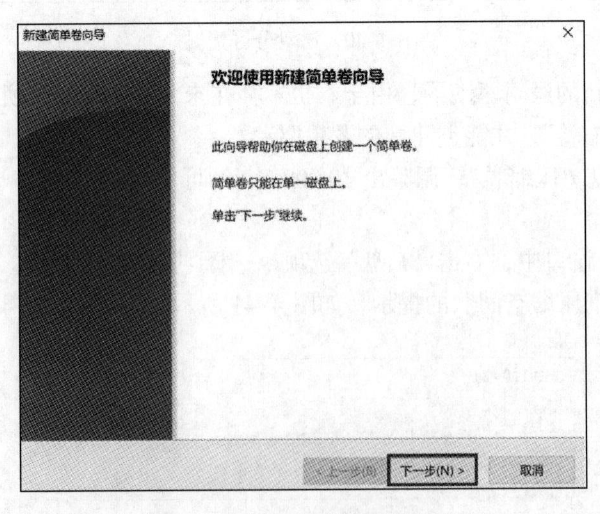

图 4-44　使用新建简单卷向导

（2）在“简单卷大小”编辑框中输入10 000，单击“下一步”按钮，如图4–45所示。

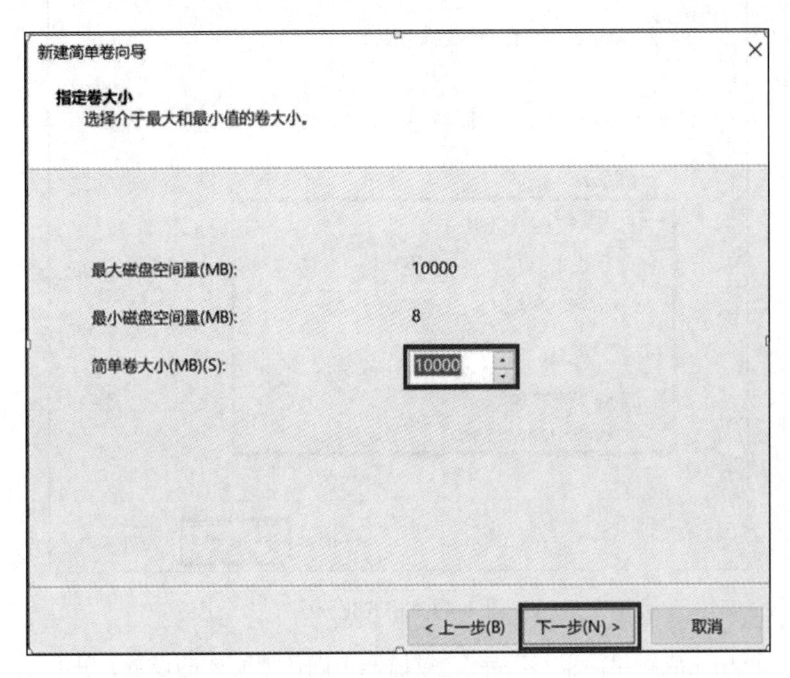

图4–45 设置简单卷大小

（3）在“分配以下驱动器号”下拉框中选择“J”选项，单击“下一步”按钮，如图4–46所示。

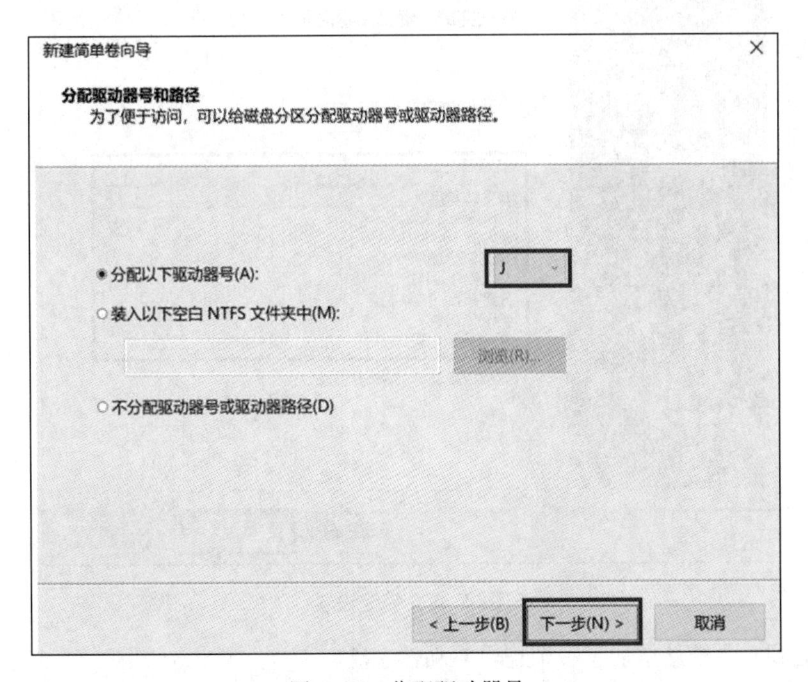

图4–46 分配驱动器号

（4）在“格式化分区”对话框中保持默认设置，单击“下一步”按钮，如图4–47所示。

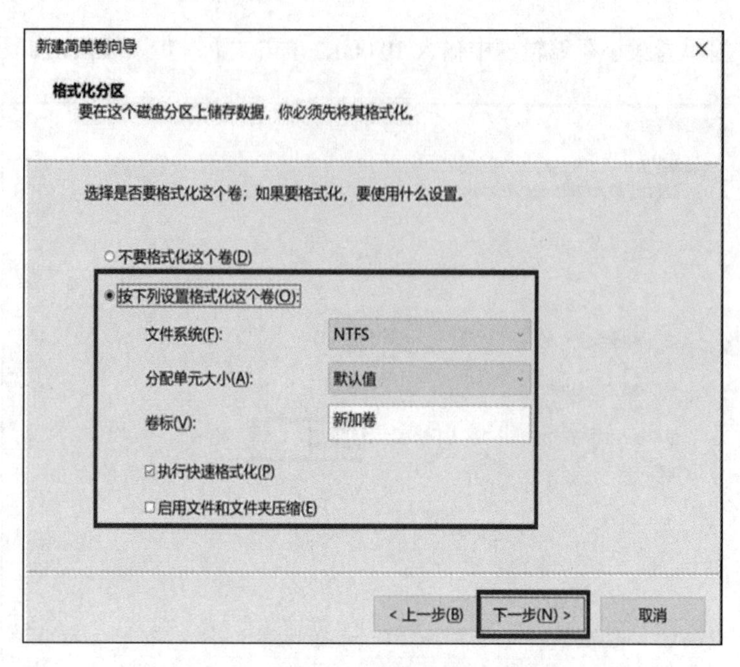

图 4-47 格式化分区

（5）在“正在完成新建简单卷向导” 对话框中确认下刚才的设置，单击“完成”按钮，如图 4-48 所示。

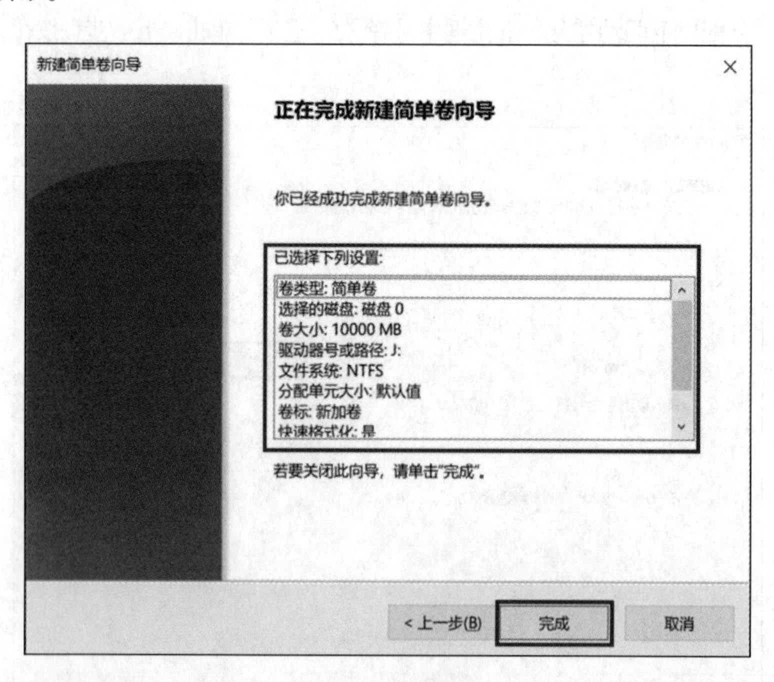

图 4-48 完成设置

可以看到，系统新增加了一个逻辑驱动器 J 盘。

2．磁盘格式化

格式化是指对磁盘或磁盘中的分区进行初始化的一种操作，这种操作会导致现有的磁盘或分区中所有的文件被永久删除，所以用户一定要提前备份相关数据。格式化分为低级格式化和高级格式化，如果没有特别指明，对硬盘的格式化通常是指高级格式化。

例4-9 对上例中新建的J盘进行格式化，并把卷标名称修改成“音乐”。

【操作步骤】

（1）右击“J盘”选项，选择“格式化”命令。

（2）将卷标名称修改为“音乐”，单击“确定”按钮，如图4-49所示。

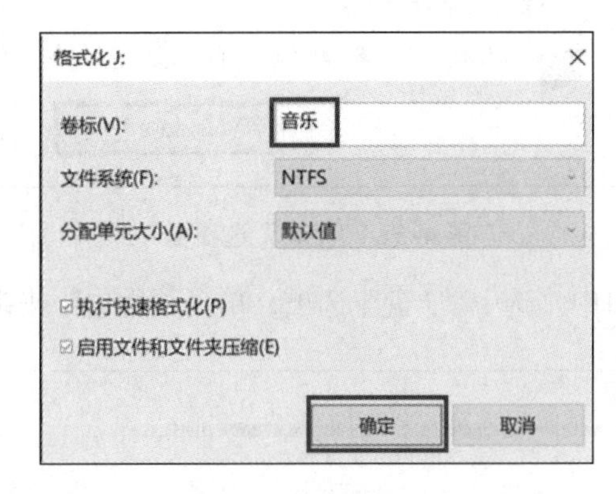

图4-49 格式化J盘

（3）系统提示用户再次确认已备份好数据，如图4-50所示，单击“确定”按钮。

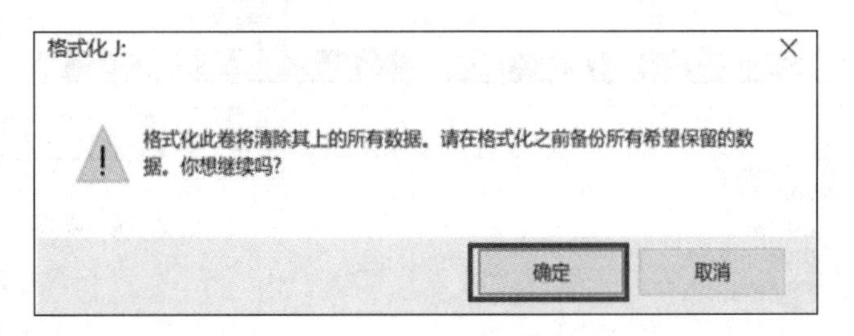

图4-50 确认格式化

可以看到，J盘已经被格式化，卷标名称已成功修改成“音乐”。

3. 磁盘碎片整理

磁盘碎片应称为文件碎片，是由于文件被分散保存到整个磁盘的不同地方，而不是连续地保存在磁盘连续的簇中形成的。文件碎片过多会使系统在读文件的时候来回读取，从而引起系统性能下降。

磁盘碎片整理，就是通过系统软件或者专业的磁盘碎片整理软件对磁盘在长期使用过程中产生的碎片重新整理，可提高计算机的整体性能和运行速度。

例4-10 通过系统软件对J盘进行碎片整理。

【操作步骤】

（1）右击“J盘”选项，选择“属性”命令。

（2）在“属性”对话框中，选择“工具”选项卡，单击“优化”按钮，如图4-51所示。

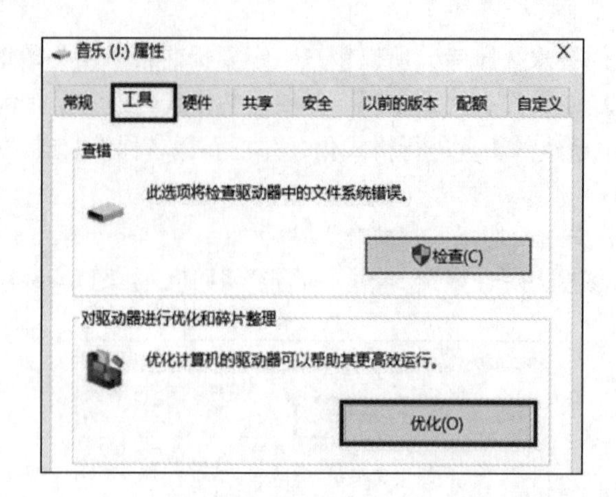

图 4–51 “工具”选项卡

（3）在“优化”窗口中，选中“J 盘”选项，单击“优化”按钮，如图 4–52 所示。

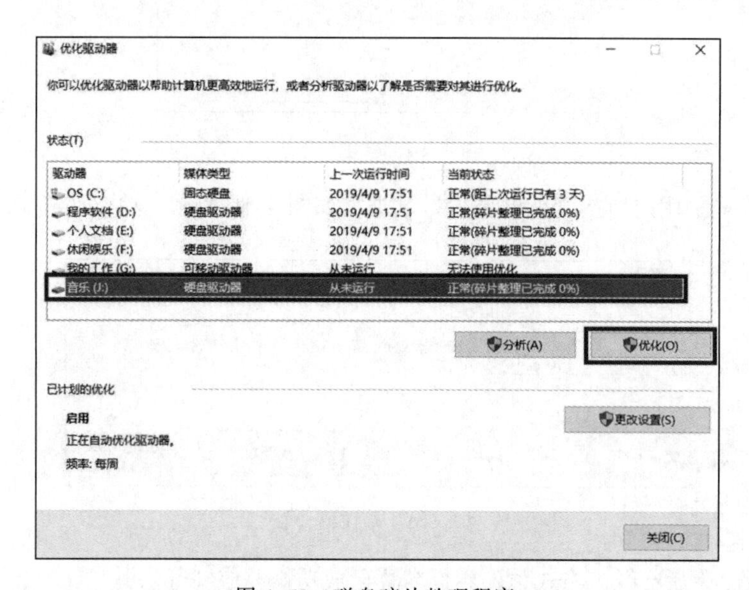

图 4–52 磁盘碎片整理程序

稍等一段时间后，发现 J 盘已进行碎片整理，在“上一次运行时间”栏目下将显示出本次运行的时间。

小贴士

一般家庭用户大概每个月进行一次磁盘碎片整理，商业用户及服务器大概半个月整理一次；也可以根据碎片比例来考虑，在 Windows 10 系统中，碎片超过 10%则一般需要整理。

4. 磁盘清理

磁盘清理的目的是清理磁盘中的垃圾，释放磁盘空间。

例 4–11 对 C 盘进行磁盘清理。

【操作步骤】

（1）右击“C 盘”选项，选择“属性”命令。

（2）在“属性”对话框中，选择“常规”选项卡，单击“磁盘清理”按钮，如图 4–53 所示。

（3）出现“正在计算”的提示对话框，如图 4–54 所示。

图 4–53　磁盘清理对话框

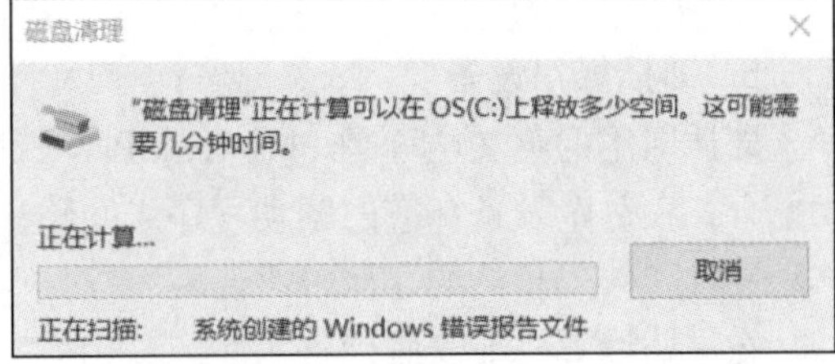

图 4–54　计算可以释放的空间

（4）稍等一段时间后，出现“磁盘清理”的对话框，如图 4–55 所示，确认要清理的内容，单击“确定”按钮。

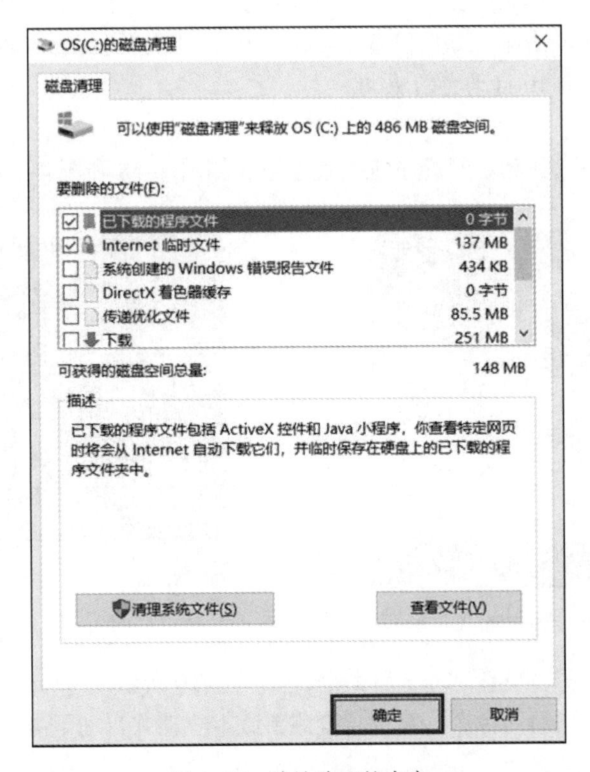

图 4–55　确认清理的内容

（5）出现“确实要永久删除这些文件吗？”提示框，如图 4-56 所示，单击“删除文件”按钮。

出现“正在清理驱动器 OS（C:）”提示，如图 4-57 所示，稍等一会后，清理完成。

图 4-56　确认永久删除要清理的文件

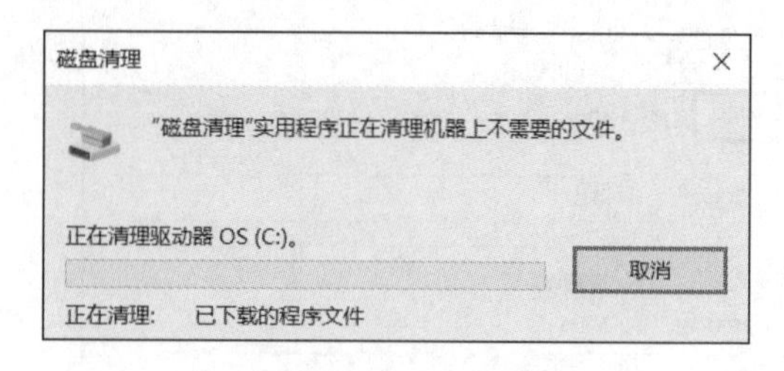

图 4-57　正在清理磁盘

5. 即插即用设备

即插即用的英文全称是 Plug-and-Play，缩写成 PnP，PnP 的任务是让物理设备和软件相配合，在每个设备和它的驱动程序之间建立通信信道。常见的即插即用设备包括 U 盘、移动硬盘和数码相机的存储卡等。

在早期计算机上安装硬件后，还必须安装硬件的驱动程序才能够使用它。为了方便使用，Windows 系统使用“即插即用”来解决这个问题。在 Windows 系统中，内置了常用硬件的驱动程序。当安装了硬件之后，如果 Windows 系统中能找到此硬件的驱动程序，就会自动安装，如果没有找到，用户需要自己另外安装相应的驱动程序。Windows 10 自动更新驱动程序，在设置中选择系统更新，就可以让系统自动更新了。

下载安装新的驱动程序。如何设置 Windows 10 自动更新驱动，具体操作方法如下：

例 4-12 Windows 10 自动更新驱动。

【操作步骤】

（1）单击“开始”按钮，打开系统设置选项，如图 4-58 和图 4-59 所示。

图 4-58　打开“开始”菜单

图 4-59　打开设置

（2）在设置中选择“更新和安全”命令，如图 4-60 所示。

（3）单击“检查更新”命令，系统会检测新版本驱动并自动下载，如图 4-61 所示。

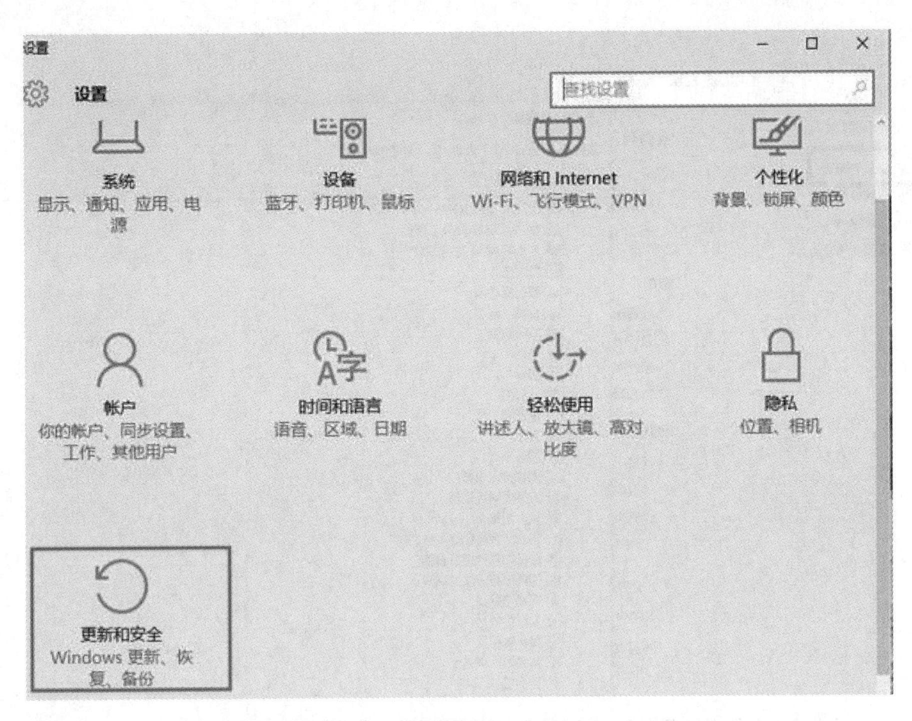

图 4-60 “更新和安全”命令

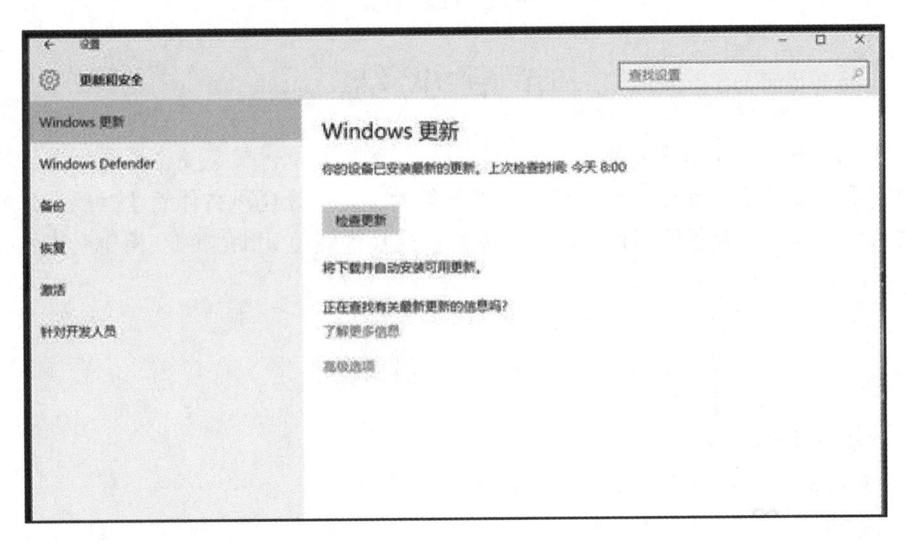

图 4-61 Windows 更新

6. 设备管理器

使用设备管理器可以查看计算机中已安装的硬件设备情况，还可以进行更改设置和更新驱动程序等操作。

例4-13 利用设备管理器查看硬件情况。

【操作步骤】

右击“此电脑”选项，选择“属性”命令，选择左上角的“设备管理器”命令，即可以看到本机的硬件情况列表，如图 4-62 所示。

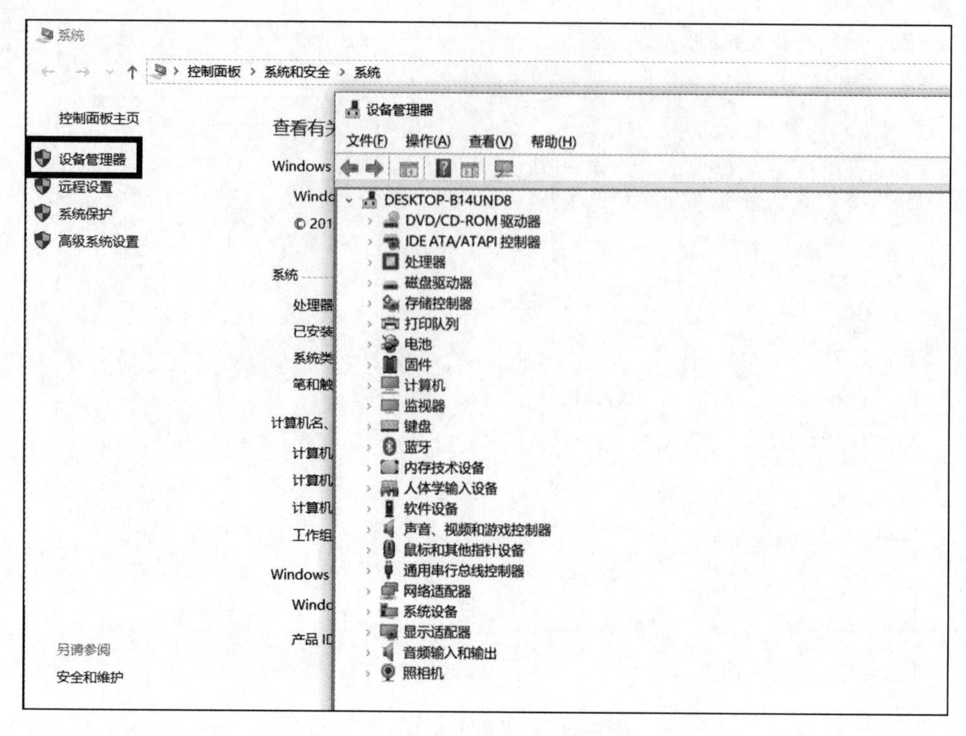

图 4-62　设备管理器

本章小结

本章首先介绍了操作系统的概念和发展历史，然后初步讲解了操作系统的主要功能。它们分别是：提供用户界面、内存管理、进程管理、设备管理和文件管理。然后介绍了目前主流的操作系统，包括我国的国产操作系统。最后讲解了 Windows 10 操作系统的基本使用方法。

习　　题

一、单项选择题

1. Windows 10 系统共包含（　　）个版本。

A. 4　　B. 5　　C. 6　　D. 7

2. Windows 10 的桌面上，任务栏中最左侧的一个按钮是（　　）。

A. “打开”按钮　　B. “还原”按钮

C. “开始”按钮　　D. “确定”按钮

3. 在一般情况下，Windows 桌面的最下方是（　　）。

A. 任务栏　　B. 状态栏　　C. 菜单栏　　D. 标题栏

4. 能够轻松搜索应用程序的桌面元素是（　　）。

A. 桌面图标　　B. 任务栏　　C. 桌面背景　　D. 搜索框

5. 在 Windows 10 中，获得联机帮助的热键是（　　）。

A. F1　　B. Alt　　C. Esc　　D. Home

6. 关闭应用程序可以使用组合键（　　）。

A. Alt+F4　　B. Ctrl+F4　　C. Shift+F4　　D. 空格键+F4

7. 在 Windows 的各项对话框中，在有些项目文字说明的左边标有一个小方框，当小方框里有“√”时，表示（　　）。

A. 这是一个单选按钮，且已被选中　　B. 这是一个单选按钮，且未被选中

C. 这是一个复选框，且已被选中　　D. 这是一个多选按钮，且未被选中

8. 文本文档文件的扩展名是（　　）。

A. .txt　　B. .exe　　C. .bmp　　D. .avi

9. 在记事本中想把一个修改后的内容以另一个文件名保存，正确的操作是（　　）。

A. 文件→保存　　B. 文件→另存为

C. 编辑→保存　　D. 编辑→另存为

10. 在 Windows 10 资源管理器中，下列关于新建文件夹的正确做法是：在右窗格的空白区域（　　），在弹出的菜单中选择“新建→文件夹”命令。

A. 单击　　B. 右击

C. 双击鼠标左键　　D. 三击鼠标左键

11. 关于“回收站”，叙述正确的是（　　）。

A. 暂存所有被删除的对象

B. “回收站”中的内容不能还原

C. 清空“回收站”后，仍可用命令方式还原

D. “回收站”的内容不占硬盘空间

12. 从硬盘上彻底删除文件可以利用（　　）键。

A. Shift　　B. Ctrl　　C. Alt　　D. 空格

二、简答题

1. Windows 10 系统跟以前的版本相比，有哪些特别改进的地方？

2. 在日常使用过程中，你觉得 Windows 10 操作系统还有哪些方面需要进一步改进和完善？

第 5 章

程序设计基础 «

计算机科学中一项重要的基础技能是程序设计，无论哪一个应用领域，无论是硬件还是软件开发，归根结底都离不开程序设计。系统的设计思想，最终都是通过程序代码体现的。很多计算机从业人员的职业生涯，也是从程序员开始的，而程序员的基本职责就是程序设计。万丈高楼平地起，打好基础最重要。

在本章中，首先讲解程序设计相关的基本概念，介绍程序基本结构。之后以图形化程序设计语言 Scratch 为例讲解程序设计的基本方法。最后初步介绍算法基本知识和数据结构基本知识。

5.1 程序设计的基本概念

首先来学习几个基本概念。

1．程序

程序是一组计算机能识别和执行的指令，可以运行于特定类型电子计算机上，满足人们某种需求，这个定义比较抽象。直观理解，程序是人类写给计算机的一封信，这封信详细描述了人类希望计算机完成的工作的内容和步骤，这封信可以在特定类型的计算机上运行，计算机按照这封信工作后可以满足人类的某方面需求。

2．程序设计语言

程序设计语言是用于书写计算机程序的语言。因为计算机比较“笨”，很难听懂人类之间交流所用的自然语言（比如英语、汉语），所以人们不得不设置一些专门的语言来对计算机下达指令。一种程序设计语言不可能完成所有任务，所以在不同应用场景下需要使用不同的语言。例如编写网页可以使用 HTML 语言、JavaScript 语言等；进行单片机开发可以使用汇编语言、C 语言等；进行科学数据计算，可以使用 Matlab 语言、R 语言等等。

5.2 程序设计语言的发展历史和种类

1945 年第一台电子计算机 ENIAC 并不具有软件编程的能力，在 ENIAC 上想进行不同的计算，需要在插线面板上使用连线连接不同的插孔，本质上这是一种硬编程。后来，为了更方便地使用计算机，出现了程序设计语言，并在一代代计算机科学家的完善下不断发展。

到现在历经八十多年，程序设计语言也经历了多次重大革新。编程是指编写程序的过程，是计算机专业基础技能之一。

1. 机器语言

机器语言是一种最古老的编程语言，它由计算机的指令直接组成。换句话说，机器语言其实就是一台计算机 CPU 指令集中的不同指令的组合。在机器语言中指令、数据、地址都以“0”和“1”的符号串组成，可以被计算机直接执行。

很显然，机器语言编程非常不方便，因此很快出现了更方便的编程语言。

2. 汇编语言

汇编语言用容易理解和记忆的符号表示指令、数据以及寄存器等，是对机器语言的一种封装。汇编语言的抽象层次仍然很低，程序员仍需要考虑大量硬件细节。

汇编语言是用字符串进行编程的，这样方便了程序员，但是并不能被 CPU 直接执行。因此需要将汇编语言翻译成计算机能够直接执行的机器语言，这个翻译的工具软件称为汇编器（Assembler）。

3. 高级语言

为了进一步方便编程，计算机科学家发明了高级语言。高级语言使用接近于自然语言和数学语言的语法形式来编写程序，并且屏蔽了底层的硬件细节，极大提高了程序员的开发效率和程序的通用性。

4. 编译型高级语言

高级语言的原始程序文件是由字符串编写的，因此也需要将其翻译为机器语言。根据翻译的工作原理不同，高级语言可以分为编译型高级语言和解释型高级语言。

如图 5-1 所示是编译过程示意图。首先将源程序编译成目标程序，目标程序文件是一种二进制文件，已经可以被 CPU 读取执行了。但是目标程序文件还不完整，需要使用连接程序，将目标程序和起到支撑作用的库文件相连接形成可执行文件。可执行文件是真正被 CPU 执行的二进制文件，在 Windows 系统中，它的扩展名是.exe。

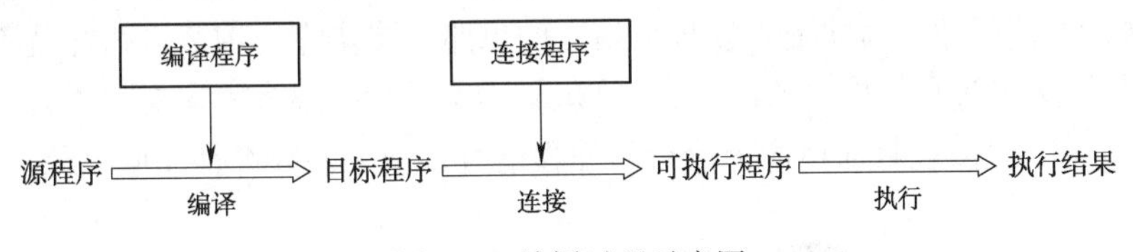

图 5-1　编译过程示意图

很多高级语言都采用编译方式生成可执行文件，例如 C、C++等。当然不同的高级语言对应了不同的编译程序，市场上往往也存在不同公司开发的不同版本编译器。

编译型语言的优点是程序效率高，速度快。由于编译后形成的可执行文件独立于源程序，并且已经针对当前计算机硬件系统进行了一些优化，运行时只要给出可执行程序的文件名即可，因此运行速度较快。

5. 解释型高级语言

利用解释型高级语言编写的程序源代码本质上就是文本文件，在需要执行的时候，利用解释程序读取源文件，然后一边翻译一边执行。目前最常见的解释型语言包括 Java 和

Python。解释方式的执行过程见图 5-2 所示。

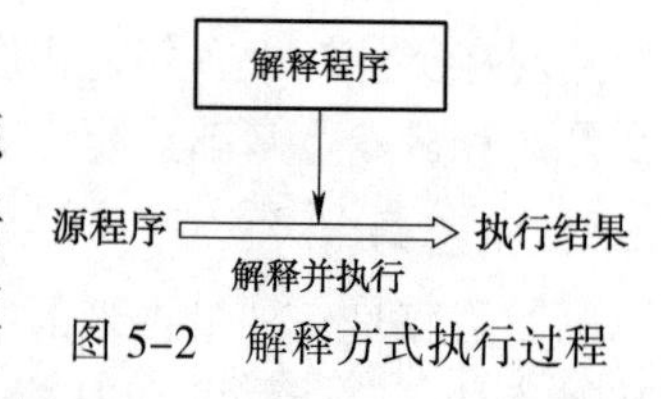

图 5-2 解释方式执行过程

很容易理解，解释型语言因为要在执行的时候才能将源程序临时翻译成机器指令，所以执行效率要低于编译型语言。但是解释型语言也有非常明显的优点，就是它的可移植性要高于编译型语言。

我们可以针对不同的运行环境（硬件、软件环境都有可能有差异），设计不同的解释程序，同一段源程序，就可以在不同的环境中被执行。

6. 面向对象高级语言

高级程序设计语言最早期，都是面向过程的。所谓“面向过程”，就是指围绕过程、关注过程、以过程为核心。具体来说，在利用面向过程程序设计语言编程时，更多关注算法细节，每个具体的细节步骤必须都要仔细考虑到。

计算机出现早期最主要的应用领域就是科学计算，而这种“面向过程”的编程思想非常适合于进行科学计算，因此早期得到很大发展。对于编程而言，科学计算是比较简单的领域，因为很多科学计算已经对现实世界进行了建模，已经将现实问题转化为数学问题了，已经屏蔽了很多现实世界的复杂性。而且科学计算往往就是一些简单的固定算法，程序复杂度不需要多高。

到 1980 年之后，计算机应用领域越来越广，很多领域的业务逻辑远远比科学计算领域的逻辑要复杂，程序的结构也变得越来越复杂。这种情况下，“面向过程”的编程思想就体现出越来越严重的弊端，不再适合新时代。它最大的问题是“只见树木不见森林”，过早关注细节，就会纠缠于细节。当系统复杂度很高，细节很多时，这种“面向过程”的编程思想就会变得举步维艰，不再适合大规模的程序结构。

这种情况下，“面向对象”的编程思想应运而生。“面向对象”编程思想的核心内容是对现实系统进行分解，得到一个个独立的对象，再对同一类对象进行抽象得到不同的类。这样整个系统被抽象成若干类，后期再不断完善类内部的细节，以及类之间的联系。

“面向对象”的编程思想非常适合进行大型软件的开发。“面向对象”的编程思想将很多细节屏蔽，并按照“自顶向下，逐步求精”的思路一步步完善细节，这样就不会过早陷入细节的泥淖。为了进行面向对象编程，计算机科学家设计了很多面向对象语言，例如 C++、Java、Python 等。可以说目前市面上流行的编程语言，绝大多数都是面向对象语言。

5.3 程序基本结构

需要注意的是，即使在面向对象语言中，具体代码语句的细节仍然是面向过程的，仍然需要一条条具体的语句来体现设计人员的思想。而在面向过程的代码中，程序具有三种基本结构。

1. 顺序结构

如图 5-3 所示，是顺序结构示意图。顺序结构是程序的基本结构，所有程序代码天然就是顺序的。

顺序结构的程序代码中，先执行前面代码，然后再按照顺序依次执行后边代码。

2. 选择结构

顺序结构的程序只能依次执行，遇到特殊情况完全不能处理，因此需要其他程序结构配合。如图 5-4 所示，是选择结构示意图，左边是单分支选择结构，右边是双分支选择结构。

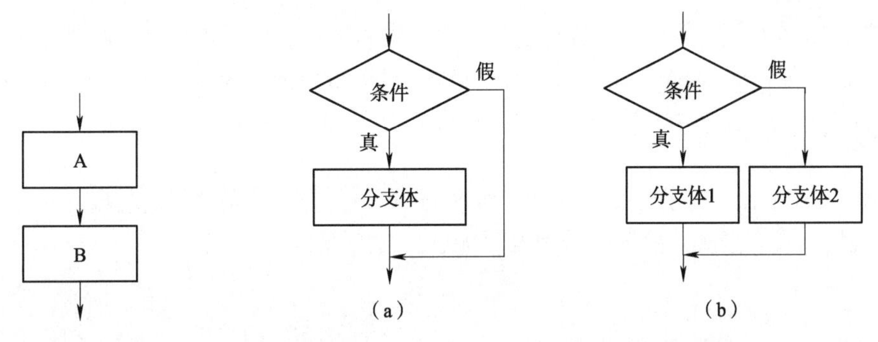

图 5-3 顺序结构示意图　　图 5-4 选择结构示意图

单分支选择结构的程序中，先进行条件判断，如果条件为真，则执行分支体语句；如果条件为假，则跳过分支体语句，直接执行后续代码。双分支选择结构的程序中，如果条件为真，则执行分支体 1 语句，否则执行分支体 2 语句。一些编程语言中，还提供多分支选择结构，条件表达式计算结果可能有多个值，不同的值对应执行不同的分支体。

3. 循环结构

程序有了选择结构后，就具有一定的智能了，可以根据条件不同而执行不同的代码。另外在编程时，很多问题的解决步骤非常多，而这些步骤都具有很强的重复性。针对这些重复的步骤，如果采用顺序结构，代码数量就会非常庞大，基本不可能实现。因此程序需要循环结构，来用少量代码实现很多重复性的步骤。

如图 5-5 所示，是循环结构示意图。图 5-5（a）是“先判断后执行型”循环，又叫“当型”循环；图 5-5（b）是“先执行后判断型”循环，又叫“直到型”循环。

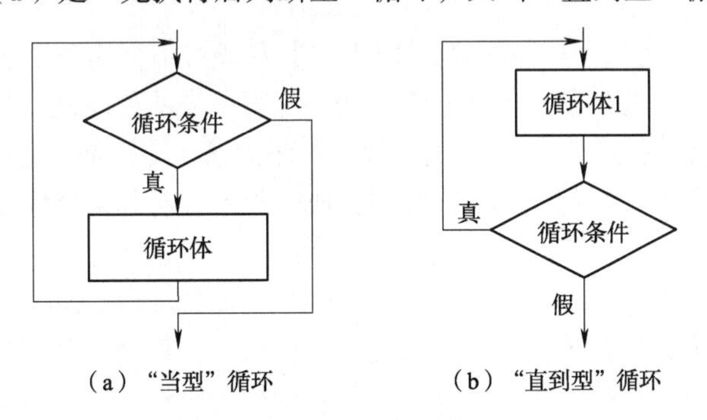

图 5-5 循环结构示意图

“当型”循环的程序代码中，先进行循环条件判断，如果条件为真则执行循环体代码，然后再次判断循环条件，直到某次循环条件为假，则结束循环，开始执行后续代码。“直到型”循环和“当型”循环的区别在于先执行一次循环体语句，再进行条件判断。因此“直到型”循环的循环体至少会执行一次，而“当型”循环的循环体在最坏情况下可能一次都不被执行。

无论多么复杂的程序，都是由上述三种基本程序结构组合而成。

5.4 程序开发基础

目前，市场上流行的程序设计语言非常多，各自有各自的适用范围。在本小节，将通过一门图形化编程语言 Scratch 来向大家介绍程序开发的基础知识。

5.4.1 Scratch 介绍

如图 5-6 所示，是分别由 C++语言和 Scratch 语言开发的两个代码片段。可见，利用 Scratch 编程，具有直观、简单、易理解等优点。

```
Configuration g_config;
int main(int argc,char *argv[])
{
    if(argc < 2)
    {
        printf("Usage: %s config.ini\n", argv[0]);
        USLEEP(3*1000*1000);
        return -1;
    }
    g_config.initFromFile(argv[1]);
    TraderSpi tdSpi;
    tdSpi.go();

    while(true)
    {
        USLEEP(10*1000*1000);
    }
    USLEEP(2*1000*1000);
}
```

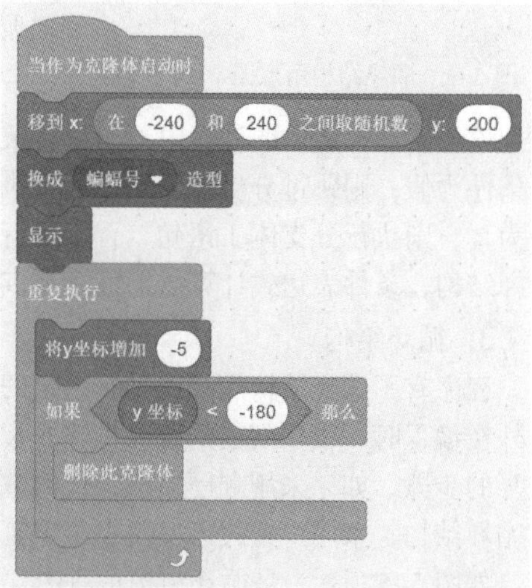

```
当作为克隆体启动时
移到 x: 在 -240 和 240 之间取随机数 y: 200
换成 编号 造型
显示
重复执行
    将y坐标增加 -5
    如果 y 坐标 < -180 那么
        删除此克隆体
```

图 5-6　由 C++语言和 Scratch 语言开发的代码示例

Scratch 语言是麻省理工学院(MIT)专门为小朋友学习编程而开发的一种图形化编程语言。一般的程序设计语言都是利用文本编写的，编写出来的程序是一行行文本构成的文本代码。而 Scratch 这种图形化编程语言的程序，程序的基本结构是一些图形模块，外观看起来就像一块块乐高积木。利用 Scratch 编程完成的程序，看起来就像很多积木拼搭起来的作品。

Scratch 最新版本为 3.9，官方提供的开发工具称为“Scratch Desktop”，如图 5-7 所示，是 Scratch Desktop 开发工具界面布局，包括“功能区”、“舞台区”、“角色区”和“舞台设置区”。

如图 5-8 所示，功能区包含一个下拉列表、两个菜单、一个按钮和一个文本框。单击“功能区”中的“地球”图标后会弹出一个下拉列表，可以选择语言。单击舞台设置区中的“教程”按钮后，可以跳转到教程页面，提供对 Scratch 语言的详细的教学。功能区的右边是一个文本框，可以对当前开发的项目进行命名。

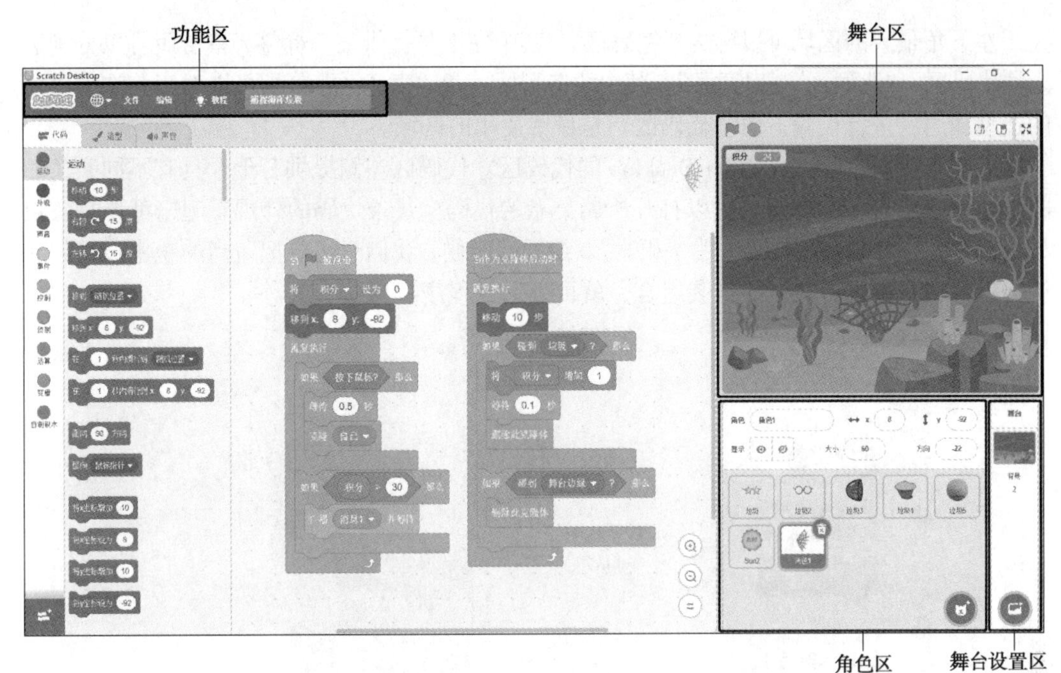

图 5-7　Scratch Desktop 开发工具界面布局

图 5-8 所示的功能区中，单击“文件”菜单，弹出“新作品”“从电脑中上传”“保存到电脑”三个菜单项，单击“编辑”菜单，弹出“恢复”和“打开加速模式”两个菜单项。

图 5-8　Scratch Desktop 功能区

这些菜单项的功能分别如下：

（1）新作品：建立一个全新的空白项目。会提示使用者对当前项目进行保存。

（2）从电脑中上传：可以打开之前保存的本地程序文件，Scratch3 版本中程序文件的扩展名是“sb3”。

（3）保存到电脑：可以将当前项目保存为本地程序文件，默认扩展名是“sb3”。

（4）恢复：一般情况下，这个菜单项是灰色的，不可以单击。如果删除了某个角色，该菜单项激活，可单击，文本内容变为“恢复删除的角色”。此时单击该菜单项，可以恢复之前删掉的角色。

（5）打开加速模式：单击该菜单项，文本内容变为“关闭加速模式”，该菜单项的功能是打开或关闭“加速模式”。默认情况下，“加速模式”关闭，此时程序运行较慢，打开后程序运行较快。尤其是在绘图时，是否打开“加速模式”，会对绘图速度造成很大影响。

舞台区用来运行程序，它的上方有一个绿色小旗和一个红色圆点，一般来讲单击绿旗会开始执行程序，单击红点会结束程序。右上方还有三个按钮，可以调整舞台区的大小。

角色区就好像后台，可以展示程序中的所有角色的状态属性，并可以对角色进行基本设置。舞台设置区则可以展示舞台本身的属性，并对舞台进行基本的设置。

左下角最大的区域可以称为“编码区”，其中左上角提供三个标签，单击后可以分别进入“代码区”“造型区”“声音区”。其中“造型区”和“声音区”分别可以对当前选中角色的造型和声音进行设置，而“代码区”是最常使用的区域。

如图 5-9 所示，是 Scratch Desktop 的代码区。代码区左侧提供若干个具有不同颜色的圆形标签，单击不同标签，可以打开所属类型的代码。每条代码的外观看起来都像是一块积木，因此有时候也把代码称为“积木”。编程的时候，我们只需要把适当的积木拖动到右侧空白区域，再进行适当的拼装组合，就可以形成程序。

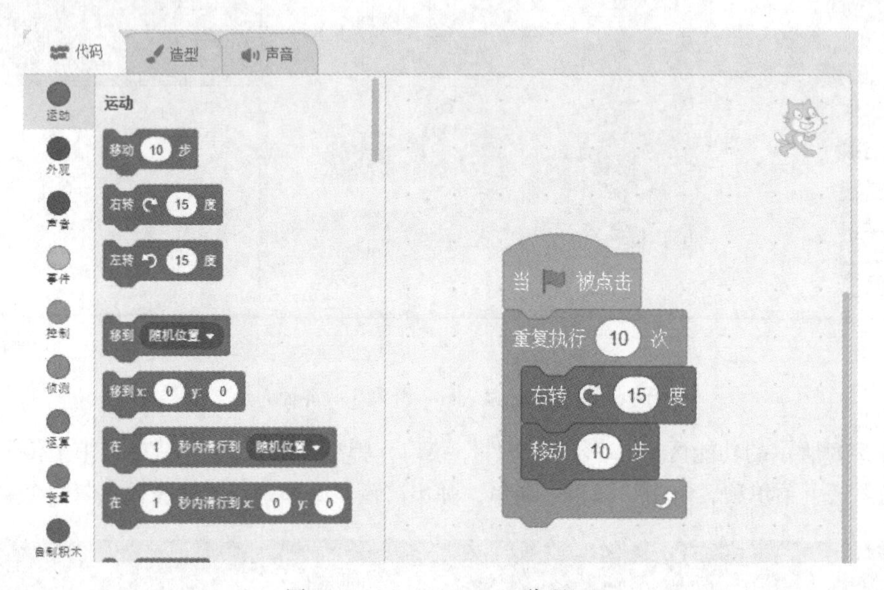

图 5-9　Scratch Desktop 代码区

另外可以看到，一些积木上有椭圆形或六边形的卡槽，我们称之为“参数”。这些参数表示当前积木执行时的输入，可以理解为加工的原料。这些卡槽一般可以嵌入其他具有椭圆形或六边形外形的积木，有一些也可以通过打字输入参数，或通过下拉列表选择参数。

利用 Scratch Desktop 进行程序开发的基本流程大致包括如下几个步骤：

（1）设置角色和背景：这一步主要是选择合适的角色和背景，再进行适当的设置，以完成准备工作。

（2）设置造型和声音：根据需要对选中的角色和背景设置造型和声音，以满足当前程序的需要。

（3）编写代码：首先选中角色或背景，然后在代码区进行编码。这一步是核心步骤，也是难点。程序是否符合需求设计，主要看这一步。

（4）调试：编译完代码后，可以单击“绿旗”运行程序。如果在运行过程中发现问题，要适当的修改代码。这个过程一般要重复进行多次，才有可能改正代码中的大部分错误。

5.4.2　顺序结构程序

Scratch 同样提供顺序、选择和循环三种基本程序结构，其中最基础的就是顺序结构程序。接下来看一个小例子，这个小例子中包含基本的“输入-处理-输出”（IPO，

Input-Process-Output）。

例5-1 编写程序，小猫询问并接收输入的两个数字，求数字和的 2 倍并输出。

【操作步骤】

（1）单击“文件”菜单下的“新作品”菜单项，创建新作品项目。

（2）在代码区中单击“事件”标签，进入“事件”卡片，将其中的“当绿旗被单击”积木拖动到编码区。“事件”标签下的各种积木一般用于触发某类事件，使程序在对应事件发生后开始执行对应代码。

（3）如图 5-10 所示，打开“变量”卡片，单击“建立一个变量”按钮，在弹出的对话框中给变量命名为“A”，再建立一个新变量，命名为“B”。

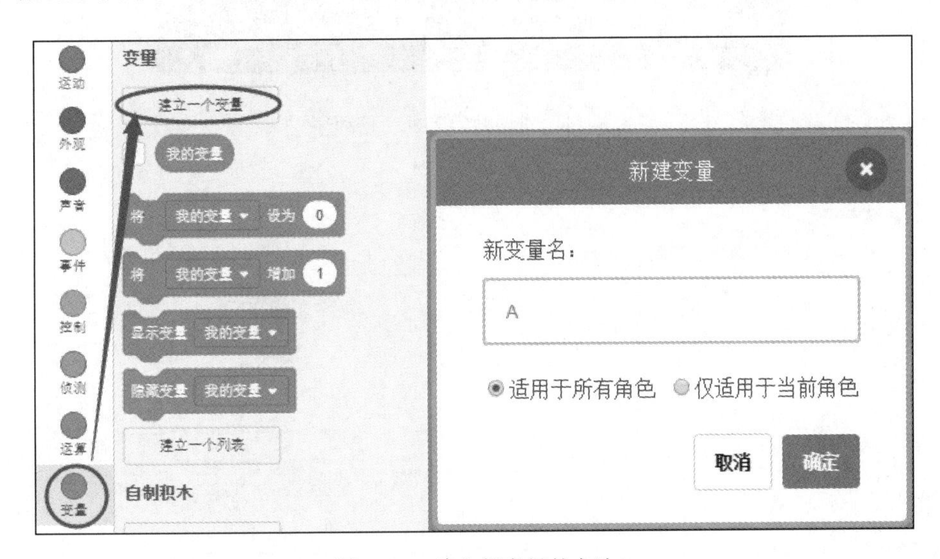

图 5-10　建立新变量的方法

（4）打开“侦测”卡片，将其中的“询问…并等待”积木拖动到编码区，接到现有代码尾部，并将参数修改为“请输入第一个数字 A:”。然后进入“变量”卡片，将其中的“将…设为…”积木拖动到编码区，接到现有代码尾部。并将第一个参数通过下拉列表修改为“A”。然后重新进入“侦测”卡片，将其中的“回答”积木拖动嵌入“将…设为…”积木的第二个参数内。

（5）仿照上一步，完成第二个变量的输入。

（6）打开“外观”卡片，将其中的“说…”积木拖动到编码区，接到现有代码尾部。打开“运算”卡片，将其中的“连接…和…”“…+…”“…*…”积木拖动到编码区。再打开“变量”卡片，将其中的“A”积木和“B”积木拖动到编码区。最后适当修改它们的参数，并将它们嵌套组合。

完成步骤（4）、（5）、（6）后，代码如图 5-11 中所示。

这样就得到了一个完整的 Scratch 示例程序，单击舞台区左上角的绿色小旗，程序开始运行。在小猫两次询问时，在下方输入框中输入两个数字，最终小猫将说出两个数字和的 2 倍，过程如图 5-12 所示。在拼接积木时，两个积木靠近会出现灰色阴影，松手后两块积木会自动吸在一起。

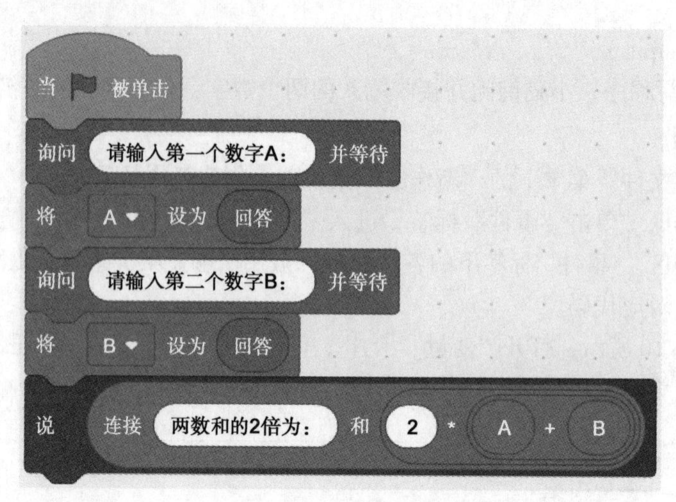

图 5-11　求两数字和的 2 倍程序

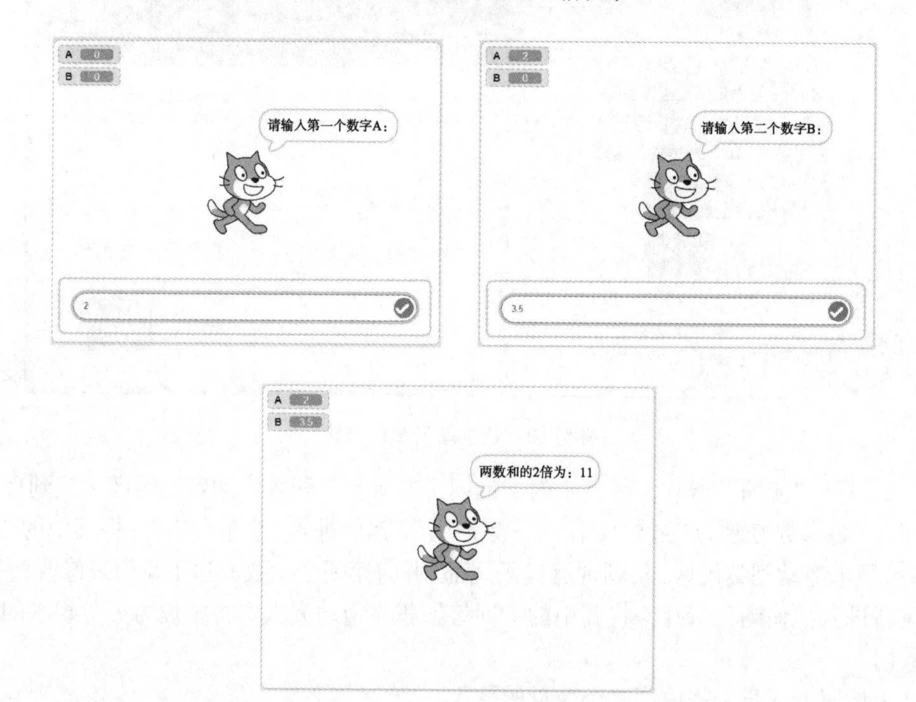

图 5-12　第一个 Scratch 示例程序

通过例 5-1 的学习，我们发现一个完整的程序一般都要包括输入、处理、输出三个步骤，涉及到的几个重要的程序设计概念总结如下：

（1）输入：程序执行过程中，很多时候希望能从用户处实时接收到一些数据，这就需要使用“输入”指令。“输入”指令使程序更灵活，在不同次运行时，输入不同值，会得到不同结果。Scratch 语言中，通过“询问…并等待”积木实现输入。

（2）输出：程序对原始数据进行加工处理后，得到最终结果数据，往往希望输出到屏幕上，这就需要使用“输出”指令。“输出”指令和“输入”指令协同工作，使程序具有了和用户双向交互的能力。Scratch 语言中，通过“说…”积木实现输出。

（3）常量：程序运行时，需要用到很多数据，一些数据会以数字、字符串等形式直接写进代码中，称之为常量。本题中“连接…和…”积木的第一个参数“两数和的 2 倍为:”是一个字符串常量，“…*…”积木的第一个参数“2”是一个整数常量。

（4）变量：常量在程序运行过程中，值是固定的，不可以改变。而有些时候，用户希望改变一些数据的值，这就需要定义变量。变量就是在程序运行过程中，其值可以改变的量。本题中的“A”和“B”就是两个变量。

有必要对变量进行更深入一些的了解。在前面章节中学过，程序运行时，一切代码和数据都要在“内存”中运行。内存就好像一个工厂的车间一样，提供工作所需要的空间。内存中存储数据最小单位为“位”（bit），为了方便内存的管理，一般 8 位 1 字节（Byte），然后给每个字节唯一的地址编码。在早期机器语言和汇编语言中，直接使用地址编号作为内存使用的凭证。但是现代计算机内存已经非常大了，直接使用内存地址编号非常不方便。因此在各种高级语言中，会给保存数据的内存地址起名使用，这个名字就是“变量名”。从这个角度说，变量就是一段已经命名的内存空间，可以用来保存数据。

（5）运算符：任何程序设计语言都会提供一些基础的符号，每种符号可以完成一定的基本运算，称之为“运算符”。例如本题中的“连接…和…”、“…+…”和“…*…”积木，它们都是运算符。

（6）表达式：由常量、变量、函数调用和运算符组成的式子，称为表达式。一个表达式是具有完整功能的最小语法单位，可以类比于自然语言中的短语。我们可以将程序设计语言与自然语言（比如英语）进行对比，常量、变量就类似于英语中的名词，运算符类似于英语中的动词，由它们拼接组成的式子，在英语中称为“短语”，在程序设计语言中称为“表达式”。

5.4.3 选择结构程序

Scratch 在“控制”卡片中提供两种选择结构语句积木，分别是“如果…那么”和“如果…那么…否则”。它们分别是单分支和双分支选择语句，执行逻辑分别如前文的图 5-4 所示。下面我们利用选择结构语句来实现判断功能。

例 5-2 编写程序，小猫询问并接收输入的三个数字，求三个数字中的最大值并输出。

编程过程和例 5-1 类似，需要定义 4 个变量，分别命名为 A、B、C 和 MAX。最终代码如图 5-13 所示。

程序的基本思路是依次比较三个数字，将最大的数字赋值给 MAX。

程序中用到“如果…那么”和“如果…那么…否则”积木。

【注意】程序的基本结构仍然是顺序的，仍然按照顺序从上到下执行。只有在遇到“如果”语句的时候，才会执行判断分支。

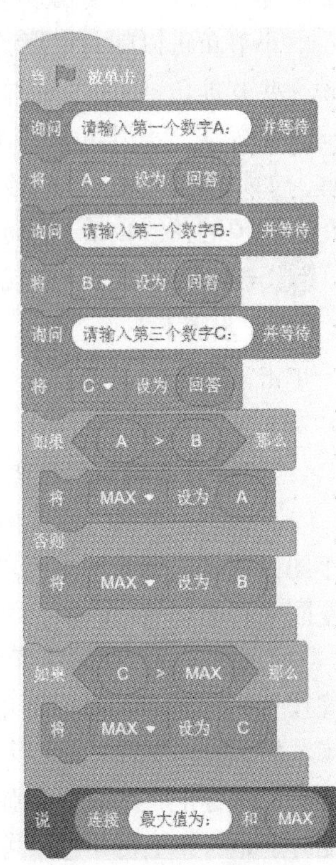

图 5-13　三个数字中求最大值程序

5.4.4 循环结构程序

Scratch 在“控制”卡片中提供三种循环结构语句积木，分别是“重复执行…次”“重复执行直到…”和“重复执行”。第一个“重复执行…次”语句积木，功能是循环固定的次数，可以通过设置系数值来设置循环的次数；第二个“重复执行直到…”语句积木，功能是不断循环，直到参数所指定的表达式的值为真时结束循环；第三个“重复执行”语句积木则会一直执行循环，直到循环内部执行了“停止这个脚本”或“停止全部脚本”时，才会结束这个循环。

例5-3 编写程序，小猫询问两个数字，然后将这两个数字作为 x 和 y 坐标，并在 1 秒之内滑行到这一点。程序总共循环执行三次。

程序代码如图 5-14 所示，注意其中用到了一个新积木，“在…秒内滑行到 x:…y:…”。这个积木属于“运动”卡片，这个卡片中的积木也很常用，都可以让角色产生一定的运动。

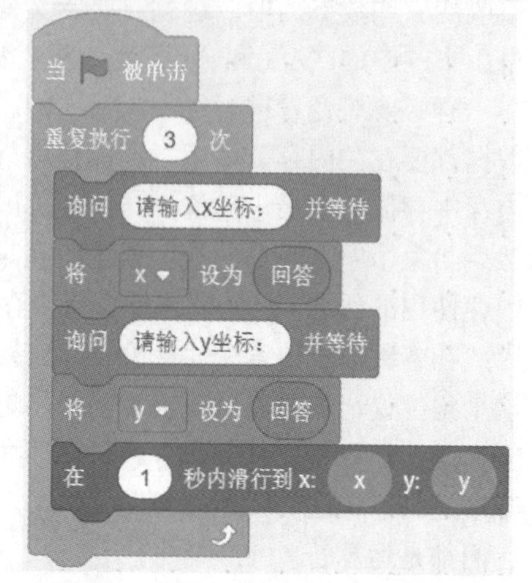

图 5-14 询问并移动到指定位置程序

5.4.5 一个完整的小游戏

接下来，我们利用 Scratch 完成一个完整小游戏的开发。

想要开发一个“大鱼吃小鱼”的游戏，游戏开始时显示水下场景，小丑鱼初始状态比较小。小丑鱼可以朝着鼠标游动，因此可以利用鼠标控制小丑鱼的游动方向。水下会随机出现一些其他鱼，这些鱼的体积在一定范围内随机，这些鱼会随机出现在屏幕左侧或右侧，并向对面游动。小丑鱼如果碰到了比自己小的鱼，可以吃掉它，然后小丑鱼的体积会增加一些。如果小丑鱼不小心碰到比自己大的鱼，会被吃掉，游戏就失败了。定义一个变量用来记录吃掉的鱼的数量，当吃掉超过 5 条鱼时，游戏胜利并结束。

例5-4 编写程序，实现“大鱼吃小鱼”游戏。

【操作步骤】

单击“文件”菜单下的“新作品”菜单项，创建新作品项目。然后，按照下列步骤完成开发：

1. 选择合适的角色和背景

（1）在“角色区”删除默认的小猫角色。每个角色右上角有个垃圾桶小图标，单击这个小图标就可以删除该角色。如果发现误删除，还可以利用“编辑”菜单中的恢复菜单项恢复刚刚误删除的角色。

（2）添加两个“Fish”角色。如图 5-15 所示，所以可以在“角色区”单击右下角小猫头像按钮，打开“选择一个角色”页面。在这里可以搜索“Fish”角色，单击角色，就完成了添加。我们发现，第二个“Fish”角色被自动重命名为“Fish2”。另外，如果鼠标放在小猫头像图标上一小会，会弹出一个列表，如图 5-15（a）所示。从上到下，四个按钮的功能分别是：①上传角色，可以将 JPG，PNG 等常见格式图片上传为角色；②随机，会在角色库里随机挑选一个角色添加；③绘制，可以让开发人员手动绘制一个角色；④选择一个角色，这个按钮和主按钮功能一致。

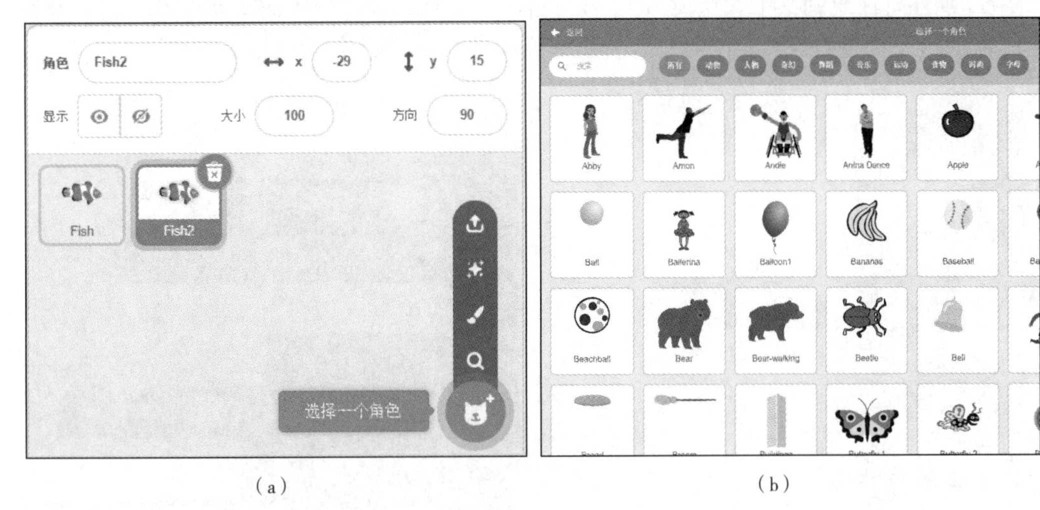

（a）　　　　　　　　　　（b）

图 5-15　添加角色

（3）选择“Underwater 1”背景。在“舞台设置区”下方同样有一个按钮，功能和“角色区”的小猫头像按钮非常类似，单击它就可以打开背景库，搜索到“Underwater 1”背景，单击即可导入。

2. 对角色进行编码

（1）选中“Fish”角色，并将其重命名为“小丑鱼”。先建立一个“得分”变量，然后编码，“小丑鱼”的代码如图 5-16 所示。

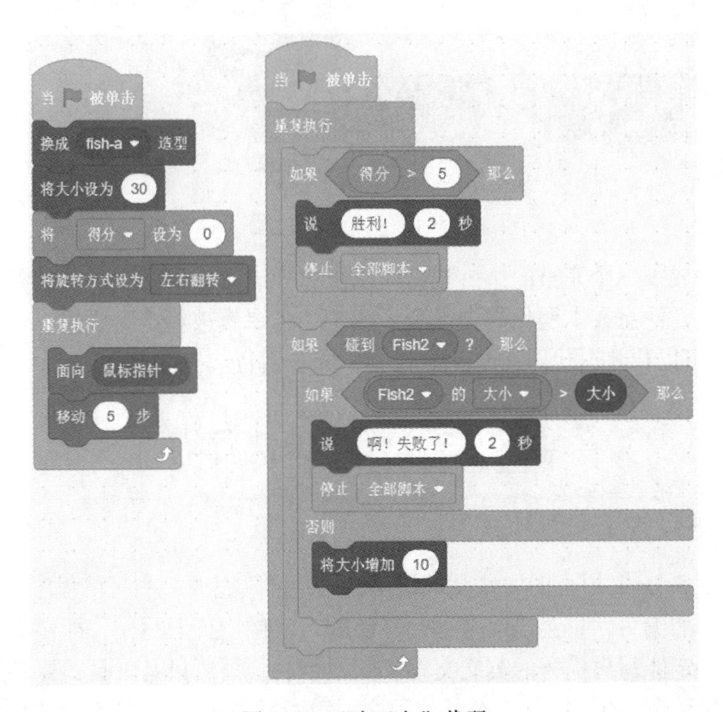

图 5-16　“小丑鱼”代码

（2）选中“Fish2”角色，先建立一个“位置”变量，然后编码，“Fish2”的代码如图 5–17 所示。注意到其中大量使用了“在…和…之间取随机数”积木，这个积木可以在指定的范围内产生随机数。使用随机数会让游戏不可预测，更具可玩性。

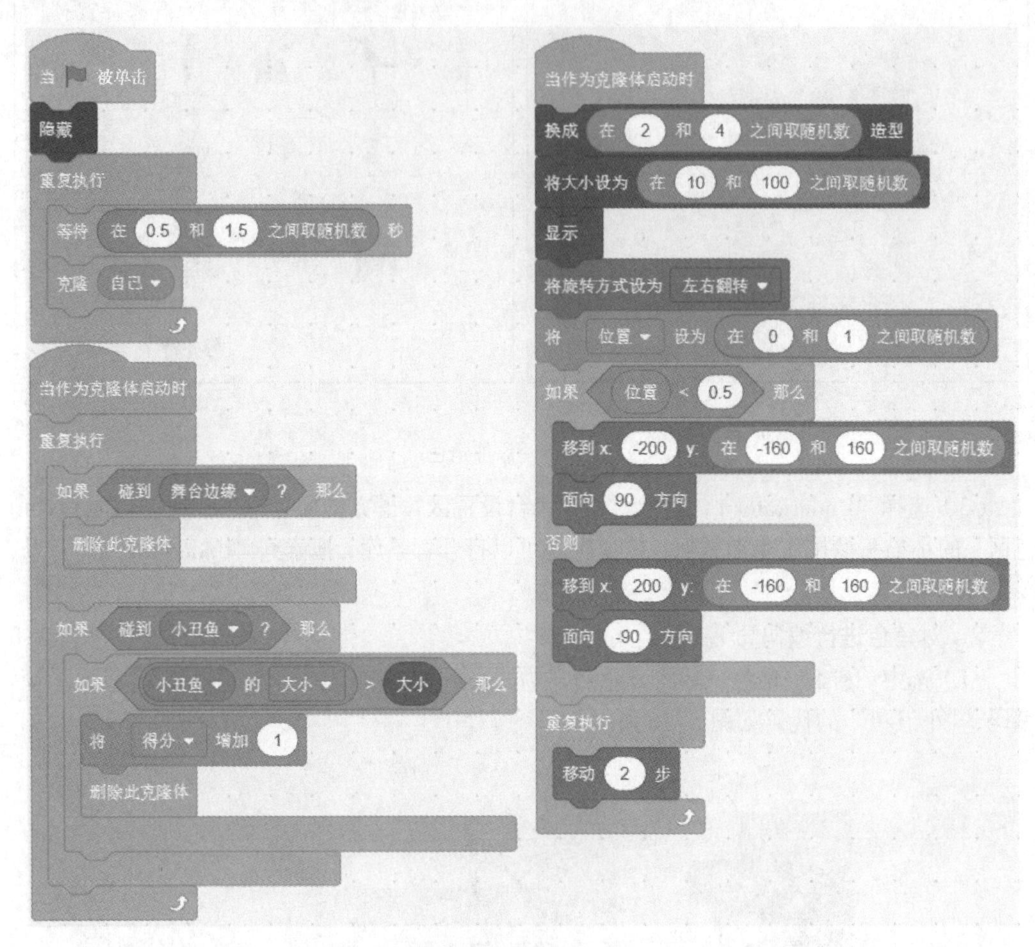

图 5–17 “Fish2”代码

我们编码完成了一个完整的小游戏，大家可以尝试着修改其中不同的参数，看看游戏运行效果的变化。注意在本题代码中出现了两个“当绿旗被单击”语句，这种代码结构称为“多线程”，可以让几段代码彼此互不相干，同步运行。

5.5 常用算法介绍

5.5.1 算法基础

上面学习了 Scratch 语言的一些基础语法，已经可以完成一些简单程序的开发。但是想要完成复杂程序的编写，只会语法是远远不够的。就像用英语写作，即使你对英语语法非常熟练，也不一定能写出优秀的英文文章。归根结底，语法只是工具，要表达的内容更重要。在计算机学科中，有一个著名公式“程序=算法+数据结构”。这个公式说的是，想要编写优秀的程序，需要进行优秀的算法设计，并采用最合理的数据结构。

在前面章节中，我们学过算法就是问题求解步骤的详细描述。算法设计的先驱者唐纳德·E.克努特（Donald E.Knuth）对算法的特性作了如下的描述：输入、输出、有穷性、确定性、可行性。

（1）输入：一个算法有零个或多个输入。

（2）输出：一个算法有一个或多个输出。

（3）有穷性：算法在执行有限步之后必须终止，并且每一步都在有穷时间内完成。

（4）确定性：算法中的每一条指令必须有确切的含义，对于相同的输入只能得到相同的输出。

（5）可行性：算法的可行性指的是算法中有待实现的运算必须都是基本运算。原则上可以由人们用纸和笔，在有限的时间里精确地完成，实际应用中时间花费可接受。

从现实问题出发，进行算法设计的一般流程包括 6 个步骤：

（1）问题分析：准确、完整地理解和描述问题是解决问题的第一步。

（2）建立数学模型：用计算机解决实际问题必须有合适的数学模型。

（3）算法设计：设计求解某一特定类型问题的一系列步骤，算法设计要同时结合数据结构的设计（选取数据的存储方式）。

（4）算法分析：时间效率和空间效率，重点关注时间效率。

（5）算法实现：把算法转化为程序的过程，在实现过程中尽可能进行代码优化，如：循环外计算循环中的不变式、合并公共子表达式等。

（6）整理文档：让别人理解你的算法。通常包含程序流程图、代码、注释等。

在算法分析(Algorithm Analysis)阶段，要对算法所需要的两种计算机资源——时间和空间进行估算，分别用时间复杂性（Time Complexity）和空间复杂性（Space Complexity）来表达。

常用的时间复杂度数量级有 7 个，按照数量级递增排序为：

- $O(1)$，常数型，$f(n)=$ c。
- $O(\log_2 n)$，对数型，$f(n)=\log_2 n$。
- $O(n)$，线性型，$f(n)=n$。
- $O(n\log_2 n)$，二维型，$f(n)=n\log_2 n$。
- $O(n^2)$，平方型，$f(n)=n^2$。
- $O(n^3)$，立方型，$f(n)=n^3$。
- $O(2^n)$，指数型，$f(n)=2^n$。
- $O(n!)$，阶乘型，$f(n)=n!$。

其中 n 代表问题规模，即在算法执行时基本输入量的多少。

图 5-18 描述了几种典型的时间复杂度算法时间消耗随问题规模变化曲线，可以看到具有 $O(1)$、$O(\lg n)$和 $O(n)$几种复杂度的算法，随着问题规模扩大，时间消耗还在可以承受范围内，不会急剧上升。而具有 $O(n^x)$和 $O(a^n)$两种复杂度的算法，随着问题规模扩大，时间消耗急剧上升。所以在设计算法时，应该尽量避免 $O(n^x)$和 $O(a^n)$这两种复杂度。

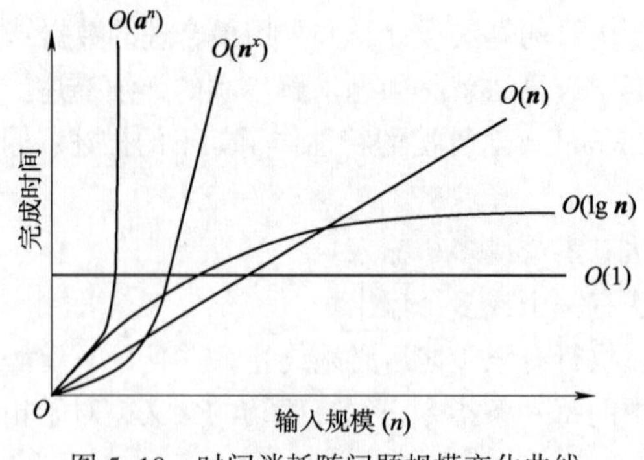

图 5-18　时间消耗随问题规模变化曲线

5.5.2　算法流程图

为了描述算法，可以采用多种形式，其中比较常用的是算法流程图，又称程序流程图。图 5-19 是程序流程图中的基本图形元素。

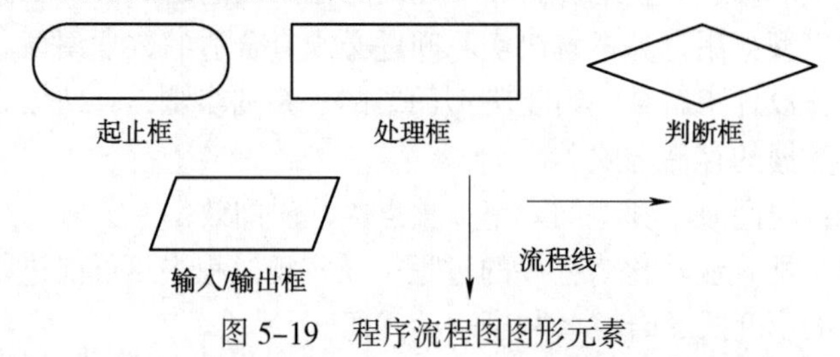

图 5-19　程序流程图图形元素

如图 5-20（a）所示，是辗转相除法的程序流程图，又叫欧几里德算法，描述的是一种求两个自然数 m 和 n 的最大公约数的算法。

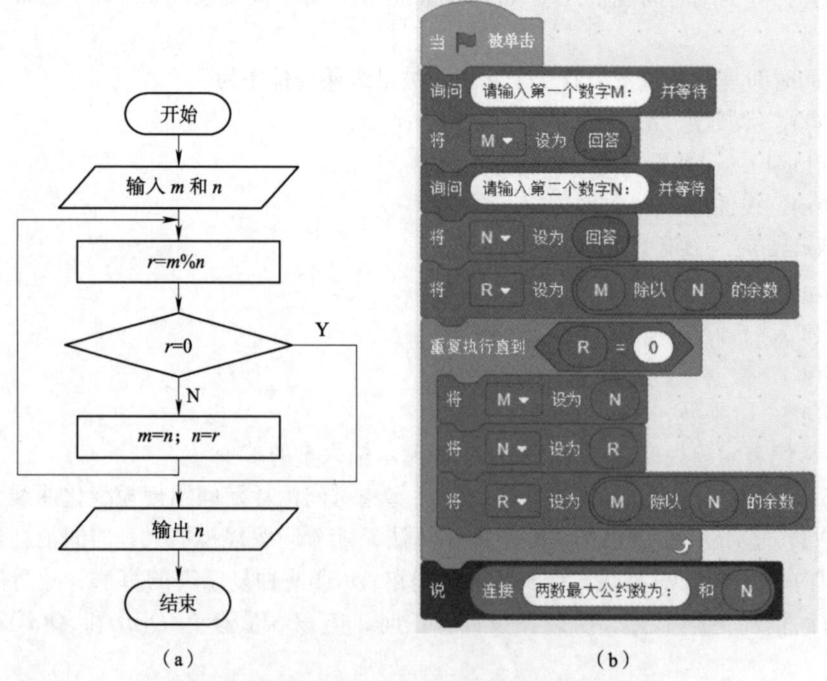

（a）　　（b）

图 5-20　辗转相除法的程序流程图和 Scratch 代码

图 5-20 中（b）图，是利用 Scratch 语言实现辗转相除法的程序代码。注意程序流程图中%代表求余运算。另外使用了“重复执行直到…”积木，当循环条件为真时，结束循环。辗转相除法非常适合于计算机编程实现，速度比我们平时使用的分解质因数法更快。

5.5.3 排序算法

接下来介绍几个常见算法，首先介绍排序算法。在大规模数据处理过程中，经常需要对原来无规则排列的数据进行排序，例如将某个班级所有同学的总成绩按照从多到少进行排序，这个过程在编程中就是排序算法。常见的排序算法有很多，例如插入排序、冒泡排序等，这里介绍一种“选择排序”。

如图 5-21 所示，是选择排序法的程序流程图。算法的基本思路是利用两层循环，比较不同位置的元素，如果前面的大，则交换两个元素。这样循环比较结束后，所有元素将按照从小到大顺序排列。有两点需要注意：① 流程图中有三个菱形条件比较，前两个是循环结构语句的比较条件，第三个是选择结构语句的比较条件。这两者的区别在于是否有流程箭头指回菱形的前边，如果有，并且该菱形前面没有其他菱形，则该菱形代表的是循环条件，其他情况意味着菱形为选择条件。② 怎样实现两个数据的互换呢？这是一个小技巧，借助于第三个临时变量即可实现交换。下面利用 Scratch 编程实现。

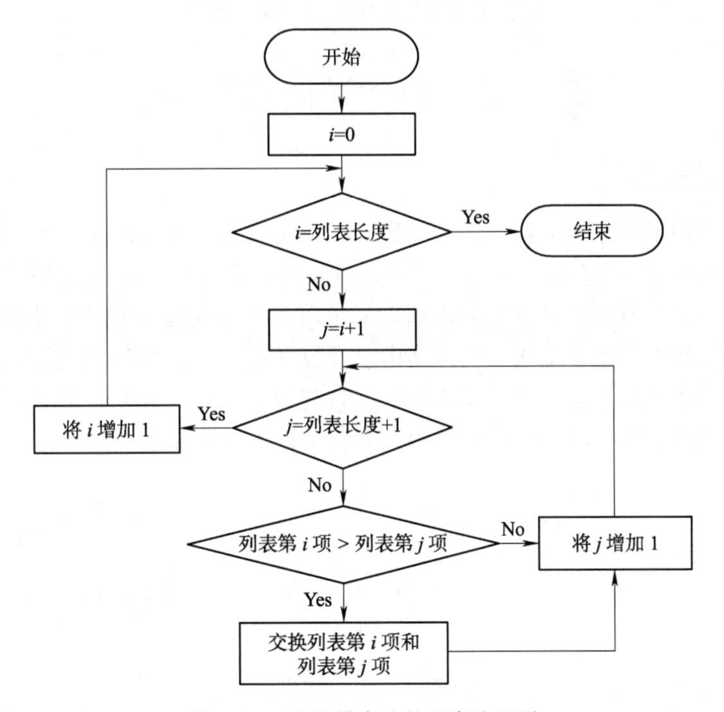

图 5-21　选择排序法的程序流程图

例 5-5 编写程序，实现选择排序。程序代码如图 5-22 所示。

【注意】 在本题中出现了的“自制积木”。“自制积木”是一个独立的代码段，可以被其他代码调用，是一种基本的语法单位，也可以让程序结构更清晰。

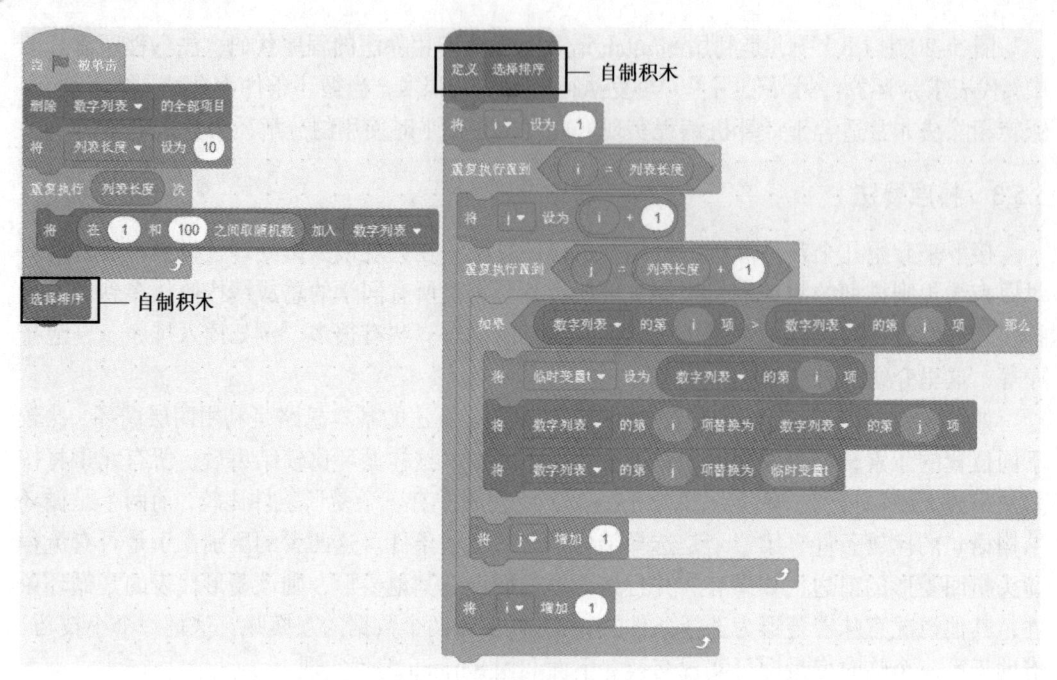

图 5-22　选择排序法的 Scratch 代码

5.6　常用数据结构介绍

5.6.1　数据结构基础

数据结构是指带有结构的数据元素的集合，结构反映了数据元素相互之间存在的某种逻辑联系（比如一对一的关系、一对多的关系或多对多的关系）。开发程序时，必须要精心地设计数据结构，只有用最恰当的数据结构来对现实问题建模，才能找到最优的算法。数据结构主要研究数据的逻辑结构、物理结构以及数据结构中的基本数据运算。

逻辑结构是指数据元素之间的逻辑关系，它与数据在计算机中的存储方式无关，数据的常见逻辑结构包括线性结构、树状结构和网状结构，如图 5-23 所示。

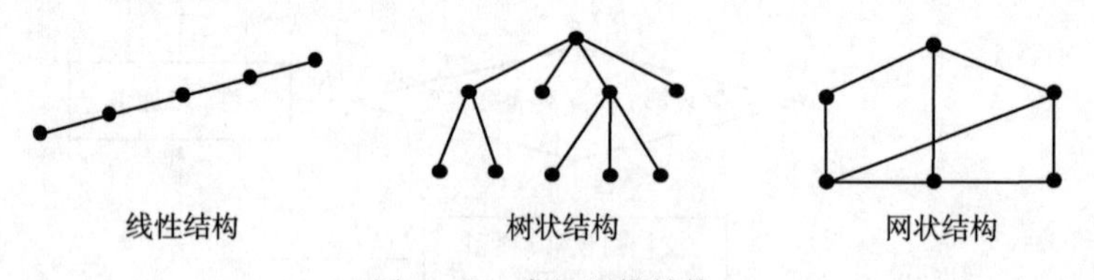

图 5-23　常见逻辑结构

线性结构的数据元素之间存在一对一的线性关系，元素最多只有两个相邻元素。

树形结构是指数据元素之间是一对多的层次关系，并且存在比较明确的方向关系。在一个树形结构中，只有一个节点不存在前驱，该节点称为根（Root）；还存在一些节点只有前驱，但是没有后继，这些节点称之为叶子（Leaf）；在中间的节点则既有前驱又有后继，但是只能有一个前驱。

网状结构又叫图状结构，是指数据元素之间是多对多的任意关系。这是一种最复杂的数据结构，和树形结构相比最大的区别在于，一个节点可以有多个前驱。

开发程序时，一般要先确定程序中所使用的数据结构。例如在开发排队买票的程序时，使用线性结构；开发一个地图路径规划程序时，使用的则是网状结构。

物理结构指数据在计算机内部是如何表示的，即数据在计算机存储器上的实现。它有多种不同的方式，其中顺序存储结构和链式存储结构是最常用的两种存储方式。

最后来讨论数据运算，每一种逻辑结构都有相应的基本运算或操作，主要包括建立、查找、插入、删除、修改、排序等。

“数据结构”作为一门课程，是计算机学科非常重要的基础理论课程。“数据结构”课程将系统介绍线性表、栈、队列、串、数组与广义表、树和二叉树、图等基本类型的数据结构及其相应运算的实现算法，并将讨论在程序设计中经常会遇到的查找和排序算法。

5.6.2 数组基础

数组是指一组具有相同数据类型的元素的有序集合，是一种最简单的线性表。利用数组可以实现数据的批量定义、存储和处理。在 Scratch 语言中可以利用“列表”来实现数组，下面我们来看几个实例。

例5-6 编写程序，对一组随机数求最大值。程序代码如图 5-24 所示。

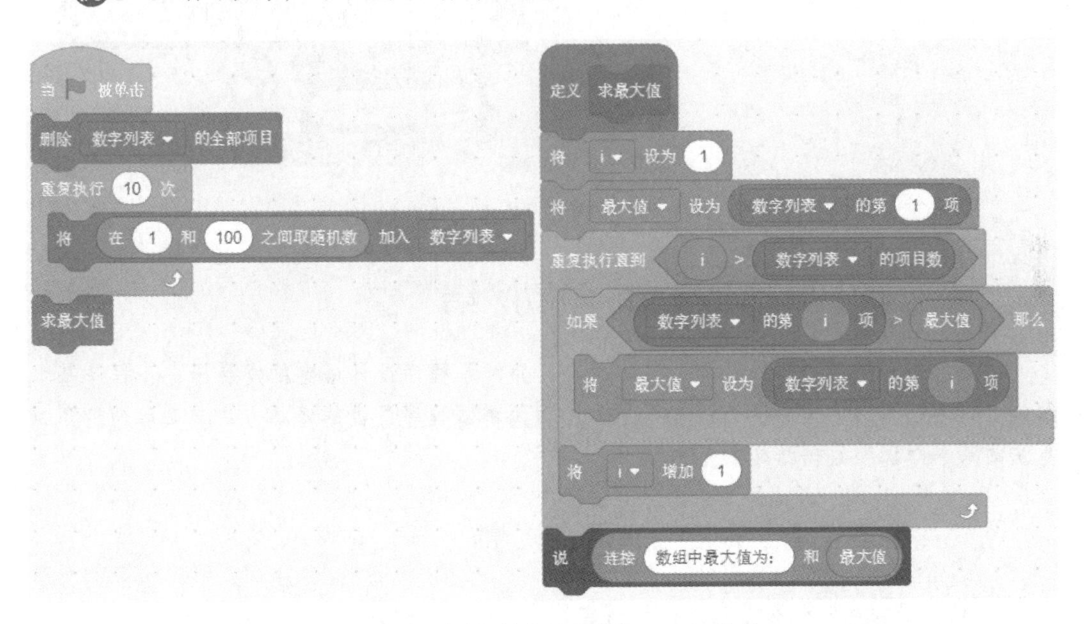

图 5-24 对随机数求最大值的 Scratch 代码

下面再来看一个例子。在批量处理数据时，经常需要进行查找操作，即从一组数据中找到目标值。最简单的一种查找算法为顺序查找，就是从前到后依次检查数组每一个元素是否等于目标，等于则认为找到一个目标。

例5-7 编写程序，实现顺序查找。程序代码如图 5-25 所示。

【注意】 在上面代码中，自制积木“顺序查找”中带有一个参数“target”。在自制积木内部，参数可以当作一个变量来使用。

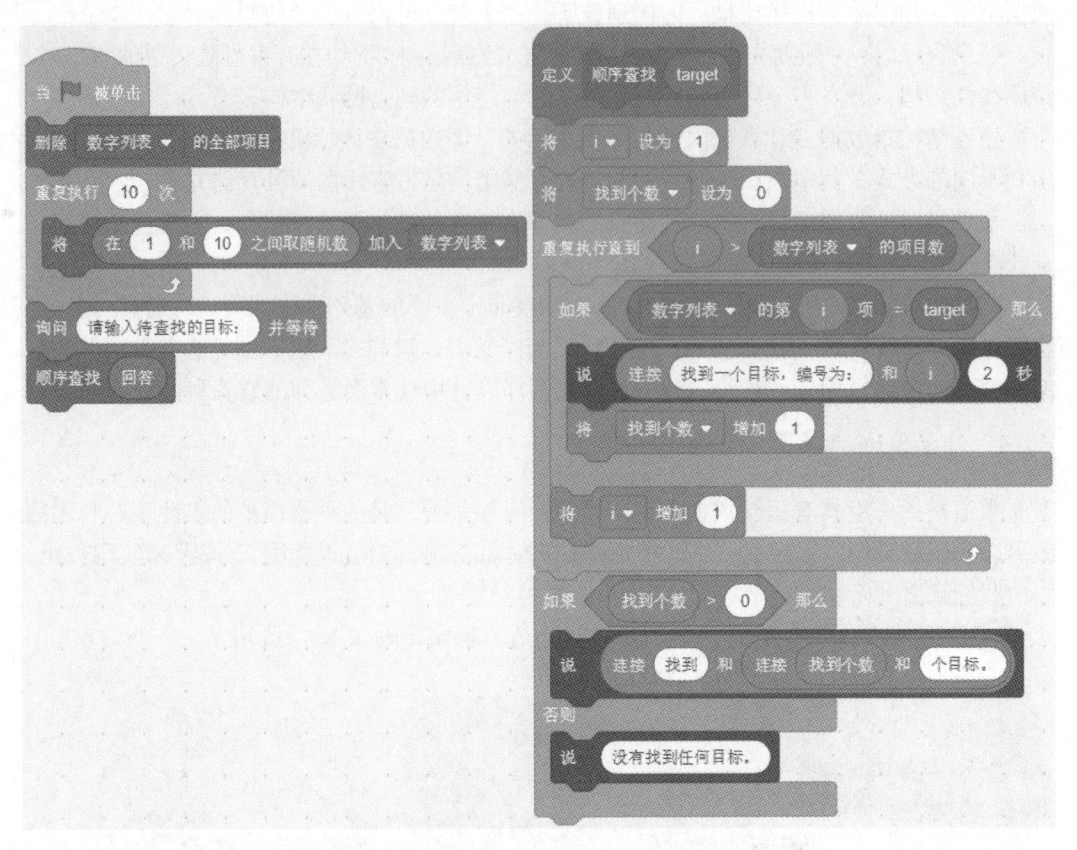

图 5-25　顺序查找的 Scratch 代码

本章小结

本章首先介绍了程序设计相关基本概念，介绍了程序设计语言的发展历史、程序基本结构。然后以图形化程序设计语言 Scratch 为例讲解程序设计的基本方法。最后初步介绍算法的基本知识和数据结构的基本知识。

习　题

1. 什么是程序？什么是程序设计语言？请简述程序设计语言的发展历史。
2. 程序具有哪三种基本结构？各种基本结构的基本执行逻辑是怎样的？
3. 什么是算法？它有哪些基本特性？
4. 绘图题：请查找资料，学习“冒泡法”排序算法，并绘制该算法的程序流程图。
5. 什么是数据结构？主要研究哪三方面？常见的逻辑结构有哪些？

第6章

软件工程基础

软件工程是一门研究用工程化方法构建和维护有效的、实用的和高质量的软件的学科。在这一章，我们将介绍软件工程的基础知识。我们先从软件生命周期的概念开始，简要讨论软件开发过程的几个阶段，接着介绍几个常用的软件开发模型，然后简单介绍一些常用的软件开发工具。

通过本章的学习，大家可以学习软件生存周期的概念，理解软件开发过程的主要阶段，了解常用的软件开发模型，了解常用的软件开发工具。

6.1 软件生存周期

如同任何生命体一样，软件也有一个孕育、诞生、成长、成熟、衰亡的生存过程，称其为软件生存周期。

从软件工程的角度讲，软件开发主要分为六个阶段：需求分析阶段、概要设计阶段、详细设计阶段、编码、测试阶段、安装及维护阶段。

6.1.1 需求分析

软件开发始于软件需求分析阶段，这个阶段主要做的事情，就是进行分析说明软件开发要做什么和不做什么，但是并不需要知道怎么做。

下面简单介绍软件需求分析的重要性，软件需求的定义和层次，软件需求分析的实现。

1. 需求分析的重要性

“千里之行，始于足下”，解决问题，首先需要理解问题。我们需要明确一点，做好软件需求分析，是软件开发成功的首要条件。准确、完整、规范化的软件需求是软件开发成功的关键。

根据IDC（International Data Corporation）的统计，80%失败的IT项目是由于需求分析做得不好，没有真正反映用户的需求。

根据Standish Group公司的分析，项目失败最重要的8个原因中的5个都与需求有关：

- 不完整的需求。
- 缺少用户参与。

- 不实际的客户期望。
- 需求和规范的变更。
- 提供不再需要的能力。

随着现代软件需求的复杂性不断提高，以及需求的不断更新迭代，软件需求分析在软件开发中的重要性也在不断增强。

2. 需求的定义

IEEE 软件工程标准词汇表（1997 年）中将需求定义为：

（1）用户解决问题或达到目标所需的条件或权能（Capability）。

（2）系统或系统部件要满足合同、标准、规范或其他正式规定的文档所需的条件或权能。

（3）一种反映上面（1）或（2）所描述的条件或权能的文档说明。

从 IEEE 的定义来看，其主要从用户角度（系统的外部行为）以及开发者角度（一些内部特性）来描述需求。该定义中，一个关键的特征是要编写需求文档，也就是该定义强调了需求分析的输出物是需求文档。如果没有需求文档，只有一些邮件、会议记录或一些对话记录，无法说明用户的需求分析已经完成，或需求已经明确。

3. 软件需求的层次

软件需求包括三个不同的层次：

（1）业务需求反映了组织机构或客户对系统、产品高层次的目标要求，一般在项目视图与范围文档中予以说明。业务需求描述了组织为什么要开发这个系统或产品，即组织或客户希望达到的目标。

（2）用户需求描述了用户使用产品必须完成的任务，可以在用例文档或场景说明中予以说明。用户需求描述了用户使用系统来做些什么。

（3）功能需求定义了开发人员在产品中必须实现的软件功能，帮助用户能完成其任务，从而满足业务需求。对一个复杂的产品来说，软件功能需求也许只是系统需求的一个子集，因为另一些需求可能来自于其他部件。

在软件需求规格说明（Software Requirements Specification，SRS）中描述的功能需求充分阐明了软件系统应该具有的外部行为。软件需求规格说明在开发、测试、质量保证、项目管理以及项目相关活动中都起到了重要的作用。

作为功能需求的补充，软件需求规格说明还应包括非功能需求，它描述了系统展现给用户的行为和执行的操作等，包括产品必须遵从的标准、规范和合约，外部界面的具体细节、性能要求、设计或实现的约束条件及质量属性等。所谓约束，是指对开发人员在软件产品设计和构造上所具有的选择和限制。质量属性从多个角度对产品的特点进行描述，从而反映产品功能，这对用户和开发人员都极为重要。

软件需求各组成部分之间的关系如图 6-1 所示。

4. 软件需求分析的实现

软件需求分析的实现，实际上就是软件需求工程中的需求开发。软件需求分析做的主要事情，就是分析哪些做哪些不做、哪些先做哪些后做。在实际项目中，这些需要产品经理作出判断。但是这些判断，不是简单地靠直觉，需要进行科学地、系统地分析，这就是软件需求开发。

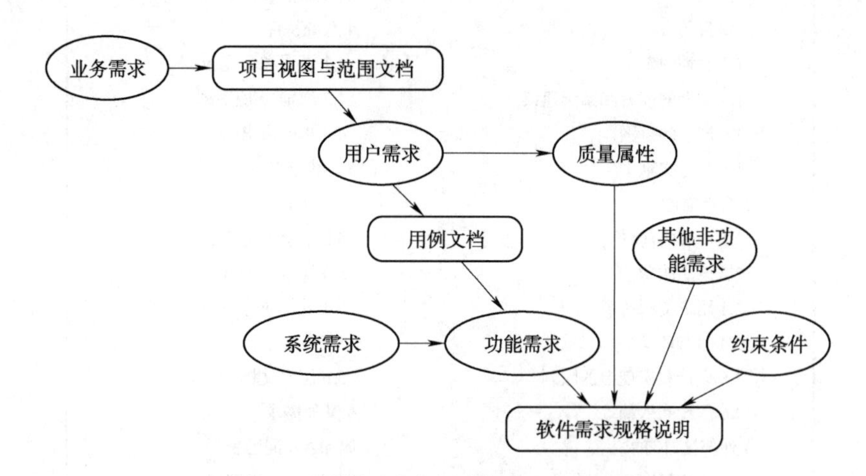

图 6-1 软件需求各组成部分之间的关系

软件需求开发，需要包括：需求获取、需求分析、编写需求规格说明、验证需求四个阶段。

（1）软件需求获取阶段，顾名思义，就是获取软件需求。一般正式项目中，主要通过客户访谈、问答、原件收集等手段进行；形式可以是联合分析小组，包括开发方、用户方或代表、专家等；目标主要是为了获取软件需求的功能、界面需求、质量需求等。

（2）软件需求分析包括提炼、分析和仔细审查已收集到的需求，为最终用户所看到的系统建立一个概念模型以确保所有的风险承担者都明白其含义并找出其中的错误、遗漏或其他不足的地方。

分析用户需求应该执行以下活动：

- 绘制系统关联图。
- 创建用户接口原型。
- 分析需求可行性。
- 确定需求的优先级别。
- 为需求建立模型。
- 建立数据字典。
- 使用质量功能调配。

（3）软件需求分析，可以采用以下两种分析方法建模：结构化分析和面向对象分析。这两种方法分类的主要依据是在系统实现阶段使用的编程语言，是面向过程的编程语言，还是面向对象的编程语言。

（4）软件需求规格说明阐述一个软件系统必须提供的功能和性能以及它所要考虑的限制条件,它不仅是系统测试和用户文档的基础，也是所有子系列项目规划、设计和编码的基础。需求分析完成的标志是提交一份完整的软件需求规格说明书（SRS），软件需求规格说明作为产品需求的最终成果必须包括所有的需求。在开发过程中要为编写软件需求文档定义一种标准模板（见图 6-2）。

1 引言	3.4 通信接口
1.1 目的	4 系统特性
1.2 文档约定	4.1 说明和优先级
1.3 预期的读者和阅读建议	4.2 激励/响应序列
1.4 产品的范围	4.3 功能需求
1.5 参考文献	5 其他非功能需求
2 综合描述	5.1 性能需求
2.1 产品的前景	5.2 安全设施需求
2.2 产品的功能	5.3 安全性需求
2.3 用户类和特征	5.4 软件质量属性
2.4 运行环境	5.5 业务规则
2.5 设计和实现上的限制	5.6 用户文档
2.6 假设和依赖	6 其他需求
3 外部接口需求	附录A：词汇表
3.1 用户界面	附录B：分析模型
3.2 硬件接口	附录C：待确定问题的列表
3.3 软件接口	

图 6–2　软件需求规格说明模板（以 IEEE 830 为模版的需求规格说明书的主要内容）

（5）需求验证是为了确保需求说明准确、无二义性并完整地表达系统功能以及必要的质量特性。需求验证要求客户代表和开发人员共同参与，对提交后的需求规格说明进行验证，分析需求的正确性、完整性以及可行性等。

需求验证中的活动一般包括：

- 审查需求文档。
- 以需求为依据编写测试用例。
- 编写用户手册。
- 确定合格的标准。
- 最后的签字。

6.1.2　系统设计

系统设计阶段的目标是明确软件系统如何完成需求分析阶段定义的需求，即定义软件系统该“如何做”。系统设计阶段又划分为概要设计和详细设计。概要设计就是软件设计最初形成的一种表示形式，它描述了软件的总体结构。简单地说，软件概要设计就是设计出软件的总体结构框架，而后对结构的进一步细化的设计就是软件的详细设计。

1．概要设计

概要设计主要进行软件系统的总体设计，一般需要输出概要设计文档说明，其一般结构包括接口设计、模块设计、数据存储设计、容错设计、界面设计等。接下来，简单介绍下概要设计文档的一般结构。

（1）概要设计文档需要简单描述下软件需求或目标，项目背景等。

（2）进行总体设计描述，说明整个系统设计的组织结构、业务流程、功能模块，模块之间的关系等。这个过程，一般需要输出系统结构图（见图 6–3）、系统流程图（见图 6–4）、数据流图（见图 6-5）等。

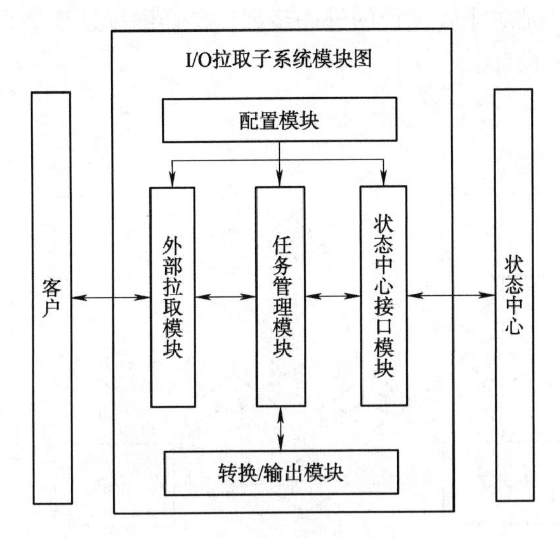

图 6-3　某系统的架构图

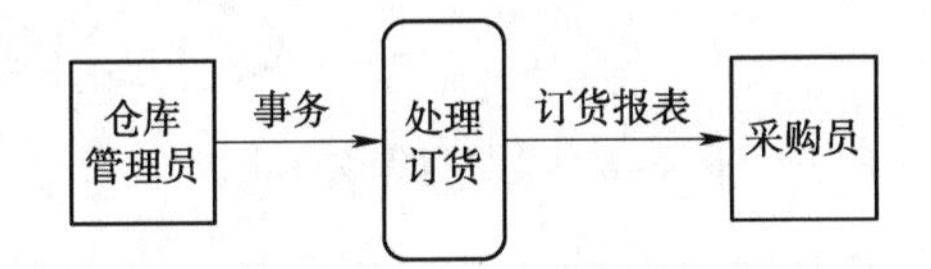

图 6-4　某系统的数据流图

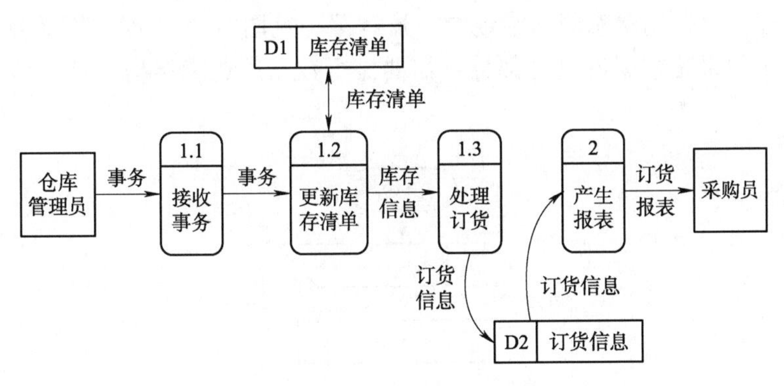

图 6-5　某系统的细化的数据流图

（3）接口设计需要说明软件系统对外部的用户接口、软硬件接口等。

（4）模块设计主要进行软件系统模块划分，总共有哪些模块，每个模块做什么，简要说明怎么做（包括每个模块的输入/输出、处理逻辑、与其他模块或系统的接口等）。

（5）数据存储设计主要考虑软件系统的数据存储，比如是用数据库，还是文件系统，如果用数据库，就需要考虑数据库的概要设计，设计数据库 E–R 图，如图 6–6 所示。

（6）容错设计则主要是考虑软件系统的出错信息、出错处理等，一般为可选部分。

（7）界面设计是指软件系统的界面设计，如果软件系统需要有用户界面，则该部分需要进行设计说明。否则，该部分也是可选的。

2. 详细设计

详细设计实际上就是对概要设计的进一步细化，详细设计解决每个模块的控制流程，内部算法和数据结构的设计。

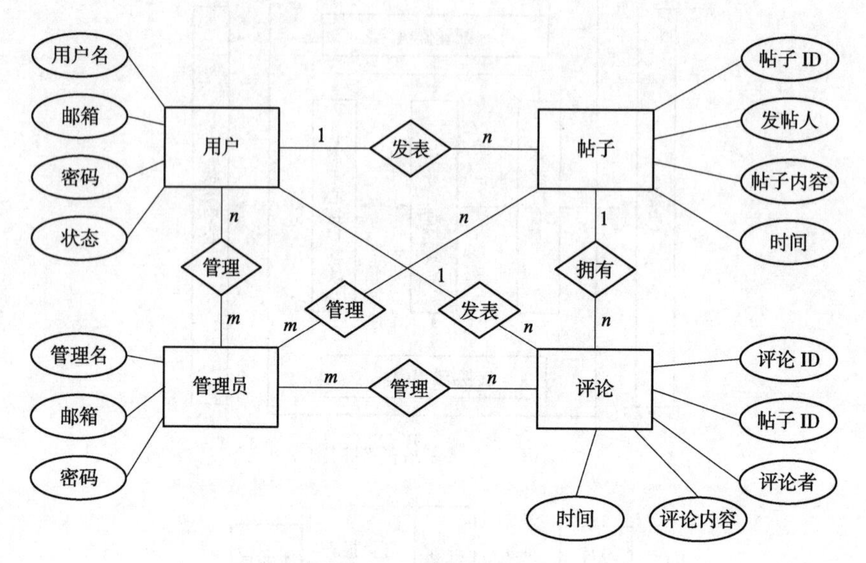

图 6-6　某数据库 E-R 图

详细设计阶段一般也需要输出设计文档，主要描述各个模块的控制流程，还有具体的算法描述，数据结构的设计描述。其中，控制流程部分可以通过各种设计图描述，其中设计图部分可使用状态图、活动图、流程图（见图 6-7）、时序图（见图 6-8）等来动态建模；如果是数据库设计部分，需要进行数据库逻辑结构设计，即数据表的具体设计。

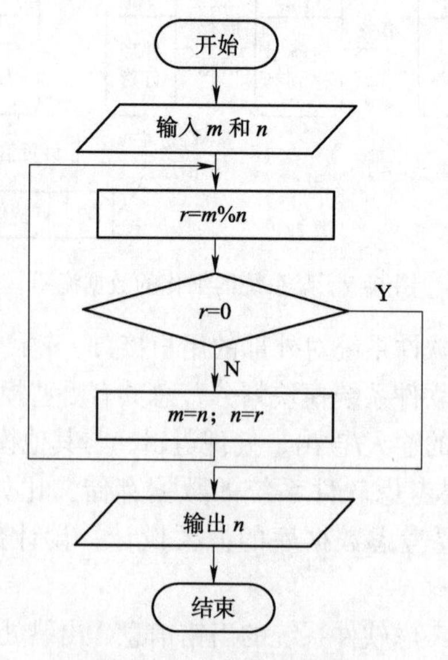

图 6-7　某算法流程图

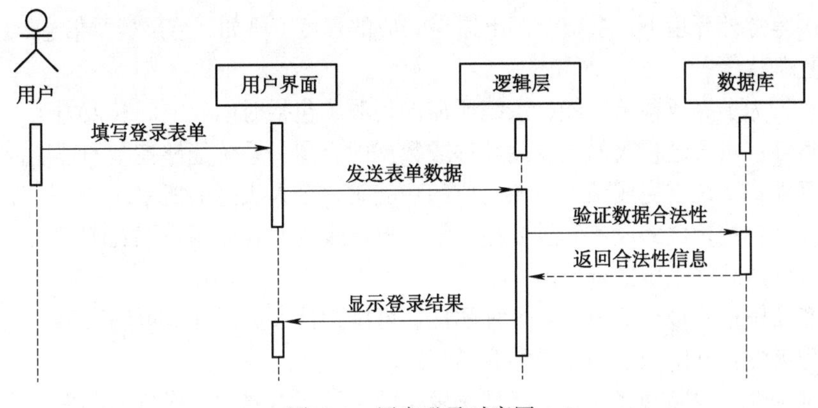

图 6-8　用户登录时序图

6.1.3　系统实现

系统设计阶段，主要根据详细设计文档中对模块实现、算法分析和数据结构等方面的设计要求，开始具体的编写程序工作，分别实现各模块的功能，从而实现对目标系统的功能、性能、接口、界面等方面的要求。在规范化的研发流程中，编码工作在整个项目流程里最多不会超过 1/2，通常在 1/3 的时间，所谓"磨刀不误砍柴功"，系统设计阶段完成的好，编码效率就会极大提高。

1．程序设计语言的选择

在系统实现阶段，需要选择一门或多门程序设计语言进行编码实现。至于程序设计语言的选择，可以参考第 5 章中的关于程序设计语言的介绍部分，了解一些主流的计算机程序设计语言。目前主流的主要分为两类：面向过程和面向对象的程序设计语言。面向过程的程序设计语言，如 C 语言；面向对象的程序设计语言，如 Java、Python 等。

2．软件质量

软件实现阶段形成的软件质量是一个很重要的问题。低质量的软件系统肯定存在很多问题，例如：无法满足用户需求，操作复杂，性能低下，安全性差，兼容性问题，等等。高质量的软件系统，应该是一个能够满足用户需求、符合组织操作标准和能高效运行在为其开发的硬件上的软件。因此，在软件实现阶段，我们需要了解软件质量的一些度量属性，才有可能设计出高质量的软件系统。

软件编程专家 McCall 认为影响软件质量的因素可以分成三组，分别是：产品运行、产品修正和产品转移。这就是著名的软件质量模型中的 McCall 模型，该模型提出了代表软件质量的 13 个质量特征（见图 6-9）。

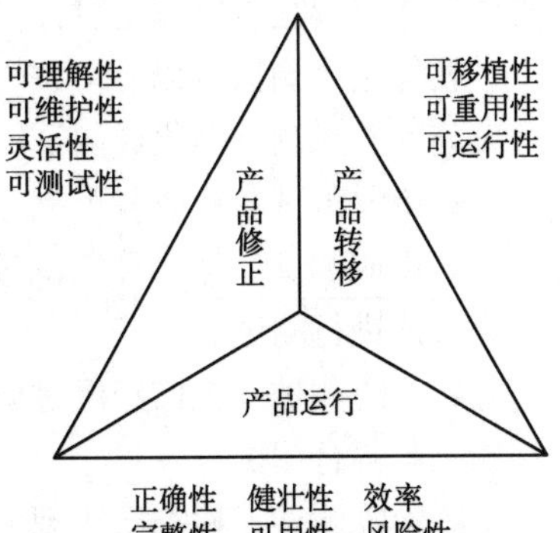

图 6-9　McCall 软件质量模型

（1）软件产品运行质量特征。

软件产品运行质量特征包括：正确性、健壮性、效率、完整性、可用性、风险性。

- 正确性：系统满足规格说明和用户的程度，即在预定环境下能正确地完成预期功能的程度。
- 健壮性：在硬件发生故障、输入的数据无效或操作失误等意外环境下，系统能作出适当响应的程度（例如，给出提示信息、警告信息、重复确认等）。

- 效率：为了完成预定功能，系统所需的资源（包括时间、空间和人力）的数量。
- 完整性：对未经授权的人使用软件或数据的企图，系统能够控制的程度。
- 可用性：系统在完成预先应该完成的功能时，令人满意的概率。
- 风险性：按预定的成本和进度把系统开发出来，并且使用户感到满意。

（2）软件产品修正质量特征。

软件产品修正质量特征包括：可理解性、可维护性、灵活性、可测试性。

- 可理解性：理解和使用系统的容易程度。
- 可维护性：诊断和修改在运行现场发生的错误所需要的工作量的大小。
- 灵活性：修改或改正在运行的系统需要的工作量的多少。
- 可测试性：软件容易测试的程度。

（3）软件产品转移质量特征。

软件产品转移质量特征包括：可移植性、可重用性、可运行性。

- 可移植性：把一个软件系统从一个计算机系统或环境移植到另一个计算机系统或环境中运行时所需要的工作量。
- 可重用性：在其他应用中该程序可以被再次使用的程度或范围。
- 可运行性：把该系统和另外一个系统结合起来的工作量的多少。

图 6-9 所示是 McCall 软件质量模型。需要说明的是，以上各种因素之间并不是孤立的，而是相互影响的。通过以上质量特征可以看出 McCall 的软件质量模型反映了顾客对软件的外部看法，实际上对这些质量特征直接进行度量是很困难的，在有些情况下甚至是不可能的。但是这些质量特征必须转化成开发者可理解、可操作的软件质量准则，每一准则还需要有一些定量化指标来度量[例如最差值（能接受的最差值）、计划值（计划达到的值）、最佳值（可能实现的最佳值）和现值（现在应用的系统的值）]，才能确定软件产品是否满足了度量目标。

6.1.4 系统测试

软件系统测试的定义是在规定的条件下对程序进行操作，以发现程序错误，衡量软件质量，并对其是否能满足设计要求进行评估的过程。

软件系统测试可以有多种不同的分类维度，其中，从软件测试的实践过程角度来看，可以分为单元测试、集成测试、系统测试、验收测试。

- 单元测试：检查各个程序模块是否正确地实现了规定的功能。
- 集成测试：把已经测试过的模块组装起来，主要对与设计相关的软件体系结构的构造进行测试。
- 系统测试：把已经经过确认的软件纳入实际运行环境中，与其他系统成份组合在一起进行测试。
- 验收测试：检查已实现的软件是否满足了需求规格说明中确定了的各种需求，以及软件配置是否完全、正确。

而从是否区分测试用例的角度出发通，常分为黑盒测试和白盒测试。

1. 黑盒测试

黑盒测试（Black Box Testing）是指在不知道程序的内部也不知道程序是如何工作的情况下测试程序。形象地讲，黑盒测试，程序就像看不见内部的黑盒。黑盒测试按照软件应该完成的功能来测试，比如它的输入和输出。图 6-10 是黑盒测试的示意图，任何程序都可以看作是从输入定义域取值映射到输出值域的函数。

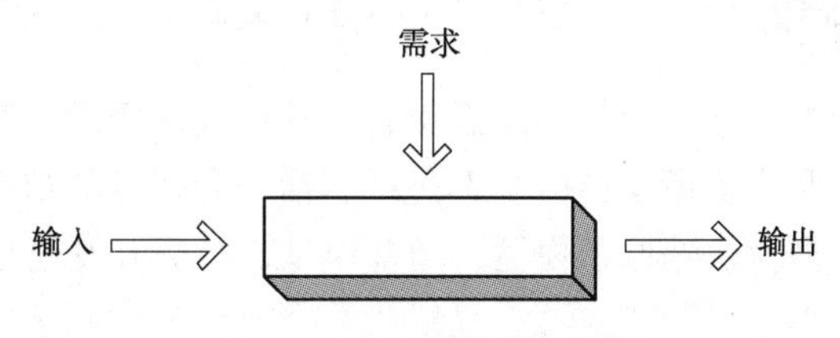

图 6-10　黑盒测试示意图

常用的黑盒测试方法：

（1）随机测试。在随机测试中，选择输入域的值的子集进行测试，子集选择的方式（值在输入域上的分布）是非常重要的。在这种情况下，随机数生成器是非常有用的。

（2）边界值测试。当遇到边界值时，错误经常发生。例如，一个模块定义它的输入必须大于或等于 100，那这个模块用边界值 100 来测试就非常重要。如果模块在边界值出错，那有可能就是模块代码中的有些条件，例如：$x \geq 100$ 被写成为 $x>100$。

2. 白盒测试

白盒测试可以说与黑盒测试相反，它是基于知道软件内部结构的。测试的目标是检查软件所有的部分是否全部设计出来。白盒测试假定测试者知道有关软件的一切。在这种情况下，程序就像透明的玻璃盒子，里面什么都是可见的。由于实现是已知的，测试人员可以严格描述要测试的确切内容。如图 6-11 所示，是白盒测试示意图。根据覆盖的程度，又可分为覆盖全部代码、分支、路径、条件的白盒测试。

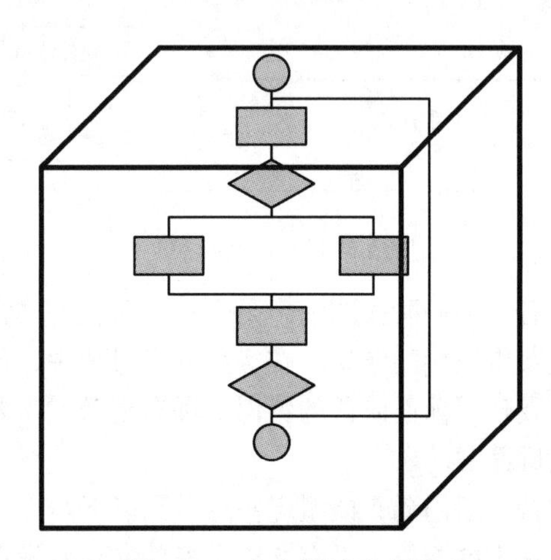

图 6-11　白盒测试示意图

使用软件结构的白盒测试需要保证至少满足下面 4 条标准：

- 每个模块中的所有独立的路径至少被测试过一次。
- 所有的判断结构（两路的或多路的）每个分支都被测试。
- 每个循环被测试。
- 所有数据结构都被测试。

6.2 常见软件开发模型介绍

软件生存周期模型是从软件项目需求定义直至软件经使用后废弃为止，跨越整个生存周期的系统开发、运作和维护所实施的全部过程、活动和任务的结构框架。典型的软件生存周期模型有：瀑布模型，快速原型模型，增量模型，敏捷开发模型等。

6.2.1 瀑布模型

1970 年著名的“瀑布模型”由温斯顿·罗伊斯（Winston Royce）提出，直到 20 世纪 80 年代早期，它一直是唯一被广泛采用的软件开发模型。

瀑布模型将软件生存周期规定为：软件计划、需求分析和定义、软件设计、软件实现、软件测试、软件运行和维护这 6 个次序固定的阶段，这个过程是自上而下、相互衔接的，就好像瀑布流水一样逐级下落（见图 6-12）。

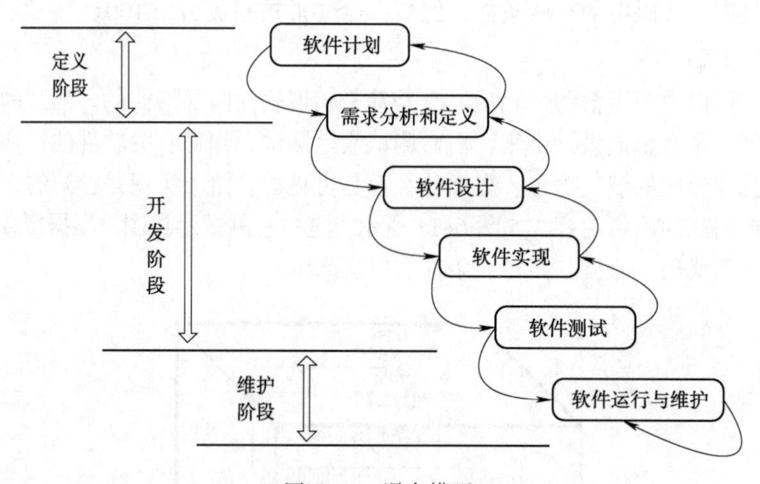

图 6-12 瀑布模型

从上述瀑布模型图来看，前一阶段的输出是下一个阶段的输入，只有前一个阶段的输出正确，下一个阶段才能获得正确的结果。在实际开发过程中，任何一个阶段都有可能出现错误，如果在某个阶段发现了前面阶段的错误，瀑布模型就需要返回到前面阶段进行修改，修改完成后才能继续后面的阶段。

为了保证软件开发质量，运用瀑布模型应坚持做到以下两点：

（1）每个阶段都完成规定的文档，没有交出合格的文档就没有完成阶段性工作。完整准确、合格的文档，不仅是开发时期各类人员之间相互通信的媒介，也是运行时期对软件进行维护的重要依据。

（2）每个阶段结束前都要对提交的文档进行评审，以便尽早发现问题，改正错误。软件开发中的错误具有放大效应，越早阶段犯下的错误，发现的时间越晚，改正错误需要付出的代价也就越高。因此，及时检查，是保证软件质量、降低软件成本的重要措施。

瀑布模型的优缺点和适用情况如表 6–1 所示。

表 6-1 瀑布模型的优缺点和适用情况

优点	定义清楚，应用广泛 严格规定每个阶段提交的文档 易于建模和理解，便于计划和管理 有利于降低需求、设计、开发、测试岗位之间的交流成本
缺点	在项目接近完成之前，产品不能投入使用 在软件开发前期未发现的错误传到后面的开发活动中时，可能会扩散，进而可能会造成整个软件项目开发失败 在项目初期完全确定用户的所有需求比较困难，且难以适应用户后期的频繁需求变更
适用情况	待开发项目的需求稳定且很好理解 用户不需要任何阶段性产品 短期的项目

6.2.2 快速原型模型

快速原型模型是 20 世纪 80 年代初期为解决瀑布模型需求理解困难、开发周期长、见效慢问题而产生的一种软件开发方法。

大部分系统在开发初期或者需求分析阶段，由于用户和软件工程师的背景知识和文化上的差异，对软件需求的理解非常困难。为此，软件开发人员先根据客户提出的软件定义，快速开发一个原型，向客户展示，然后客户根据这个原型提出修改意见，再进一步修改、完善，确认软件系统的需求并达到一致的理解（见图 6–13）。

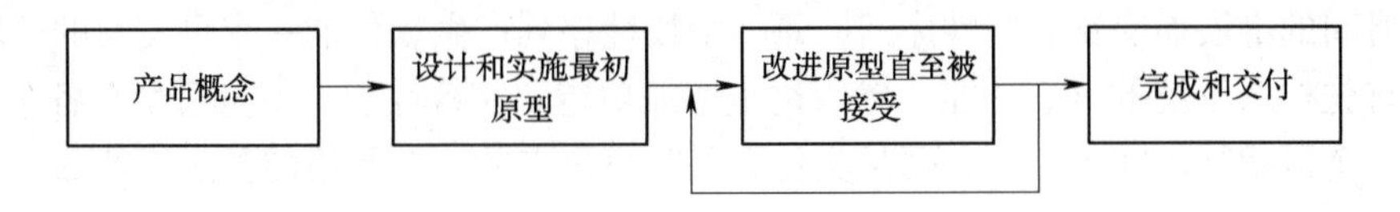

图 6–13 快速原型模型

（1）前期用户和开发人员利用快速分析技术共同定义需求和规格。

（2）设计者开发一个系统原型。这个原型可以只是一个模型，或者是一个框架。好比装修房子，先规划出哪里是卫生间，卧室多大，窗户开在哪个方向等。

（3）设计者演示系统原型，用户来评价性能并识别问题。如果原型不可行，重新设计或选择原型。如果原型不满意，修改原型。循环这个过程,直到用户满意为止。在原型的基础上进行更详细的设计、开发和完善。

（4）运行系统并进入系统维护阶段。

快速原型的优缺点和适用情况如表 6–2 所示。

表 6-2　快速原型的优缺点和适用情况

优点	直观形象，符合人们认识事务循序渐进的规律，容易被接受 有效地避免开发人员和用户对需求理解的不一致性 及时暴露问题、及时反馈，确保系统的正确性 开发周期短、成本低，软件尽早投入使用
缺点	为了加快开发速度，常常导致软件质量的降低 没有严格的开发文档，维护困难 缺乏统一的规划和开发标准 难以对系统的开发过程进行控制
适用情况	用户需求不确定或经常发生变化 开发规模不大、不太复杂的系统

6.2.3　增量模型

增量模型是分段线性的,每一个增量都是一个交付成果（见图 6–14）。可以说增量模型结合了瀑布模型和快速原型的优缺点。

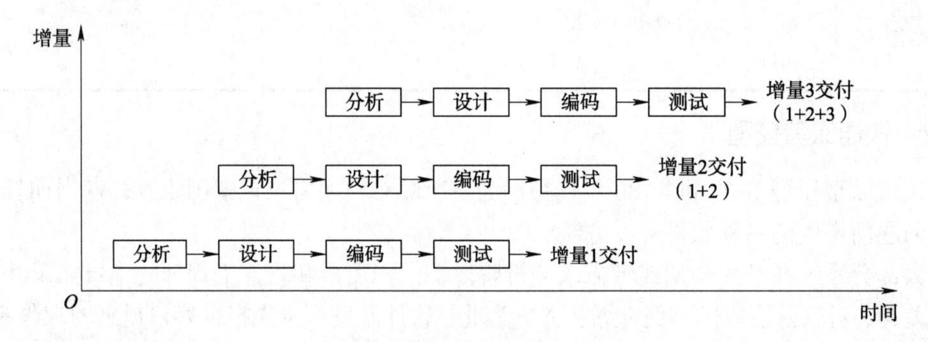

图 6–14　增量模型

增量模型融合了瀑布模型的基本软件活动和快速原型模型迭代的特征，该模型采用随着日程时间的进展而交错的线性序列，每一个线性序列产生软件的一个可发布的“增量”。该模型首先构造系统的核心功能，然后逐步增加功能和完善性能。增量模型在各个阶段并不交付一个可运行的完整产品，而是交付满足客户需求的一个子集的可运行产品。

增量模型的优缺点和适用情况如表 6–3 所示。

表 6-3　增量模型的优缺点和适用情况

优点	阶段式提交一个可运行的产品，提供了一种先推出核心产品的途径 连续增量的方式，把用户反馈融入到细化的产品中 早期预警问题，避免缺陷蔓延 可以有计划地管理技术风险
缺点	对软件设计提出了较高的要求，需要开放式的软件结构体系 软件过程控制对变化的适应造成整体性失控的风险
适用情况	需求经常改变的软件开发过程

6.2.4 敏捷开发模型

2001年，17位探索新方法的先行者们聚集在美国犹他州雪鸟滑雪胜地，开了一个会，会议中他们所创造的简洁明晰的敏捷宣言和随后提出的敏捷原则改变了IT业界，继而引发项目管理在每一个行业中的革命。敏捷一词就是来源于这次会议。

敏捷开发是一种以人为核心、迭代、循序渐进的开发方法。在敏捷开发中，软件项目的构建被切分成多个子项目，各个子项目的成果都经过测试，具备集成和可运行的特征。简单地来说，敏捷开发并不追求前期完美的设计、完美编码，而是力求在很短的周期内开发出产品的核心功能，尽早发布出可用的版本。然后在后续的生产周期内，按照新需求不断迭代升级，完善产品。

敏捷开发的真正含义是：正确理解的一组敏捷价值观和核心原则，在此基础上应用合适的敏捷实践（见图6-15）。

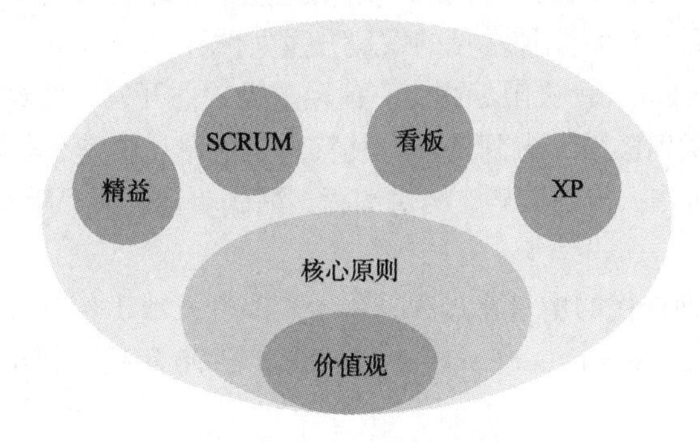

图6-15 敏捷开发模型

1. 敏捷宣言

著名的敏捷宣言如下：

我们一直在实践中探寻更好的软件开发方法，身体力行的同时也帮助他人。由此我们建立了如下的价值观：

- 个体和互动高于流程和工具。
- 工作的软件高于详尽的文档。
- 客户合作高于合同谈判。
- 响应变化高于遵循计划。

也就是说，尽管右项有其价值，我们更注重左项的价值。整个宣言聚焦于：人，沟通，产品，灵活性。

2. 敏捷原则

敏捷宣言遵循的12项原则：

- 我们最重要的目标，是通过持续不断地及早交付有价值的软件使客户满意。
- 欣然面对需求变化，即使在开发后期也一样。为了客户的竞争优势，敏捷过程掌控变化。
- 经常地交付可以工作的软件，相隔几星期或一两个月，倾向于采用较短的周期。
- 业务人员和开发人员必须相互合作，项目中的每一天都不例外。

- 激发个体的斗志，以他们为核心搭建项目。提供所需的环境和资源，辅以信任从而达成目标。
- 无论团队内外，传递信息效果最好、效率也最高的方式是面对面的交谈。
- 可工作的软件是进度的首要度量标准。
- 敏捷过程倡导可持续开发，责任人、开发人员和用户要能够共同维持其稳定延续。
- 坚持不懈地追求技术卓越和良好设计，敏捷能力由此增强。
- 以简洁为本，即尽最大可能减少不必要的工作，这是一门艺术。
- 最好的架构、需求和设计出自自组织团队。
- 团队定期地反思如何能够提高成效，并依此调整自身的举止表现。

3. 敏捷开发实践

敏捷开发模型，实际上并不是一个具体的开发方法，而是一种价值观和指导原则，只有用户在开发过程中，遵循了这种价值观和采用这些指导原则，其实就可以声明用户在使用敏捷开发模型。下面，介绍几种常见的敏捷开发实践：

- XP：eXtreme Programing 极限编程。一种轻量级软件开发方法论，强调把它列出的每个方法和思想做到极限、做到最好。其特点是简单、快速、低缺陷率、适应需求变化。拥有团队协作、规划策略、结对编程、测试驱动开发、重构简单设计等 13 个核心实践。
- SCRUM：是一种迭代的增量化过程，用于产品开发或工作管理。
- 水晶方法 Crystal：由 Alistair Cockburn 在 20 世纪 90 年代末提出，不同类型的项目采用不同的方法。
- FDD：特性驱动，Feature Driven Development。由 Peter Coad、Jeff de Luca、Eric Lefebvre 共同开发，是一套针对中小型软件开发项目的开发模式。它强调的是简化、实用、易于被开发团队接受，适用于需求经常变动的项目。

6.3 常用软件开发工具介绍

目前，随着软件技术的不断发展，在软件开发过程中可以使用越来越多的开发工具来提高开发效率。因此，实际上目前有非常多的软件开发工具可供选择，我们在这里只简单的介绍些常用的软件开发工具。

1. 需求分析工具

在软件需求分析阶段，一般需要输出《软件需求规格说明书》文档，在这个文档中，一般需要绘制流程图、用例图、原型设计等，因此，经常使用到的开发工具有：文档编辑器 Word，图形绘制软件 Visio，原型设计工具软件 Axure 等。

2. 系统设计工具

在软件系统设计阶段，也需要输出相关的概要设计文档和详细设计文档，因此这个阶段经常用到的也是文档编辑器 Word 和图形绘制软件 Visio 等。

3. 系统实现工具

在系统实现阶段，主要是进行编码任务，而该阶段相关的软件开发工具就非常多了。

其实，对于一门编程语言，可以用任何一个文字编辑软件编辑，有些高级的代码编辑软件提供了很多功能，比如对于特定语言可以语法高亮等。一般常用的代码编辑软件有：Notepad++、EditPlus、UltraEdit、Sublime、Vim，等等，这些都能进行代码编辑工作。

当然，代码编辑软件一般只能进行代码编辑，还不能进行编译、调试等，因此，更强大的软件工具出现了，那就是集成开发环境。集成开发环境（Integrated Development Environment，IDE）是用于提供程序开发环境的应用程序，一般包括代码编辑器、编译器、调试器和图形用户界面等工具。集成了代码编写功能、分析功能、编译功能、调试功能等一体化的开发软件服务。所有具备这一特性的软件或者软件套（组）都可以叫作集成开发环境。比如：微软的 Visual Studio 系列，Java 开发常用的集成开发环境 Eclipse、IntelliJ IDEA，Python 开发常用的集成开发环境 PyCharm，Android 开发常用的集成开发环境 Android Studio。

4．系统测试工具

在系统测试阶段，也有很多软件工具可以使用。比如：用于编写测试用例的软件，可以用一般的文档编辑器，也可以使用一些思维导图软件，如 XMind 等；接口测试工具有 Postman、JMeter、SoapUI 等，自动化测试框架工具有 Selenium、Robot Framework、QTP 等，性能测试工具有 LoadRunner、JMeter 等。

本章小结

本章首先介绍了软件生存周期的概念，分别讲解了软件开发过程中的几个主要阶段，又介绍了常见的软件开发模型，最后讲解了常用的软件开发工具。

习　题

1. 什么是“软件生存周期”？请简述“软件生存周期”的六个主要阶段。
2. 什么是软件测试？从实践过程角度，软件测试可以分为哪几类？
3. 简述常见的软件开发模型。

第 7 章

计算机网络与信息安全 «

计算机网络是计算机技术与通信技术紧密结合的产物，它的产生使计算机体系结构发生了巨大变化，也成为社会发展和人们日常生活不可缺少的重要组成部分，计算机网络应用已经深入到各个领域。

近年来，在计算机网络领域，我国科技工作者奋勇直追。以华为（HUAWEI）、腾达(Tenda)、海康威视（HIKVISION）等为代表的一批中国企业，已经逐渐走到了第一梯队。在 5G 通信、量子通信等领域，我国更是走在了时代发展的最前沿。

7.1 计算机网络的基本概念

7.1.1 计算机网络的定义和功能

计算机网络是计算机技术与通信技术相结合的产物，它在当今社会中得到越来越广泛的应用，同时在计算机领域中也占据着越来越重要的地位。

1. 计算机网络的定义

目前计算机网络比较公认的定义是：计算机网络是指在网络协议控制下，通过通信设备和线路来实现地理位置不同且具有独立功能的多个计算机系统之间的连接，并通过功能完善的网络软件（即网络通信协议、信息交换方式及网络操作系统等）来实现资源共享的计算机系统。其中，资源共享是指在网络系统中的各计算机用户均能享受网络内其他各计算机系统中的全部或者部分资源。

计算机网络综合应用了几乎所有的现代信息处理技术、计算机技术、通信技术的研究成果，把分散在广泛领域中的许多信息处理系统连接在一起，组成一个规模更大、功能更强、可靠性更高的信息综合处理系统。

2. 计算机网络的功能

计算机网络系统具有多种功能，其中最主要的功能是资源共享和快速远程通信，主要有以下几个方面：

（1）资源共享。共享计算机系统的资源是建立计算机网络的最初目的。系统资源包括硬件、软件和数据，资源共享使分散资源的利用率大大提高，避免了重复投资，降低了使用成本。

（2）快速远程通信功能。计算机网络的发展使得地理位置相隔遥远的计算机用户也可以方便地进行远程通信，这种通信方式是电话、传真或信件等现有通信方式新的补充，典型的例子就是电子邮件（E-mail）。远程通信可以使分布在不同地区的计算机通过网络及时、高速地传递各种信息。

（3）提高系统的可靠性和可用性。当网络系统中的某一台计算机负担过重时，可以通过网络将任务传送到另一台计算机中进行处理，使网络中的计算机负载均衡，提高了计算机的利用效率。此外，还可以让网络中的多台计算机共同处理同一个任务，当某一台计算机出现故障时，其他计算机可以继续处理该任务，从而提高了系统的可靠性。

（4）集中管理和分布处理。计算机网络具有资源共享功能，使得在一台或多台计算机上管理其他计算机上的资源成为可能。例如，在飞机订票系统中，航空公司通过计算机网络管理分布于各地的计算机，统筹安排机票的分配、预定等工作。

（5）综合信息服务。当今的信息社会，商业、金融、文化、教育、新闻等各行各业每时每刻都在产生并且处理大量的信息，计算机网络能支持文字、图片、语音、视频等各种信息的收集、传输和加工工作，已成为社会公共信息处理的基础设施。综合信息服务就是通过网络为各行各业提供各种及时、准确、详尽的信息。

7.1.2 计算机网络的组成与分类

1. 计算机网络的组成

计算机网络包括了计算机硬件、软件、网络体系结构以及通信技术等，主要有：

（1）服务器。服务器是一台高性能的计算机，用于网络管理、运行应用程序、处理各个网络工作站的信息请求等，并连接一些外围设备。服务器为网络提供共享资源，根据其作用的不同分为文件服务器、应用程序服务器、通信服务器和数据库服务器等。

（2）客户机。客户机也称工作站，连入网络中由服务器进行管理和提供服务的计算机都属于客户机，其性能一般低于服务器，客户机是网络用户直接处理信息和事物的计算机。

（3）网络适配器。网络适配器也称网卡，用于将用户计算机与网络相连接。

（4）网络电缆。网络电缆用于网络设备之间的通信连接，常用的有双绞线、同轴电缆、光纤等。

（5）网络操作系统。网络操作系统是用于管理网络的软件。常用的网络操作系统有UNIX、Linux、Novell NetWare等。

（6）协议。协议是网络设备之间进行相互通信的语言和规范。

（7）网络软件。网络软件一方面授权用户对网络资源的访问，帮助用户方便、安全地使用网络；另一方面管理和调度网络资源，提供网络通信和用户所需的各种网络服务。一般包括网络协议、通信软件以及管理和服务软件等。

2. 计算机网络的分类

（1）计算机网络的分类标准很多，按照网络覆盖地理范围的大小，将计算机网络分为局域网、城域网和广域网。

① 局域网（Local Area Network，LAN）作用范围较小，一般分布在一个房间、一栋建筑物或一个企事业单位内。地理范围在10 m～1 km，传输速率在10 Mbit/s以上，目前常见

局域网的速率有 100 Mbit/s 和 1 000Mbit/s。局域网技术成熟，发展快，是计算机网络中最活跃的领域之一。

② 城域网（Metropolitan Area Network，MAN）作用范围为一座城市，地理范围为 5 ~ 10 km，传输速率一般在 10 Mbit/s 以上，既可以是专用网，也可以是公用网，采用的技术基本上与局域网相似。

③ 广域网（Wide Area Network，WAN）作用范围很大，可以是一个地区、一个省、一个国家及跨国集团，地理范围一般在 10 km 以上，传输速率相对较低。

（2）按照网络拓扑结构来分，可以将计算机网络分为总线、星状、环状和混合型等。

（3）按照网络的传输介质来分，可以分为双绞线网、光纤网、无线网等。

（4）按照网络使用范围来分，可以分为公用网和专用网。

（5）按照传输技术来分，可以分为广播网与点对点网。

7.2 网络协议与体系结构

网络协议是计算机网络必不可少的，一个完整的计算机网络需要有一套复杂的协议集合，组织复杂的计算机网络协议的最好方式就是层次模型。而将计算机网络层次模型和各层协议的集合定义为计算机网络体系结构（Network Architecture）。

7.2.1 网络协议的基本概念

所谓计算机网络协议，就是指为了使网络中的不同设备能进行正常的数据通信，预先制定的一整套通信双方互相了解和共同遵守的格式和约定。协议对于计算机网络而言是非常重要的，可以说没有协议，就不可能有计算机网络，协议是计算机网络的基础。

在 Internet 上传送的每个消息最少要通过三层协议：网络协议（Network Protocol），它负责将消息从一个地方传送到另一个地方；传输协议（Transport Protocol），它管理被传送内容的完整性；应用程序协议（Application Protocol），作为对通过网络应用程序发出的一个请求的应答，它将传输的消息转换成人类能识别的内容。

一个网络协议主要由语法、语义、时序三部分组成：

- 语义：“讲什么”，即需要发出何种控制信息，完成何种动作以及做出何种应答。
- 语法：“如何讲”，即数据与控制信息的结构和格式，包括数据格式、编码及信号电平等。
- 时序：“如何应答”，即对有关事件实现顺序的详细说明，如速度匹配、排序等。

7.2.2 网络体系结构

计算机网络体系结构可以定义为是网络协议的层次划分与各层协议的集合，同一层中的协议根据该层所要实现的功能来确定。各对等层之间的协议功能由相应的底层提供服务完成。

国际标准化组织（International Standards Organization，ISO）在 20 世纪 80 年代提出了开放系统互联参考模型（Open System Interconnection，OSI），在这个模型里，计算机网络通信协议分为七层，从下到上分别为物理层、数据链路层、网络层、传输层、会话层、表示

层和应用层。每层各尽其职，其结构框架如图 7-1 所示。

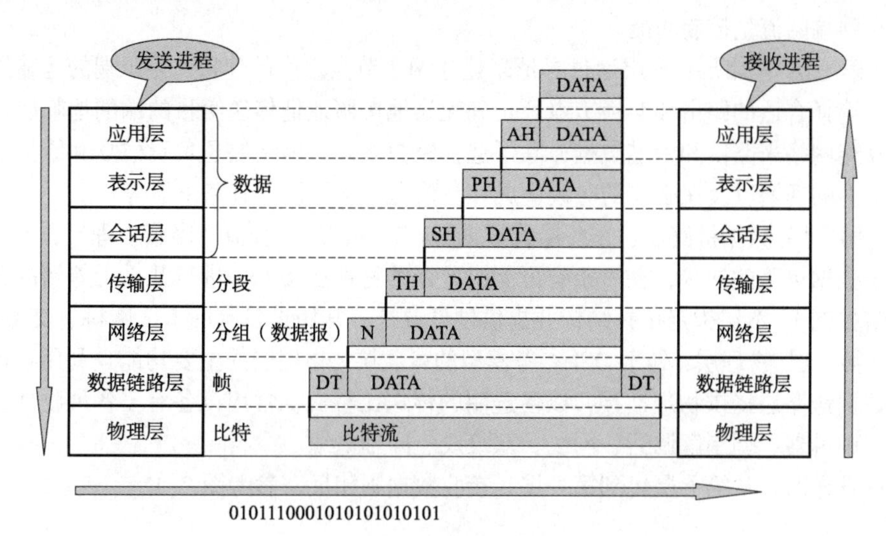

图 7-1　OSI 参考模型

分层的好处是利用层次结构可以把开放系统的信息交换问题分解到一系列容易控制的软硬件模块——层中，而各层可以根据需要独立进行修改或扩充功能，同时，有利于不同制造厂家的设备互连，也有利于大家学习、理解数据通信网络。

OSI 参考模型中不同层完成不同的功能，各层相互配合，通过标准的接口进行通信。

（1）第七层 应用层：OSI 中的最高层。为特定类型的网络应用提供了访问 OSI 环境的手段。应用层确定进程之间通信的性质，以满足用户的需要。应用层不仅要提供应用进程所需要的信息交换和远程操作，而且还要作为应用进程的用户代理，来完成一些为进行信息交换所必需的功能。它包括：文件传送访问和管理 FTAM、虚拟终端 VT、事务处理 TP、远程数据库访问 RDA、制造报文规范 MMS、目录服务 DS 等协议；应用层能与应用程序界面沟通，以达到展示给用户的目的。常见的协议有 HTTP、HTTPS、FTP、TELNET、SSH、SMTP、POP3 等。

（2）第六层 表示层：主要用于处理两个通信系统中交换信息的表示方式，为上层用户解决用户信息的语法问题。它包括数据格式交换、数据加密与解密、数据压缩与终端类型的转换。

（3）第五层 会话层：在两个节点之间建立端连接，为端系统的应用程序之间提供了对话控制机制。此服务包括建立连接是以全双工还是以半双工的方式进行设置，尽管可以在第四层中处理双工方式；会话层管理登入和注销过程。它具体管理两个用户和进程之间的对话。如果在某一时刻只允许一个用户执行一项特定的操作，会话层协议就会管理这些操作，如阻止两个用户同时更新数据库中的同一组数据。

（4）第四层 传输层：常规数据递送，面向连接或无连接，为会话层用户提供一个端到端的可靠、透明和优化的数据传输服务机制。包括全双工或半双工、流控制和错误恢复服务；传输层把消息分成若干个分组，并在接收端对它们进行重组。不同的分组可以通过不同的连接传送到主机。这样既能获得较高的带宽，又不影响会话层。在建立连接时传输层可以请求服务质量，该服务质量指定可接受的误码率、延迟量、安全性等参数，还可以实现基于端到端的流量控制功能。

（5）第三层 网络层：本层通过寻址来建立两个节点之间的连接，为源端的运输层送来的分组，选择合适的路由和交换节点，正确无误地按照地址传送给目的端的运输层。它包括通过互连网络来路由和中继数据；除了选择路由之外，网络层还负责建立和维护连接，控制网络上的拥塞以及在必要的时候生成计费信息，常用设备有路由器等。

（6）第二层 数据链路层：在此层将数据分帧，并处理流控制。屏蔽物理层，为网络层提供一个数据链路的连接，在一条有可能出差错的物理连接上，进行几乎无差错的数据传输（差错控制）。本层指定拓扑结构并提供硬件寻址，常用设备有网卡、网桥、交换机等。

（7）第一层 物理层：处于OSI参考模型的最底层。物理层的主要功能是利用物理传输介质为数据链路层提供物理连接，以便透明的传送比特流。常用设备有（各种物理设备）集线器、中继器、调制解调器、网线、双绞线、同轴电缆。

数据发送时，从第七层传到第一层，接收数据则相反，参考图7-1。

7.3 因特网应用

Internet 是世界上最大、覆盖面最广的计算机因特网，它的中英译名为“因特网”，人们也常称为“互联网”。Internet 使用 TCP/IP 协议将全世界不同国家、不同地区、不同部门和结构中的不同类型的计算机、国家主干网、广域网、局域网等，通过网络互联设备高速互连，因此把因特网称为“网络的网络”。

7.3.1 万维网 WWW

WWW 英文全称是 World Wide Web，译为万维网，简称 Web 或 3W。它使用“超文本”技术，将 Internet 中不同地点的 WWW 服务器中的数据链接起来，用户只要轻点鼠标，就可以浏览世界各地网站中的文本、图片、音频和视频等信息。

1．万维网的基本概念

1）超文本（Hyper Text）

超文本与文本（Text）的差别在于连接方式不同。文本的内容是线性有序的，它不可能从一个条目跳转到与此相关但不连续的其他条目；而超文本的链接方式除了线性链接外，还可有非线性链接，它可以从一个条目跳转到与此相关但不连续的其他条目，超文本的链接方式可以是无序的。

2）超链接（Hyper Link）

超链接在本质上属于一个网页的一部分，它是一种允许同其他网页或站点之间进行连接的元素。各个网页链接在一起后，才能真正构成一个网站。所谓的超链接，是指从一个网页指向一个目标的连接关系，这个目标可以是另一个网页，也可以是相同网页上的不同位置，还可以是一个图片，一个电子邮件地址，一个文件，甚至是一个应用程序。而在一个网页中用来超链接的对象，可以是一段文本或者是一个图片。当浏览者单击已经链接的文字或图片后，链接目标将显示在浏览器上，并且根据目标的类型来打开或运行。

3）超文本标记语言（HTML）

超文本标记语言是标准通用标记语言下的一个应用，也是一种规范，一种标准，它通过标记符号来标记要显示的网页中的各个部分。网页文件本身是一种文本文件，通过在文本文件中添加标记符，可以告诉浏览器如何显示其中的内容（如：文字如何处理，画面如何安排，图片如何显示，等等）。浏览器按顺序阅读网页文件，然后根据标记符解释和显示其标记的内容，对书写出错的标记将不指出其错误，且不停止其解释执行过程，编制者只能通过显示效果来分析出错原因和出错部位。但需要注意的是，对于不同的浏览器，对同一标记符可能会有不完全相同的解释，因而可能会有不同的显示效果。

使用 IE 浏览器打开任意一个网页，执行“查看”菜单中的“源文件”命令，就可以看到当前网页的 HTML 源代码。

4）超文本传输协议（HyperText Transfer Protocol，HTTP）

HTTP 是一个客户端和服务器端请求和应答的标准（TCP）。客户端是终端用户，服务器端是网站。通过使用 Web 浏览或者其他工具，客户端发起一个到服务器上指定端口（默认端口为 80）的 HTTP 请求，应答的服务器上存储着（一些）资源，比如 HTML 文件和图像。对于符合要求的请求，服务器将相应的 HTML 源码用 HTTP 协议封装后传送给客户端，客户端收到后，使用浏览器解释该源码，最终以图文并茂的页面形式展现出来。

5）Web 站点

Internet 上连接着为数众多的各种类型的服务器，如 Web 服务器、FTP 服务器等。Web 站点即 Internet 中某一台 Web 服务器，或存放 Web 资源的主机。

6）主页（Home Page）

主页是 Web 站点的第一个 Web 页面，它是该站点的起点。可以通过主页上的链接进入网站的其他页面，或引导用户访问其他 WWW 网址。主页文件名一般为 index 或 default 等。

2．统一资源定位符

统一资源定位符（Uniform Resource Locator，URL）用于表示 Internet 中某一项信息资源的访问方式和所在位置。

URL 由两部分组成，前一部分指出访问方式，后一部分指明某一项信息资源在服务器中的位置，由冒号和双斜线“://”隔开。URL 的格式为：

```
协议名称://主机地址[:端口号]/路径/文件名
```

格式中各部分的含义如下：

（1）协议名称：指明 Internet 资源类型，即服务方式。

（2）主机地址：指明网页所在的服务器域名地址或 IP 地址。

（3）端口：指明进入一个服务器的端口号，它是用数字来表示的，一般可省略。

（4）路径：指明文件所在服务器的目录或文件夹路径。

（5）文件名：指明目录或文件夹中的某个具体的文件名称。

其中协议名称和主机地址这两部分不可省略。

以下是某 URL 地址的实例：

```
http://baike.baidu.com/view/245485.htm
```

显然，URL 通过逐步缩小范围的方法，在浩瀚的 Internet 中确定某一个文件的位置。上例中，协议名称 http 排除了 Internet 其他类型的服务器，只剩下 WWW 服务器；主机地址 baike.baidu.com

在众多的 WWW 服务器中确定某一台 WWW 服务器（百度百科）；路径 view 指明该台服务器中的一个文件夹 view；文件名 245485.htm 指定该文件夹内的具体文件。

访问 FTP 的 URL 地址实例：

```
ftp://58.199.89.168
```

注意与网页浏览协议 http 的区别。

3. 网页浏览器

网页浏览器（Web Browser）是用于浏览网页的客户端程序。在安装 Windows 操作系统时，已经捆绑安装了微软公司的 Internet Explorer（简称 IE）浏览器。目前比较流行的还有火狐（Firefox）、谷歌浏览器（Chrome）、360 浏览器、搜狗浏览器等。

浏览器通过 HTTP 协议与网页服务器交互并获取网页内容。一个网页中可以包含多个文件，每个文件分别从服务器获取。浏览器支持除了 HTML 之外的广泛的文件格式，如 JPEG、PNG、GIF 等图像格式，并且支持各种插件，浏览器还支持其他的 URL 类型及其相应的协议，如 FTP、Gopher、HTTPS 等。

4. 搜索引擎

Internet 是一个巨大的信息资源库，每天都有新的信息被添加到其中，并以惊人的速度增长。在数以亿计的网页中，要快速有效地查找到所需要的信息，就要借助搜索引擎。

1）搜索引擎的概念

搜索引擎其实也是一个网站，只不过该网站专门为用户提供信息检索服务。搜索引擎主动搜索 Internet 中各 Web 站点中的信息并进行索引，然后将索引内容存储到大型数据库中。当用户进行查询时，搜索引擎向用户提供所有指向这些网站的链接。

2）搜索引擎的类型

按工作方式，搜索引擎可以分为主题搜索引擎和目录搜索引擎两种。

（1）主题搜索引擎。主题搜索引擎通过程序（Spide）自动搜索网站的每一个网页，并把每个网页中代表超链接的相关词汇放入数据库中。主题搜索引擎的优点是信息量大、更新及时、无需人工干预；缺点是返回信息过多，包括很多无关信息，用户必须从搜索结果中进行筛选。

主题搜索引擎的代表是“百度”等。主题搜索引擎通过关键字搜索，返回搜索结果的网页链接。百度深刻理解中文用户搜索习惯，关键词自动提示，用户输入拼音就能获得中文关键词的正确提示。

（2）目录搜索引擎。

目录搜索引擎依靠专职编辑或志愿人员人工收集和处理网页信息。目录搜索引擎的用户界面是分级结构，首页提供最基本的几个大类的入口，用户可以逐级向下访问，直至找到自己感兴趣的类别。此外，用户也可以利用目录引擎提供的搜索功能直接查找与关键字相关的信息。目录引擎只能在数据库保存的站点描述中搜索，因此站点的动态变化不会反映到搜索结果中，这也是目录引擎与主题引擎之间的一个主要区别。

目录搜索引擎的国内代表有“腾讯”、“新浪”和“搜狐”等。

7.3.2 浏览器 Internet Explorer 的设置

Internet Explorer 是微软公司推出的网页浏览器，也是使用最广泛的网页浏览器之一。

1. Internet Explorer 的使用

1）启动 Internet Explorer

单击任务栏中的图标，或者在“开始”菜单中选择 “Internet Explorer”选项，可打开 Internet Explorer 窗口，IE 9.0 界面如图 7-2 所示。

图 7-2　IE 9.0 界面

2）使用 URL 地址浏览网页

由于 HTTP 是 IE 默认的传输协议，URL 前面的“http://”可以省略。在 IE 窗口的地址栏中，输入 URL 地址“www.sina.com.cn”，接着按【Enter】键打开网站主页，如图 7-3 所示。

图 7-3　新浪网主页

3）使用收藏夹

所谓收藏夹，就是一个文件夹，在该文件夹下可以建立子文件夹。它的主要功能是帮助收集那些用户浏览过并可能今后会再次访问的站点。有了收藏夹，用户就可以尽情地将自己认为有价值的站点添加进去。

收藏的基本操作：

（1）把网页添加到收藏夹。常规添加法：打开 IE 浏览器，单击右上角的五角星，单击“添加到收藏夹”选项，在“添加收藏夹”文本框中，输入新的名称，接着在“创建到”旁边的目录栏中选择存放的路径。如果想把网址保存在新的目录中，单击“新建文件夹”按钮，输入目录名称再单击“确定”按钮就完成收藏夹的添加工作了。

组合键添加法：使用组合键【Ctrl+D】，后续操作同上。

（2）整理收藏夹。随着精彩网址的不断增多，要在 IE 收藏夹查找某个网址的时候会很麻烦。这就需要整理 IE 收藏夹了：

① 单击 IE 中右上角的五角星，执行“整理收藏夹”命令调出整理窗口，或按组合键【Ctrl+B】打开“整理收藏夹”对话框。

② 重命名：点选一个文件夹或一条记录，然后执行“重命名”命令，重新输入新名称。

③ 移动：点选一个文件夹或若干条记录，然后按下鼠标左键不放并上下移动鼠标到适当位置，再放开鼠标左键即可完成。或者用鼠标选定操作目标后，单击“移至文件夹”按钮，再选择目标文件夹并单击“确定”按钮，也可以达到目的。

④ 删除：用鼠标选定操作目标，再单击“删除”按钮就行了。

调整收藏夹排列顺序：打开收藏夹右击，在弹出的快捷菜单中选择“按名称排列”选项就可以了。

（3）收藏夹的备份。当重装了系统以后发现收藏夹里的“宝贝”都没了，后悔已经来不及了，要避免这种情况的发生，就要提前备份。可以直接将收藏夹的文件和目录复制到一个安全的目录下；也可以使用 IE 的收藏夹导出功能：先打开 IE 的菜单界面（按【Alt+E】组合键），选择 IE“文件”中的“导入和导出”命令进入导入和导出向导，单击“导出到文件”按钮，在弹出的对话框中单击“下一步”按钮，选择“收藏夹”选项，单击“下一步”按钮，在导出收藏夹源文件夹中选择一个目录导出，默认的导出文件名为“bookmark.htm”。

（4）下载程序。

① 在 IE 地址栏中直接输入网址 http://im.qq.com/download/，登录腾讯 QQ 下载主页，如图 7-4 所示。

② 在该页面中，单击 QQ PC 版下的“下载”按钮，打开“文件下载”对话框，选择“另存为”命令，弹出对话框如图 7-5 所示，保存即可完成相应文件的下载。

2. Internet Explorer 的设置

1）Internet 常规设置

Internet 常规设置主要在 Internet 选项的“常规”选项卡中进行设置和修改。

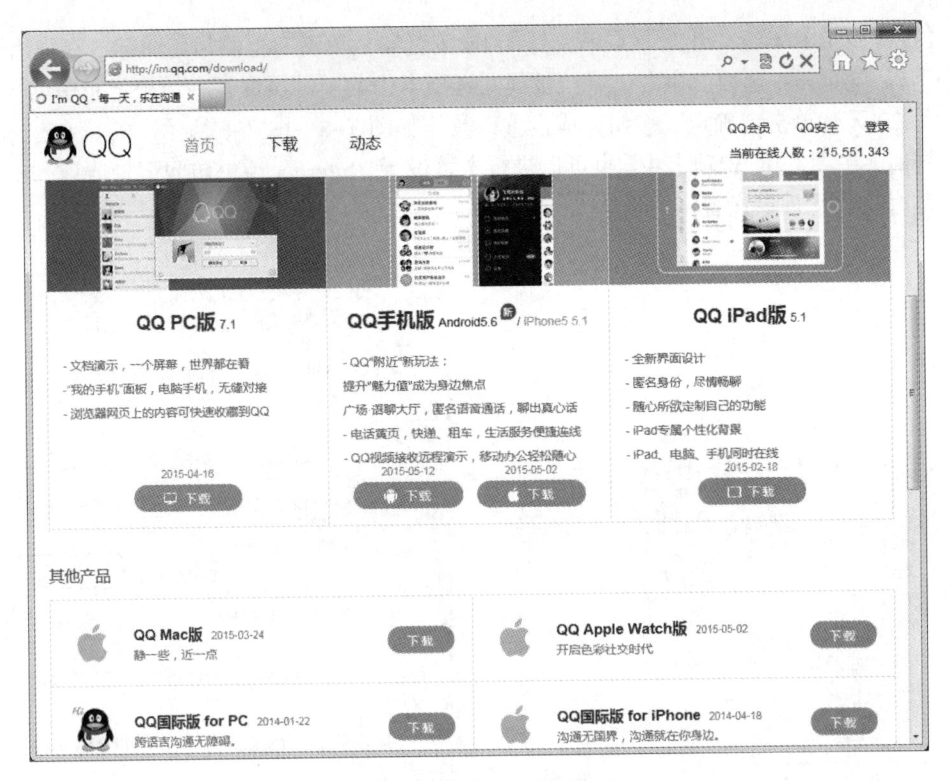

图 7-4　腾讯 QQ 下载页面

图 7-5　“另存为”对话框

例7-1 设置 IE，使访问过的网址保存在历史记录的天数设为 20 天。

【操作步骤】单击“开始”菜单，打开 IE 浏览器，单击右上侧齿轮图标，在弹出对话框中选择“Internet 选项”命令，将“常规”选项卡中的“网页保存在历史记录中的天数”设置为 20 天，单击“确定”按钮完成设置，具体如图 7-6～图 7-8 所示。

同时，在“常规”选项卡中，也可以进行主页设置、Internet 历史访问记录清理、Internet 访问临时文件清理等设置。

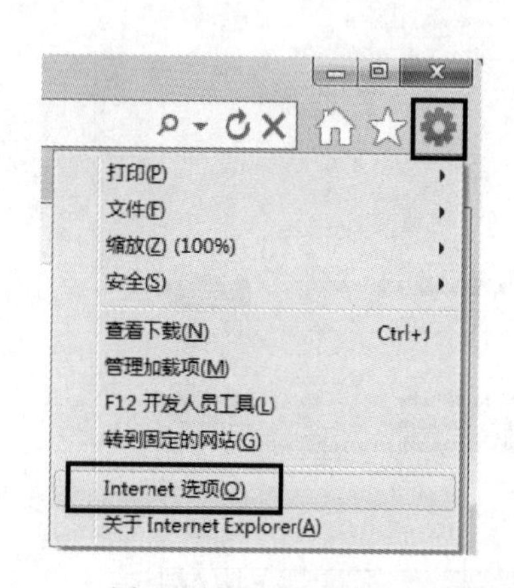

图 7-6　IE 设置选项

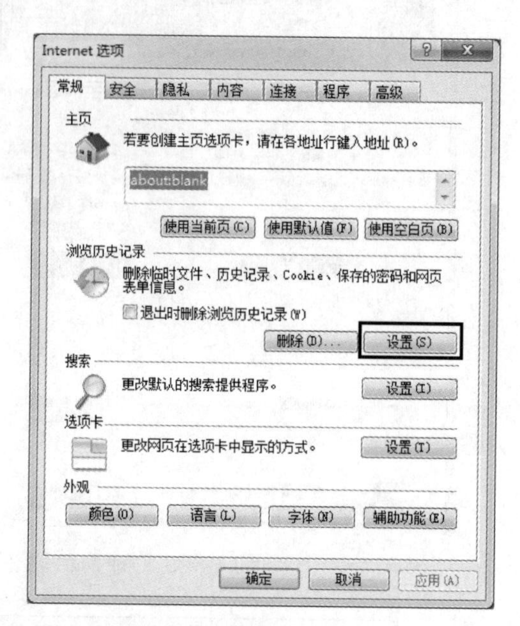

图 7-7　IE 浏览历史记录

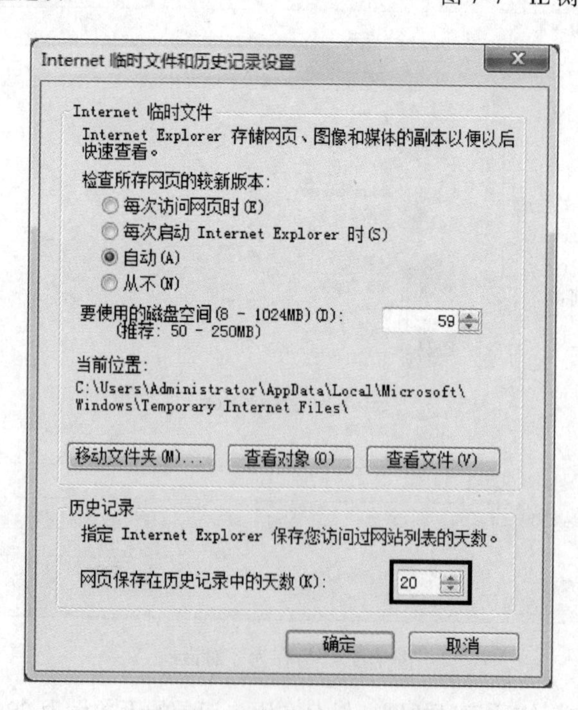

图 7-8　IE 历史记录保存天数

2）Internet 高级设置

Internet 高级设置一般是涉及 IE 浏览器的显示效果控制、安全设置、插件程序的控制等内容。修改高级设置一般要具有较高的计算机使用能力，否则会影响浏览器正常工作的。

例7-2 修改 Internet 选项，使 IE 打开网页时不显示网页上的图片和动画。

【操作步骤】打开“开始”菜单，打开 IE 浏览器，单击右上侧齿轮图标，在弹出对话框中选择“Internet 选项”命令，在“高级”选项卡中取消选中“多媒体”栏下的“显示图片”和“在网页中播放动画”的复选框，单击“确定”按钮，具体如图 7-9 所示。

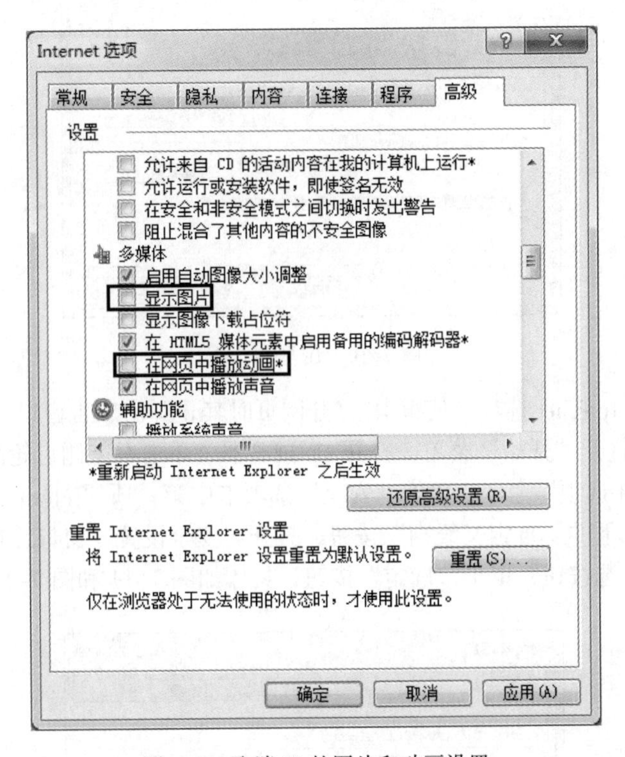

图 7-9　取消 IE 的图片和动画设置

例7-3 为了让用户的计算机随时处在比较安全的状态下，请修改 Internet 选项，使得在安全和非安全模式之间转换时发出警告，检查下载程序的签名和关闭浏览器时清空 Internet 临时文件夹。

【操作步骤】打开“开始”菜单，打开 IE 浏览器，单击右上侧齿轮图标，在弹出对话框中选择“Internet 选项”命令，在“高级”选项卡中选择“安全”栏下的“关闭浏览器时清空‘Internet 临时文件’文件夹”“检查已下载的程序的签名”“将提交的 POST 重定向到不允许发送的区域时发出警告”复选框，单击“确定”按钮，具体如图 7-10 所示。

3）Internet 安全设置

Internet 安全设置实际是指对 IE 访问区域的安全设置，此设置可以设定对被访问网站的信任程度。IE 包含了四个安全区域：Internet、本地 Intranet、受信任的站点、受限制的站点。系统默认的安全级别分别为高、中高、中三个级别。

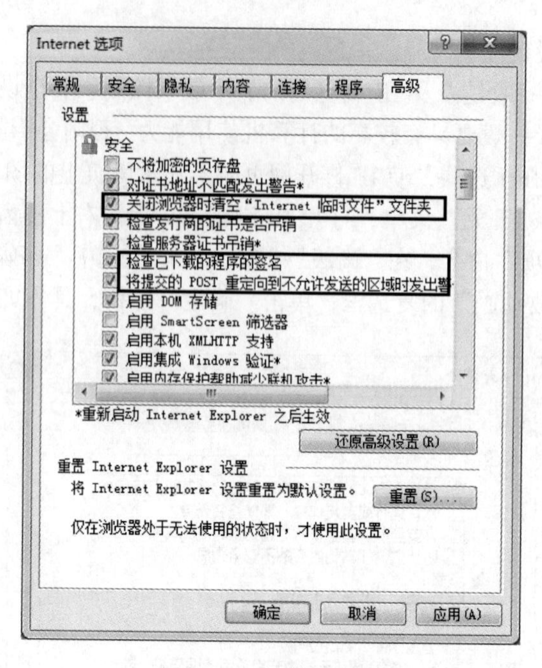

图 7-10　IE 警告设置

例 7-4 修改 Internet 选项，使得 IE 打开网页时禁止弹出广告窗口。

【操作步骤】打开“开始”菜单，打开 IE 浏览器，单击右上侧齿轮图标，在弹出对话框中选择“Internet 选项”命令，单击“安全”选项卡中第一项“Internet 区域”，单击“该区域的安全级别”下的“自定义级别”按钮，打开“安全设置”窗口，在“活动脚本”栏下选中“禁用”单选按钮，单击“确定”按钮，具体如图 7-11 和图 7-12 所示。

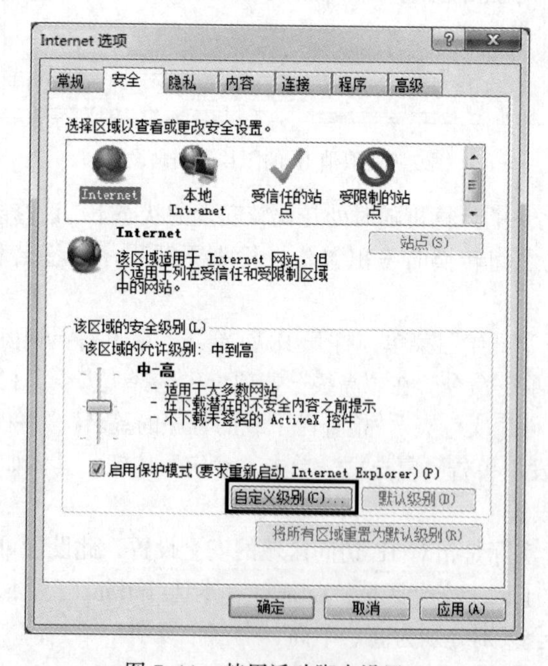

图 7-11　禁用活动脚本设置 1

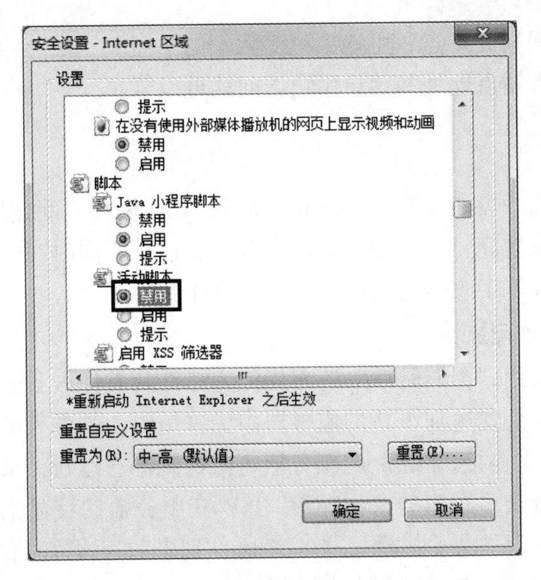

图 7-12　禁用活动脚本设置 2

例7-5 设置 Internet Explorer，使得对所有微软网站（http://*.microsoft.com）不进行安全认证。

【操作步骤】打开“开始”菜单，打开 IE 浏览器，单击右上侧齿轮图标，在弹出对话框中选择“Internet 选项”命令，单击“安全”选项卡，选中“受信任的站点”选项，单击“站点”按钮，打开“受信任的站点”窗口，在第一个文本框中输入“http://*.microsoft.com”，单击“添加”按钮，取消选中“对该区域中的所有站点要求服务器验证”复选框，单击“确定”按钮，具体如图 7-13 所示。

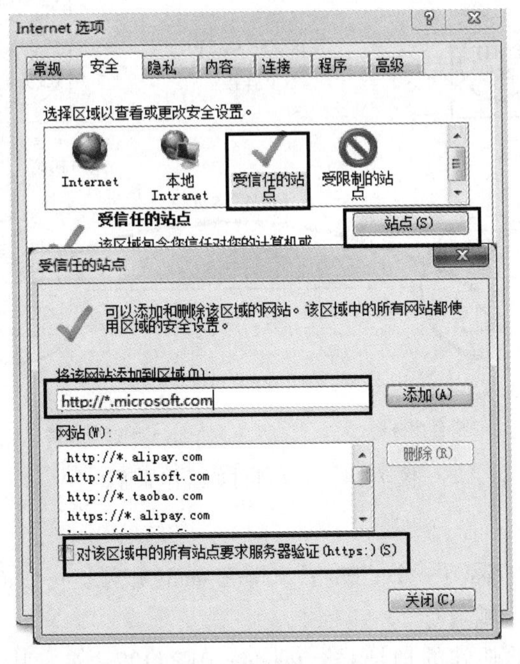

图 7-13　受信任站点设置

如果需要禁止访问某些站点，可选中“受限制的站点”区域，再单击“站点”按钮，使用相同的方法，输入站点地址并禁止用户访问就可以了。

7.3.3 电子邮件

电子邮件（Electronic Mail）简称 E-mail，是 Internet 用户之间使用最频繁的服务之一。电子邮件速度快，可靠性高，它不像电话那样要求通信双方同时在场，可以一信多发，可以将文字、图像、语音等多媒体信息集成在一个邮件中发送。

1. 电子邮件的工作原理

电子邮件系统是采用“存储转发”的方式传递邮件。发件人不是把电子邮件直接发到收件人的计算机中，而是发送到 ISP 的服务器中，这是因为收件人的计算机并不是总是开启或总是与 Internet 建立连接，而 ISP 的服务器每时每刻都在运行。ISP 的服务器相当于“邮局”的角色，它管理着众多用户的电子邮箱，ISP 在服务器的硬盘上为每个注册用户开辟一定容量的磁盘空间作为“电子邮箱”，当有新邮件到来时，就暂时存放在电子信箱中，收件人可以不定期地从自己的电子邮箱中下载邮件。

收发电子邮件目前常采用的协议是简单邮件传输协议（Simple Mail Transfer Protocol，SMTP）和第三代邮局协议（Post Office Protocol 3，POP3）。SMTP 将电子邮件从发件人的计算机发送到 ISP 服务器，收件人通过 POP3 把电子邮件从服务器下载到用户的计算机中，电子邮件的工作原理如图 7-14 所示。

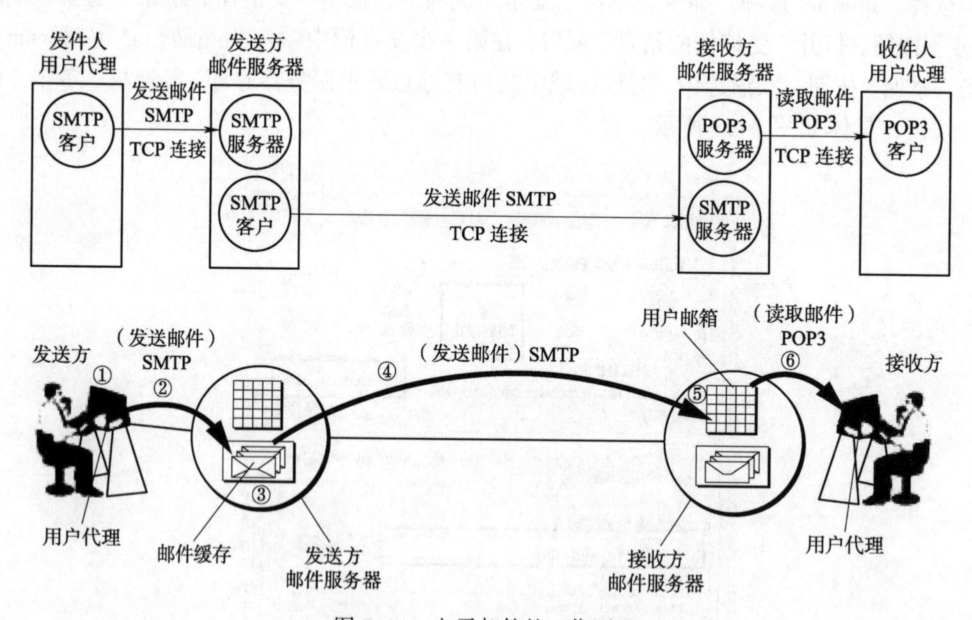

图 7-14 电子邮件的工作原理

2. 电子邮件地址

收发电子邮件，用户需要一个“邮箱”，即 E-mail 账号，可以向 ISP 申请。电子邮件的格式为：用户名@主机域名。

例如，有一个电子邮件的地址是：teacher2015@127.com。其中，用户名即账号是

“teacher2015”；“@”符号表示英文单词 at，意思是“在”；主机域名即 ISP 服务器的域名，“127.com”是网易公司服务器的域名。

3. 电子邮件客户端软件

邮件客户端通常指使用 IMAP/APOP/POP3/SMTP/ESMTP/协议收发电子邮件的软件，用户不需要登录网页邮箱就可以收发邮件。最常用的电子邮件客户端程序是 Windows 系统附带的电子邮件程序 Outlook Express，此外，中文最大的邮件客户端是已被腾讯收购的软件 Foxmail。

4. 电子邮件的申请与使用

1）申请免费电子邮件

目前几乎所有的个人电子邮件都是免费的，国内比较知名的邮件服务商有网易、新浪、搜狐等。下面以申请网易的 126 免费邮件为例讲解申请过程。

（1）打开浏览器，在地址栏里输入 URL 地址 http://www.126.com，打开“126 网易免费邮——你的专业电子邮局”窗口，单击“注册”按钮，如图 7-15 所示。

图 7-15 “126 网易免费邮——你的专业电子邮局”窗口

（2）在“注册”窗口中，单击“注册字母邮箱”选项卡，按要求填写相应的内容，选中“同意‘服务条款’和‘隐私权相关政策’”复选框，然后单击“立即注册”按钮，接着出现中文验证码文本框，填写相应的验证码内容，单击“提交”按钮最后注册成功，如图 7-16 ~ 图 7-18 所示。

2）网页版收发邮件

（1）打开 www.126.com 网址，输入所注册的账号和相应的密码，登录邮箱系统。

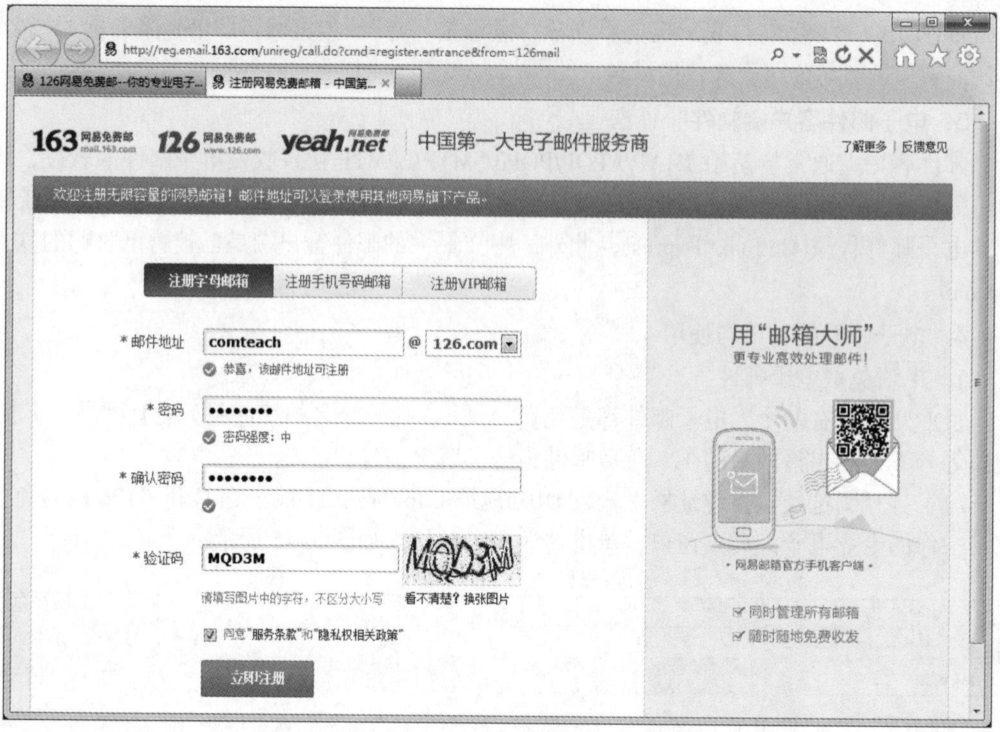

http://reg.email.163.com/unireg/call.do?cmd=register.entrance&from=126mail

126网易免费邮--你的专业电子... 注册网易免费邮箱 - 中国第...

163 网易免费邮 mail.163.com 126 网易免费邮 www.126.com yeah.net 中国第一大电子邮件服务商 了解更多 | 反馈意见

欢迎注册无限容量的网易邮箱！邮件地址可以登录使用其他网易旗下产品。

注册字母邮箱 注册手机号码邮箱 注册VIP邮箱

*邮件地址 comteach @ 126.com

恭喜，该邮件地址可注册

*密码 ••••••••

密码强度：中

*确认密码 ••••••••

*验证码 MQD3M

请填写图片中的字符，不区分大小写 看不清楚？换张图片

同意"服务条款"和"隐私权相关政策"

立即注册

用"邮箱大师"

更专业高效处理邮件！

· 网易邮箱官方手机客户端 ·

同时管理所有邮箱

随时随地免费收发

图 7-16　注册信息

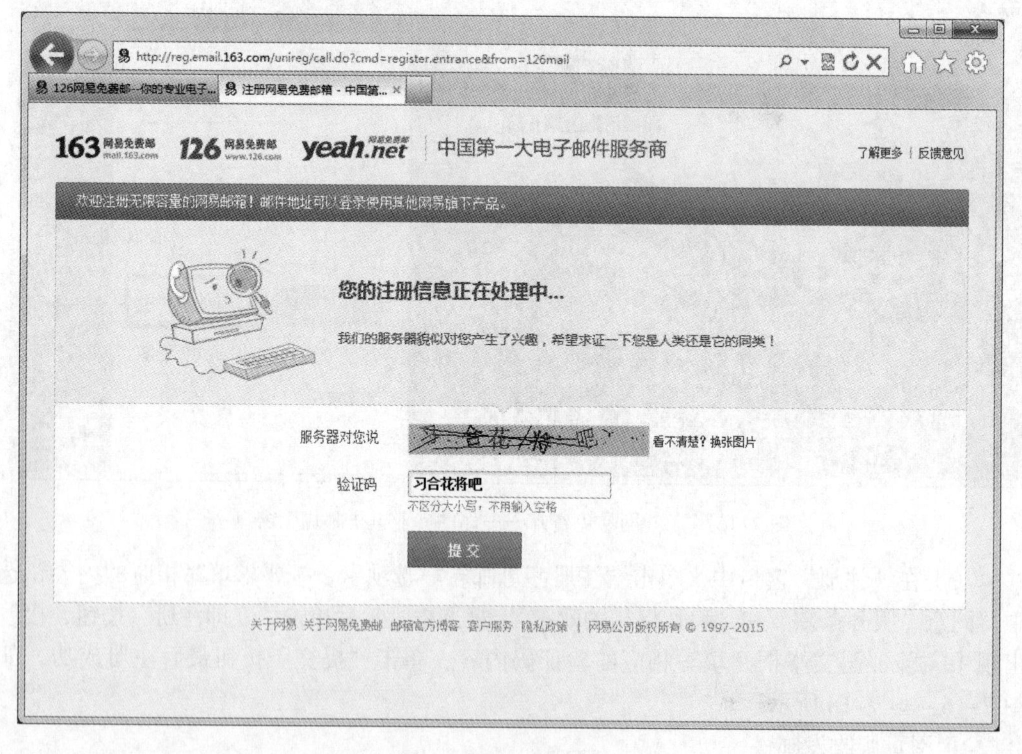

图 7-17　注册验证码

图 7-18　注册成功进入邮箱

（2）收信与查看收件箱。单击“收信”选项卡会立即收取邮件服务器上的邮件，单击“收件箱”选项卡查看已经收取的邮件，如图 7-19 所示。

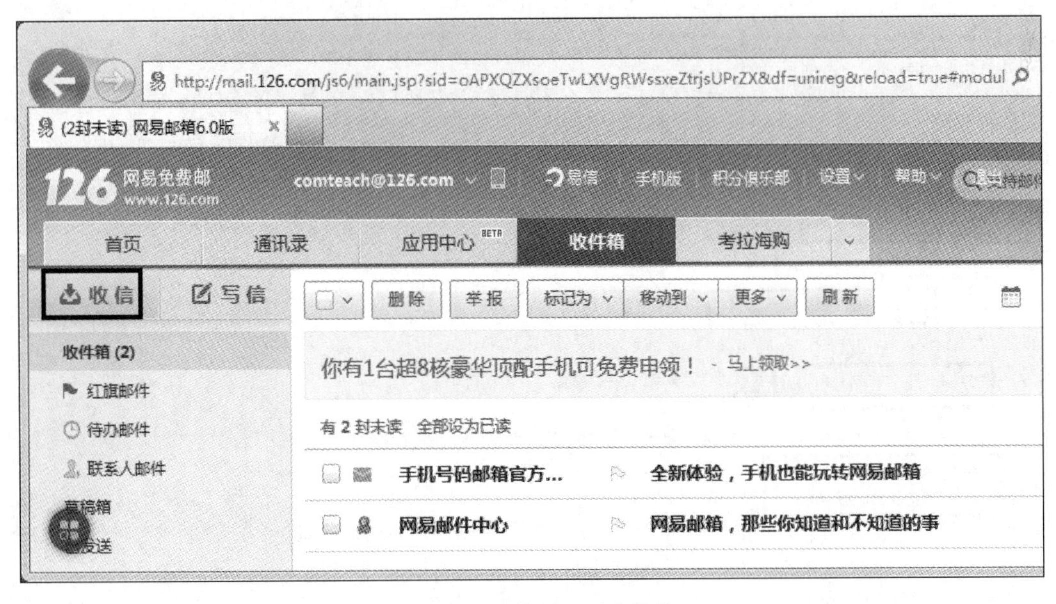

图 7-19　收信与查看收件箱

（3）对邮件打标签。打开收件箱中某个邮件，如果有需要，可以对此进行单独标识，比如设置为“红旗邮件”，设置后，可以在收件箱下面单击“红旗邮件”查看所有被标识“红旗”的邮件，如图 7–20 所示。

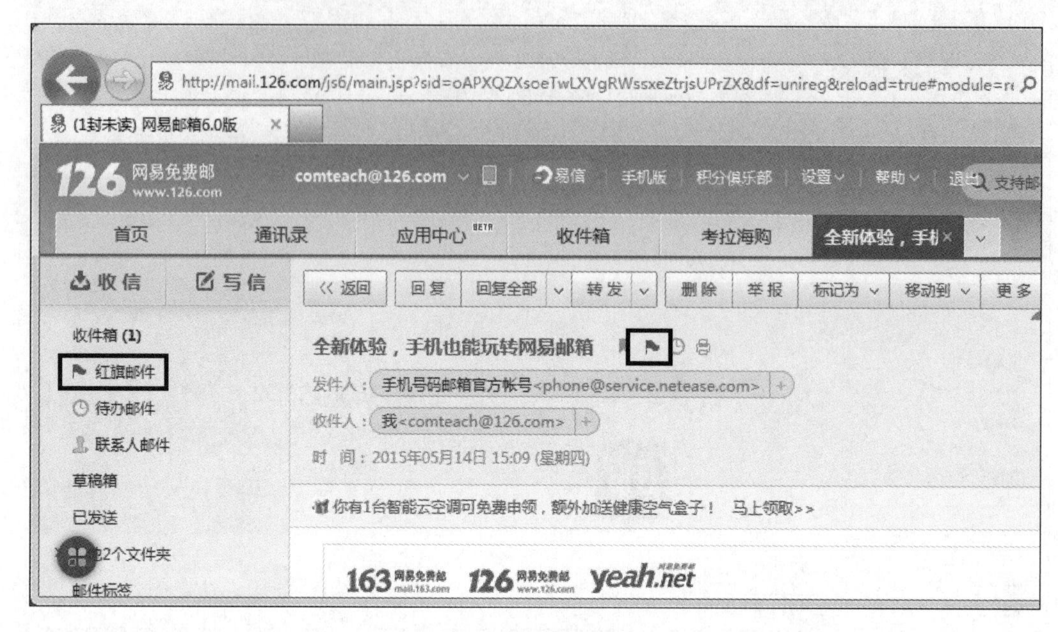

图 7–20 设置标签

（4）撰写电子邮件。单击图 7–20 中的“写信”选项卡，进入具体的发信页面。按要求，填写相应的信息后，单击“发送”按钮则立即将该邮件发送出去，如图 7–21 所示。

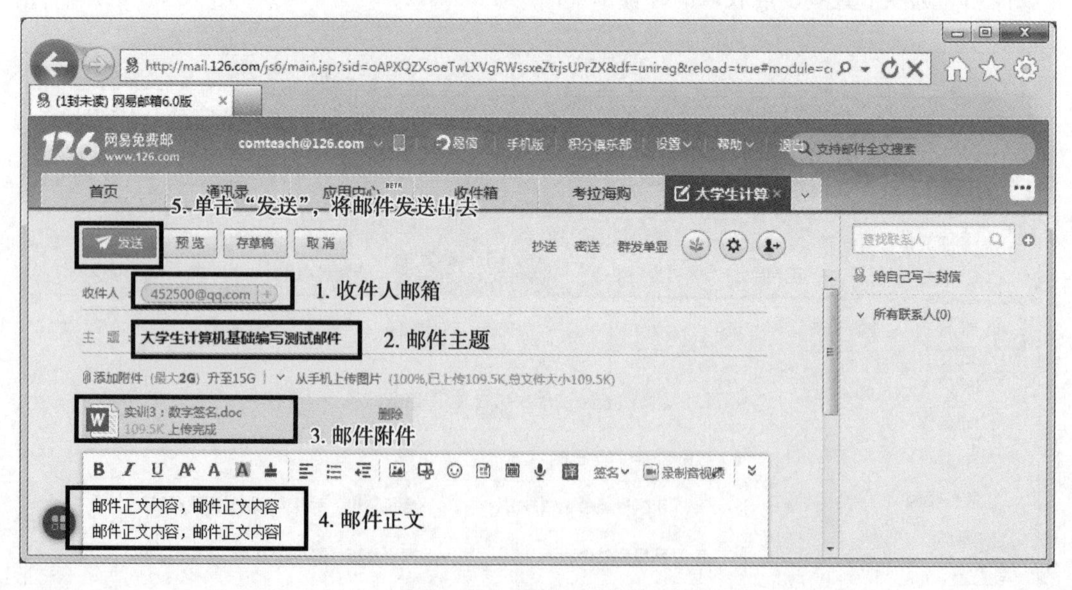

图 7–21 撰写电子邮件

（5）查看已经发送的邮件。邮件发送成功后，默认会自动保存在邮箱系统的“已发送”文件夹里，可以打开文件夹查看所有发送的邮件，没有发送成功的邮件，系统会特别提示，并且收件箱一般会收到一封退信，说明发送失败的原因，如图 7-22 所示。

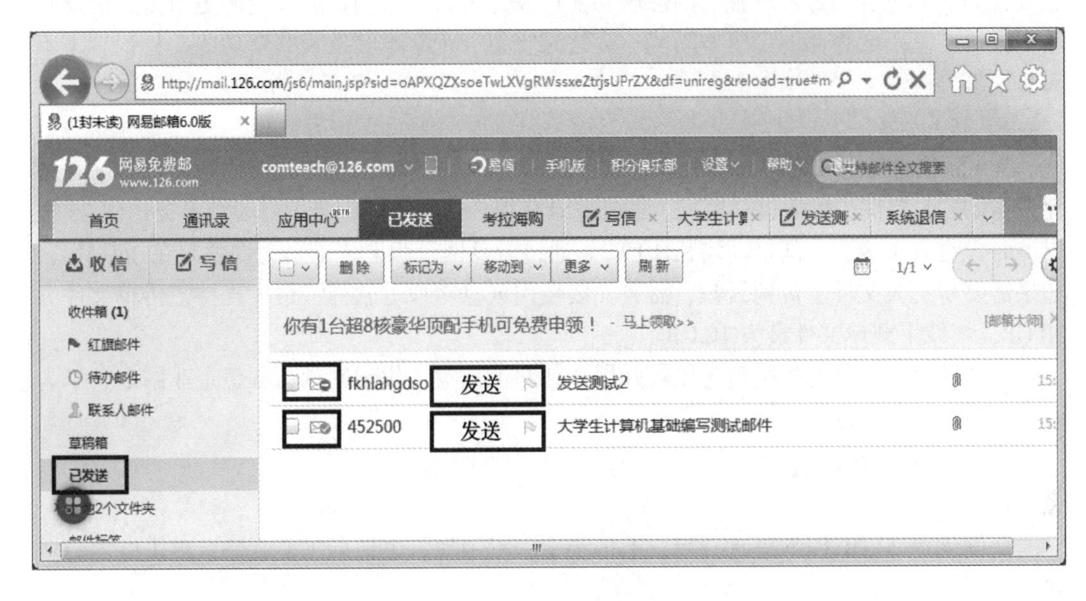

图 7-22　查看已经发送的邮件

7.3.4　网盘的应用

网盘，又称网络 U 盘、网络硬盘，是由互联网公司推出的在线存储服务，向用户提供文件的存储、访问、备份、共享等文件管理等功能。用户可以把网盘看成一个放在网络上的硬盘或 U 盘，不管用户是在家中、单位或其他任何地方，只要连接到因特网，用户就可以管理、编辑网盘里的文件，不需要随身携带，更不怕丢失。

1．国内有名的网盘

1）百度云网盘

百度云网盘是百度 2012 年正式推出的一项免费云存储服务，首次注册即可获得 5 GB 的空间，首次上传一个文件可以获得 1 GB，登录百度云移动端，就能立即领取 2 048 GB 永久免费容量。目前有 Web 版、Windows 客户端、Android 手机客户端、Mac 客户端、iOS 客户端和 WP 客户端。用户可以轻松地将自己的文件上传到网盘上，普通用户单个文件最大可达 4 GB，并可以跨终端随时随地查看和分享文件。百度网盘提供离线下载、文件智能分类浏览、视频在线播放、文件在线解压缩、免费扩容等功能。

2）115 网盘

初始即可拥有 150 GB 的空间，使用中还可以扩容，通过参加一系列活动（计算机、手机客户端连续登录）空间可达 8 TB 乃至无限。优越的在线存储技术，分布式网络存储系统架构，让用户无论何时何地，都可以快速访问、下载、上传文件。可针对文件、文件夹共享，再也不用发送一堆分享链接给好友了。独特的加密体系、安全功能令用户无后顾之忧，而分享更为简单，只需要轻轻一次单击即可。批量文件，一次选中，全部上传；同样，批量转移、复制、共享、删除……在线查看图片，在线听歌，在线查看文档，在线修改文档。又有好的资源？当然要收藏。直接单击“存至网盘”按钮一键收藏到“我的 115”网盘。想要找到志同道合的好友？独有的圈聊功能以及超大共享空间，分享资源更给力，圈友互动更方便。基于云存储的记事本功能、多终端支持、记事本转发及共享功能，让记事本不只是记事。

3）360 云盘

360 云盘是奇虎 360 科技的分享式云存储服务产品。360 云盘为每个用户提供 36 GB 的免费初始容量空间，可通过计算机、手机登录获得 36 TB 空间容量。当云盘等级达到 25 级以上时，每升 1 级，空间自动增长 10 TB。通过云盘网页版上传单个文件限制在 360 MB，如果需要将更大文件上传到云盘，需要安装使用云盘客户端软件，最大支持上传单文件为 10 GB，离线下载单文件最大 10 GB。

国内还有一些其他的网盘也比较好用，如新浪微盘、优云网盘、联想企业网盘、华为网盘、搜狐企业网盘等。

2．国外有名的网盘

1）Box

提供免费 5 GB 网络硬盘空间，上传稳定，不掉线。申请后需要收信，单击链接激活账户。

2）OneDrive

微软旗下推出的免费网盘，25 GB 空间，可以外链，单个文件限制在 50 MB 之内，永久保存。速度一般，但很稳定。

3）MediaFire

无限容量空间免费网盘、无限带宽、无限上传/下载次数、不限速度，单个文件 100 MB 以内，无须注册即可上传文件，不限上传文件类型，无存储时间限制，上传图片支持外链。

4）FanBox

一个拥有 Microsoft 风格的在线操作系统，可以上传图片、音乐、视频等内容与朋友分享，总共 2 GB 存储空间。

3．百度云盘客户端

1）登录界面

现在大多数网盘服务商，都提供客户端程序。下面挑选一款比较常用的百度网盘客户端“百度云管家”讲解其部分功能。其界面如图 7-23 所示。

2）主界面

如果已有百度账号，可以用它直接登录，或者使用新浪、QQ、人人网等合作账号登录。登录成功后，界面如图 7-24 所示。

3）上传文件

第一步：单击“上传”按钮，如图 7-25 所示。

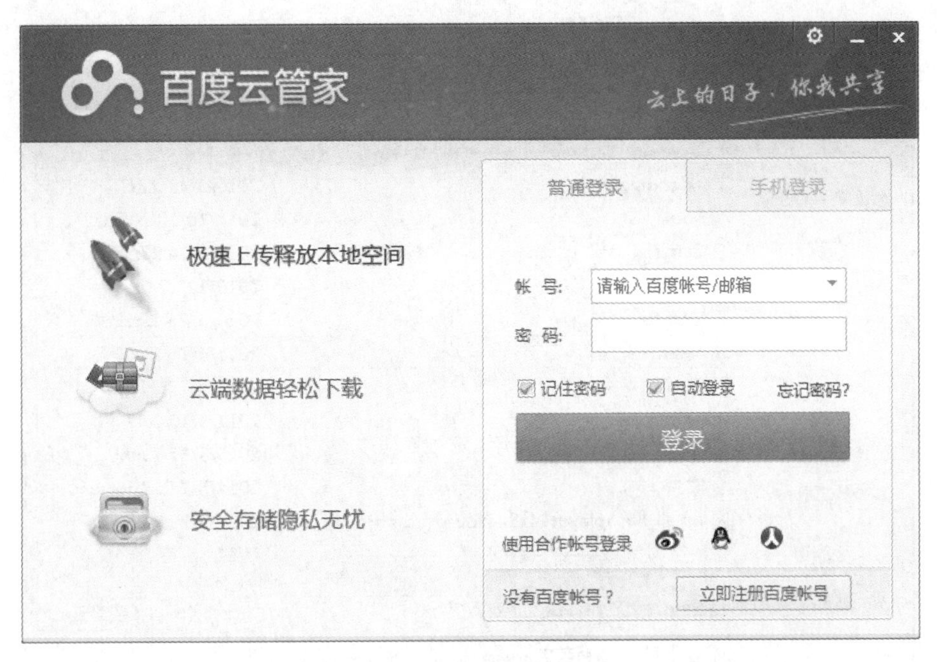

图 7-23　百度云管家登录界面

图 7-24　百度云管家主界面

图 7-25　上传文件

第二步：选择文件或者文件夹，如图 7-26 所示。

图 7–26　选择要上传的文件

第三步：开始上传文件，单击右侧的传输列表，可以查看具体上传的细节，如图 7–27 所示。

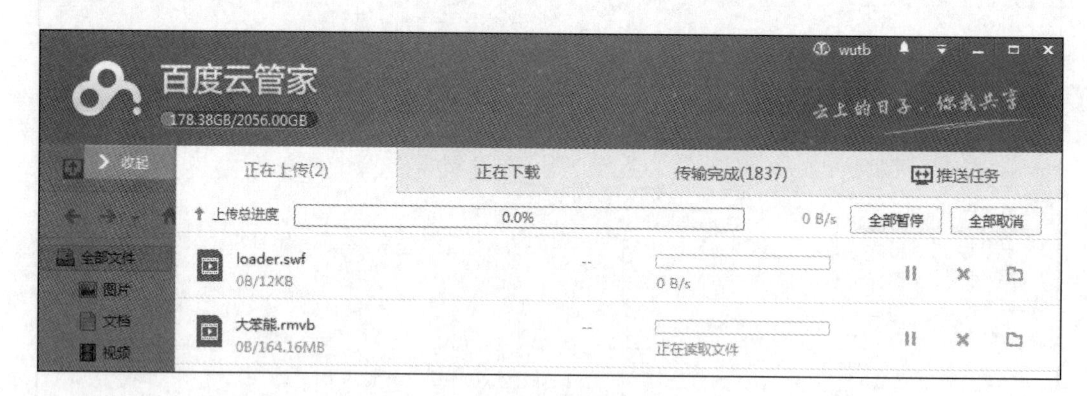

图 7–27　正在上传文件

4）上传的文件大小限制

上传文件最大支持 4 GB；支持批量上传，每次可选择 1 000 个文件。

5）分类模式的作用

上传到百度云里的文件，会被自动智能分类，分成图片、文档、音频、视频、应用，方便用户的查找，如图 7–28 所示。

百度云管家的功能很多，限于篇幅，本书只介绍这些简单的操作。详细的使用说明，可以参考官网的帮助文档。

图 7-28　百度云管家的文件分类

7.4　信息安全基本概念

7.4.1　信息安全与信息系统安全

信息安全通常划分为两类：狭义的信息安全与广义的信息安全。狭义的信息安全是建立在密码学的基础上，辅以计算机技术、网络通信技术与编程等方面的内容，早期的中国信息安全专业通常都是以狭义的信息安全为基准；广义的信息安全则不仅包含了狭义的信息安全的全部技术，而且融合了管理技术、思想道德与法律规范，广义的信息安全体现的是一门综合性学科，而不再是传统意义上的单纯技术。

1．信息安全

信息安全指信息在存储、处理和传输过程中都必须受到安全保护，不受偶然或者恶意的原因使得数据遭到破坏、篡改、泄露。在计算机系统中信息应具有保密性、完整性和可用性特点，可以连续、可靠、正常地运行，尽量避免信息服务中断，保证信息安全。计算机信息安全具有如下五大特征：

（1）完整性：指信息在传输、交换、存储和处理过程中保持不被修改、破坏和丢失的特性，即保持信息原样性，使信息能正确生成、存储、传输，数据信息的首要安全因素是其完整性。

（2）保密性：信息按照要求不可以泄露给非授权的个人、实体、过程，或提供其利用的特性，即杜绝有用信息泄露给非授权的个人或实体，并且强调有用信息只被授权对象使用的特征。更通俗地讲，就是说未授权的用户不能够获取敏感信息。对纸质文档信息，我们只需要保护好文件，不被非授权者接触即可。而对计算机及网络环境中的信息，不仅要制止非授权者对信息的阅读，而且还需要阻止授权者将其访问的信息传递给非授权者，以致信息被泄露。

（3）可用性：指网络信息可被授权实体正确访问，并按要求能正常使用或在非正常情况下能恢复使用的特征。系统在运行时能正确存取所需信息，当系统遭受攻击或破坏时，能迅速恢复并能投入使用。可用性是衡量网络信息系统面向用户的一种安全性能。

（4）不可否认性：指通信双方在信息交互过程中，确信是参与者本身，以及参与者所提供的信息的真实同一性，即所有参与者都不可能否认或抵赖本人的真实身份，以及提供信息的原样性和完成的操作与承诺。

（5）可控性：指网络系统中的信息传播及具体内容能够实现有效控制的特性，即网络系统中的任何信息要在一定传输范围和存放空间内可控。除了采用常规的传播站点和传播内容监控这种形式外，最典型的如密码的托管政策，当加密算法交由第三方管理时，必须严格按规定可控执行。

2. 信息系统安全

信息系统是由计算机硬件、网络和通信设备、计算机软件、信息资源、信息用户和规章制度组成的，以处理信息流为目的的人机一体化系统。信息系统安全是指存储信息的计算机硬件、数据库等软件的安全和传输信息网的安全。

存储信息的计算机、数据库如果受到损坏，则信息将丢失或损坏。信息的泄露、窃取和篡改也是通过破坏信息系统的安全来进行的。信息安全依赖于信息系统的安全，确保信息系统的安全是保证信息安全的手段。

7.4.2 信息安全的实现目标

信息系统所有的信息安全技术都是为了达到一定的安全目标，其核心包括保密性、完整性、可用性、可控性和不可否认性五个安全目标。信息安全的保密性、完整性和可用性主要强调对非授权主体的控制。而对授权主体的不正当行为如何控制呢？信息安全的可控性和不可否认性恰恰是通过对授权主体的控制，实现对保密性、完整性和可用性的有效补充，主要强调授权用户只能在授权范围内进行合法的访问，并对其行为进行监督和审查。

除了上述的信息安全外，还有信息安全的可审计性（Auditability）、可鉴别性（Authenticity）等。信息安全的可审计性是指信息系统的行为人不能否认自己的信息处理行为。与不可否认性的信息交换过程中行为可认定性相比，可审计性的含义更宽泛一些。信息安全的可鉴别性是指信息的接收者能对信息的发送者的身份进行判定。它也是一个与不可否认性相关的概念。

为了达到信息安全的目标，各种信息安全技术的使用必须遵守一些基本的原则：

（1）最小化原则：受保护的敏感信息只能在一定范围内被共享，履行工作职责和职能的安全主体，在法律和相关安全策略允许的前提下，为满足工作需要，仅被授予其访问信息的适当权限，称为最小化原则。敏感信息的“知情权”一定要加以限制，是在“满足工

作需要”前提下的一种限制性开放。

（2）分权制衡原则：在信息系统中，对所有权限应该进行适当地划分，使每个授权主体只能拥有其中的一部分权限，使它们之间相互制约、相互监督，共同保证信息系统的安全。如果一个授权主体分配的权限过大，无人监督和制约，就隐含了“滥用权力”的安全隐患。

（3）安全隔离原则：隔离和控制是实现信息安全的基本方法，而隔离是进行控制的基础。信息安全的一个基本策略就是将信息的主体与客体分离，按照一定的安全策略，在可控和安全的前提下实施主体对客体的访问。

在这些基本原则的基础上，人们在生产实践过程中还总结出了一些实施原则，它们是基本原则的具体体现和扩展。包括：整体保护原则、谁主管谁负责原则、适度保护的等级化原则、分域保护原则、动态保护原则、多级保护原则、深度保护原则和信息流向原则等。

7.5 常用保密技术介绍

7.5.1 信息安全威胁

随着网络与通信技术的不断发展，信息传输更加便捷，信息资源在全球范围内传送，使得信息全球化进程在不断向前推进，与此同时它所产生的负面影响也越来越大，计算机安全也存在一系列潜在的侵害：如计算机网络病毒时时刻刻都在威胁着终端的用户数据；有数以万计的黑客站点通过 Internet 不停地发布信息，并提供各种工具和技术以利用这些漏洞破解保密信息系统；另一方面，计算机使用存储设备保存数据，一旦存储设备出现故障，数据将丢失或损害计算机系统的完整性，任何信息都面临着设备故障导致数据破坏的严重问题。总体而言，计算机信息面临的安全威胁主要有以下几个方面：

（1）信息泄露：信息中的敏感数据有意或无意泄露给某个非授权的实体或被有意或无意丢失，它通常包括信息在传输中或存储介质中泄露与丢失，或是在通过建立隐蔽隧道时被窃取。

（2）破坏信息的完整性：攻击者以非法手段窃得对数据的使用权，敏感数据信息被非授权地进行增删、修改或破坏而受到损失，干扰用户正常使用。

（3）拒绝服务（Denial of service, DoS）：主要是指攻击者不断地对网络进行干扰，改变其正常工作的作业流程，执行无关程序使系统瘫痪，影响正常用户的使用，甚至使信息使用的合法用户被排斥，无条件地被阻止，不能进入计算机网络系统或不能得到响应服务。

（4）非法使用（非授权访问）：某一资源被某个非授权的人，或以非授权的方式使用，恶意添加或修改重要数据或重发某些重要信息。

（5）窃听：攻击者利用各种可能的合法或非法的手段窃取系统中的信息资源和敏感信息。例如对通信线路中传输的信号搭线监听，或者利用通信设备在工作过程中产生的电磁泄露截取有用信息等。

（6）业务流分析：通过对系统长期监听，利用统计分析方法对诸如通信频度、通信的信息流向、通信总量的变化等参数进行研究，从中发现有价值的信息和规律。

（7）伪装：通过欺骗通信系统（或用户）实现非法用户冒充成为合法用户，或者特权小的用户冒充成为特权大的用户的目的。

（8）旁路控制：攻击者利用系统的安全缺陷或安全性上的脆弱之处获得非授权的权利或特权。例如，攻击者通过各种攻击手段发现原本应保密，但是却又暴露出来的一些系统“特性”，利用这些“特性”，攻击者可以绕过防线守卫者侵入系统的内部。

（9）授权侵犯：被授权以某一目的使用某一系统或资源的某个人，却将此权限用于其他非授权的目的，也称作“内部攻击”。

7.5.2 信息系统不安全因素

一般而言，信息系统的不安全因素存在于计算机硬件设备、软件系统、网络通信、用户使用和安全防范机制。

1．计算机硬件故障

信息系统硬件运行环境包括网络平台、计算机主机和外围设备。计算机硬件系统是信息系统的运行平台，应具有防盗、防震、防火、防风、防电磁干扰、防静电等条件。火花、强磁场、雷电、强光对计算机的破坏都是非常巨大的，它们更是可以威胁到人们的生命财产安全。计算机工作时电压必须要稳定，而且在计算机工作期间不能断电。另外，作为信息安全的基本要求，硬件系统在工作过程中必须保持良好的状态，使系统始终处于运行模式，如果不采取可靠措施，尤其是存储备份措施，一旦数据丢失，将会造成巨大的损失。

在数据存储模型中，设备故障是客观存在的。例如电流波动干扰、设备自然老化、突发停电等。因此需要可靠的数据备份技术即本地备份、远程备份等，确保在突发事故的情况下，数据信息仍保持其完整性。

2．软件设计中存在的安全问题

对信息系统的攻击通常是通过计算机服务器、网络设备或系统软件中存在的漏洞进行的。任何系统软件都存在一定的缺陷，在发布后需要进行不断升级、修补。

应用程序设计的漏洞和错误也是安全的一大隐患，如在程序设计过程中代码本身的逻辑安全性不完善，脚本源码本身的逻辑安全性不完善，脚本源码的泄露，特别是连接数据库的脚本源码的泄露等。对于一些特别的应用，从程序开始设计时就应考虑一些特别的安全措施，如 IP 地址的检验、恶意输入的控制、用户身份的安全验证等。

漏洞修复的周期较长、进程缓慢，日益增多的漏洞和每日新增漏洞也是信息系统的主要安全隐患。

3．网络威胁

信息在计算机网络中面临被截取、篡改、破坏等安全威胁，这些威胁主要来自攻击，通常分为被动式攻击和主动式攻击。

（1）被动式攻击：主要是对数据的非法截取。它主要是收集数据信息而不是进行访问，数据的合法用户对这种活动一点也不会觉察到。被动攻击包括嗅探、信息收集、监听明文、解密通信数据、口令嗅探、通信量分析等。对被动攻击的检测十分困难，因为攻击并不涉及数据的任何改变。然而阻止这些攻击是可行的，因此，对被动攻击强调的是阻止而不是检测。

（2）主动攻击：指避开或打破安全防护、引入恶意代码（如计算机病毒），破坏数据和

系统的完整性。包含攻击者访问他所需信息的故意行为，比如：远程登录到指定机器的端口找出公司运行的邮件服务器的信息；伪造无效 IP 地址去连接服务器，使接收到错误 IP 地址的系统浪费时间去连接非法地址。主动攻击包括拒绝服务攻击、分布式拒绝服务（DDos）、信息篡改、资源使用、欺骗、伪装、重放等攻击方法。

4. 用户使用中存在的安全问题

（1）各类软件的安装：在软件系统安装中，为了简化安装过程，大多数操作系统、应用程序、安装程序都激活了尽可能多的功能，安装了大多数用户所不需要的组件。这些组件通常存在较多危险的安全漏洞。虽然软件开发商经常发布一系列的软件补丁程序，但是用户一般不会主动使用，因此这些需要补丁的程序便成为了用户系统的漏洞。

（2）没有口令或使用弱口令的账号：口令是大多数系统的第一道防御线，是各种安全措施可以发挥作用的前提，身份认证技术包括：静态密码、动态密码（短信密码、动态口令牌、手机令牌）、USB KEY、IC 卡、数字证书、指纹虹膜等。默认口令或弱口令都会为非法授权用户入侵系统提供便捷通道。口令选择最好是字母与数字符号的组合，这样可以增加被破解的难度。

（3）没有备份或者备份不完整：当设备出现故障丢失数据时，如果数据没有备份或者备份不完整，则无法还原数据。

5. 安全防范机制不健全

为保护信息系统的安全，必须采用必要的安全防范机制，例如，访问控制机制、数据加密机制、防火墙机制等。如果缺乏必要的安全防范机制，或者安全防范机制不完整，必然为恶意攻击留下可乘之机。

（1）未建立完善的访问控制机制：访问控制机制也称存取控制，是基本的安全防范措施之一。访问控制是通过用户标识和密码阻截未授权用户访问数据资源，限制合法用户使用数据权限的一种机制。缺乏或使用不完善的访问控制机制直接威胁信息数据的安全。

（2）未使用数据加密技术：数据加密是将传输的数据转换成表面上毫无逻辑的数据，只有合法的接收者拥有合法的密钥才能恢复成原来的数据，而非法窃取得到的则是毫无意义的数据。由于网络的开放性，网络技术和协议是公开的，攻击者远程截获数据变得非常容易，如果不使用数据加密技术，后果是不堪设想的。

（3）未建立防火墙机制：防火墙是一种系统保护措施，可以是一个软件或者软件与硬件设备的组合，能够防止外部网络不安全因素的涌入。如果没有建立防火墙机制，黑客将容易入侵计算机系统。

通常防火墙可以实现如下功能：

- 过滤进出网络的数据，强制性实施安全策略。
- 管理进出网络的访问行为。
- 记录通过防火墙的信息内容和活动。
- 对网络攻击进行检测和报警。

7.5.3 信息安全防范技术

信息系统安全性是当今信息社会的一个关注焦点和研究热点，但是目前计算机体系结构大部分仍采用冯·诺依曼计算机模型，从理论上还无法消除病毒的破坏和黑客攻击，最佳的方法则是减少攻击对系统造成的破坏，防止计算机病毒、防止恶意软件、防止黑客攻击。安全防范技术是实施信息安全措施的保障，为了减少信息安全问题带来的损失，保证信息安全，可采用多种安全防范技术。

1. 数据加密技术

所谓数据加密（Data Encryption）技术，是指将一个信息（或称明文，Plain Text）经过加密钥匙（Encryption Key）及加密函数转换，变成无意义的密文（Cipher Text），而接收方则将此密文经过解密函数、解密钥匙（Decryption Key）还原成明文。加密技术是网络安全技术的基石。

数据加密技术涉及的常用术语如下：

- 明文：需要传输的原文。
- 秘文：对原文加密后的信息。
- 加密算法：将明文加密为密文的变换方法。
- 密钥：控制加密结果的数字或字串。
- 专用密钥：又称为对称密钥或单密钥，加密和解密时使用同一个密钥，即同一个算法。如 DES 和 MIT 的 Kerberos 算法。单密钥是最简单方式，通信双方必须交换彼此密钥，当需要给对方发信息时，用自己的加密密钥进行加密，而在接收方收到数据后，用对方所给的密钥进行解密。当一个文本要加密传送时，该文本用密钥加密构成密文，密文在信道上传送，收到密文后用同一个密钥将密文解出来，形成普通文体供阅读。在对称密钥中，密钥的管理极为重要，一旦密钥丢失，密文将无密可保。这种方式在与多方通信时因为需要保存很多密钥而变得很复杂，而且密钥本身的安全就是一个问题。

系统的保密性不依赖于对加密体制或算法的保密，而依赖于密钥。密钥在加密和解密的过程中使用，它与明文一起被输入给加密算法，产生密文。对截获者的破译，事实上是对密钥的破译。密码学对各种加密算法的评估，是对其抵御密码被破解能力的评估。攻击者破译密文，不是对加密算法的破译，而是对密钥的破译。理论上，密文都是可以破译的，但是，如果花费很长的时间和代价，其信息的保密价值也就丧失了。目前主要的密钥机制，有对称密钥和公开密钥两种。

（1）对称密钥是最为古老的密钥技术，一般说“密电码”采用的就是对称密钥。由于对称密钥运算量小、速度快、安全强度高，因而如今仍广泛被采用。如：DES 是一种数据分组的加密算法，它将数据分成长度为 64 位的数据块，其中 8 位用作奇偶校验，剩余的 56 位作为密码的长度。第一步将原文进行置换，得到 64 位的杂乱无章的数据组；第二步将其分成均等两段；第三步用加密函数进行变换，并在给定的密钥参数条件下，进行多次迭代而得到加密密文。

（2）公开密钥又称非对称密钥，加密和解密时使用不同的密钥，即不同的算法，虽然两者之间存在一定的关系，但不可能轻易地从一个推导出另一个。有一把公用的加密密钥，有多把解密密钥，如 RSA 算法。非对称密钥由于两个密钥（加密密钥和解密密钥）各不相同，因而可以将一个密钥公开，而将另一个密钥保密，同样可以起到加密的作用。在这种编码过程中，一个密码用来加密消息，而另一个密码用来解密消息。在两个密钥中有一种关系，通常是数学关系。公钥和私钥都是一组十分长的、数字上相关的素数（是另一个大数字的因数）。有一个密钥不足以翻译出消息，因为用一个密钥加密的消息只能用另一个密钥才能解密。每个用户可以得到唯一的一对密钥，一个是公开的，另一个是保密的。公共密钥保存在公共区域，可在用户中传递，甚至可以印在报纸上面。而私钥必须存放在安全保密的地方。任何人都可以有公钥，但是只有本身能有自己的私钥。公开密钥的加密机制虽提供了良好的保密性，但难以鉴别发送者，即任何得到公开密钥的人都可以生成和发送报文。

表 7-1 列举了用穷举法破解密钥所需要的平均破译时间。

表 7-1　密钥长度和破译时间

密钥长度	破译时间（搜索 1 次/us）	破译时间（搜索 100 万次/us）
32	35.8	2.15ms
56	1 142 年	10 小时
128	5.4 × 1 024 年	5.4 × 1 018 年

从表 7-1 中的数据可以看出，即使使用每微秒的搜索 100 万次的计算机系统，对于 128 位的密钥来说，破译仍是不可能的。因此为了提高信息在网络传输过程中的安全性，所用的策略无非是使用优秀的加密算法和更长的密钥。

2. 数字签名

数字签名（又称为公钥数字签名、电子签章）是一种类似写在纸上的普通的物理签名，使用公钥加密领域的技术实现，是用于鉴别数字信息的方法。

数字签名一般采用非对称加密技术（如 RSA），通过对整个明文进行某种变换，得到一个值，作为核实签名。接收者使用发送者的公开密钥对签名进行解密运算，如其结果为明文，则签名有效，证明对方的身份是真实的。当然，签名也可以采用多种方式，例如，将签名附在明文之后。数字签名普遍用于银行、电子贸易等。数字签名不同于手写签字：数字签名随文本的变化而变化，手写签字反映某个人个性特征是不变的；数字签名与文本信息是不可分割的，而手写签字是附加在文本之后的，与文本信息是分离的。值得注意的是，能否切实有效地发挥加密机制的作用，关键的问题在于密钥的管理，包括密钥的生存、分发、安装、保管、使用以及作废全过程。

数字签名是在密钥控制下产生，在没有密钥的情况下，模仿者几乎无法模仿出数字签名。数字签名技术是一种消息完整认证和身份认证的重要技术。数字签名技术具有如下特点：

- 不可抵赖：签名者事后不能否认自己签过的文件。
- 不可伪造：签名应该是独一无二的，其他人无法伪造签名者签名。
- 不可重用：签名是消息的一部分，不能被挪用到其他文件上。

从接收者验证签名的方式可将数字签名分为真数字签名和公证数字签名两类。在真数字签名中，签名者直接把签名消息传送给接收者，接收者无须借助第三方就能验证签名。而在公证数字签名中，把签名的信息由作为公证者的可信的第三方发送者发送给接收者，接收者不能直接验证签名，签名的合法性是通过公证者作为媒介来保证，也就是说接收者要验证签名必须同公证者合作。

在信息技术迅猛发展的时代，电子商务、电子政务、电子银行、远程税务申报这样的应用要求由电子化的数字签名技术支持。在我国数字签名是具有法律效力的。1999 年,《中华人民共和国合同法》首次确认了电子合同、电子签名的法律效力。2005 年 4 月 1 日起，首部《中华人民共和国电子签名法》正式实施。以网银为例，近几年网上银行交易额阶跃式发展，每一笔交易都需要电子签名保障。

3. 防火墙技术

防火墙在某种意义上可以说是一种访问控制产品。它在内部网络与不安全的外部网络之间设置障碍，阻止外界对内部资源的非法访问，防止内部对外部的不安全访问。防火墙主要由服务访问规则、验证工具、包过滤和应用网关四部分组成。防火墙位于计算机和它所连接的网络之间，该计算机流入、流出的所有网络通信和数据包都要经过此防火墙。通过防火墙可以阻止黑客利用不安全的服务对内部网络的攻击和不可预测的干扰。通过网络防火墙还可以很方便地实现数据流的监控、过滤、记录和报告等功能，较好地隔断内部网络与外部网络的连接，网络规划清晰明了，从而有效地防止跨越权限的数据访问。

常用防火墙主要有包过滤防火墙、应用代理防火墙和状态检测防火墙三种。

1）包过滤防火墙

数据包过滤是指在网络层对数据包进行分析、选择和过滤。选择的数据是系统内设置的访问控制表(又叫规则表),规则表制定允许哪些类型的数据包可以流入或流出内部网络。通过检查数据流中每一个 IP 数据包的源地址、目的地址、所用端口号、协议状态等因素或它们的组合来确定是否允许该数据包通过。包过滤防火墙一般可以直接集成在路由器上，在进行路由选择的同时完成数据包的选择与过滤，也可以由一台单独的计算机来完成数据包的过滤。数据包过滤防火墙的优点是速度快、逻辑简单、成本低、易于安装和使用，网络性能和透明度好，广泛地用于 Cisco 公司的路由器上。缺点是配置困难，容易出现漏洞，而且为特定服务开放的端口存在着潜在的危险。例如：“天网个人防火墙”就属于包过滤类型防火墙，根据系统预先设定的过滤规则以及用户自己设置的过滤规则来对网络数据的流动情况进行分析、监控和管理，有效地提高了计算机的抗攻击能力。

2）应用代理防火墙

应用代理防火墙能够将所有跨越防火墙的网络通信链路分为两段，使得网络内部的客户不直接与外部的服务器通信。防火墙内外计算机系统间，应用层的连接由两个代理服务器连接来实现。优点是外部计算机的网络链路只能到达代理服务器，从而起到隔离防火墙内外计算机系统的作用；缺点是执行速度慢，操作系统容易遭到攻击。代理服务在实际应用中比较普遍，如学校校园网的代理服务器一端接入 Internet，另一端接入内部网，在代理服务器上安装一个实现代理服务的软件，如 WinGate Pro、Microsoft Proxy Server 等，就能起到防火墙的作用。

3）状态检测防火墙

状态检测防火墙又称为动态包过滤防火墙。状态检测防火墙在网络层由一个检查引擎截获数据包，并抽取出与应用状态有关的信息，以此作为数据来决定该数据包是接受还是

拒绝。检查引擎维护一个动态的状态信息表并对后续的数据包进行检查，一旦发现任何连接的参数有意外变化，该连接就被终止。状态检测防火墙克服了包过滤防火墙和应用代理防火墙的局限性，能够根据协议、端口及IP数据包的源地址、目的地址的具体情况来决定数据包是否可以通过。在实际使用中，通常可以综合以上几种技术使防火墙产品能够满足安全性、高效性、适应性和易管性的要求，集成防毒软件的功能来提高系统的防毒能力和抗攻击能力。例如，瑞星企业级防火墙 RFW-100 就是一个功能强大、安全性高的混合型防火墙，它集网络层状态包过滤、应用层专用代理、敏感信息的加密传输和详尽灵活的日志审计等技术，可根据用户的不同需求，提供强大的访问控制、信息过滤、代理服务和流量统计等功能。

4．入侵检测技术

入侵检测系统（Intrusion Detection Systems，IDS）能够依照一定的安全策略，通过软件、硬件对网络和系统的运行状况进行监视，尽可能发现各种攻击企图、攻击行为或攻击结果，它扩展了系统管理员的安全管理能力，保证网络系统资源的机密性、完整性和可用性。入侵检测时通过对行为、安全日志审计数据或其他网络上可以获得的信息进行操作，检测到对系统的闯入或闯入的企图。入侵检测作用包括威慑、检测、响应、损失情况评估和攻击预测。

入侵检测在对网络活动进行实时检测时，系统处于防火墙之后，是防火墙的延续，可以和防火墙及路由器配合工作，用来检查一个网段上的所有通信，记录和禁止网络活动，可以通过重新配置来禁止从防火墙外部进入恶意流量。入侵检测系统能够对网络上的信息进行快速分析或在主机上对用户进行审计分析，通过集中控制台管理与检测。

理想的入侵检测系统功能主要有：

- 用户和系统活动的监视与分析。
- 系统配置及脆弱性分析与审计。
- 异常行为模型的统计分析。
- 重要系统和数据文件的完整性监测与评估。
- 操作系统的安全审计和管理。
- 入侵模型的识别与响应，包括切断网络连接、记录事件和报警等。

本质上入侵检测是一种典型的“窥探设备”。它不跨接多个物理网段（通常只有一个监听端口），无须转发任何流量，只需要在网络上被动地、无声息地收集它所关心的报文即可。目前IDS分析及入侵检测阶段一般通过特征库匹配、基于统计分析和完整性分析等技术手段进行。其中，前两种方法用于实时的入侵检测，而完整性分析则用于事后分析。

各种网络安全相关的黑客和病毒都是依赖网络平台进行的，而如果在网络平台上就能切断黑客和病毒的传播途径，那么就能更好地保证安全。IDS 与网络交换设备的联动，是指交换机或防火墙在运行过程中，将各种数据流的信息上报给安全设备，IDS 系统可以根据上报信息和数据流内容进行检测，在发现网络安全事件的时候，进行有针对性的动作，并将这些对安全事件反应的动作发送到交换机或防火墙上，由交换机或防火墙实现精确端口的关闭和断开，这就是入侵防御系统（Intrusion Prevention System，IPS）。IPS 技术是在 IDS 检测的功能基础上又增加了主动响应功能，力求做到一旦发现有攻击行为，立即响应并且主动断开连接。

5. 网络道德与法规

国家不仅加快发展集成电路、下一代互联网、移动互联网、物联网等产业，而且也加强了网络安全基础设施建设，从战略部署、组织构架、法律法规、关键基础设施安全、技术产业发展、攻防能力建设等方面加强顶层设计。此外更加注重网络与信息安全领域立法，要求网络活动的参加者具有良好的品德和高度的自律，努力维护网络资源，保护网络的信息安全，树立和培养健康的网络道德，遵守国家有关网络的法律规范。

1）网络道德的定义

所谓网络道德，是网民利用网络进行活动和交往时所应遵循的原则和规范，并在此基础上形成的新的伦理道德关系和善恶标准。通过社会舆论、内心信念和传统习惯来评价人们的上网行为，调节网络时空中人与人之间以及个人与社会之间关系的行为规范。网络道德是时代的产物，可以从以下三点来了解网络道德：

（1）网络上的虚拟社会与现实社会是紧密相联的，在定义网络道德时，应明确凡是与网络相关的行为和观念都应纳入网络道德的范围，而并不仅局限于是在网络中发生的活动。

（2）网络道德属于道德的范畴，突出其对人们活动和关系的调节作用。

（3）作为调节规范作用的道德准则涵盖道德价值观念和行为规范。

2）网络安全规范

为了维护网络安全，国家和管理组织制定了一系列网络安全政策、法规。在网络操作和应用中应自觉遵守国家的有关法律和法规，自觉遵守各级网络管理部门的有关管理办法和规章制度，自觉遵守网络礼仪和道德规范。

（1）知识产权保护。知识产权是指人类智力劳动产生的智力劳动成果所有权。它是依照各国法律赋予符合条件的著作者、发明者或成果拥有者在一定期限内享有的独占权利，一般认为它包括版权（著作权）和工业产权。版权（著作权）是指创作文学、艺术和科学作品的作者及其他著作权人依法对其作品所享有的人身权利和财产权利的总称；工业产权则是指包括发明专利、实用新型专利、外观设计专利、商标、服务标记、厂商名称、货源名称或原产地名称等在内的权利人享有的独占性权利。

计算机网络中的活动与社会上其他方式一样，需要尊重别人的知识产权。由于从计算机网络很容易获取信息，可能会无意识地侵犯他人的知识产权。为此，使用计算机网络信息时，要注意区分无偿提供的和受知识产权保护的信息。在网络中还应该注意避免侵犯别人的隐私权，不能在网上随意发布、散布他人个人资料。

当前大学生是网络主体，需要了解我国的网络法律规范，同时遵守网络行为的纪律制度规范，符合网络行为的道德伦理；尊重知识产权；尊重他人的隐私；保守秘密，倡导诚心、合理、文明、高尚的网络行为风气。

（2）保密法规。为确保国家秘密、商业秘密和技术秘密等被网络泄露，国家制定了相关信息安全的法律、法规要求人们加强对计算机信息系统的保密管理，以确保信息安全，避免因为泄密而损害国家、企业和团体的利益。

（3）防止和制止网络犯罪的相关规定。网络犯罪与普通犯罪一样，也是触犯法律的行为，分为故意犯罪和过失犯罪。尽管处罚程度不同，但是这些犯罪行为都会受到法律的追

究。因此，在使用计算机和网络时，必须明确哪些是违法行为、哪些是不道德行为。计算机使用者需要了解相关法律、法规文件，做到知法、懂法、守法，增强自身保护意识、防范意识，抵制计算机网络犯罪。

本章小结

本章主要介绍了计算机网络的基本概念、网络协议与体系结构、因特网应用、信息安全基本概念以及常用保密技术等知识。通过本章的学习，对计算机网络有了初步了解，掌握了因特网的常用应用，具备了信息安全意识。

习　题

1. 什么是“计算机网络”？请简述它的功能和类型。
2. 什么是“网络协议”？请简述它的组成。
3. 请简述OSI参考模型，以及每层的基本功能。
4. 什么是“信息安全”？它有哪些基本特征?
5. 有哪些常见的安全威胁？应对这些安全威胁，有哪些常见的信息安全防范技术？

第8章

数据库应用基础 «‹

数据库（DataBase）是按照数据结构来组织、存储和管理数据的仓库，它产生于距今六十多年前，随着信息技术和市场的发展，特别是20世纪90年代以后，数据管理不再仅仅是存储和管理数据，而转变成用户所需要的各种数据管理的方式。数据库有很多种类型，从最简单的存储有各种数据的表格到能够进行海量数据存储的大型数据库系统，在各个方面得到了广泛的应用。

在信息化社会，充分有效地管理和利用各类信息资源，是进行科学研究和决策管理的前提条件。数据库技术是管理信息系统、办公自动化系统、决策支持系统等各类信息系统的核心部分，是进行科学研究和决策管理的重要技术手段。

本章介绍数据库技术中最基本的概念，以及常用的数据库管理软件 Access 的使用方法，通过该软件的使用，掌握用数据库处理数据的基本方法，为进一步的使用 Access 开发应用程序打下基础。

8.1 数据库原理概述

数据库技术产生于20世纪60年代末，是数据管理的最新技术，是计算机科学的重要分支。它是信息系统的核心和基础，它的出现极大地促进了计算机应用向各行各业的渗透。数据库的建设规模、数据库信息量的大小和使用频度已成为衡量一个国家信息化程度的重要标志。本节主要介绍数据库的一些主要概念。

8.1.1 数据库技术的概念

下面介绍在数据库技术中的几个很重要的基本概念。

1. 数据

数据（Data），数据库中存储的基本对象，是描述事物的符号记录，如数字、文字、图形、图像、声音等，数据与其语义是不可分的。

如学生档案中的学生记录（李明，男，2000年，江苏，计算机系，2018级）。

2. 数据库

数据库（DataBase，DB），是指长期存储在计算机内有组织的、可共享的数据集合。其特征是：

- 数据按一定的数据模型组织、描述和存储。
- 可为各种用户共享。
- 冗余度较小。
- 数据独立性较高、易扩展。

3. 数据库管理系统

数据库管理系统（DataBase Management System，DBMS），是位于用户与操作系统之间的一层数据管理软件。DBMS 的主要功能有：数据定义功能，数据组织、存储和管理，数据操纵功能，数据库的事物管理和运行管理，数据库的建立和维护功能，等等。

数据库管理系统是数据库系统中最重要的软件系统，是用户和数据库的接口，应用程序通过数据库管理系统和数据库打交道，在这一系统中，用户不必关心数据的结构。

数据库管理系统除了数据管理功能以外，还有开发应用系统的功能，也就是说，通过数据库管理系统可以开发满足用户需要的应用系统。例如，学生管理系统、图书管理系统、工资管理系统等，它是管理信息系统开发的重要工具。

4. 数据库系统

数据库系统（DataBase System，DBS）是指在计算机系统中引入数据库后的系统。数据库系统主要包括：计算机硬件设备和操作系统，数据库管理系统（DBMS），数据库用户。

数据库系统层次示意图如图 8-1 所示。

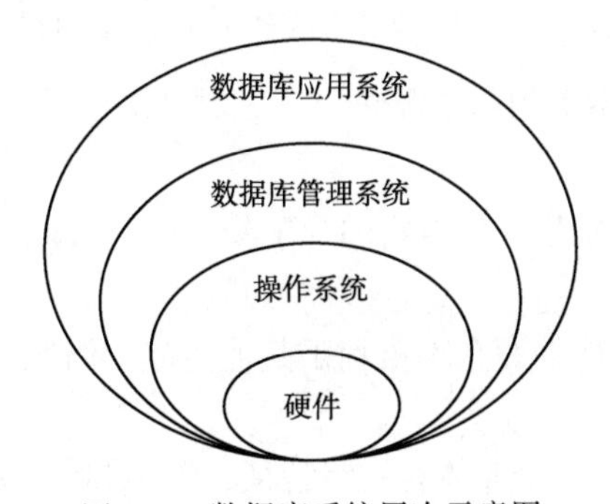

图 8-1　数据库系统层次示意图

8.1.2　数据模型

模型是所研究的系统、过程、事物或概念的一种表达形式，是现实世界的抽象，也可指根据实验、图样放大或缩小而制作的样品，一般用于展览或实验或铸造机器零件等用的模子。

在数据库中，数据通过一定的组织形式保存在存储介质上，数据模型就是对现实世界数据特征的抽象，是现实世界的模拟描述或表示，在数据库系统中表示数据之间逻辑关系的模型。

数据模型应满足的三个要求：比较真实地描述现实世界；易为用户所理解；易于在计算机上实现。

按照建立数据模型的目的不同，可以分为两类:

（1）按照用户的观点建模：概念模型（E-R 模型），用于设计数据库。

（2）按照计算机系统的观点建模：逻辑模型（层次模型、网状模型和关系模型），用于数据库的逻辑实现。

8.1.3 概念模型

数据库的概念设计是从用户的角度出发，如图 8-2 所示，将具体的现实世界抽象为一个具有某种信息结构的信息世界，这种信息结构只反映现实世界，与具体的 DMBS 无关。对信息世界进行建模，是现实世界到信息世界的第一层抽象，是用户和数据库设计者进行交流的语言。最后将概念模型转换为计算机上某一 DBMS 支持的数据模型，建立数据库。

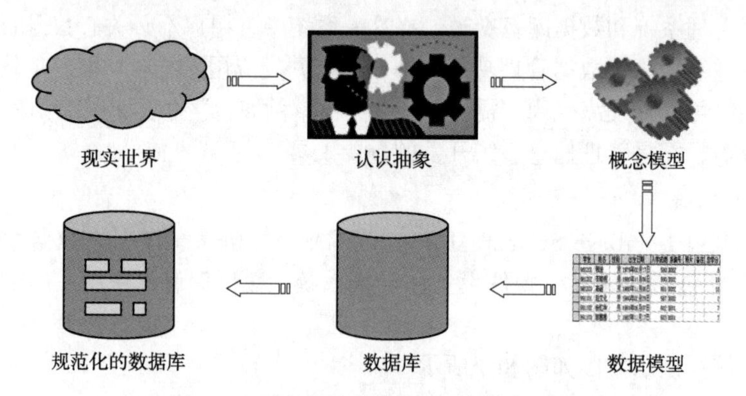

图 8-2　现实世界中的客观对象抽象过程

1．概念模型（E-R 模型）的基本概念

1）实体与实体集

实体是客观世界中可区别于其他事物的“事物”或“对象”。

实体特征：

（1）独立存在。一个实体的存在不依赖于其他实体。例如，一名学生的存在不取决于其他学生实体是否存在。

（2）可区别于其他实体。每个实体有一组特征，存在能唯一标识每个实体的特征（集）。例如，学号“SWE20001”可以唯一地标识学生“李小勇”。

实体可以是有形的、实在的事物，如一名教师、一本书等；也可以是抽象的、概念上的事物，如一门课程、一个专业，以及一次订货、借书、选课、存款或取款等业务产生的单据。但是，二者都应是组织或机构“感兴趣”的事物。

实体集是具有相同类型及相同性质（或属性）的实体组成的集合。

2）属性

属性是实体集中每个实体都具有的特征描述。

一个实体集中所有实体都具有相同的属性。例如，学生实体集中的每个实体都具有：学号、姓名、性别、出生日期、年龄、所学专业、电话号码、家庭住址、所在班级等属性（见表 8-1）。

对每个属性来说，一个实体都拥有自己的属性值。 每个属性所允许的取值范围或集合称为该属性的域。

表 8-1 学生实体集的属性及学生李小勇的属性值

属性名	实例
学号	SWE20001
姓名	李小勇
性别	男
出生日期	2002-09-09
年龄	20
所学专业	计算机科学与技术
电话号码	027-8700××× ×
家庭地址	湖北省武汉市中山路××号
所在班级	20 级计算机 1 班

3）联系

在现实世界中，事物内部以及事物之间是有联系的，这些联系在信息世界中反映为实体（型）内部的联系和实体（型）之间的联系。实体内部的联系通常是指组成实体的各属性之间的联系，实体之间的联系通常是指不同实体集之间的联系。

实体之间的联系有一对一、一对多和多对多等多种类型。

（1）一对一联系（1：1）。

如果对于实体集 *A* 中的每一个实体，实体集 *B* 中至多有一个（也可以没有）实体与之联系，反之亦然，则称实体集 *A* 与实体集 *B* 具有一对一联系，记为 1：1。

例如，学校里一个班级只有一个班长，而一个班长只在一个班中任职，则班级与班长之间具有一对一联系。

（2）一对多联系（1：*n*）

如果对于实体集 *A* 中的每一个实体，实体集 *B* 中有 *n* 个实体（$n \geq 0$）与之联系，反之，对于实体集 *B* 中的每一个实体，实体集 *A* 中至多只有一个实体与之联系，则称实体集 *A* 与实体集 *B* 有一对多联系，记为 1：*n*。

例如，一个班级中有若干名学生，而每个学生只在一个班级中学习，则班级与学生之间具有一对多联系。

（3）多对多联系（*m*：*n*）。

如果对于实体集 *A* 中的每一个实体，实体集 *B* 中有 *n* 个实体（$n \geq 0$）与之联系，反之，对于实体集 *B* 中的每一个实体，实体集 *A* 中也有 *m* 个实体（$m \geq 0$）与之联系，则称实体集 *A* 与实体集 *B* 具有多对多联系，记为 *m*：*n*。

例如，一门课程同时有若干个学生选修，而一个学生可以同时选修多门课程，则课程与学生之间具有多对多联系。

用图形来表示两个实体集之间的这三类联系，如图 8-3 所示。

4）两个以上实体型之间的联系

一般地，两个以上的实体型之间也存在着一对一、一对多和多对多联系。

例如，对于课程、教师与参考书三个实体型，如果一门课程可以有若干个教师讲授，使用若干本参考书，而每一位教师只讲授一门课程，每一本参考书只供一门课程使用，则课程与教师、参考书之间的联系是一对多的，如图 8-4（a）所示。

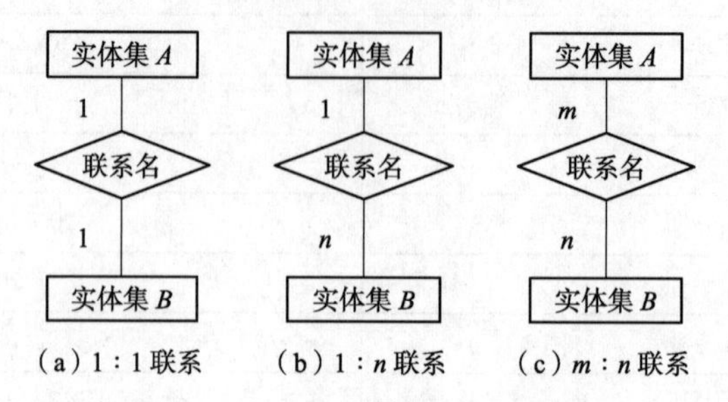

（a）1∶1 联系　（b）1∶n 联系　（c）m∶n 联系

图 8-3　两个实体型之间的三类联系

又如，有三个实体型：供应商、项目、零件，一个供应商可以供给多个项目多种零件，而每个项目可以使用多个供应商供应的零件，每种零件可由不同供应商供给，由此看出供应商、项目、零件三者之间是多对多的联系，如图 8-4（b）所示。

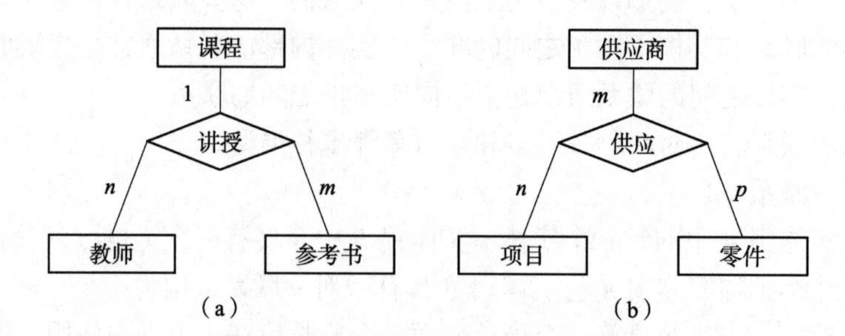

（a）　（b）

图 8-4　三个实体型之间的联系示例

2. E-R 模型的绘制

E-R 图提供了表示实体型、属性和联系的方法。

实体型用矩形表示，矩形框内写明实体名。

属性用椭圆形表示，并用无向边将其与相应的实体型连接起来。

例如，学生实体具有学号、姓名、性别、出生年份、系、入学时间等属性，用 E-R 图表示如图 8-5 所示。

联系用菱形表示，菱形框内写明联系名，并用无向边分别与有关实体型连接起来，同时在无向边旁标上联系的类型（1∶1、1∶n 或 m∶n）。

需要注意的是，如果一个联系具有属性，则这些属性也要用无向边与该联系连接起来。例如图 8-4（b）中，如果用“供应量”来描述联系“供应”的属性，表示某供应商供应了多少数量的零件给某个项目，那么这三个实体及其之间联系的 E-R 图表示可如图 8-6 所示。

3. E-R 模型的实例

用 E-R 图来表示某个学校日常教学管理的概念模型。对日常教学管理进行认识分析，日常教学管理涉及的实体有：

- 学生：属性有学号、姓名、性别和出生日期。
- 教师：属性有教师编号、姓名、学历和专长。

- 课程：属性有课程编号、课程名称、学分。
- 院系：属性有院系编号、院系名称、联系电话。

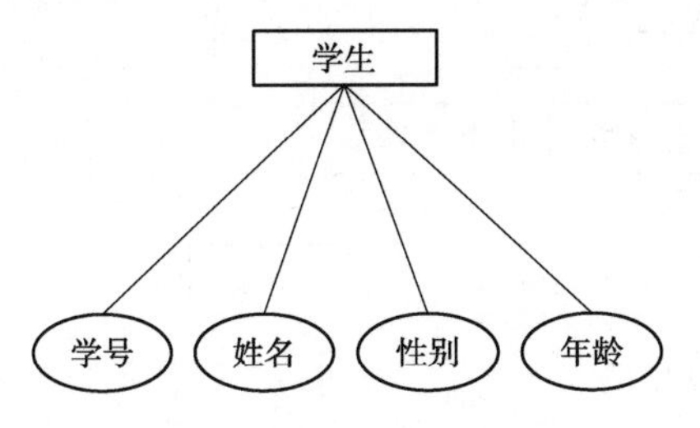

图 8-5 学生实体及属性

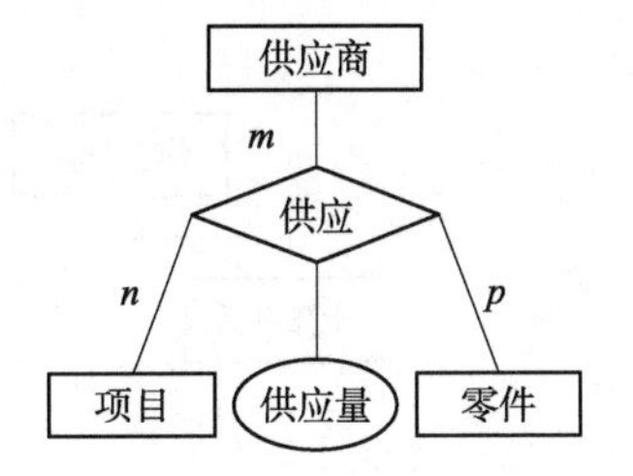

图 8-6 联系的属性

该实例的 E-R 图如图 8-7 所示。

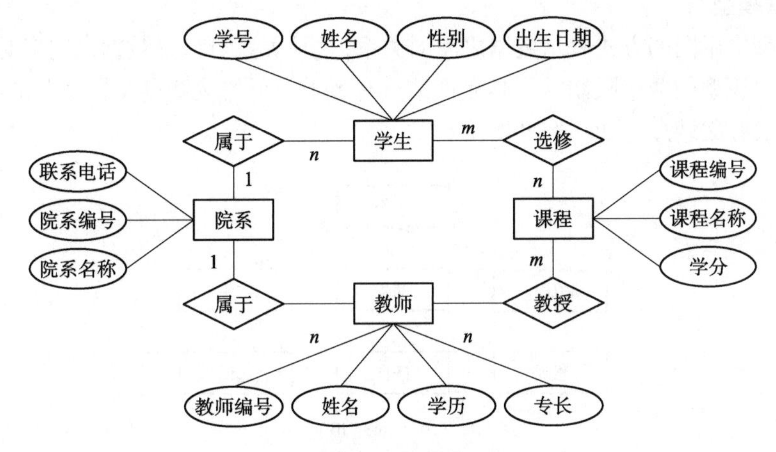

图 8-7 学校日常教学管理 E-R 图

这些实体之间的联系如下：

（1）一个院系可以容纳若干位教师和学生，而一位教师或学生只能隶属于一个院系，因此院系和教师之间以及院系与学生之间是一对多的联系。

（2）一个院系可以开设多门课程，而一门课程只能由一个院系提供，因此院系和课程之间的联系是一对多的。

（3）一位教师可以教授多门课程，一门课程可以由多位教师主讲。由此可以看出，教师和课程之间是多对多的联系。

（4）学生可以选修多门课程，一门课程可以被若干个学生选修。学生与课程之间的联系是多对多的。

8.1.4 逻辑模型

1．层次模型

层次模型是指用树形结构组织数据，可以表示数据之间的多级层次结构。

在树状结构中，各个实体被表示为结点，整个树状结构中只有一个为最高结点，其余的结点有且仅有一个父结点，相邻两层的上级结点和下级结点之间表示了结点之间一对多的联系，如图 8-8 所示。

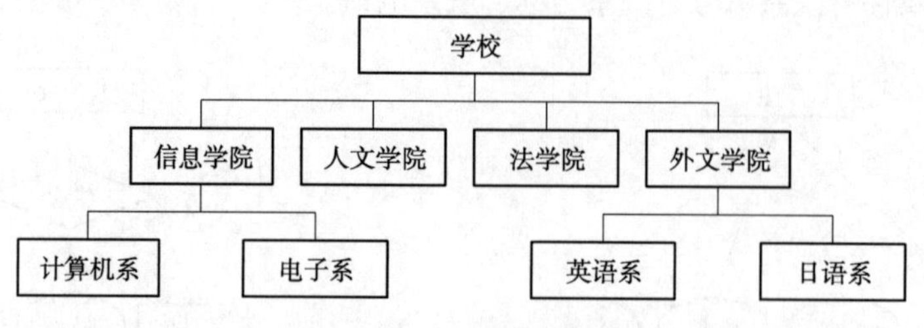

图 8-8　层次模型

在现实世界中存在着大量的可以用层次结构表示的实体，例如单位的行政组织机构、家族的辈份关系以及某个磁盘上的文件夹的结构等都是典型的层次结构。

2. 网状模型

网状模型中用图的方式表示数据之间的关系，这种关系可以是数据之间多对多的联系。它突破了层次模型的两个限制，一是允许结点有多于一个的父结点，另一个是可以有一个以上的结点没有父结点，如图 8-9 所示。

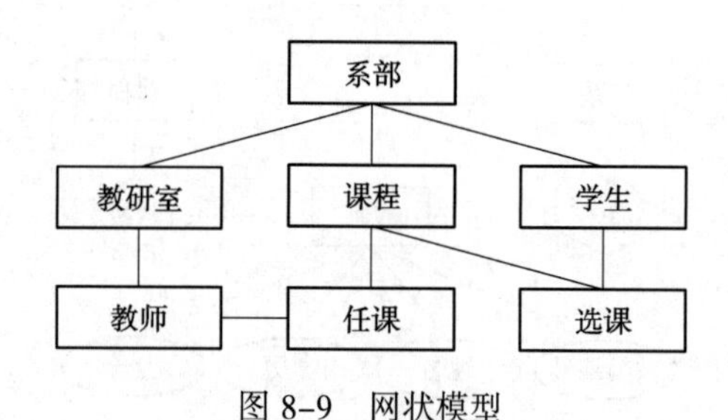

图 8-9　网状模型

3. 关系模型

关系模型是最重要的一种数据模型。关系数据库系统采用关系模型作为数据的组织方式。20 世纪 80 年代以来，计算机厂商新推出的数据库管理系统几乎都支持关系模型，非关系系统的产品也大都加上了关系接口。数据库领域当前的研究工作也都是以关系方法为基础。

关系模型可以用二维表格的形式来描述实体及实体之间的联系，在实际的关系模型中，操作的对象和操作的结果都用二维表表示，每一个二维表代表了一个关系，如图 8-10 所示。

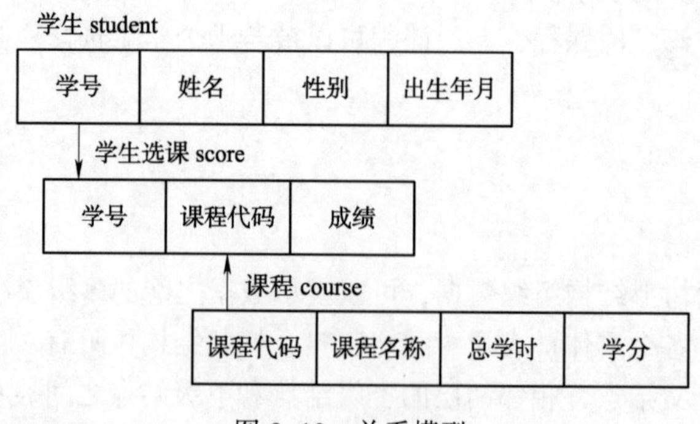

图 8-10　关系模型

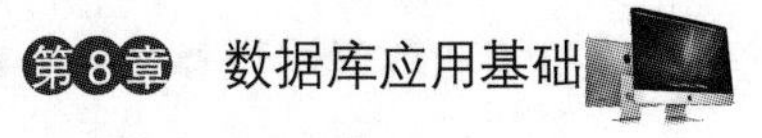

显然，在这三种数据模型中，关系模型的数据组织和管理最为简单方便，因此，目前流行的数据库管理系统都是以关系模型为基础的，称为关系数据库管理系统，而其他模型组织的数据可以转化为用关系模型来处理。

8.2 关系数据库

关系数据库，是建立在关系数据库模型基础上的数据库。关系数据库中的每个表格（有时被称为一个关系）包含多行多列，每列表示一个属性（或字段），每行表示一个实体（或元组、记录）。目前市场上的绝大多数数据库都是关系数据库，例如 SQL Server、MySQL、Oracle、DB2 等。

8.2.1 数据结构

前面讲过，关系模型用二维表格的形式描述相关的数据，图 8-11 所示的学生表就是一个关系。

属性（或字段）

学号	姓名	性别	出生年月
ADC15001	朱小平	男	1997/1/20
ADC15002	何萌	女	1996/5/6
ADC15003	陈洁	女	1997/6/9
ADC15004	吴昊	男	1996/10/9

元组（或记录）

图 8-11 student 表的关系

1. 关系模型的组成

在图 8-11 所示的描述关系的二维表中，共有 4 列，我们将垂直方向的每一列称为一个属性，在数据库文件中称为一个字段。

第一行是组成该表的各个栏目名称，称为属性名，在具体的文件中称为字段名，例如表中的“学号”“姓名”等。

显然，“学号”和“出生年月”字段表示的数据类型是不同的，一个是字符串即文本，另一个是日期，而同样是字符串类型的“姓名”和“性别”，它们包含的字符个数不同，也就是在宽度上是不一样的。因此，对于字段，除了有字段的名称以外，还应包括各个字段取值的类型、所占宽度等，这些都称为字段的属性，字段名和字段的属性组成了关系的框架，在文件中称为表的结构。

在这个二维表中，从第二行起的每一行称为一个元组，对应文件中的一条具体记录，因此，可以说，这个关系表由 4 个字段 4 条记录组成。

行和列的交叉位置表示某条记录的某个属性的值，例如，第一条记录的“学号”字段的值是 ADC15001。

2. 关系模式

关系模式是指对关系结构的描述，用如下的格式表示：

关系名（属性 1，属性 2，属性 3，…，属性 n）

例如，图 8-11 的关系模式可以表示为：

student（学号，姓名，性别，出生年月）

可以看出，关系就是关系模式和元组的集合，在具体的文件中，一张二维表就是表结构和记录的集合。

8.2.2 常用术语

1. 主键

在一个关系中可以用来唯一标识或区分一个元组的属性或属性组（属性的集合），称为主键。

例如，在表 student 中，属性“学号”可以作为主键，因为“学号”确定后，该记录也就可以确定，即使用“学号”字段的值可以区分每一个记录，而其他 3 个字段都不能区分每一个记录，因此，该表中只有一个主键“学号”。

例 8-1 确定表 student (学号，姓名，性别，出生年月)的主键，该表的记录如下：

学号	姓名	性别	出生年月
ADC15001	朱小平	男	1997/1/20
ADC15002	何　萌	女	1996/5/6
ADC15003	陈　洁	女	1997/6/9
ADC15004	吴　昊	男	1996/10/9

从该表中可以看出，每个学生的学号不同，其他如姓名、性别和出生年月都有可能是相同的，这样，该表中就有唯一的一个主键——学号。

例 8-2 确定下面的表 score（学号，课程号，成绩）的主键，该表的记录如下：

学号	课程号	成绩
ADC15001	C01	90
ADC15001	C02	89
ADC15002	C02	90

显然，在这个表中，任何一个单一的属性都不能唯一地标识每个元组，只有学号和课程号组合起来才能区分每一个元组，具体表示某个学生的某一门课程，因此，该表中的主键是学号和课程号的组合，即属性组（学号，课程号）。

2. 外键和表间的关系

一个数据库中有若干个表时，它们之间并不是独立的，可以通过外部关键字联系起来。

如果表中的一个字段不是本表的主关键字，而是另外一个表的主关键字，则该字段称为外部关键字，简称外键。

例如，在表 score 中，主键是属性组（学号，课程号），“学号”不是 score 的主键，而是表 student 的主键，因此，在表 score 中“学号”称为外键；同样，“课程号”也不是表 score 的主键，而是表 course 的主键，因此，在表 score 中“课程号”也称为外键。

通过外键可以将两个表联系起来，其中以外键作为主键的表称为主表，外键所在的表称为从表。

例如，两个表 student 和 score 通过“学号”相关联，以“学号”作为主键的表 student

称为主表，而以“学号”作为外键的表 score 则是从表。

8.3 Access 2016 基础知识

目前，数据库管理系统软件有很多，例如 Oracle、Sybase、DB2、SQLServer、Access、Visual FoxPro 等，虽然这些产品的功能不完全相同，规模上、操作上差别也较大，但是，它们都是以关系模型为基础的，因此都属于关系型数据库管理系统。

本节将介绍 Microsoft 公司的 Access 数据库，Access 数据库是 Office 套装软件的组件之一，拥有众多的版本。本节通过较新的 Access 2016 版介绍关系数据库的基本功能及一般使用方法，这些方法同样适合在其他版本中使用。

8.3.1 Access 2016 概述

1. Access 2016 新特性

Access 2016 的一个数据库文件中既包含了该数据库中的所有数据表，也包含了由数据表所产生和建立的查询、窗体和报表等。

2. Access 2016 的启动及窗口组成

单击“开始”按钮→“所有程序”→“Microsoft Office”→“Microsoft Access 2016”，可以启动 Access 2016；如果桌面有 Access 2016 的快捷方式，可直接单击桌面快捷方式启动。启动后的窗口如图 8-12 所示。

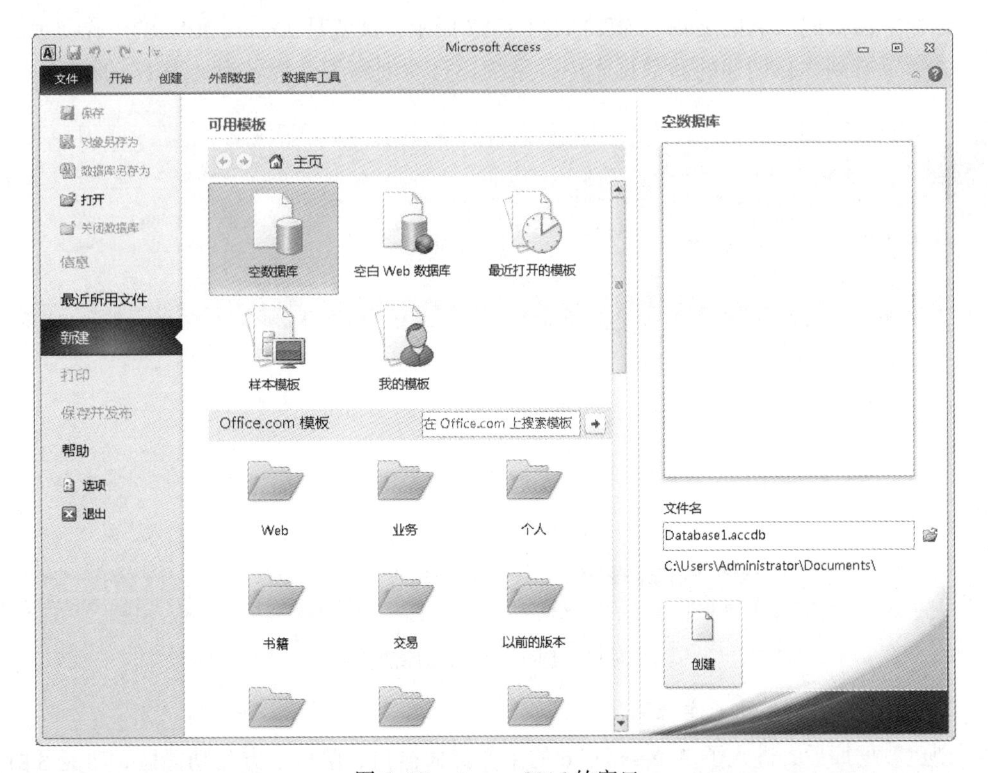

图 8-12　Access 2016 的窗口

该窗口从上到下由以下几个部分组成：

（1）最上边的标题栏显示最常用的几个按钮和当前工作簿的名称。

（2）标题栏下面是功能区：该区最左边为“文件”菜单，其他部分由各个标签组成，例如“开始”“创建”等，每个标签中包含若干个命令按钮组成的分组，例如“开始”标签中的“视图”“剪贴板”等。

（3）功能区下方由三部分组成，从左到右分别是文件菜单、模板区和数据库区。文件菜单中有“新建”、“打开”、“保存”、“另存为”和“退出”等命令、模板区显示了各种不同的数据库模板，数据库区用来对创建的新数据库选择保存路径和设置数据库名。

3. 建立空白的数据库

数据库是 Access 中的文档文件，Access 2016 中提供了两种方法创建数据库，一是使用模板创建数据库，建立所选择的数据库类型中的表、窗体和报表等；另一种方法是先创建一个空白数据库，然后再向数据库中创建表、窗体、报表等对象。

创建空白数据库的方法如下：

（1）单击图 8-12 窗口中模板区的“空数据库”选项。

（2）向窗口右侧“文件名”文本框内输入要创建的数据库文件的名称，例如“学生信息管理”，如果创建数据库的位置不需要修改，则直接单击右下方的“创建”按钮，如果要改变存放位置，则单击右侧的文件夹按钮，这时，打开“文件新建数据库”对话框。

（3）在对话框中选择新建数据库所在的位置，然后单击“创建”按钮，该数据库创建完毕。

创建空白数据库后的 Access 窗口如图 8-13 所示，这就是 Access 2016 的工作界面，在左下方可以看到，在创建的新数据库中，系统还自动创建了一个名为“表 1”的表。

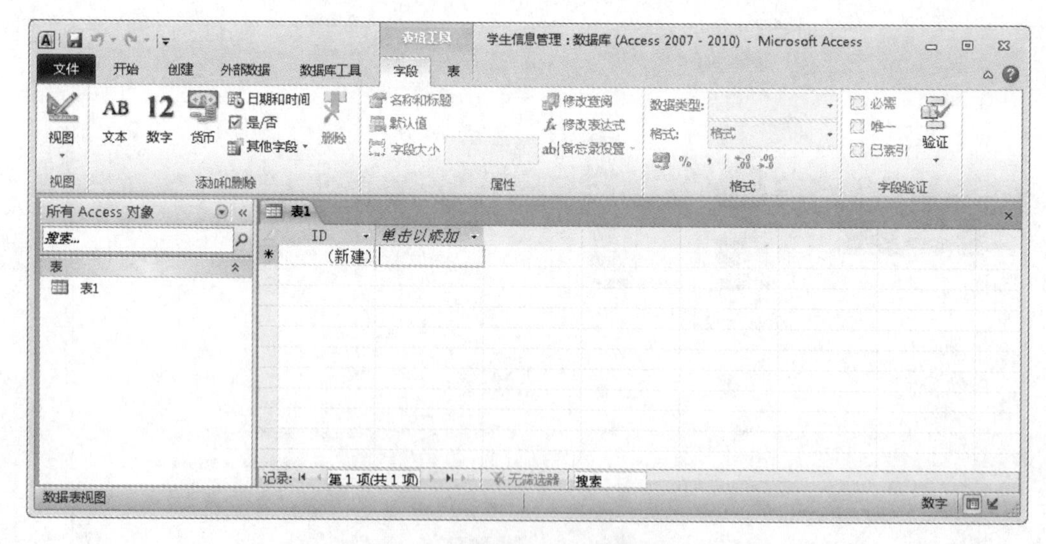

图 8-13　创建空白数据库的窗口

4. Access 2016 的工作界面

创建数据库后，进入了 Access 2016 的工作界面窗口，窗口上方为功能区，功能区由多个选项卡组成，例如，“开始”选项卡、“创建”选项卡、“外部数据”选项卡等，每个选项

卡中包含了多个命令，这些命令以分组的方式进行组织。例如，图 8-13 中显示的是“字段”选项卡，该选项卡中的命令分为 5 组，分别是视图、添加和删除、属性、格式、字段验证，每个组中包含了若干个按钮，按钮分别对应了不同的命令。

双击某个选项卡的名称时，可以将该选项卡中的功能区隐藏起来，再次双击时又可以显示出来。

功能区中有些区域有下拉按钮，单击时可以打开一个下拉菜单，还有一些是指向右下方的箭头，单击时可以打开一个用于设置的对话框。

功能区的下方由左右两个部分组成，左边是导航窗格用来组织数据库中创建的对象，例如图中显示的是名为“表 1”的表对象，右边称为工作区，是打开的某个对象，图中打开的是“表 1”，该表中目前只有一个名为“ID”的字段，这是系统自动创建的。

5．数据库文件中的各个对象

单击图 8-13 的“创建”选项卡，该选项卡中显示了在数据库中可以创建的各种对象，如图 8-14 所示，共有 6 种对象，它们分别是表格、查询、窗体、报表、宏与代码，其中第 1 个分组中的“应用程序部件”是各种已设置好格式的窗体。所有这些对象都保存在扩展名为 accdb 的同一个数据库文件中。

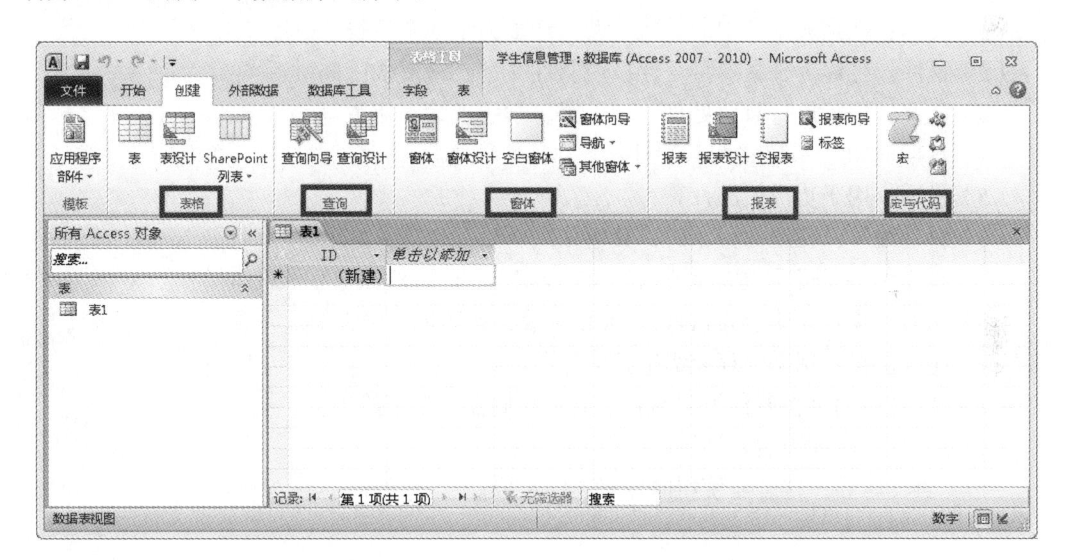

图 8-14　Access 数据库中的对象

8.3.2　数据表

在数据库的各个对象中，表是数据库的核心，它保存数据库的基本信息，就是关系中的二维表信息，这些基本信息又可以作为其他对象的数据源。

图 8-15 所示的“学生”表是典型的二维表格，表中每一行对应一条记录，每一列对应一个字段，行和列相交处是对应记录的字段值，该表有 10 条记录，4 个字段。

1．数据表结构

Access 中的表结构由若干个字段及其属性构成，在设计表结构时，要分别输入各字段的名称、类型、属性等信息。

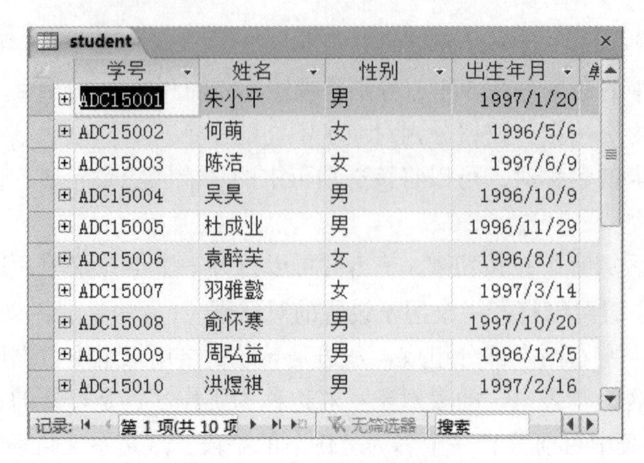

student

学号	姓名	性别	出生年月
ADC15001	朱小平	男	1997/1/20
ADC15002	何萌	女	1996/5/6
ADC15003	陈洁	女	1997/6/9
ADC15004	吴昊	男	1996/10/9
ADC15005	杜成业	男	1996/11/29
ADC15006	袁醉芙	女	1996/8/10
ADC15007	羽雅懿	女	1997/3/14
ADC15008	俞怀寒	男	1997/10/20
ADC15009	周弘益	男	1996/12/5
ADC15010	洪煜祺	男	1997/2/16

记录: 第 1 项(共 10 项 无筛选器 搜索

图 8-15　Access 的表对象

1）字段名

为字段命名时可以使用字母、数字或汉字等，但字段名最长不超过 64 个字符。

2）数据类型

Access 2016 中提供的数据类型有以下 12 种：

（1）文本：这是数据表中的默认类型，最多为 255 个字符。

（2）备注：也称为长文本型，存放说明性文字，最多 65 536 个字符。

（3）数字：用于进行数值处理，如工资、学生成绩、年龄等。

（4）日期/时间：可以参与日期计算。

（5）货币：用于货币值的计算。

（6）自动编号：在增加记录时，其值依次自动加 1。

（7）是/否：用来记录逻辑型数据，如 Yes/No、True/False、On/Off 等值。

（8）OLE 对象：用来链接或嵌入 OLE 对象，如图像、声音等。

（9）超级链接：用来保存超级链接的字段。

（10）附件：用于将多种类型的多个文件存储在一个字段中。

（11）计算：保存表达式的计算结果。

（12）查阅向导：这是与使用向导有关的字段。

3）字段属性

字段的属性用来指定字段在表中的存储方式，不同类型的字段具有不同的属性，常用属性如下：

（1）字段大小。

① 对文本型数据，指定文字的长度，大小范围在 0～255 之间，默认值为 50。

② 对数字型字段，指定数据的类型，不同类型数据所在的范围不同，例如：

- 字节：0～255 之间的整数，占一个字节。
- 整数：-32 768～32 767 之间的整数，占二个字节。

（2）格式。格式属性用来指定数据输入或显示的格式，这种格式不影响数据的实际存储格式。

（3）小数位数。对数字型或货币型数据指定小数位数。

（4）标题。用来指定字段在窗体或报表中所显示的名称。

（5）有效性规则。用来限定字段的值，例如，对表示百分制成绩的“数字”字段，可以使用有效性规则将其值限定在 0 ~ 100 之间。

（6）默认值。用来指定在添加新记录时系统自动填写的值。

4）设定主关键字

对每一个数据表都可以指定某个或某些字段作为主关键字，简称主键，其作用是：

（1）实现实体完整性约束，使数据表中的每条记录唯一可识别，如学生表中的“学号”字段。

（2）加快对记录进行查询、检索的速度。

（3）用来在表间建立关系。

2. 建立数据表

不同的数据库对象在操作时有不同的视图方式，不同的视图方式包含的功能和作用范围都不同，表的操作使用 4 种视图，分别是设计视图、数据表视图、数据透视表视图和数据透视图视图，在“设计”选项卡中的“视图”分组中，单击该分组的下拉按钮，可以在这 4 种视图之间进行切换（见图 8-16），最常用的是设计视图和数据表视图。

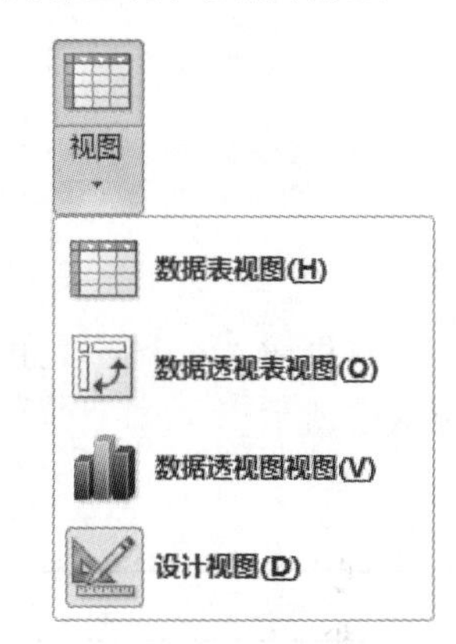

图 8-16　表操作的视图方式

（1）设计视图：用于设计和修改表的结构，表结构建立后，还要切换到数据表视图下才能输入各条记录。

（2）数据表视图：以行列的方式（二维表）显示表，主要用于对记录的增加、删除、修改等操作。

（3）数据透视表视图：用所选格式和计算方法，对数据进行汇总，结果以表的形式显示。

（4）数据透视图视图：以图的形式显示汇总的结果。

Access 2016 中有多种方法建立数据表，在创建新的数据库时自动创建了一个空表，在现有的数据库中创建新表有以下 4 种方法：

（1）直接在数据表视图中创建一个空表。

（2）使用设计视图创建表。

（3）根据 SharePoint 列表创建表。

（4）从其他数据源导入或链接。

这里介绍最常用的前两种方法，使用设计视图创建表，下面创建的表都在已经创建的“学生信息管理”数据库中。

例 8-3 用设计视图建立数据表“student”。

【操作步骤】

（1）在“创建”选项卡的“表”分组中，单击“表设计”按钮，在工作区显示表的“设计视图”窗格，如图 8-17 所示。

（2）设计表结构。在“设计视图”窗格中，上半部分是字段区，用来输入各字段的名称、指定字段的数据类型并对该字段进行说明，下半部分的属性区用来设定各字段的属性，例如字段长度、有效性规则、默认值等。

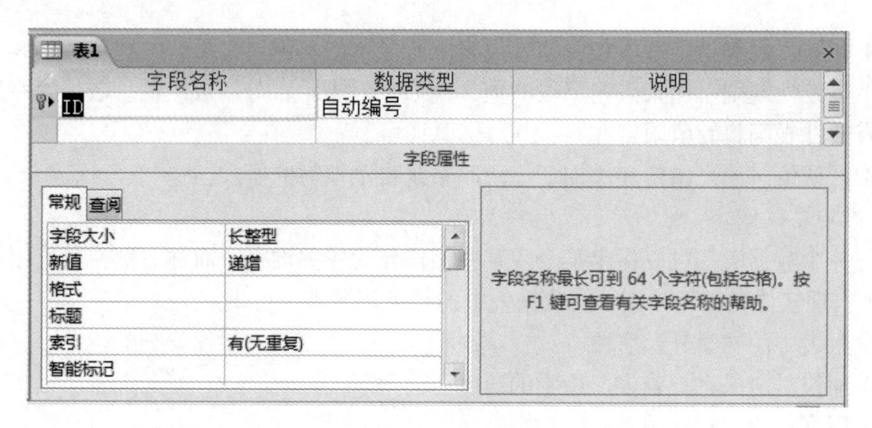

图 8-17　设计视图窗口

这里输入 4 个字段分别是“学号”、“姓名”、“性别”和“出生年月”，各字段的属性如表 8-2 所示。

表 8-2　xxx 表属性

字段名称	字段类型	长度
学号	文本	8
姓名	文本	4
性别	文本	1
出生年月	日期/时间	—

（3）定义主键字段。本表中选择“学号”作为主键，单击“学号”字段名称左边的方框选择此字段。然后单击“表格工具”分组中的“主键”按钮，将此字段定义为主键，如图 8-18 所示。

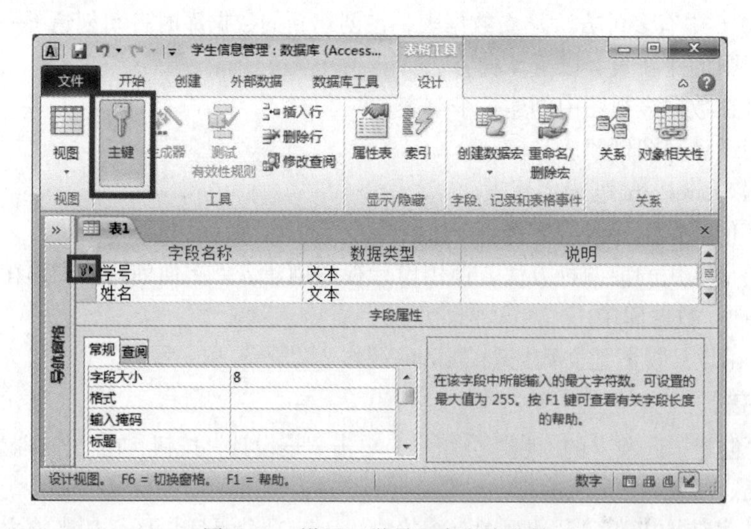

图 8-18　设置“学号”字段为主键

（4）命名表及保存。单击“保存”按钮，打开“另存为”对话框，在框中输入数据表名称“student”，然后单击“确定”按钮，这时，表结构建立完毕。

（5）单击“设计”选项卡“视图”组中的下拉按钮，在下拉列表中选择“数据表视图”选项，将“student”表切换到“数据表视图”。

（6）在“数据表视图”下输入记录，最终建立的数据表如图 8-19 所示。

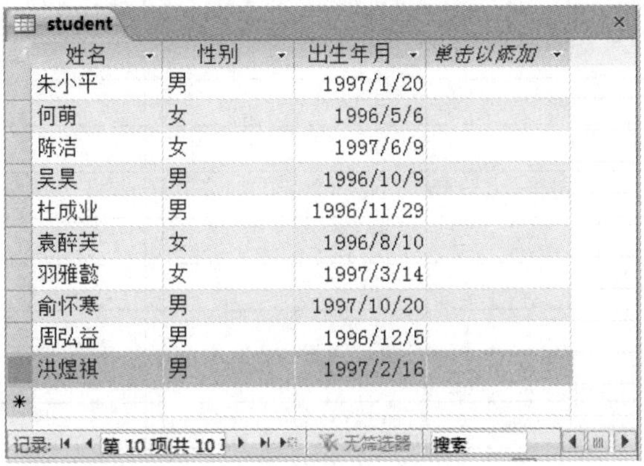

student

姓名	性别	出生年月	单击以添加
朱小平	男	1997/1/20	
何萌	女	1996/5/6	
陈洁	女	1997/6/9	
吴昊	男	1996/10/9	
杜成业	男	1996/11/29	
袁醉芙	女	1996/8/10	
羽雅懿	女	1997/3/14	
俞怀寒	男	1997/10/20	
周弘益	男	1996/12/5	
洪煜祺	男	1997/2/16	

记录: 第 10 项(共 10 项) 无筛选器 搜索

图 8-19 “student”数据表

依照上面的步骤，在设计视图下建立课程成绩数据表“course”和“score”，两表的结构和记录如表 8-3 ~ 表 8-6 所示。

表 8-3 “course”数据表结构

字段名称	字段类型	长度
课程代码	文本	8
课程名称	文本	5
总学时	数字	字节型
学分	数字	字节型

表 8-4 “score”数据表结构

字段名称	字段类型	长度
学号	文本	8
课程代码	文本	5
成绩	数字	字节型

两表的记录如下：

表 8-5 “course”数据表记录

00196	大学英语 I	68	3
00367	高等数学(A) I	90	5
01612	C++语言程序设计	50	3
00594	计算机导论	34	2
00598	计算机基础	51	2

表 8-6 “score”数据表记录

学号	课程代码	成绩
ADC15001	00196	63
ADC15002	00196	75
ADC15003	00196	75
ADC15004	00196	54
ADC15005	00196	65
ADC15001	00367	74
ADC15002	00367	86
ADC15003	00367	52
ADC15004	00367	90
ADC15005	00367	55
ADC15001	01612	76
ADC15002	01612	68
ADC15003	01612	71
ADC15004	01612	85

要注意的是，“course”中需要将“课程代码”字段设置为主键，而“score”表不设置主键，因此，在保存表时，屏幕上会出现对话框，提示还没有定义主键，如图 8-20 所示，这里单击“否”按钮，表示不定义主键。

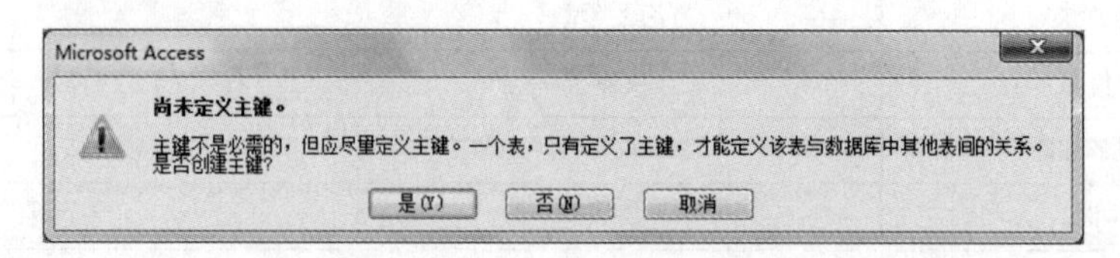

图 8-20　未定义主键提示对话框

这时，“学生信息管理”数据库中创建了三张表，分别是学生（student）、课程（course）和课程成绩表（score）。

例 8-4 在“student”表中，已将“学号”字段定义为主键，对该表进行下面的操作：

【操作步骤】

（1）在导航窗格中选中“student”表，在数据表视图中打开此表。

（2）在数据表视图中，输入一条新记录，输入时不输入学号，只输入其他字段的值。

（3）单击新记录之后的下一条记录位置，这时出现图 8-21 的对话框。对话框表明，设置主键后，该表中无法输入学号为空的记录。

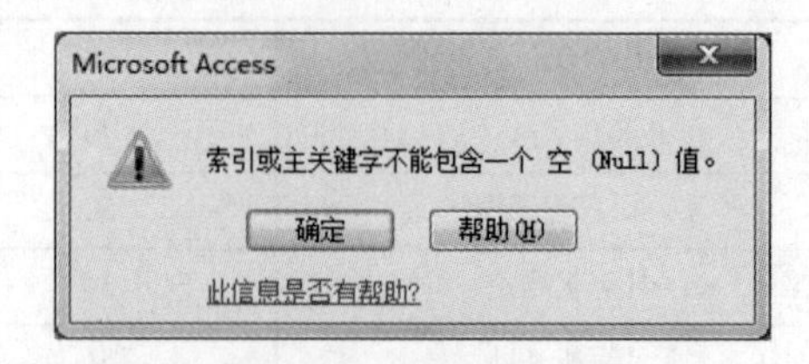

图 8-21　输入学号字段为空的记录

（4）向该条新记录输入与上面记录相同的学号“ADC15001”，单击新记录之后的下一条记录位置，这时出现图 8-22 所示的对话框。

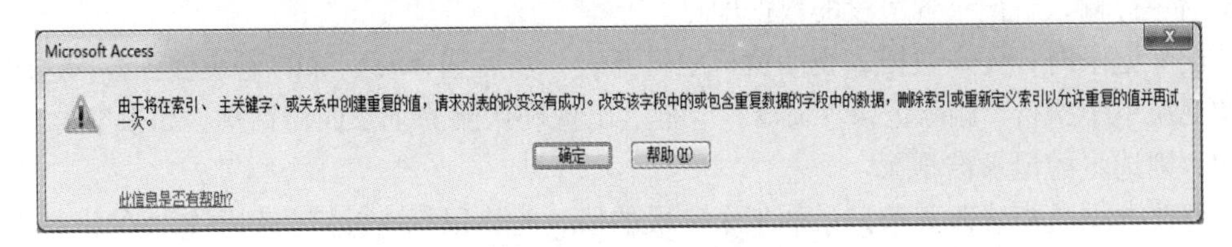

图 8-22　输入学号相同的记录

可见，设置主键后，表中不允许出现学号相同的两条记录。

3．设置字段的有效性规则

例 8-5 在建立“score”表时，曾将“成绩”字段定义为字节型，字节型的取值范围为 0～255，这对于百分制的分数来说范围还是太大，为了避免在分数录入时出现超出 100 分的错误录入，现在再将此字段的值设置在 0～100 之间。

【操作步骤】

（1）在导航窗格中选中“score”表，单击“设计”按钮。

（2）在设计视图的字段区选中“成绩”字段。

（3）在属性区的“有效性规则”框内输入“>=0 and <=100”，单击“保存”按钮。

（4）切换到数据表视图，输入一条新的记录，其中“成绩”字段输入 150，单击新记录之后的下一条记录位置，这时出现图 8-23 所示的对话框。

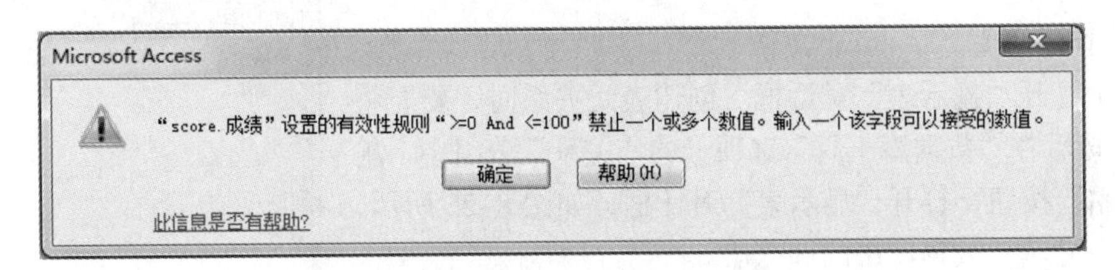

图 8-23　成绩不在设定范围时的对话框

可见，“成绩”字段的有效性设置后，成绩的值只能在 0～100 之间。

同样，可将“student”表中“性别”字段的有效性规则设置为“'男' or '女'”。

4．编辑数据表

编辑记录的操作只能在数据表视图下进行，包括添加记录、删除记录、修改数据等，在编辑之前，应先定位记录或选择记录。

在数据表视图窗口中打开一个表后，窗口下方会显示一个记录定位器，该定位器由若干个按钮构成，如图 8-24 所示。

上一条记录　下一条记录　新记录
记录: 第 2 项(共 10 项
第一条记录　记录编号框　最后一条记录

图 8-24　记录定位器

使用定位器定位记录的方法如下：

- 使用“第一条记录”“上一条记录”“下一条记录”和“最后一条记录”这些按钮定位记录。
- 在记录编号框中直接输入记录号，然后按【Enter】键，也可以将光标定位在指定的记录上。

在 Access 中，只能在表的末尾添加记录，操作时先在数据表视图中打开表，然后直接在最后一行输入新记录各字段的数据即可。

删除记录时，先在数据表视图窗口中打开表，然后选择要删除的记录后右击，这时，在快捷菜单中执行“删除记录”命令，屏幕上出现确认删除记录的对话框，如果单击“是”按钮，则选定的记录被删除。

修改数据是指修改某条记录的某个字段的值，先将鼠标指针定位到要修改的记录上，然后再定位到要修改的字段，即记录和字段的交叉单元格，直接进行修改。

5. 建立表间关系

数据库中的各个表之间可以通过共同字段建立联系，当两个表之间建立联系后，用户就不能再随意地更改建立关系的字段的值，也不能随意向从表中添加记录。从而保证数据的完整性，即数据库的参照完整性。

1）建立表间关系

Access 中的关系可以建立在表和表之间，也可以建立在查询和查询之间，还可以是在表和查询之间。

建立关联操作不能在已经打开的表之间进行，因此，在建立关联时，必须首先关闭所有的数据表。

例 8-6 在“student”表和“score”表间建立关系，“student”表为主表，“score”表为从表，同时，在“course”表和“score”表间建立关系，“course”表为主表，“score”表为从表，建立过程如下：

【操作步骤】

（1）打开“显示表”对话框。创建表间关系时，要先将表关闭,然后在“数据库工具”选项卡的“关系”分组中，单击“关系”按钮，打开“显示表”对话框，如图 8-25 所示，对话框中显示了数据库中的 3 张表。

（2）选择表。在此对话框中选择欲建立关系的三张表，每选择一张表后，单击“添加”按钮，将“student”表、“course”表和“score”表这 3 张表分别选中后单击“关闭”按钮，关闭此对话框后，打开“关系”窗口，可以看到，刚才选择的数据表出现在“关系”窗口中，如图 8-26 所示。

图 8-25 “显示表”对话框

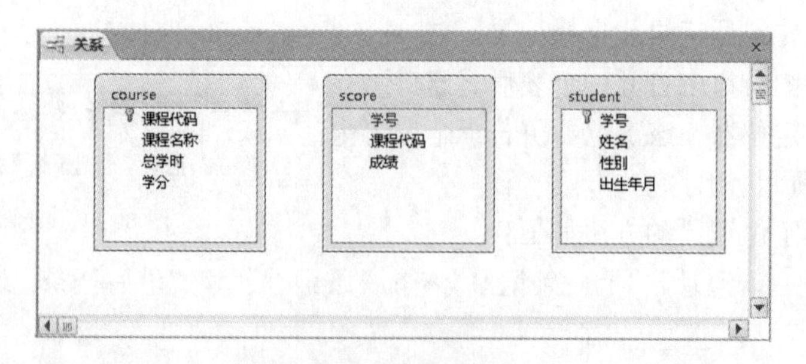

图 8-26 “关系”窗口

（3）建立关系并设置完整性。在图 8-26 中，将“student”表中的“学号”字段拖到“score”表的“学号”字段，松开鼠标后，显示新的对话框，如图 8-27 所示，图中显示关系类型为“一对多”。

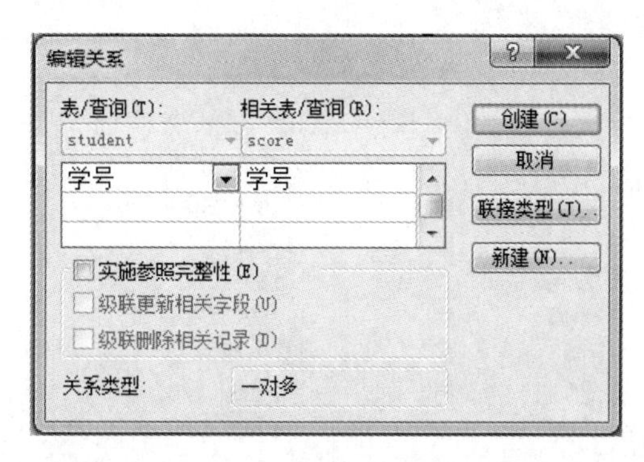

图 8-27 “编辑关系”对话框

选中此对话框中的三个复选框，这是为实现参照完整性进行的设置。

单击“创建”按钮，返回到“关系”窗口，这时，“student”表和“score”两个表之间的关系建立完毕。

在“关系”窗口中用同样的方法，将“course”表中的“课程代码”字段拖到“score”表的“课程代码”字段上，松开鼠标后，显示“编辑关系”对话框，选中对话框中的三个复选框，这时，“course”表和“score”两个表之间的关系也建立完毕。

建立后的表间关系如图 8-28 所示。

在 Access 中，用于联系两个表的字段如果在两个表中都是主键，则两个表之间建立的是一对一关系；如果这个字段在一个表中是主键，在另一个表中不是主键，则两个表之间建立的是一对多的关系，主键所在的表是主表。

由于在“student”表中设置的主键是“学号”，而在“score”表中没有设置主键，所以两个表之间建立的是一对多的关系，同样，“course”表和“score”表之间建立的也是一对多的联系。

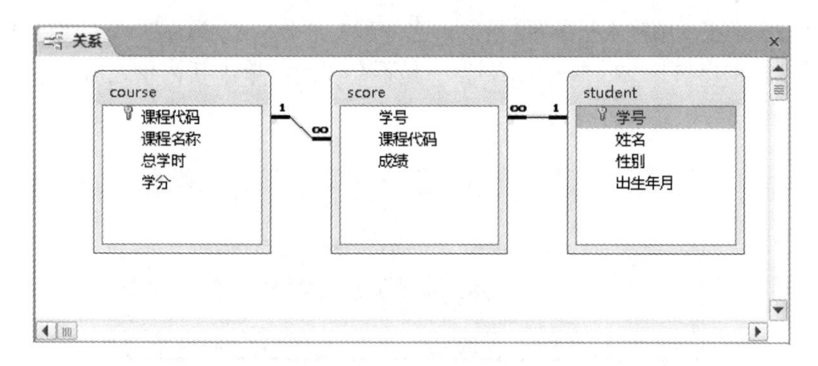

图 8-28 创建好的表间关系

在这两个表之间建立关系后，再打开主表“student”表，表中每个学号前多了一个“+”，显然，这是一个展开用的符号，单击该符号时，会显示出从表中对应记录的值，如图 8-29 所示。

student

学号	姓名	性别	出生年月	单击以添加
ADC15001	朱小平	男	1997/1/20	

课程代码	成绩
00196	63
00367	74
01612	76
*	

学号	姓名	性别	出生年月
ADC15002	何萌	女	1996/5/6
ADC15003	陈洁	女	1997/6/9
ADC15004	吴昊	男	1996/10/9
ADC15005	杜成业	男	1996/11/29
ADC15006	袁醉芙	女	1996/8/10
ADC15007	羽雅懿	女	1997/3/14
ADC15008	俞怀寒	男	1997/10/20
ADC15009	周弘益	男	1996/12/5
ADC15010	洪煜祺	男	1997/2/16

记录: 第 1 项(共 3 项) 无筛选器 搜索

图 8-29　创建表间关系后显示的主表

2）设置参照完整性

建立了表间关系后，除了在数据表视图中显示主表时形式上会发生变化，在对表进行记录操作时，也要相互受到影响。

在参照完整性中，“级联更新相关字段”使主关键字段和关联表中的相关字段保持同步更新，而“级联删除相关记录”使得主关键字段中相应的记录被删除时，会自动删除相关表中对应的记录。下面通过级联的更新与级联删除实例说明参照完整性。

例 8-7 验证“级联更新相关字段”和“级联删除相关记录”。

前面在“student”表和“score”表之间按字段“学号”建立了关联，由于“学号”在“student”表中是主键，而在“score”表中没有设置主键，因此，“学号”是“score”表中的外键，在建立关联时，同时也设置了“级联更新相关字段”和“级联删除相关记录”。

【操作步骤】

（1）在数据表视图中打开“score”表。

（2）在数据表视图中输入一条新的记录，各字段的值分别是“ADC15111”“00196”“80”，注意，学号“ADC15111”在“student”表中是不存在的，单击新记录之后的下一条记录位置，这时出现图 8-30 所示的对话框。

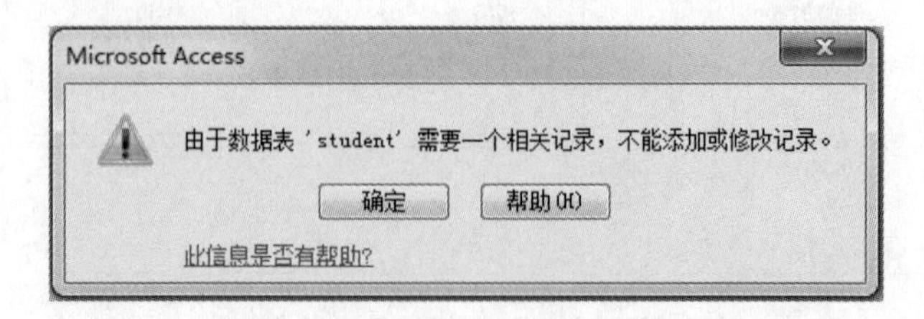

图 8-30　输入的学号值在主表中不存在时的对话框

这个对话框表明输入新记录的操作没有被执行，这是参照完整性的一个体现，表明在从表中不能引用主表中不存在的学号。

（3）打开“student”表，切换到数据表视图。

（4）将第一条记录“学号”字段的值由“ADC15001”改为“ADC15011”，然后单击“保存”按钮。

（5）在数据表视图窗口中打开“score”表，可以看到，此表中原来学号为“ADC15001”的记录，其学号值已被自动更改为“ADC15011”，这就是“级联更新相关字段”。

“级联更新相关字段”使得主关键字段和关联表中的相关字段的值保持同步改变，为便于以后的操作，现将主表中改变的学号“ADC15011”恢复为原来的“ADC15001”。

（6）重新在数据表视图中打开“student”表，并将“学号”字段值为“ADC15001”的记录删除，这时出现图 8-31 的对话框，提示主表和从表中的相关记录都会被删除，这时单击“是”按钮，然后单击工具栏的“保存”按钮。

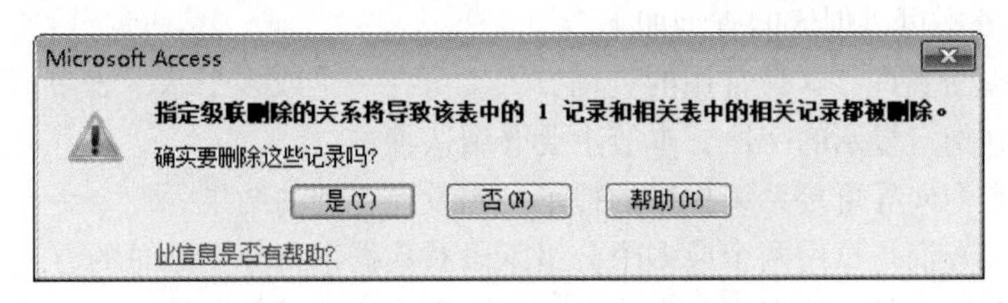

图 8-31　删除主表中记录时的对话框

（7）在数据表视图中打开“score”表，此表中原来学号为“ADC15001”的记录也被同步删除，这就是“级联删除相关记录”。

“级联删除相关记录”表明在主表中删除某个记录时，从表中与主表相关联的记录会自动地删除。

8.3.3 查询

查询是在一个或多个表中查找某些特定的记录，查找时可从行向的记录或列向的字段进行，例如，在成绩表中查询成绩大于 80 分的记录，也可以从两个或多个表中选择数据形成新的数据表等，图 8-32 显示的是从学生表中根据条件“性别为女生”选择出来的记录。

查询结果也是以二维表的形式显示的，但它与基本表有本质的区别，在数据库中只记录了查询的方式（即规则），每执行一次查询操作时，都是以基本表中现有的数据重新进行操作的。

女生表

学号	姓名	性别	出生年月
ADC15002	何萌	女	1996/5/6
ADC15003	陈洁	女	1997/6/9
ADC15006	袁醉芙	女	1996/8/10
ADC15007	羽雅懿	女	1997/3/14
*			

记录: 第 1 项(共 4 项)　无筛选器　搜索

图 8-32　选择查询

Access 的查询可以从已有的数据表或查询中选择满足条件的数据，也可以对已有的数据进行统计计算，还可以对表中的记录进行诸如修改、删除等操作。此外，查询的结果还可作为窗体、报表等其他对象的数据源。

1. 创建查询的方法

在“创建”选项卡的“查询”分组中，有两个按钮用于创建查询，分别是“查询向导”和“查询设计”，如图 8-33 所示。

图 8-33 创建查询的按钮

使用“查询向导”时，可以创建简单查询、交叉表查询、查找重复项查询或查找不匹配项查询；使用“查询设计”时，先在设计视图中新建一个空的查询，然后通过“显示表”对话框添加表或查询，最后再添加查询的条件。

创建查询使用的数据源可以是表，也可以是已经创建的其他查询。

Access 2016 中可以创建的查询如下：

（1）设计视图查询，这是常用的查询方式，可在一个或多个基本表中，按照指定的条件进行查找，并指定显示的字段，本节主要介绍这种方法。

（2）简单查询向导可按系统提供的提示过程设计查询的结果。

（3）交叉表查询是指用两个或多个分组字段对数据进行分类汇总的方式。

（4）重复项查询是在数据表中查找具有相同字段值的重复记录。

（5）不匹配项查询是在数据表中查找与指定条件不匹配的记录。

建立查询时可以在“设计视图”窗口或“SQL 视图” 窗口下进行，而查询结果可以在“数据表视图”窗口中显示。

查询操作有五种视图，分别是设计视图、数据表视图、SQL 视图、数据透视表视图和数据透视图视图，如图 8-34 所示。

（1）设计视图：就是在查询设计视图中设置查询的各种条件。

（2）数据表视图：用来显示查询的运行结果。

（3）SQL 视图：使用 SQL 语言进行查询。

（4）数据透视表和数据透视图视图：改变查询的版面，以不同的方式分析数据。

以上视图中使用最多的是设计视图，查询的设计视图窗口如图 8-35 所示。

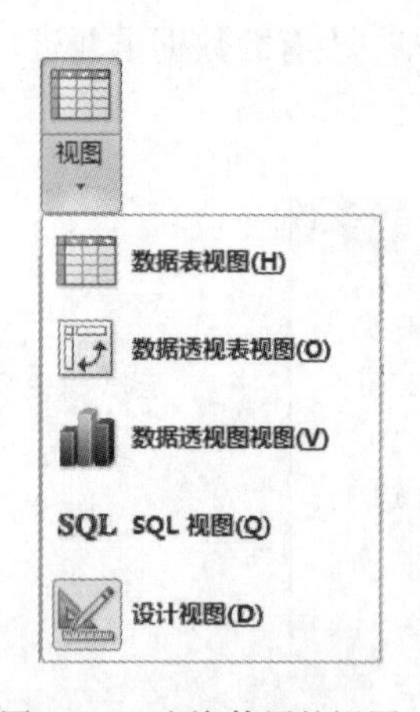

图 8-34 查询使用的视图

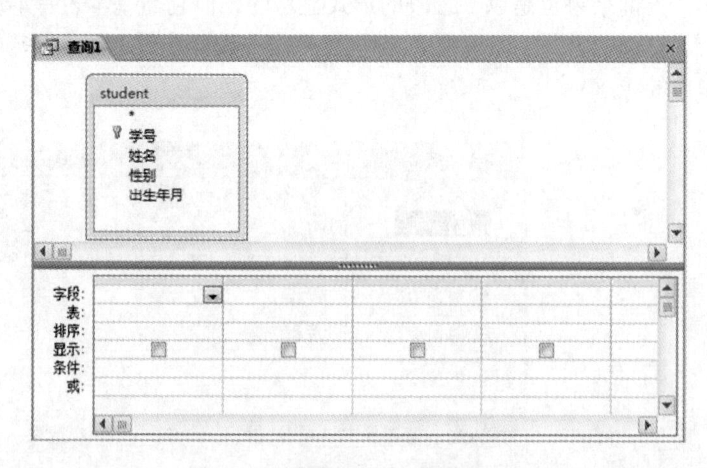

图 8-35 查询的设计视图窗口

在设计视图窗口中，上部分显示选择的表或查询，也就是创建查询使用的数据源，下半部分是一个二维表格，每列对应着查询结果中的一个字段，而每一行的标题则指出了该字段的各个属性。

（1）字段：查询结果中所使用的字段，在设计时通常是用鼠标将字段从名称列表中拖动到此区，也可以是新产生的字段。

（2）表：指出该字段所在的数据表或查询。

（3）排序：指定是否按此字段排序以及排序的升降顺序。

（4）显示：确定该字段是否在查询结果集中显示。

（5）条件：指定对该字段的查询条件，例如对成绩字段，如果该处输入“> 60”，表示选择成绩大于 60 的记录。

（6）或：可以指定其他的查询条件。

设计查询条件后，单击功能区的“运行”按钮“!”，可以在数据表视图窗口中显示查询的结果，如果对结果不满意，可以切换到设计视图窗口重新进行设计。

查询结果符合要求后，单击工具栏上的“保存”按钮，打开“另存为”对话框，输入查询名称后，单击“确定”按钮，可以将建立的查询保存到数据库中。

2. 使用设计视图创建查询

1）创建条件查询

例8-8 用设计视图建立查询，数据源是“student”表，结果中包含表中所有字段，查询结果显示 1997 年以后出生的女生。

【操作步骤】

（1）在“创建”选项卡的“查询”分组中，单击“查询设计”按钮，出现“显示表”对话框。

（2）在对话框中选择查询所用的表，这里选择“student”表，选择后单击“添加”按钮，然后关闭此对话框，打开设计视图窗格。

（3）在设计视图窗格中，分别选择 “student”表中的“学号”“姓名”“性别” “出生年月”这 4 个字段，将 4 个字段分别放到字段区。

（4）在“性别”字段和条件交叉处输入条件“女”。

（5）在“出生年月”字段和条件交叉处输入条件“>= #1997/1/1#”，设置的条件如图 8-36 所示。

字段:	学号	姓名	性别	出生年月
表:	student	student	student	student
排序:				
显示:	☑	☑	☑	☑
条件:			"女"	>=#1997/1/1#
或:				

图 8-36 设置的查询条件

本题查询有两个条件，性别为女和 1997 年以后出生，而且要同时满足。

（6）单击功能区的“执行”按钮“!”，显示查询的结果，如图 8-37 所示。

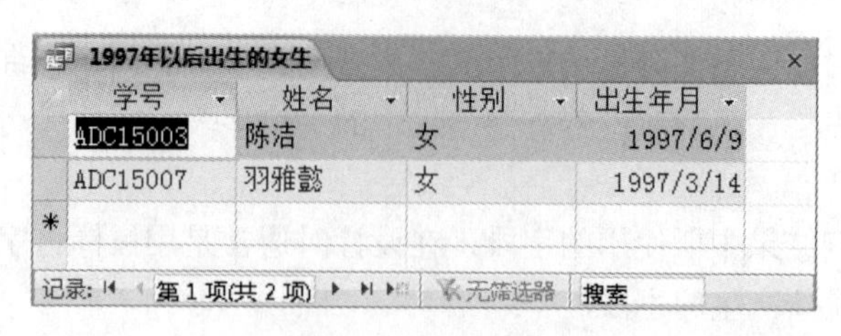

图 8-37　查询的结果

（7）单击“保存”按钮，在打开的对话框中输入查询的名称“1997 年以后出生的女生”，单击“确定”按钮，查询创建完成。

2）创建多表查询

例 8-9 用设计视图建立查询，数据源是数据库中的三张表“student”“course”“score”，结果中包含 4 个字段，分别是“学号”“姓名”“课程名称”“成绩”，查询条件是成绩高于 80 分的记录，并将结果按成绩由高到低的顺序输出。

【操作步骤】

（1）在“创建”选项卡的“查询”分组中，单击“查询设计”按钮，出现 “显示表”对话框。

（2）在对话框中选择查询所用的所有表，这里分别选择“student”表、“course”表和“score”表，每选择一张表后，单击“添加”按钮，最后关闭此对话框，打开设计视图窗口。

（3）在设计视图窗口中，分别选择“student”表中的“学号”“姓名”、“course”表中的“课程名称”和“score”表中的“成绩”字段，将 4 个字段分别放到字段区。

（4）在“成绩”字段和条件交叉处输入条件“>80”。

（5）在“成绩”字段和排序交叉处选择“降序”选项，设置的条件如图 8-38 所示。

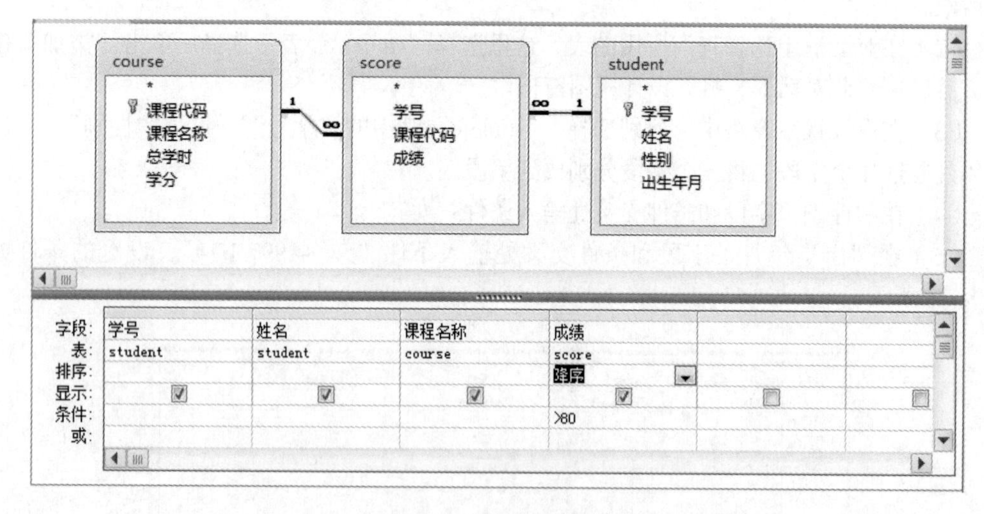

图 8-38　设置的查询条件

（6）单击“执行”按钮，显示查询的结果，如图 8-39 所示。

（7）单击“保存”按钮，在打开的对话框中输入查询的名称“三表查询”，单击“确定”按钮，查询创建完成。

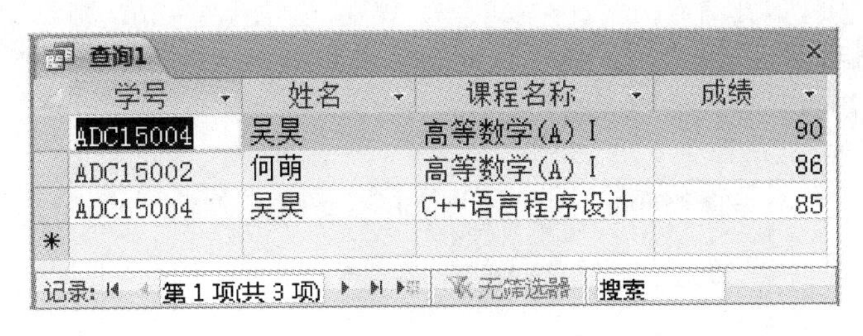

查询1

学号	姓名	课程名称	成绩
ADC15004	吴昊	高等数学(A)Ⅰ	90
ADC15002	何萌	高等数学(A)Ⅰ	86
ADC15004	吴昊	C++语言程序设计	85
*			

记录：第 1 项(共 3 项)　无筛选器　搜索

图 8-39　查询的结果

3）用查询对数据进行分类汇总

例 8-10 用“score”与“student”表创建查询，分别计算男生和女生的平均成绩。

【操作步骤】

（1）在“创建”选项卡的“查询”分组中，单击“查询设计”按钮，出现 “显示表”对话框。

（2）在对话框中选择查询所用的表，这里选择“score”表与“student”表，选择后单击“添加”按钮，最后关闭此对话框，打开设计视图窗口。

（3）在查询“设计视图”窗口的上半部分，分别双击“student”表中的“性别”和“score”表的“成绩”两个字段。

（4）在设计视图窗口中，单击功能区“设计”选项卡中“显示/隐藏”分组中的“汇总”按钮 Σ，这时，设计视图窗口的下半部分多了一行“总计”。

（5）在“性别”对应的总计行中，单击右侧下拉按钮，在列表框中单击“Group By”命令，表示按“性别”分组，然后在“成绩”对应的总计行中单击其中的“平均值”命令。

（6）在“成绩”字段的名称前面添加“平均成绩:”，注意这里的冒号一定是在英文状态下输入，这是设计输出结果中显示的字段名，如图 8-40 所示。

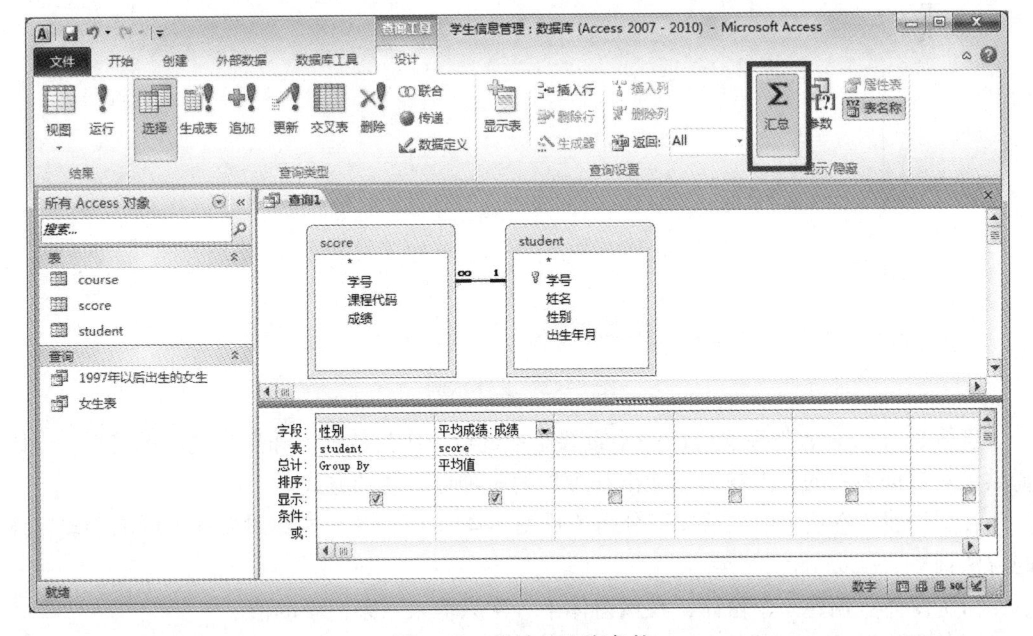

图 8-40　设计的查询条件

（7）单击“执行”按钮“!”，显示查询的结果如图 8-41 所示，本查询是对表中数据进行汇总并产生新的字段“平均成绩”。

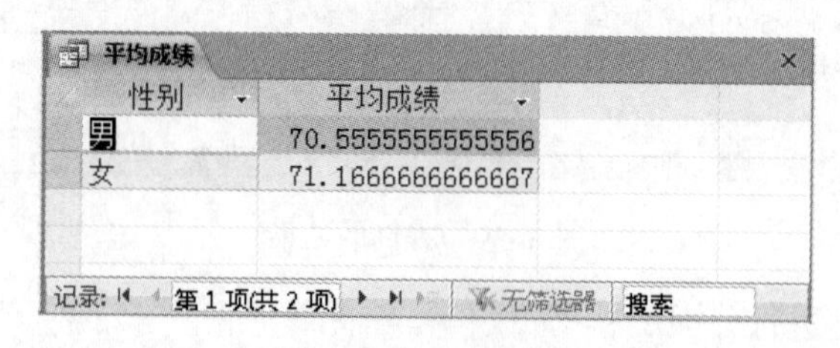

图 8-41　查询结果

（8）命名并保存查询。单击工具栏上的“保存”按钮，打开“另存为”对话框，在此对话框中输入查询名称“按性别统计平均成绩”，然后单击“确定”按钮。

8.3.4　窗体

窗体用来向用户提供交互界面，从而使用户更方便地进行数据的输入、输出显示，窗体中所显示的内容，可以来自一个或多个数据表，也可以来自查询结果。图 8-42 所示的是以学生表为数据源创建的窗体。使用窗体还可以创建应用程序的界面。

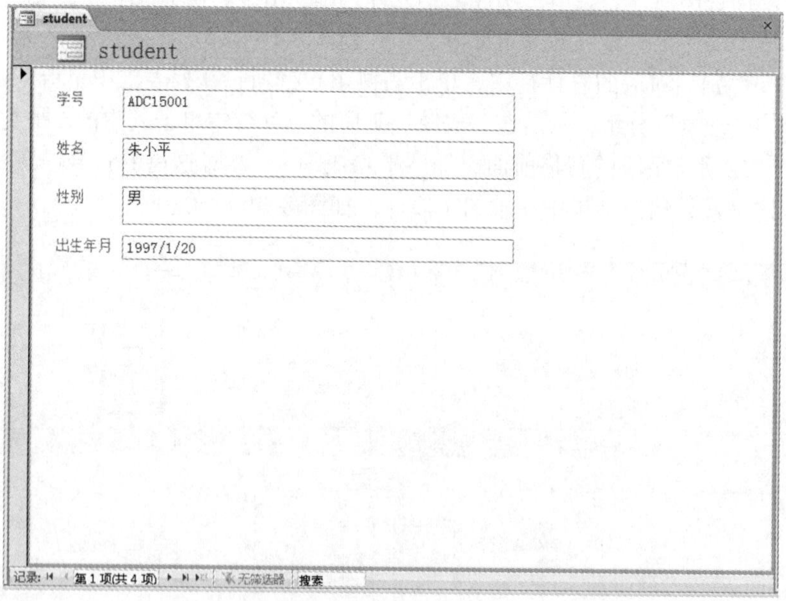

图 8-42　窗体示例

窗体是 Access 数据库文件的一个重要组成部分，作为数据库和用户之间的接口，窗体提供了对数据表中的数据输入、输出和维护的一种更方便的方式。

在“创建”选项卡的“窗体”分组（见图 8-43）中，各个按钮对应了不同的创建窗体的方法：

（1）窗体：创建一个窗体，在该窗体中一次只输入一条记录的值。

（2）窗体设计：在设计视图窗口中新建一个空白的窗体，由用户自行设计窗体的布局

和控件。

（3）空白窗体：创建不带控件或格式的窗体。

（4）窗体向导：按向导提示逐步建立窗体。

（5）导航：单击该按钮右侧的下拉按钮，打开的菜单（见图 8-44）中可以创建不同的标签。

（6）其他窗体：在该按钮的下拉菜单（见图 8-45）中可以创建其他的窗体，例如多个项目、分割窗体、数据透视图、数据透视表的窗体。

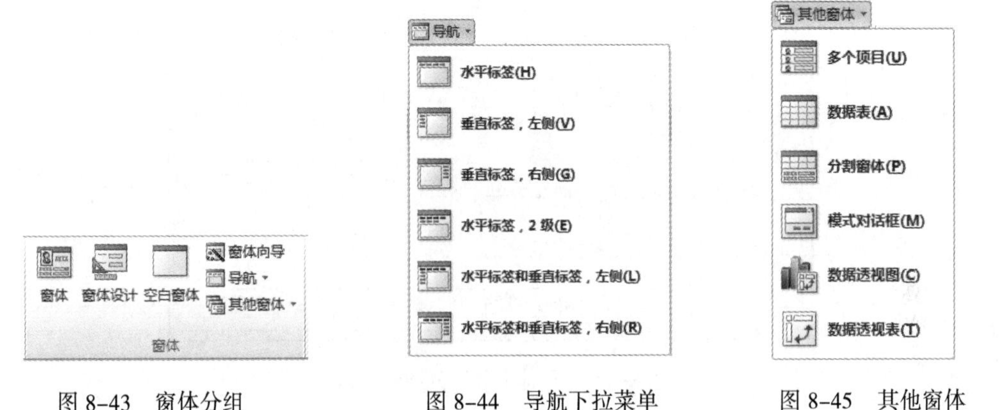

图 8-43　窗体分组　　图 8-44　导航下拉菜单　　图 8-45　其他窗体

例8-11 利用“窗体向导”创建窗体，数据源是“student”表。

【操作步骤】

（1）在“创建”选项卡的“窗体”分组中，单击“窗体向导”按钮，打开“窗体向导”对话框。

（2）在对话框的“表/查询”下拉列表框中，选择数据源“student”表，这时，对话框左下方的“可用字段”列表框中显示了可以使用的字段名称，如图 8-46 所示。

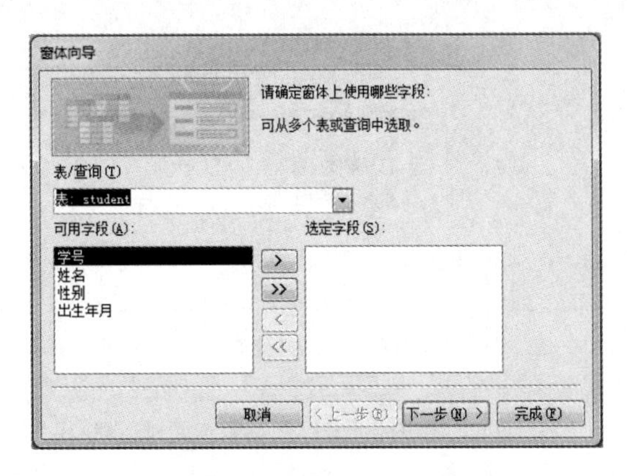

图 8-46　“窗体向导”对话框

（3）将“可用字段”列表框中显示的字段添加到“选定字段”列表框中。

- 如果将“可用字段”列表框中所有字段添加到“选定字段”列表框中，单击“>>”按钮。

• 如果将某个字段添加到“选定字段”列表框中，选中字段后，单击“>”按钮。

选定的字段还可以通过单击“<”和“<<”按钮放回到可用字段列表框中。

本例中选择“学生”表中所有的字段，字段选择后，单击“下一步”按钮，打开“窗体向导”的布局对话框，如图 8-47 所示。

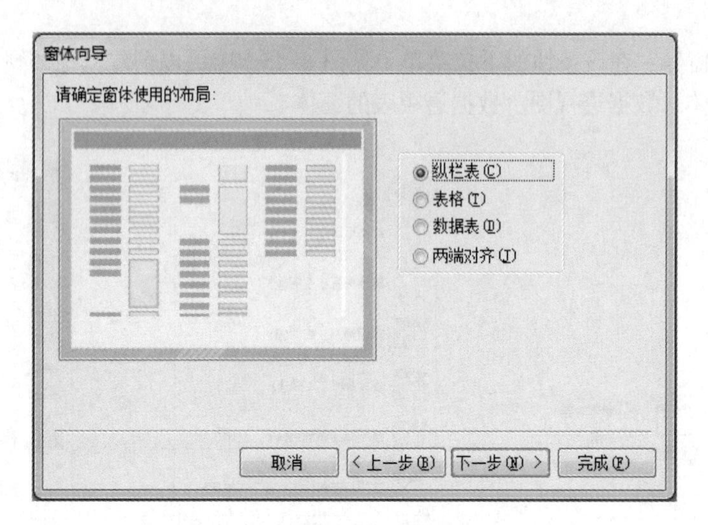

图 8-47 “窗体向导”的布局对话框

（4）布局对话框中提供了有关窗体布局的选择，共有 4 种布局，分别是纵栏表、表格、数据表、两端对齐，这里选择“纵栏表”选项，单击“下一步”按钮，打开向导的最后一个对话框，如图 8-48 所示。

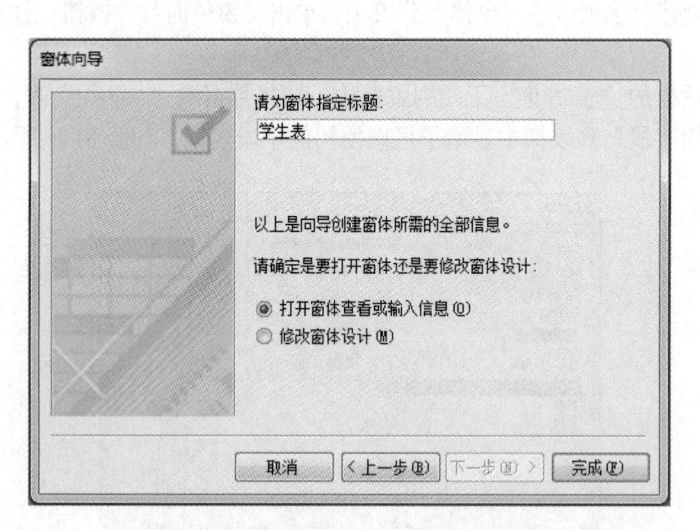

图 8-48 “窗体向导”的指定标题对话框

（5）最后一个对话框用来输入窗体的标题，在对话框中输入窗体的标题“学生表”后，单击“完成”按钮。

这样，窗体建立完毕，屏幕上显示出窗体的执行结果，这时可以分别单击记录指示器的“▶”“◀”等按钮，逐条显示或修改记录，也可以输入新的记录，如图 8-49 所示。

图 8-49　窗体记录显示

8.3.5　报表

报表是用来将选定的数据按指定的格式进行显示或打印。与窗体类似的是，报表的数据来源同样可以是一张或多张数据表、一个或多个查询表；与窗体不同，报表可以对数据表中数据进行打印或显示时设定输出格式，除此之外，还可以对数据进行汇总、小计、生成丰富格式的清单和数据分组。图 8-50 显示的是以学生表为数据源创建的一个报表，报表中的记录按性别字段分类。

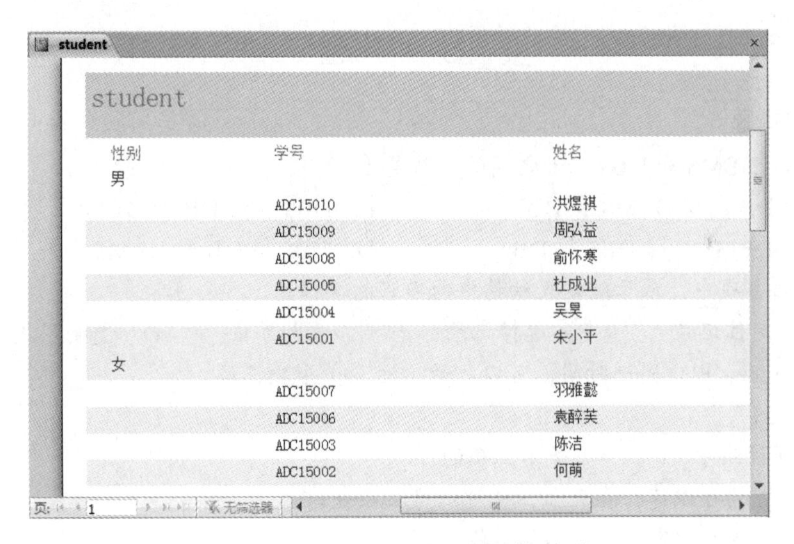

图 8-50　以学生表为数据源创建的报表

8.3.6　宏

宏是由一系列命令组成，每个宏都有宏名，使用它可以简化一些需要重复的操作，宏的基本操作有编辑宏和运行宏。

建立和编辑宏在宏编辑窗口中进行，建立好的宏，可以单独使用，也可以与窗体配合使用。

8.3.7　模块

模块是用 Access 提供的 VBA 语言编写的程序，模块通常与窗体、报表结合起来完成完整的开发功能。

因此，在一个数据库文件中，“表”用来保存原始数据，“查询”用来查询数据，“窗体”用不同的方式输入数据，“报表”则以不同的形式显示数据，而“宏”和“模块”则用来实现数据的自动操作，后两者更多地体现数据库管理系统的开发功能，这些对象在Access中相互配合构成了完整的数据库。

本章小结

本章较为详细地介绍了Access 2016中的基本操作，全章的操作例子使用的是同一个数据库中的各张数据表，在学习过程中，可以通过这些例子逐个练习，掌握了这些操作后，可以将同样的操作用在自己感兴趣的其他数据上，例如图书管理的数据、库房商品的管理、学校教室的管理等。

虽然不同用户涉及的数据来自不同的领域，查询或处理的要求也不尽相同，但在Access下的操作过程却是相同或相近的，因此，只要能按部就班地学完例题中的各种操作，就可以方便地完成其他领域数据的管理和查询，因为这些数据都是基于一个相同的数据模型，这就是关系模型。

习　题

一、选择题

1. DB、DBMS和DBS三者之间的关系是（　　）。
   A. DB包括DBMS和DBS　　B. DBS包括DB和DBMS
   C. DBMS包括DBS和DB　　D. DBS与DB和DBMS无关
2. 下列各项中，属于编辑表结构中的内容的操作是（　　）。
   A. 定位记录　　B. 选择记录　　C. 添加字段　　D. 复制字段中的数据
3. 在Access中，同一时间，可以打开（　　）个数据库。
   A. 1　　B. 2　　C. 3　　D. 4
4. 下列说法中，（　　）是不正确的。
   A. 查询可以建立在表上，也可以建立在查询上
   B. 报表的内容属于静态的数据
   C. 查询的内容属于静态的数据
   D. 对记录的添加、修改、删除等操作只能在表中进行
5. 对数据库中的数据可以进行查询、插入、删除、修改，是因为数据库管理系统提供了（　　）。
   A. 数据定义功能　　B. 数据操纵功能
   C. 数据维护功能　　D. 数据控制功能
6. 下列关于Access数据库对象的描述中，说法不正确的是（　　）。
   A. 表是用户定义的用来存储数据的对象
   B. 报表用来在网上发布数据库中的信息

C. 表为数据库中其他的对象提供数据源

D. 窗体主要用于数据的输出或显示，也可以用于控制应用程序的运行

7. 下面关于关系的描述中，错误的是（　　）。

A. 关系必须规范化

B. 在同一个关系中不能出现相同的属性名

C. 关系中允许有完全相同的元组

D. 在一个关系中列的次序无关紧要

8. Access 是一种支持（　　）的数据库管理系统。

A. 层次型　　B. 关系型　　C. 网状　　D. 树状

9. 在关系理论中称为“关系”的概念，在关系数据库中称为（　　）。

A. 文件　　B. 实体集　　C. 表　　D. 记录

10. 在关系理论中，二维表的表头中各个栏目的名称被称为（　　）。

A. 元组　　B. 属性名　　C. 数据项　　D. 结构名

11. 下列关于数据表的说法中，正确的是（　　）。

A. 一个表打开后，原来打开的表将自动关闭

B. 表中的字段名可以在设计视图或数据表视图中更改

C. 在表设计视图中可以通过删除列来删除一个字段

D. 在表的数据表视图中可以对字段属性进行设置

12. 下列关于主关键字的说法中，错误的是（　　）。

A. Access 并不要求在每个表中都必须包含一个主关键字

B. 在一个表中只能指定一个字段成为主关键字

C. 在输入数据或对数据进行修改时，不能向主关键字的字段输入相同的值

D. 利用主关键字可以对记录快速地进行排序和查找

13. 在查询的设计视图中，（　　）。

A. 只能添加查询

B. 只能添加数据库表

C. 可以添加数据库表，也可以添加查询

D. 以上都不对

14. 在“查询”的设计视图窗口中，以下（　　）不是设计网格中的选项。

A. 排序　　B. 显示　　C. 类型　　D. 条件

15. Access 中，对数据表的结构进行操作，在（　　）视图下进行。

A. 文件夹　　B. 设计　　C. 数据表　　D. 网页

16. Access 中，对数据表进行修改，以下各操作在数据表视图和设计视图下都可以进行的是（　　）。

A. 修改字段类型　　B. 重命名字段　　C. 修改记录　　D. 删除记录

17. 一个字段由（　　）组成。

A. 字段名称　　B. 数据类型　　C. 字段属性　　D. 以上都是

18. 以下各项中，不是 Access 字段类型的是（　　）。

A. 文本型　　B. 数字型　　C. 货币型　　D. 窗口型

19. 下列关于表间关系的说法，错误的是（　　）。

A. 关系双方联系的对应字段的字段类型必须相同

B. 关系双方至少需要有一方为主关键字

C. 通过公共字段建立关系

D. Access 中，在两个表之间可以建立多对多的关系

20. 如果要在一对多关系中，修改一方的原始记录后，多方立即更改，应在“关系”窗口中设置“实施参照完整性”和（　　）。

A. 不需要　　B. 级联更新相关记录

C. 级联删除相关记录　　D. B 和 C 都要

二、填空题

1. 在表中能够唯一地标识表中每条记录的字段或字段组称为________。

2. Access 的数据表由________和________构成。

3. 有两张表都和第三张表建立了一对多的联系，并且第三张表的主关键字中包含这两张表的主键，则这两张表通过第三张表实现的是________的关系。

4. 参数查询可以分为________和________。

5. “学生”表中有一个“政治面貌”字段，假定表中大部分学生都是团员，为了加快数据的输入，可以为“政治面貌”字段设置的属性是________。

6. 如果一个关系中的某一个属性组合的值能唯一地标识一个元组，则称该属性组为________。

7. 常用的数据模型有层次模型、________和________。

8. 在关系数据库中，一个属性的取值范围称为________。

9. 如果某个字段在本表中不是关键字，而在另外一个表中是主键，则这个字段称为________。

10. Access 2016 数据库文件的扩展名是________。

三、综合题

1. 学校想要实现图书管理系统，要求掌握读者的姓名、性别、部门、办卡日期、卡状态。读者分不同的类别，分别有类别名称和能借阅的天数及数量。图书有书名、作者、价格、出版社、库存数量等信息。读者借还图书需要记录借阅日期和还书日期。其中一位读者对应一种读者类型，一种读者类别应该拥有多位读者；一位读者可以借阅多本图书，一本图书可以被多位读者借阅。试画出 E-R 图，并在图上注明属性、联系的类型。

2. 银行数据库的（部分）数据需求如下：银行存放顾客姓名，身份证号，电话号码，住址等信息，并给每一名顾客分配一个 customer_id 来唯一标识；顾客通过储蓄账户在银行存款、取款，每一名顾客可以有多个储蓄账户，每个储蓄账户只能为一名顾客所拥有，储蓄账户用账号、余额、开户时间等信息来描述，并用账号作为唯一标识；顾客通过贷款账户在银行贷款，每名顾客可以在银行多次贷款，每笔贷款可以由多名顾客一起贷，贷款账户用贷款账号、贷款金额、贷款时间等信息来描述，并用贷款账号来唯一标识。试画出 E-R 图，并在图上注明属性、联系的类型。

第9章

Word 2016 文字处理 «‹

Word 2016 是 Microsoft 公司推出的 Microsoft Office 2016 中一个重要组件，它适于制作各类文档，如书籍、简历、公文、表格、报刊、传真等，既能满足简单的办公商务和个人文档编辑需求，又能满足专业人员制作印刷版式等复杂的需要。Word 2016 具有许多方便优越的性能，可以帮助用户轻松、高效地制作和处理各类文档。

在本章中，大家将深入学习 Word 2016 的使用方法，具体包括：启动和退出，窗口界面，文档基本操作，文档基本排版，图文混排，表格的使用，文档高级排版，等等。

9.1 Word 2016 简介

9.1.1 Word 2016 概述

Office 2016 是微软公司开发的一套集成自动化办公软件，不仅包括了诸多的客户端软件，还包括强大的服务器软件，同时包括了相关的服务、技术和工具。使用 Office 2016，不同的企业均可以构建属于自己的核心信息平台，实现协同工作、企业内容管理以及商务智能。作为一款集成软件，Office 2016 由各种功能组件构成，包括 Word 2016、Excel 2016、PowerPoint 2016、Access 2016、Outlook 2016、OneNote 2016 和 Publisher 2016 等。

Microsoft Word 2016 是基于 Windows 环境下的文字处理软件，具有 Windows 友好的图形用户界面以及丰富的文字处理功能，能够帮助用户轻松快速地完成文档的建立、排版等操作。该软件可以对用户输入的文字进行自动拼写检查，可以方便地绘制表格，编辑文字、图像、声音、动画，实现图文混排。Word 2016 还拥有强大的打印功能和丰富的帮助功能，Word 具有对各种类型的打印机参数的支持性和配置性，帮助功能还为用户自学提供了方便。

9.1.2 Word 2016 的新增功能

Word 2016 除了包含以往使用的所有功能和特性外，还增加了一些新功能，包括：

（1）通过全新“告诉我你想要做什么”文本框快速执行操作。

（2）实时与团队成员和同事协同工作。

（3）在工作时使用智能查找，以便获取定义、Wiki 文章以及对文档中的字词或短语进行相关搜索。

9.2 Word 2016 基础知识

使用 Word 软件编辑文档，启动与退出软件是必不可少的操作，同时了解其窗口组成，可以帮助用户更加灵活地使用 Word 软件，本节将介绍这些内容。

9.2.1 Word 2016 的启动

常用的启动方法有以下几种：

1．从“开始”菜单启动

单击屏幕左下角“开始”按钮，在程序列表中找到“Word 2016”选项并单击，即可启动 Word 2016，如图 9–1 所示。

2．双击桌面快捷方式启动

如果桌面已经创建了 Word 2016 快捷方式图标，则双击该图标，即可启动 Word 2016。

3．使用快捷菜单启动

在桌面或文件夹的空白处右击，从弹出的快捷菜单中选择“新建”→“Microsoft Word 文档”命令，可以创建一个“新建 Microsoft Word 文档”，双击该新建文件启动 Word 2016，如图 9–2 所示。

图 9–1 通过“开始”菜单启动 Word

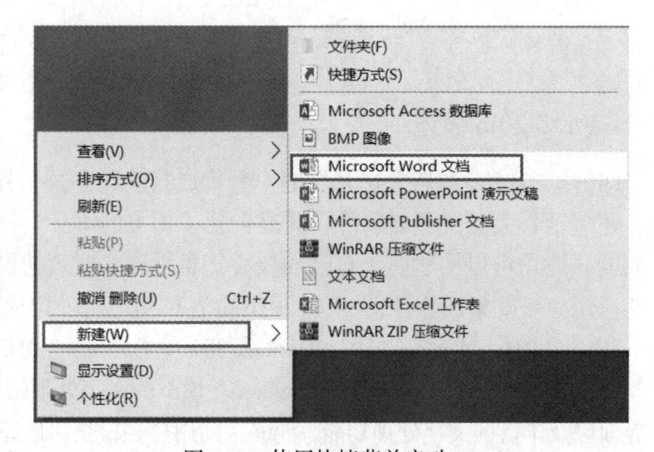

图 9–2 使用快捷菜单启动 Word

9.2.2 Word 2016 的退出

退出 Word 2016 有很多方法，常用的有以下几种：

- 单击 Word 2016 窗口右上角的“关闭”按钮 。
- 单击“文件”选项卡，从弹出的菜单中选择“关闭”命令。
- 右击标题栏，从弹出的快捷菜单中选择“关闭”命令。
- 按【Alt+F4】组合键，通过快捷键退出程序。

如果在退出之前没有保存修改过的文档，退出时会弹出一个提示框，如图 9–3 所示，单击“保存”按钮，Word 2016 保存文档后退出程序；单击“不保存”按钮，Word 2016 不保存文档直接退出程序；单击“取消”按钮，Word 2016 取消此次退出程序的操作，返回

之前的编辑窗口。

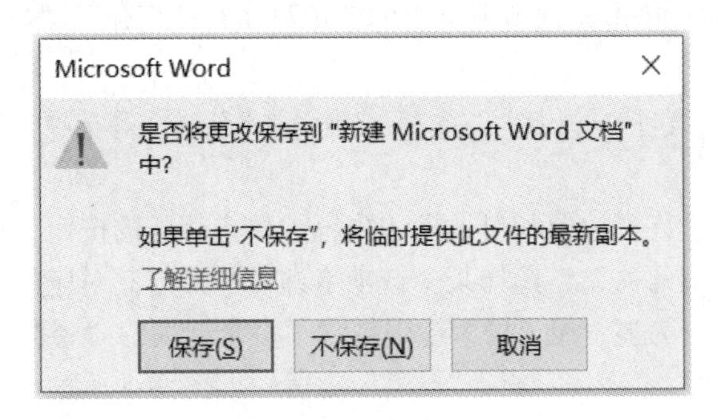

图 9-3　退出 Word 时的提示框

9.2.3　Word 2016 的窗口组成

启动 Word 后打开 Word 2016 文档窗口，也是该软件的主要操作界面，如图 9-4 所示。

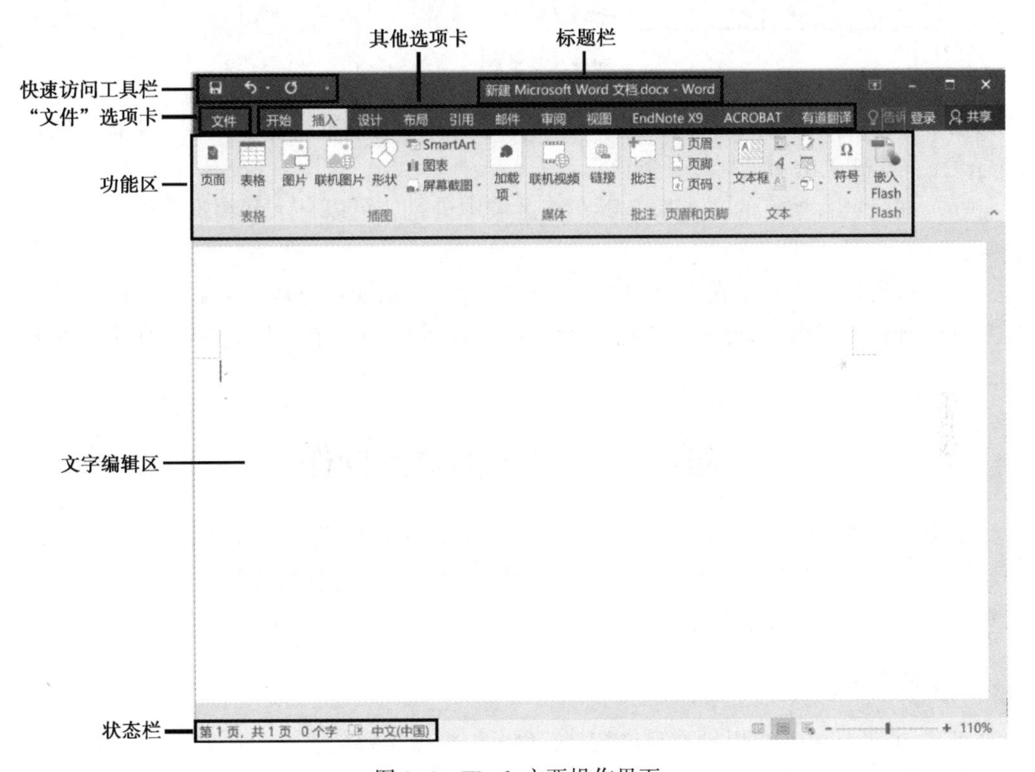

图 9-4　Word　主要操作界面

Word 2016 文档窗口主要由快速访问工具栏、标题栏、“文件”选项卡、其他选项卡、功能区、状态栏、文字编辑区等组成。用户可以根据自己的需要修改和设定窗口的组成。

（1）快速访问工具栏：该工具栏集中了多个常用按钮，如“保存”“撤销”“重复”等。用户可以在此添加个人常用命令，添加方法为：单击快速访问工具栏右侧的按钮 ，在弹出的下拉菜单中选择需要显示的按钮即可。

（2）标题栏：用于显示正在操作的文档名称和程序名称等信息。

（3）“文件”选项卡：Word 2016 最显著的一个变化就是用“文件”选项卡代替了 Word 2007 中的 Office 按钮。单击该选项卡弹出的菜单可执行“新建”、“打开”、“保存”和“打印”等操作。

（4）其他选项卡：包括“开始”“插入”“设计”“布局”等选项，单击相应的标签，可打开对应的功能选项卡。

（5）功能区：包含许多按钮和对话框的内容，单击相应的按钮，将执行对应的操作。选项卡与功能区是对应的关系，选择某个选项卡即可打开与其对应的功能区。每个选项卡所包含的功能又被细分为多个组，每个组中包含了多个相关的命令按钮，例如：“开始”选项卡包括“剪贴板”组、“字体”组、“段落”组等，如图 9-5 所示。

图 9-5 功能区组成

在一些包含命令较多的功能组中，右下角会有一个对话框启动器，单击该按钮将弹出与该工具组相关的对话框或任务窗口。

（6）编辑区：所有的文本操作都在该区域中进行，可以显示和编辑文档、表格、图表等。

（7）状态栏：显示正在编辑的文档的相关信息。例如：行数、列数、页码位置、总页数等。还提供视图方式、显示比例和缩放滑块等辅助功能，以显示当前的各种编辑状态。

9.3 文档的基本操作

文档的新建、打开以及保存等操作是编辑文档时常用的操作，同时灵活使用文档的多种显示方式，可以帮助用户方便浏览文档不同形式的内容，例如文档的大纲，文档的 Web 版式等。本节将介绍这部分的内容。

9.3.1 文档的新建

在 Word 2016 中，可以创建空白文档，也可以根据需要创建一些具有特殊功能的文档，如个人简历。

1. 创建空白文档

除了启动 Word 2016 时系统自动创建空白文档外，还可以使用以下几种方法创建空白文档：

（1）单击“文件”选项卡，在弹出的菜单中单击“新建”命令，在模板列表中单击“空白文档”选项，可新建一个空白文档。

（2）按【Ctrl+N】组合键。

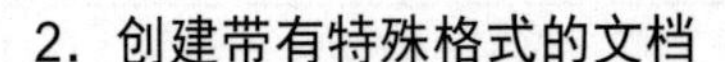

2．创建带有特殊格式的文档

Word 2016 为用户提供了多种具有统一规格、统一框架的文档模板，如传单、信函或简历和求职信等，通过这些模板可以很方便地创建带有格式的文档，操作步骤如下：

（1）单击“文件”选项卡，从弹出的菜单中选择“新建”命令。

（2）在样本模板中选择需要的模板。

9.3.2　文档的保存

文档编辑完成后要及时保存，以避免由于误操作或计算机故障造成数据的丢失。根据有无确定的文档名、文档的格式等情况，有多种保存文档的方法。常用的方法有：

- 单击“文件”选项卡，从弹出的菜单中选择“保存”或“另存为”命令。
- 单击快速访问工具栏上的“保存”按钮。
- 按【Ctrl+S】组合键。

1．保存新建文档

第一次保存文档，需要指定文件名、文件保存的位置和保存类型等信息。文档默认的保存位置是“文档”文件夹，默认的保存类型是 Word 文档，扩展名为.docx。

2．保存已命名的文档

对已存在的 Word 文档进行编辑后，若不需要修改文档保存的位置和文件名，可以选择单击“文件”选项卡，从弹出的菜单中选择“保存”命令；单击快速访问工具栏上的“保存”按钮或者按【Ctrl+S】组合键，也可以实现对文件的保存。

如果要修改文件的保存位置或对文件另起别名保存，或者修改文件类型，可以选择单击“文件”选项卡，从弹出的菜单中选择“另存为”命令，再次弹出设置对话框进行修改。

3．自动保存文档

Word 为用户提供了自动保存文档的功能。设置了自动保存功能后，无论文档是否被修改过，系统会根据设置的时间间隔有规律地对文档进行自动保存。在默认状态下，Word 2016 每隔 10 分钟为用户保存一次文档。

例9-1 设置 Word 2016 文档的自动保存时间间隔为 5 分钟。

【难点分析】

如何设置自动保存时间的长短。

【操作步骤】

（1）启动 Word 2016。

（2）单击“文件”选项卡，从弹出的菜单中选择“选项”命令，如图 9-6 所示。

（3）在弹出的“Word 选项”对话框中单击“保存”选项卡，在“保存文档”选项区域中选中“保存自动恢复信息时间间隔”复选框，并在其右侧的微调框中输入 5，如图 9-7 所示。

（4）单击“确定”按钮，完成设置。

图 9-6　设置自动保存时间 1

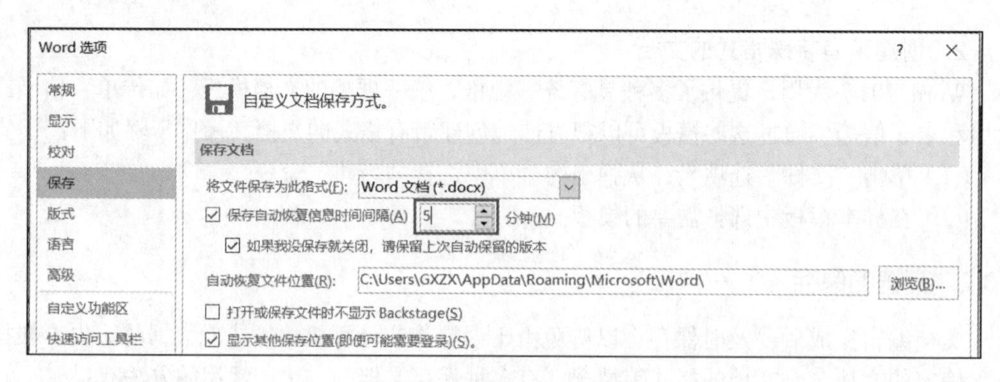

图 9-7　设置自动保存时间

9.3.3　文档的打开和关闭

1. 打开文档

对于一个已存在的 Word 文档，如果用户要再次打开进行修改或查看，就需要将其调入内存并在 Word 窗口中显示出来。可以通过以下两种方式打开文档：

（1）直接打开文档。在操作系统中找到文档所在位置，然后双击文档图标，可以打开这个 Word 文档。

（2）通过“文件”选项卡中的“打开”命令。在编辑的过程中，如果需要使用或参考其他文档中的内容，则可以使用“文件”选项中的“打开”命令，找到文档所在位置并打开文档，界面如图 9-8 所示。

如果该文档是近期打开过的文档，还可以单击“文件”选项中的“最近”命令，在最近使用的文件列表中选择要打开的文件。

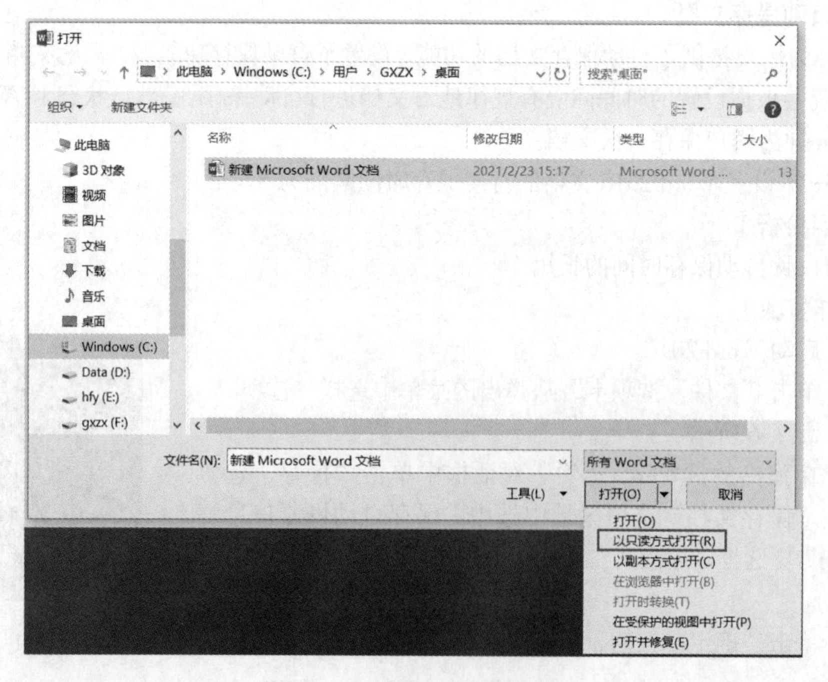

图 9-8　以只读方式打开文档

小贴士

单击“打开”按钮右侧下拉按钮，会弹出一个下拉列表框，其中包含多种打开文档的方式。“以只读方式打开”的文档以只读的方式存在，对文档的编辑修改将无法保存到原文档中；“以副本方式打开”的文档，将不打开原文档，对该副本文档所作的编辑修改将直接保存到副本文档中，对原文档不会产生影响。

2. 文档的关闭

当用户不需要再使用文档时，应将其关闭。常用的关闭方法如下；

- 单击标题栏右侧的“关闭”按钮。
- 单击“文件”选项卡，从弹出的界面中选择“关闭”命令，关闭当前文档并退出 Word 程序。
- 右击标题栏，从弹出的快捷菜单中选择“关闭”命令。
- 按【Alt+F4】组合键，退出 Word 程序。

如果文档在关闭前没有保存，系统将会弹出信息提示框，提示用户对文档进行保存，然后再关闭文档。

9.3.4 文档的显示方式

在文档编辑过程中，常常需要因不同的编辑目的而突出文档中某一部分的内容，例如：浏览整篇文档各章节的标题、查看文档在网页中的显示效果等，此时可通过选择视图方式或者调整窗口等方法控制文档的显示。

1. 视图方式

Word 2016 提供了 5 种文档视图，即：页面视图、Web 版式视图、阅读视图、大纲视图和草稿视图。

若要选择不同的文档视图方式，可以使用以下两种方法：

- 单击 Word 窗口下方状态栏右侧的视图切换区中的不同视图按钮。
- 单击“视图”选项卡“视图”选项组中的按钮选择所需的视图方式。

1）页面视图

页面视图是 Word 2016 的默认视图，在进行文本输入和编辑时常采用该视图。它是按照文档的打印效果显示文档，文档中的页眉、页脚、页边距、图片以及其他元素均会显示其正确的位置，适用于浏览文章的总体排版效果。

小贴士

页面视图下，页与页之间使用空白区域区分上下页。若为了便于阅读，需要隐藏该空白区域，可将鼠标指针移动到页与页之间的空白区域，双击即可隐藏，再次双击可恢复空白区域的显示。

2）阅读视图

阅读版式视图以图书的分栏样式显示文档，功能区等窗口元素被隐藏起来，以扩大显示区域，便于用户阅读文档。在阅读视图中，单击“关闭”按钮或按【Esc】键即可退出阅读版式视图。

3）Web 版式视图

Web 版式视图是以网页的形式显示 Word 2016 文档，适用于发送电子邮件、创建和编辑 Web 页。例如：文档将以一个不带分页符的长页显示，文字和表格将自动换行以适应窗口。

4）大纲视图

大纲视图主要用于设置和显示文档的框架结构。使用大纲视图，可以方便查看和调整文档的结构；还可以对文档进行折叠，只显示文档的各个标题，便于移动和复制大段文字；多用于长文档浏览和编辑。详细介绍参见长文档处理一节的内容。

5）草稿视图

草稿视图主要用于查看草稿形式的文档，便于快速编辑文本。草稿视图取消了页面边距、分栏、页眉、页脚和图片等元素，仅显示标题和正文，该视图模式便于用户设置字符和段落的格式。在草稿视图中，上下页面的空白区域转换为虚线。

2．其他显示方式

1）窗口的拆分

在编辑文档时，有时需要频繁的在上下文之间切换，拖动滚动条的方法较麻烦且不太容易准确定位，这时可以使用 Word 拆分窗口的方法。将窗口一分为二变成两个窗口，两个窗口中可以显示同一个文档中的不同内容，这样可以方便地查看文章前后内容。拆分窗口的操作步骤如下：

（1）打开一个 Word 文档。

（2）单击“视图”选项卡，单击“拆分”命令，如图 9-9 所示。

（3）界面上出现一条灰色的分隔线，用鼠标将横线移至窗口编辑区后单击，此时窗口被分为上下两个窗口。

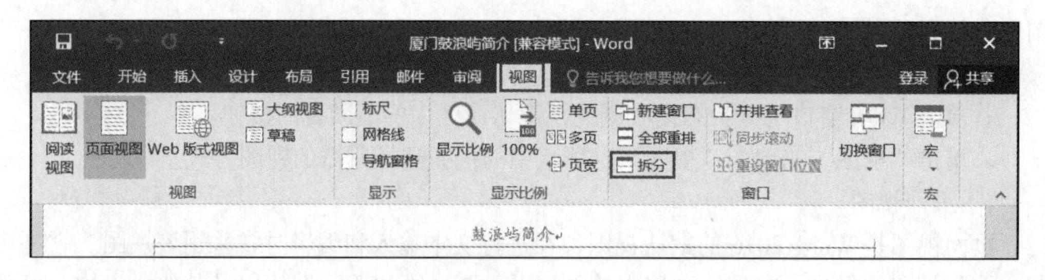

图 9-9　拆分窗口

若想取消窗口的拆分，单击“视图”选项卡中的“取消拆分”命令即可。

小贴士

若想快速拆分窗口，可将光标移至编辑区的右上角的窗口拆分按钮(标尺图标的上方)，光标变为上下双箭头形状时双击，即可快速实现窗口的拆分操作。用鼠标拖动两个窗口的分隔线，还可以调整窗口的大小。

将光标指向上下窗口的分隔线，双击，可取消窗口拆分。

2）并排查看

当同时打开两个 Word 文档后，若想使两个文档窗口左右并排显示，可以单击“视图”选项卡中的“并排查看”命令，默认这两个窗口内容可以同步上下滚动，非常适合文档的比较和编辑操作。若要取消，再次单击“并排查看”命令即可。

9.4 文档的基本排版

在 Word 文档中，文字是组成段落的最基本内容。本节将介绍文本的输入、编辑、拼写检查以及字符、段落、页面的格式化设置，这是整个文档编辑排版的基础。

9.4.1 输入文档内容

Word 2016 文档的内容可以包含文字、符号、图片、表格、超链接等多种形式，本节重点讲解文本及符号的输入。

在文档窗口中有一个闪烁的插入点。当光标移动到某一位置时，Word 窗口下方的状态栏左侧会显示光标所在的页数。

1. 移动插入点

在开始编辑文本之前，应首先找到要编辑的文本位置，这就需要移动插入点。插入点的位置指示着将要插入内容的位置，以及各种编辑修改命令生效的位置。通过移动鼠标或者键盘都可以实现插入点的移动。使用键盘的快捷键，也可以移动插入点，常见的组合键及其功能如表 9-1 所示。

表 9-1 移动插入点的常见组合键及功能

组 合 键	功 能	组 合 键	功 能
←	左移一个字符	Ctrl+←	左移一个词
→	右移一个字符	Ctrl+→	右移一个词
↑	上移一行	Ctrl+↑	移至当前段首
↓	下移一行	Ctrl+↓	移至下段段首
Home	移至当前行行首	Ctrl+ Home	移至文档首
End	移至当前行行尾	Ctrl+ End	移至文档尾
PgUp	翻到上一页	Ctrl+ PgUp	移至上页顶部
PgDn	翻到下一页	Ctrl+ PgDn	移至下页顶部

2. 输入英文字符

在英文状态下通过键盘可以直接输入英文、数字及标点符号。默认输入的英文字符为小写，当输入篇幅较长的英文文档时，会经常用到大小写的切换，除了使用【Shift+字符键】组合键外，还可以使用“开始”选项卡中的“更改大小写”命令。

例9-2 输入一篇英文文档，调整其首字母的大小写方式如图 9-10 所示。

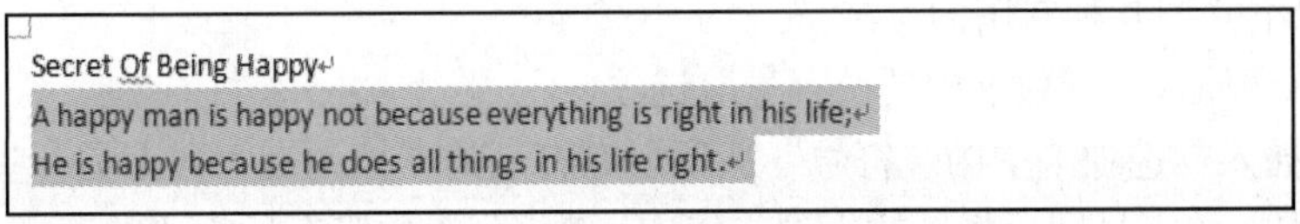

Secret Of Being Happy
A happy man is happy not because everything is right in his life;
He is happy because he does all things in his life right.

图 9-10 调整首字母的大小写方式

要求如下：标题部分每个字符的首字母需大写，正文中每句第一个字符需大写。

【难点分析】

（1）如何快速地将标题中的所有单词首字母大写。

（2）如何将段落的首字母大写。

【操作步骤】

（1）新建一个 Word 空白文档，并将其保存为“美文赏析.docx”。

（2）输入以下内容，可以不用考虑大小写。

secret of being happy

a happy man is happy not because everything is right in his life;

he is happy because he does all things in his life right.

（3）按下鼠标左键同时拖动鼠标选中第一行，单击“开始”选项卡中“字体”命令组的“更改大小写”命令，选择“每个单词首字母大写”选项，如图 9-11 所示。

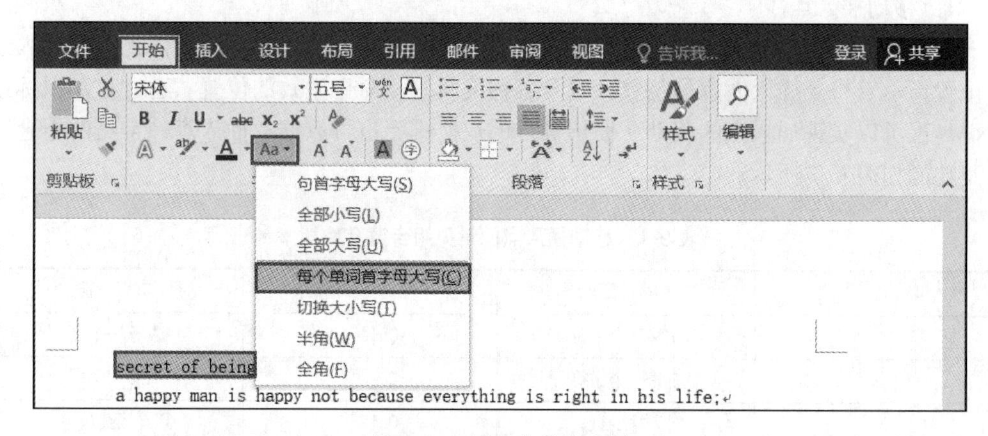

图 9-11　更改字母大小写

（4）按下鼠标左键同时拖动鼠标选中正文中的两行语句，单击“开始”选项卡中“字体”命令组的“更改大小写”命令，在展开的菜单中选择“句首字母大写”选项。

（5）按【Ctrl+S】组合键保存文档并关闭。

3．输入中文文字

一般情况下，操作系统会自带基本的输入法，如微软拼音，但用户也可以安装第三方软件，例如搜狗输入法、百度输入法、QQ 输入法、极品五笔输入法、万能五笔输入法等都是常见的中文输入法。组合键【Ctrl+空格】可以打开/关闭输入法，组合键【Ctrl+Shift】可以切换输入法。

4．插入符号

编辑文档的过程中，有时需要输入一些从键盘上无法输入的特殊符号，如：“▲”“→”“⊙”等，以下介绍几种常用的方法：

1）使用“插入”选项卡中的“符号”选项

单击“插入”选项卡中的“符号”选项，在打开的下拉列表中列出了一些最常用的符号，单击所需要的符号即可将其插入到文档中。若该列表中没有所需要的符号，可选择“其他符号”命令，打开“符号”对话框，选择需要的符号，单击下方的“插入”按钮可将符号插入到文档中，如图 9–12 所示。

图 9–12　插入符号

2）使用输入法的软键盘

以搜狗输入法为例，启动输入法，单击输入法提示条中的键盘按钮，如图 9–13 所示，在弹出的菜单中选择“特殊符号”命令，在弹出的界面中单击需要的符号，如图 9–14 所示，则该符号就会出现在当前光标所在的位置。完成符号的插入后，单击“关闭”按钮关闭软键盘。不同的输入法界面略有差别，但操作方法基本相似。

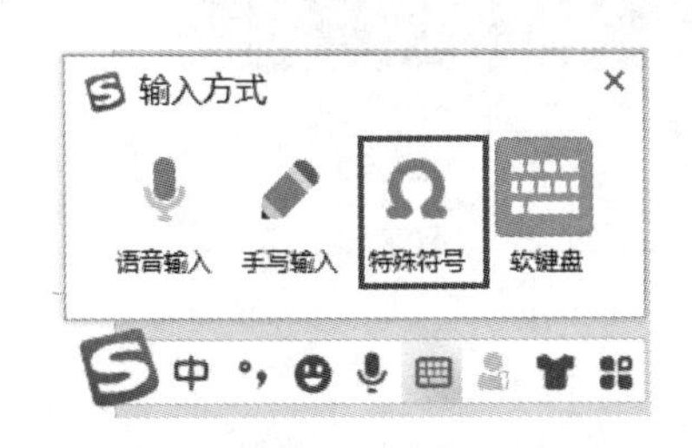

图 9–13　使用输入法插入特殊符号 1

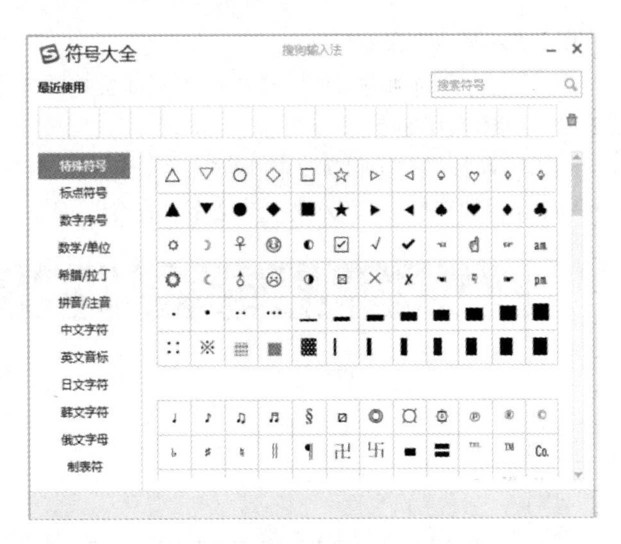

图 9–14　使用输入法输入特殊符号 2

5. 插入日期

编辑文档时，可以很方便地插入当前日期和时间，主要方法有两种：

（1）在 Word 2016 中输入日期类格式的文本时，如 2021 年，则 Word 2016 会自动显示默认格式的当前日期，按【Enter】键即可插入当前日期，如图 9–15 所示。

2021年2月23日星期二 (按 Enter 插入)

2021 年　　　　2021 年 2 月 23 日星期二

图 9-15　插入日期

（2）通过“日期和时间”对话框进行插入。首先单击“插入”选项卡，在“文本”组中单击“日期和时间”按钮，打开“日期和时间”对话框，选择需要展示的日期格式，并单击“确定”按钮，如图 9-16 所示。通过该方法用户可以灵活选择不同格式的日期和时间。

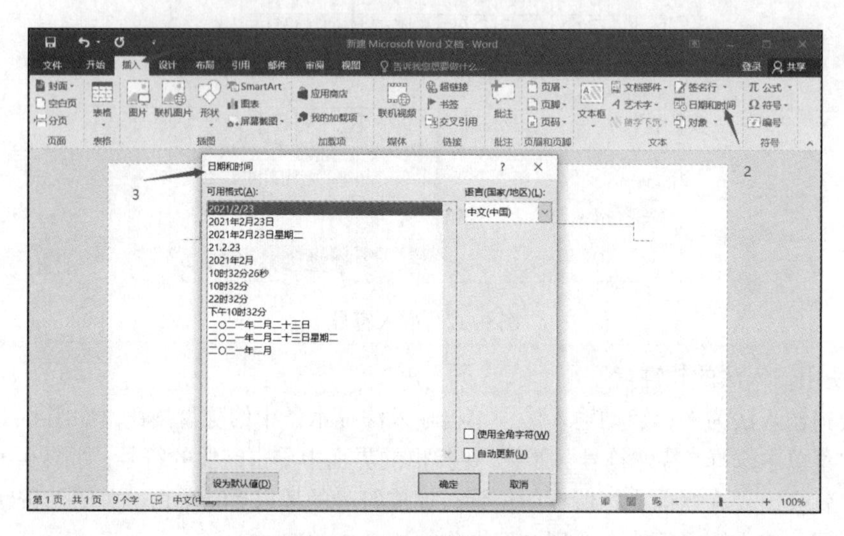

图 9-16　“日期和时间”对话框

6．插入其他文档的内容

Word 允许在当前编辑的文档中插入其他文档的内容，利用该功能可以将几个文档合并成一个。具体操作如下：

（1）将光标移动至目标文档的插入点，单击“插入”选项卡中“对象”按钮右侧的下拉按钮，在菜单中选择“文件中的文字”命令，如图 9-17 所示。

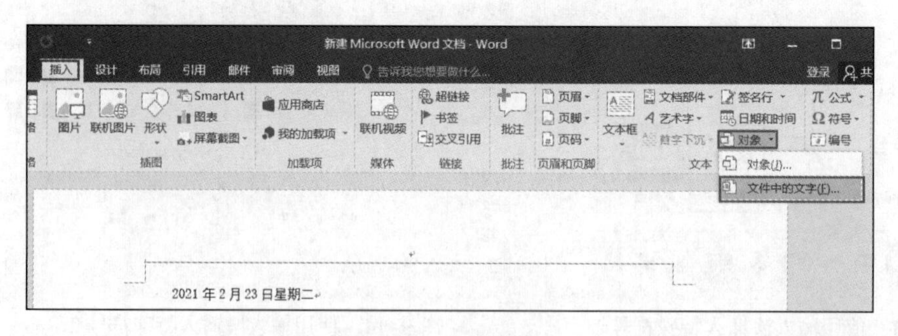

图 9-17　文档合并

（2）在弹出的“插入文件”对话框中，选择源文件，单击“插入”按钮，完成操作。

9.4.2　文本的编辑

文本的编辑操作主要包括选取文本、移动与复制、查找与替换、撤销与恢复等。

1. 选取文本

选取文本可以用键盘、也可以用鼠标，在选定文本内容后，被选中的部分变为黑底白字即反相显示。

（1）使用鼠标选取文本。用鼠标选取文本的常用方法如表 9-2 所示。

表 9-2　鼠标选取文本的常见方法

选定内容	操作方法
文本	鼠标拖过待选定的文本
一个单词	双击该单词
一行文本	将鼠标指针移动到该行的左侧，指针变为指向右边的箭头，然后单击
多行文本	选定一行，然后向上或向下拖动鼠标
一个句子	按住【Ctrl】键，然后单击该句中的任何位置
一个段落	将鼠标指针移动到该行的左侧，指针变为指向右边的箭头，然后双击，或者在该段落中任意位置三击鼠标左键
多个段落	选定一个段落，然后向上或向下拖动鼠标
大块连续文本	单击要选定内容的起始处，然后将光标移动到要选定内容的结尾处，在按住【Shift】键的同时单击
不连续文本	选定第一个文本，再按下【Ctrl】键同时选中其他要选择的文本
整篇文档	将鼠标指针移动到文档中任意正文的左侧，直到指针变为指向右边的箭头，三击鼠标左键

（2）使用键盘选取文本。使用键盘也可以快速选取文本，常用操作方法如表 9-3 所示。

表 9-3　键盘选取文本的常见方法

组合键	功能说明
Shift+↑	选取光标位置至上一行相同位置之间的文本
Shift+↓	选取光标位置至下一行相同位置之间的文本
Shift+←	选取光标左侧的一个字符
Shift+→	选取光标右侧的一个字符
Shift+PageDown	选取光标位置至下一屏之间的文本
Shift+PageUp	选取光标位置至上一屏之间的文本
Ctrl+A	选取整篇文档

2. 复制文本

复制文本的常用方法如下：

（1）选取待复制的文件，按【Ctrl+C】组合键，将光标移动到目标位置，再按【Ctrl+V】组合键。

（2）选取待复制的文本，在“开始”选项卡的“剪贴板”命令组中，单击“复制”按钮，将插入点移动到目标位置，单击“粘贴”按钮。

3. 移动文本

移动文本指将当前位置的文本移动到另外的位置，移动的同时，会删除原来位置上的文本。如果移动文本的距离比较近，例如在同一页内移动，常用以下方法：

（1）选取待移动的文本，按【Ctrl+X】组合键剪切，在目标位置处按【Ctrl+V】组合键复制。

（2）选择需要移动的文本后，按住鼠标左键不放，此时光标会变成形状，并且旁边会出现一条虚线，移动鼠标，当虚线移动到目标位置时，释放鼠标，即可将文本移动到目标位置。

4．查找与替换

Word 2016 支持对字符、文本甚至文本中的格式进行查找、替换。

有以下几种方法实现查找和替换：

（1）“开始”选项卡中有“编辑”命令组，单击其中的“查找”命令，窗口的左侧弹出导航窗格，如图 9-18 所示。可以在搜索栏中输入查找关键字，该方法能实现文本内容的查找，如要查找带有一定样式的内容，则需用高级查找功能。

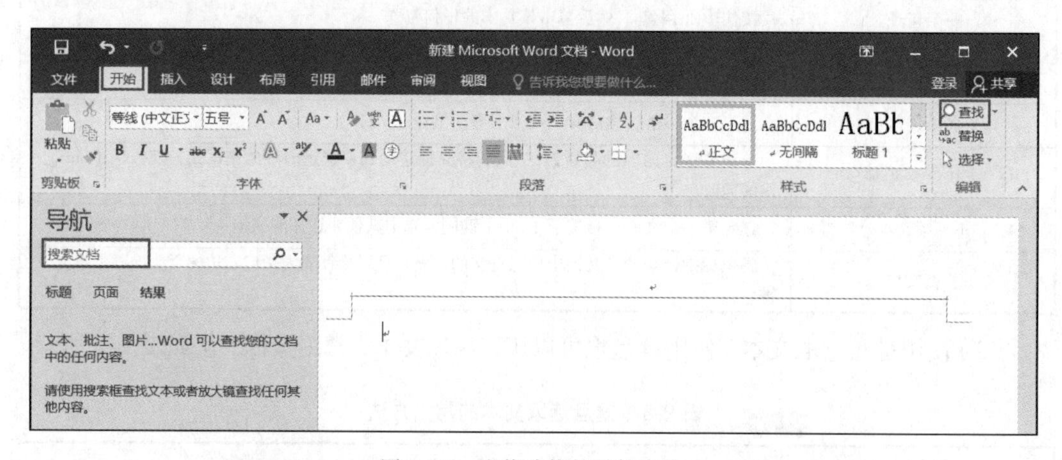

图 9-18　查找功能的导航窗格

（2）“开始”选项卡中有“编辑”命令组，单击其中“查找”命令左侧的下拉按钮，在弹出的下拉菜单中选择“高级查找”命令，或者直接在“编辑”命令组中单击“替换”命令，弹出“查找和替换”窗口。

例 9-3 在“品味咖啡.docx”文档中，将“咖啡”二字通过替换加入一定的格式，如图 9-19 所示。

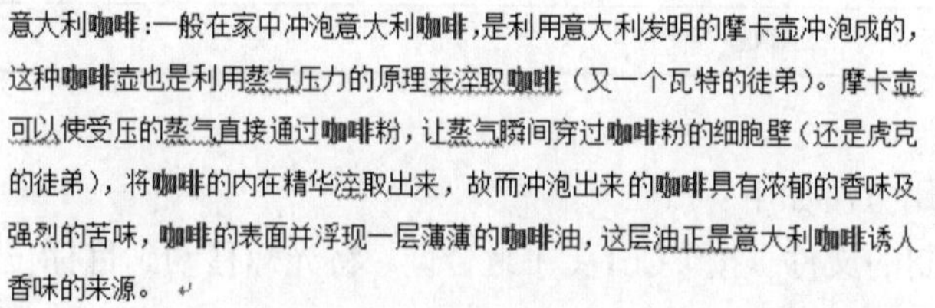

意大利**咖啡**：一般在家中冲泡意大利**咖啡**，是利用意大利发明的摩卡壶冲泡成的，这种**咖啡**壶也是利用蒸气压力的原理来淬取**咖啡**（又一个瓦特的徒弟）。摩卡壶可以使受压的蒸气直接通过**咖啡**粉，让蒸气瞬间穿过**咖啡**粉的细胞壁（还是虎克的徒弟），将**咖啡**的内在精华淬取出来，故而冲泡出来的**咖啡**具有浓郁的香味及强烈的苦味，**咖啡**的表面并浮现一层薄薄的**咖啡**油，这层油正是意大利**咖啡**诱人香味的来源。

图 9-19　替换完成后的部分文档效果

要求如下：

将所有的“咖啡”二字加粗，并以红色显示。

【难点分析】

如何设置替换文本的格式。

【操作步骤】

（1）打开文档“品味咖啡.docx”，单击“开始”选项卡，单击“编辑”命令组中“替换”命令，弹出“查找和替换”对话框。

（2）在对话框窗口的“查找内容”文本框中输入“咖啡”，在“替换为”文本框中输入“咖啡”，使光标停留在“替换为”文本框中，单击“更多”按钮，如图 9-20 所示。

图 9-20　文本替换

（3）在展开的搜索选项中单击“格式”按钮，选择“字体”选项，如图 9-21 所示。

图 9-21　带格式的替换

（4）在弹出的“替换字体”窗口中，设置“字形”为加粗，“字体颜色”为红色，单击“确定”按钮，如图 9-22 所示。回到“查找和替换”对话框，单击“全部替换”命令，完成替换操作，保存并关闭文档。

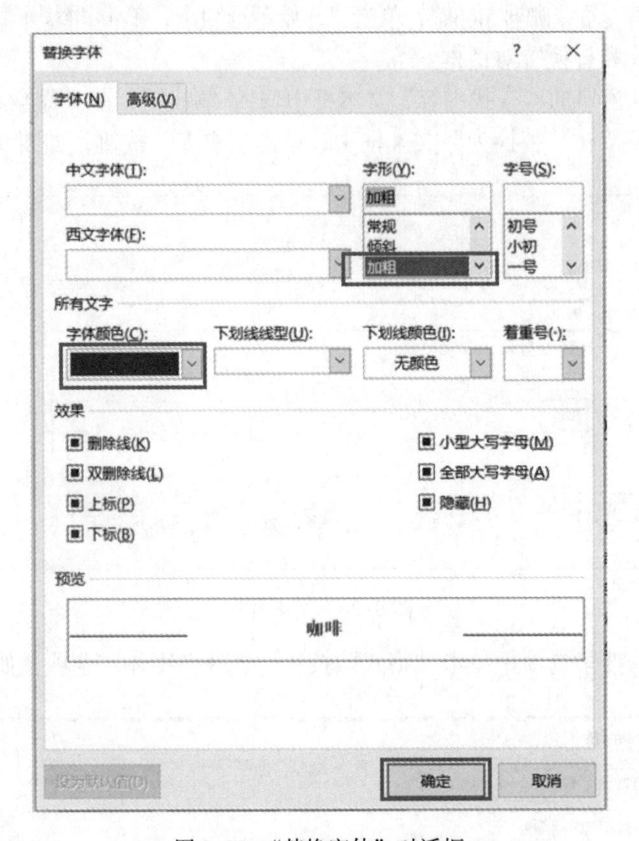

图 9-22 “替换字体”对话框

小贴士

还可以对文中内容做特殊格式的替换，例如用剪贴板中的内容替换文字。可将待复制的内容(文字或图标)通过【Ctrl+C】组合键复制到剪贴板，然后单击“特殊格式”按钮，在弹出菜单中单击“剪贴板内容”命令，此时“替换为”文本框中出现符号^C，单击“全部替换”按钮，完成替换操作。

5．撤销与恢复

编辑文档时，Word 会自动记录最近执行的操作，如果出现操作错误，可以通过撤销功能撤销错误操作。如果撤销了某些操作，还可以通过恢复功能将其恢复。

（1）可以通过快速访问工具栏中的“撤销”或“恢复”按钮进行撤销或恢复操作。

（2）按下【Ctrl+Z】组合键执行撤销操作，按下【Ctrl+Y】组合键执行恢复操作。

9.4.3 拼写检查与自动更正

Word 对输入的字符有自动检查的功能，通常用红色波形下画线表示可能存在拼写问题，例如输入错误或不可识别的单词；绿色波形下画线表示可能存在语法问题。

例如输入英文句子：secret of being happy，会看到 secret 单词下标有红色波浪线，说明该单词处有错误。将光标移动到该单词处右击，在弹出菜单中有“secret”“忽略”“全部忽略”等选项，可以选择正确的拼写 secret。

小贴士

在“文件”选项卡中选择“选项”命令，在弹出的窗口中单击“校对”按钮，可以对自动拼写和语法检查功能做进一步设置。

9.4.4 字符的格式化

字符的基本格式包括字体、字号、文本颜色、边框底纹等，通过“开始”选项卡的字体组中的命令可以实现对字符格式的设置，如图 9-23 所示，将鼠标指针移动到“字体”组各工具按钮上，可以在提示框中看到关于此按钮功能的说明。

图 9-23　与字体设置相关的工具

除了使用“字体”命令组中的工具对格式进行设置外，也可以通过“字体”对话框进行设置。具体操作如下：选中待设置的文本右击，在弹出的快捷菜单中选择“字体”命令，即可打开“字体”对话框，如图 9-24 所示。在该对话框中对字体格式进行设置。

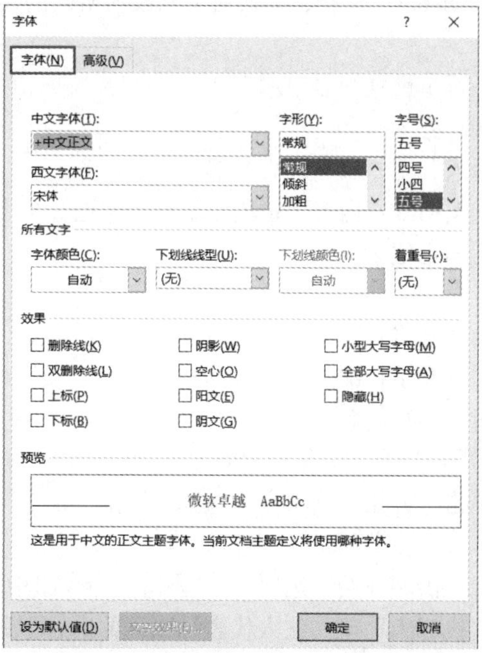

图 9-24　“字体”对话框

图 9-24 中的“高级”选项卡，可以设置字符间距、文字位置等内容。

9.4.5 段落的格式化

在 Word 2016 中，段落是独立的信息单位，具有自身的格式特征。每个段落的结尾处都有段落标记，按下【Enter】键结束一段开始另外一段时，生成的新段落会具有与前一段相同的段落格式。设置段落格式的方式可以通过“开始”选项卡的段落命令组，也可以右击，在弹出的快捷菜单中选择“段落”选项，在相应窗口中进行设置。

用户可以设置段落的对齐方式、缩进、间距等格式，还可以为段落添加项目符号或者编号。

1. 设置段落对齐方式

段落对齐方式控制着段落中文本行的排列方式，包含两端对齐、左对齐、右对齐、居中对齐和分散对齐等几种方式。默认的对齐方式为两端对齐。

2. 设置段落缩进

段落缩进是指段落相对左右页边距向页内缩进一段距离。有以下几种缩进形式：左缩进、右缩进、首行缩进、悬挂缩进。

左缩进指整个段落中所有行的左边界向右缩进；右缩进指整个段落中所有行的右边界向左缩进。

首行缩进指段落首行从第一个字符开始向右缩进；悬挂缩进指整个段落中除首行外所有行的左边界向右缩进。

3. 设置行间距及段落间距

行间距指行与行之间的距离，段间距是指两个相邻段落之间的距离。

例 9-4 打开“投标函.docx”文档，完成对文档段落格式的设置。

要求如下：

（1）将标题行（第一行）设置为居中对齐。

（2）正文部分为两端对齐。

（3）文档末尾“投标人”至“法人代表”部分为右对齐。

（4）正文中从第 1 点至第 6 点内容，每段首字符均缩进 2 个字符。

（5）全文的行间距为固定值 25 磅。

【难点分析】

（1）如何设置段落的对齐格式。

（2）如何设置段落的行首字符缩进。

（3）如何设置文本内容的行间距。

【操作步骤】

（1）选中标题行，单击“开始”选项卡，选择“段落”命令组中的“居中”命令，如图 9-25 所示。

（2）选中正文部分，单击“开始”选项卡，“段落”命令组中的“两端对齐”命令。

（3）选中文档尾部“投标人”至“法人代表”部分的内容，单击“开始”选项卡，选择“段落”命令组中的“文本右对齐”命令。

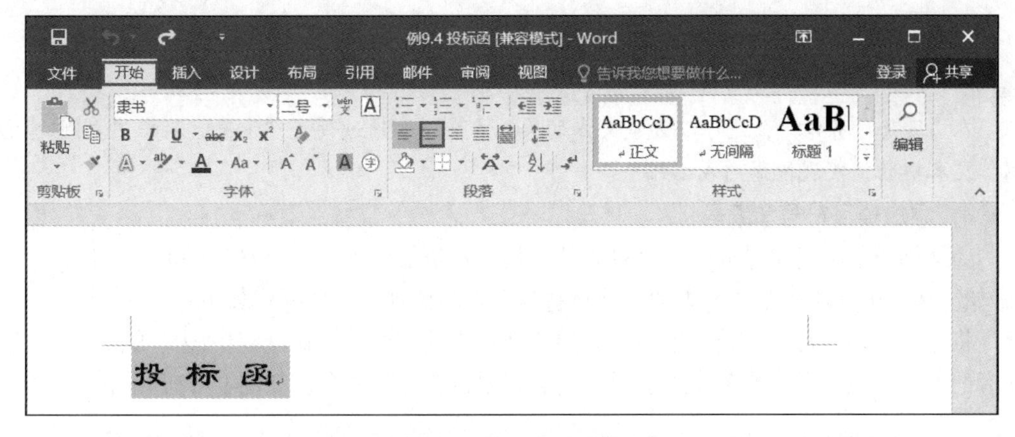

图 9-25　设置段落居中显示

（4）选中正文一到六的内容，单击“开始”选项卡，单击“段落”命令组右下方的小箭头，在弹出的“段落”窗口中，设置“缩进”栏中“特殊格式”为“首行缩进”，磅值为“2 字符”。单击“确定”按钮，如图 9-26 所示。

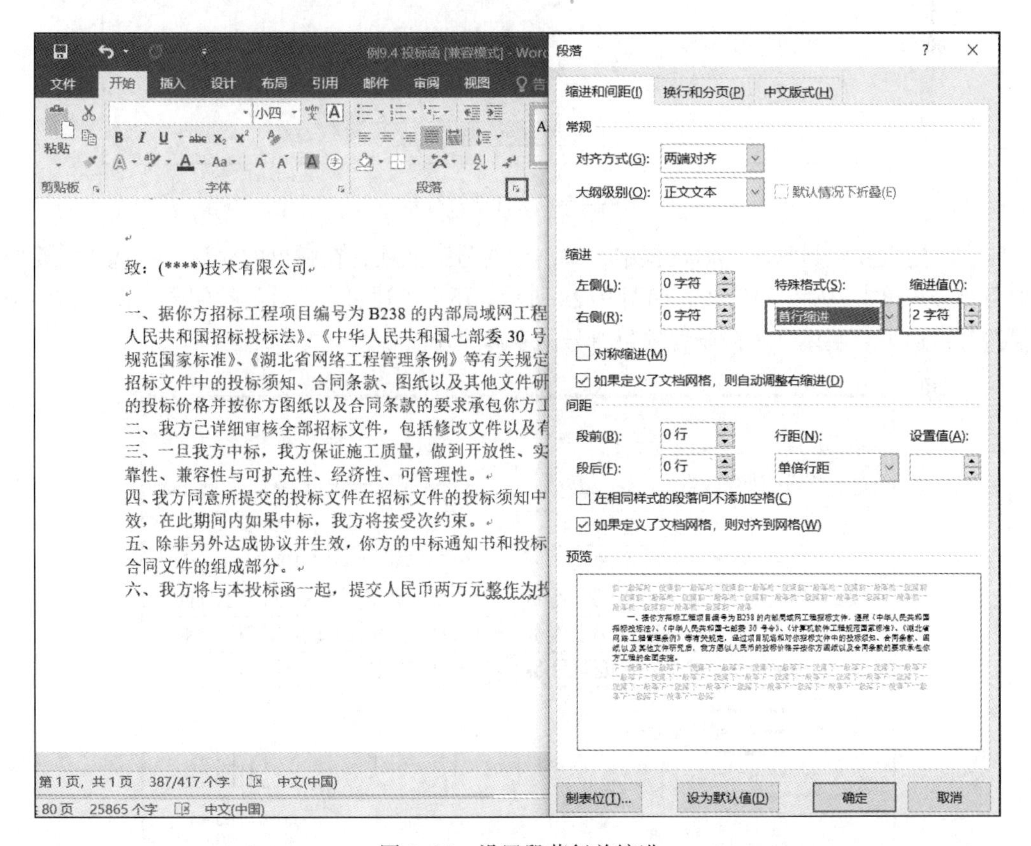

图 9-26　设置段落行首缩进

（5）选中文档全部内容，单击“开始”选项卡，单击“段落”命令组右下方的小箭头，在弹出的“段落”窗口中，设置“间距”栏中“行距”为“固定值”“25 磅”。单击“确定”按钮。

小贴士

在“段落”窗口中，还可以设置文本的左、右缩进。通过设置“缩进”栏中“左侧”“右侧”文本框的值实现段落的左右缩进。

4. 添加项目符号和编号

为文档添加项目符号或者编号可以使文档结构更加清晰。项目符号添加方法是，通过“开始”选项卡的段落命令组中的“项目符号”选项添加。具体操作如下：

将光标移动到待插入处，单击“开始”选项卡的“段落”命令组中的“项目符号”选项旁的下拉按钮，在下拉菜单中选择“定义新项目符号”命令，如图 9-27 所示。

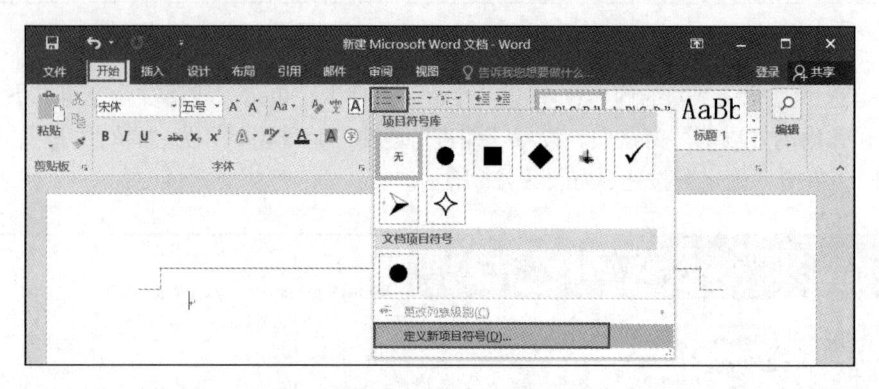

图 9-27　设置项目符号

在“定义新项目符号”对话框中，单击“符号”选项，在弹出的对话框中选择需要的项目符号，单击“确定”按钮，如图 9-28 所示。还可以通过“图片”按钮选择图片作为项目符号，通过“字体”按钮设置项目符号的字体大小。

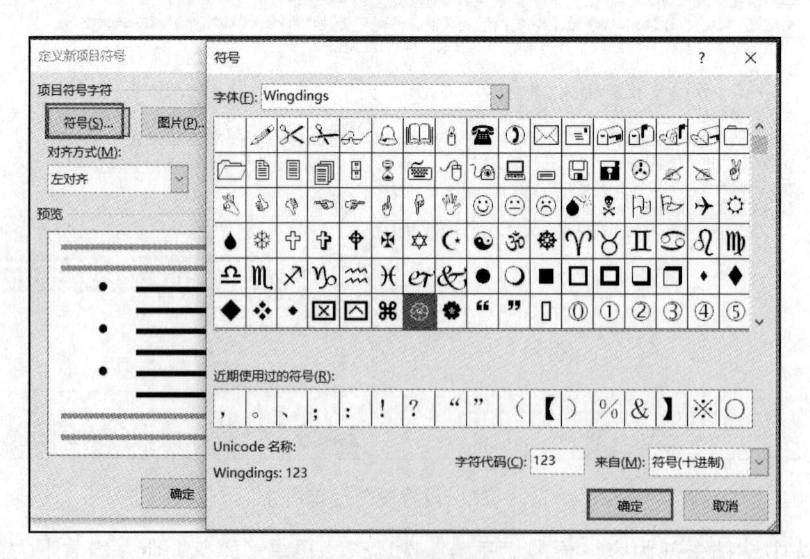

图 9-28　定义新的项目符号

添加编号的操作与添加项目符号类似，此处不再赘述。

为文档添加项目符号后，系统会将该项目符号添加到“最近使用过的项目符号列表”中，下次直接单击段落命令组中的“项目符号”命令，可以直接添加与上一步操作相同的项目符号。

9.4.6 页面格式化

为文本内容添加边框和底纹，不仅可以美化文档，使其赏心悦目，还可以突出显示文档的内容。

1. 添加边框

Word 2016 中有两种方式实现为文本添加边框。

（1）选中要添加边框的文本，在“开始”选项卡“字体”命令组中，单击“字符边框”命令，可以直接对选中的文本添加边框，如图 9–29 所示。这种方法添加的边框为黑色，并且无法修改边框的线型、颜色。

图 9–29　设置字体工具

（2）选中要添加边框的文本，在“开始”选项卡“段落”命令组中，单击“下框线”旁的下拉按钮，在下拉菜单中选择“边框和底纹”选项，如图 9–30 所示。弹出“边框和底纹”的设置对话框，打开“边框”选项卡，可以设置边框的线型以及颜色等。

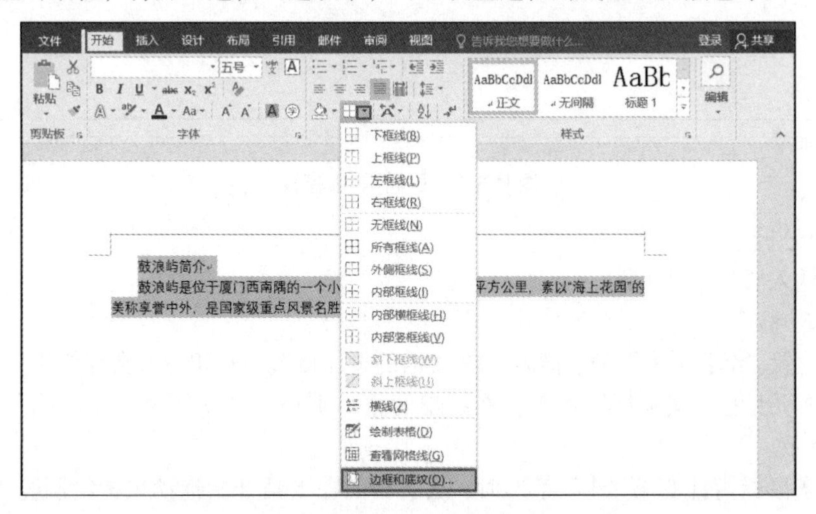

图 9–30　设置边框底纹的工具

2．添加底纹

Word 2016 中主要有两种方式实现为文本添加底纹。

（1）选中要添加底纹的文本，在“开始”选项卡“字体”命令组中，单击“字符底纹”命令，可以直接为选中的文本添加底纹。这种方法设置的底纹为浅灰色，无法修改底纹的填充色、图案等。

（2）选中要添加底纹的文本，在“开始”选项卡“段落”命令组中，单击“下框线”旁的下拉按钮，在下拉菜单中选择“边框和底纹”选项，弹出“边框和底纹”的设置对话框，打开“底纹”选项卡，可以设置底纹的填充色、图案等。

小贴士

“边框和底纹”设置对话框还可以设置整个页面的边框。

9.5 图文混排

有些文档需要用图片来配合文字的内容，可以将内容更加形象地表现出来，在 Word 2016 中，不仅可以插入系统自带的图形，也可以插入喜欢的图片，还可以根据需要制作图形。

9.5.1 使用文本框

文本框是一种图形对象，作为存放文本或图形的“容器”，它可以放置在页面的任意位置，并可以根据需要调整其大小。用户可以通过内置文本框插入带有一定样式的文本框，还可以手动绘制横排或竖排文本框。

例 9-5 制作图 9-31 所示的试卷答题纸模板（最终为图中左转 90° 的效果）。

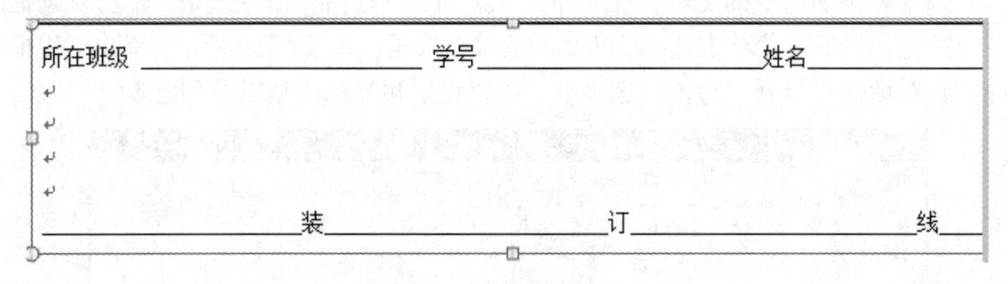

图 9-31 试卷答题纸模板

【难点分析】

如何插入竖排的文本框。

【操作步骤】

（1）设置“纸张方向”为“横向”(在文档的页面设置与打印一节会介绍该方法)。单击“插入”选项卡的“文本框”命令，在弹出的菜单上选择“绘制竖排文本框”选项，如图 9-32 所示。

（2）当鼠标指针变成“十”字形时，从文档的左上角开始拖动鼠标绘制竖排文本框。

（3）此时光标在新插入的竖排文本框中右击，选择“文字方向”选项，设置待输入的文本方向为纵向。关于文字方向的设置在文档的页面设置与打印一节会做详细介绍。

（4）输入所在班级、学号、姓名等文本内容，所在班级与学号之间用带下画线的空格间隔，其他文字的间隔方法类似，完成操作保存并关闭文档。

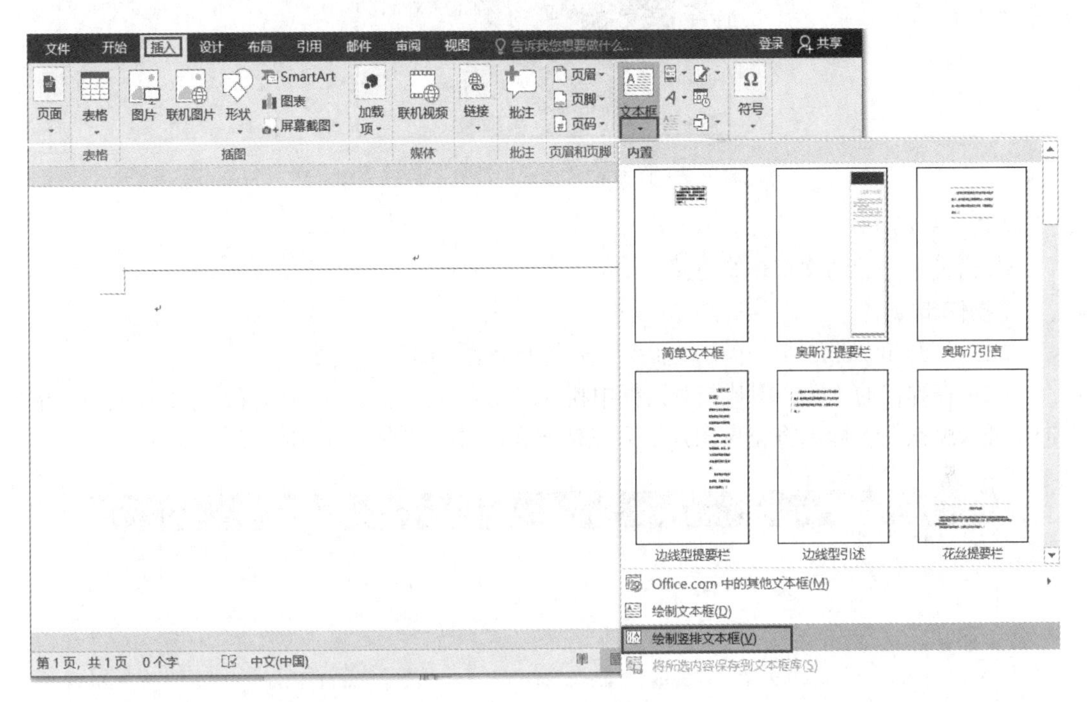

图 9-32　文本框工具

9.5.2　图片

1. 图片的插入及编辑

在 Word 2016 中可以从磁盘上选择要插入的图片文件，也可以插入网络上的图片。这些图片文件可以是 BMP 位图，也可以是 JPEG 压缩格式的图片、TIFF 格式的图片等。在插入图片后，还可以设置图片的颜色、大小、版式和样式等。

单击“插入”选项卡中的“图片”选项，在弹出的“插入图片”对话框中，找到图片文件所在的位置，选择需要的图片，单击“插入”按钮，即可将一张图片插入光标所在的位置。如想对图片作进一步设置，需要选定图片，利用图片工具中的“格式”命令调整图片的颜色、背景，为图片添加样式、边框、效果及版式，还可以设置图片的排列方式以及尺寸等。

例 9-6 在“花语.docx”文档中插入“花束.jpg”图片，并设置图片效果如图 9-33 所示。

要求如下：

（1）将本地花束图片插入文本中。

（2）设置图片格式为“衬于文字下方”。

图 9-33　图片设置完成后部分文档效果图

【难点分析】

如何设置图片的文字环绕方式。

【操作步骤】

（1）打开 Word 文档，单击“插入”选项卡上的“图片”命令。

（2）在弹出的“插入图片”对话框中找到“花束.jpg”文件所在位置，选中该文件，单击“插入”按钮，即可将花束图片插入光标所在位置，如图 9-34 所示。

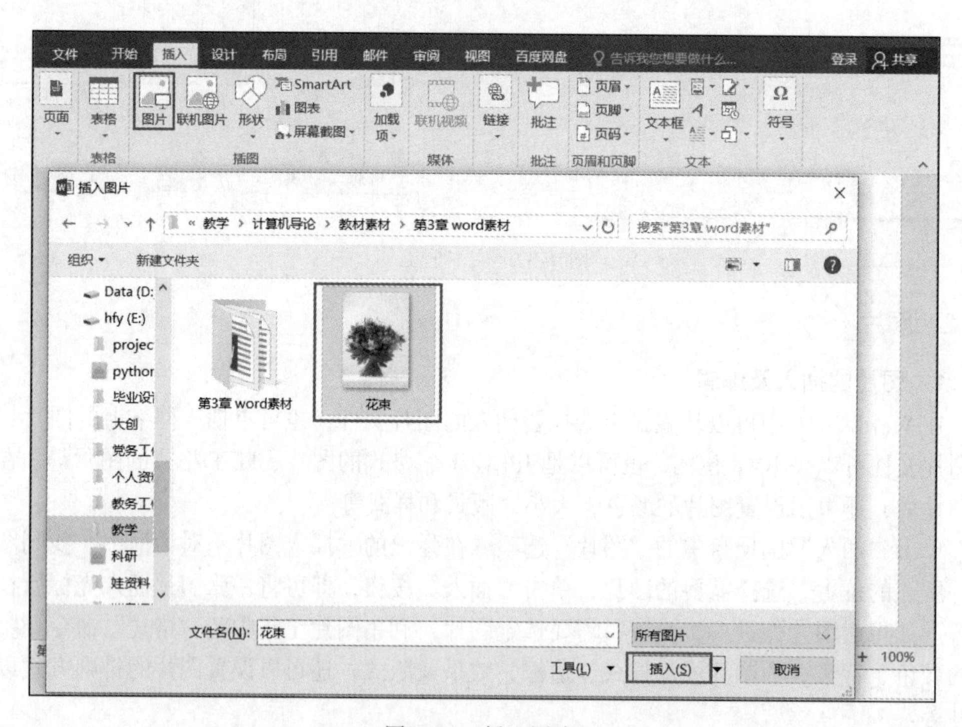

图 9-34　插入图片

（3）选中插入的图片，拖动右下角的小圆圈，适当调整图片。单击“布局”选项卡中的“位置”命令。在弹出的下拉菜单中选择“其他布局选项”命令，如图 9-35 所示。

（4）在弹出的“布局”对话框中，选择“衬于文字下方”选项，单击“确定”按钮，如图 9-36 所示。完成设置后，保存文档并关闭。

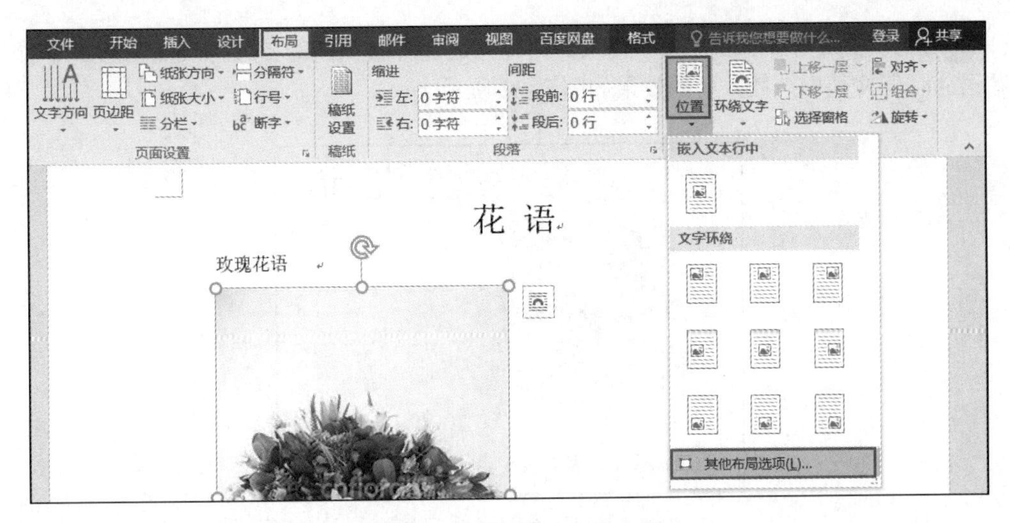

图 9-35 修改图片布局

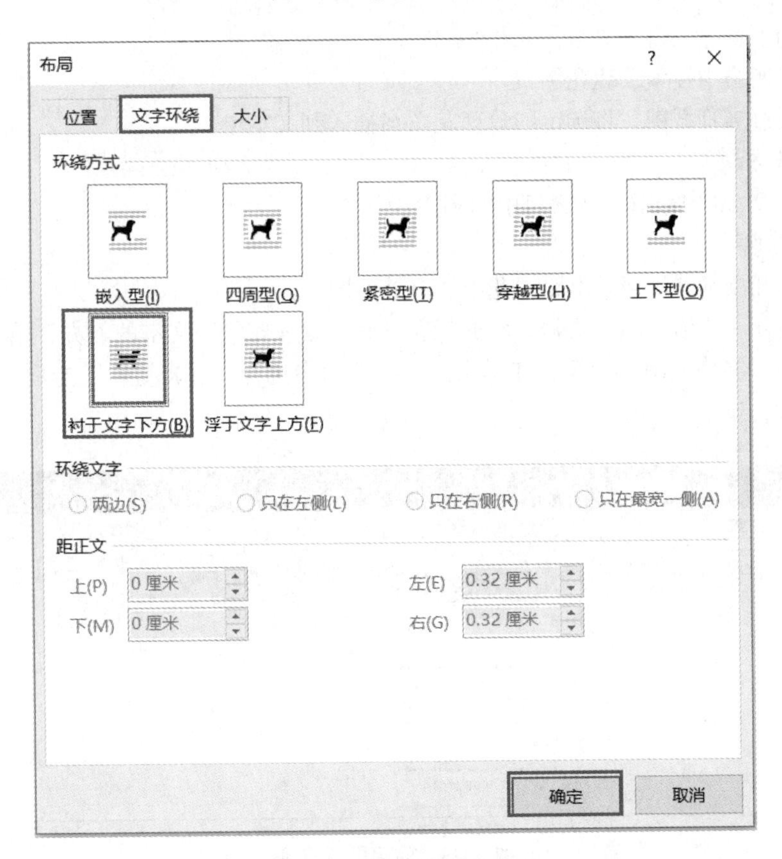

图 9-36 设置图片环绕方式

2. 插入屏幕截图

屏幕截图包含两种不同的方式，即“可用的视窗”和“屏幕剪辑”。使用“可用的视窗”可以截取所有活动窗口的内容作为图片，所有活动窗口指打开但并没有最小化的窗口。使用“屏幕剪辑”可以截取任意所选内容作为图片。

例9-7 在浏览器中搜索关于花束的图片，通过屏幕截图的方式将玫瑰花的图片插入“花语.docx”文档中。插入后的效果如图 9-37 所示。

图 9-37　屏幕截图完成后效果

要求如下：

（1）在网络中搜索玫瑰花图案。

（2）通过屏幕截图，将选定的玫瑰花图案插入到文本中。

【难点分析】

如何在 Word 中截取其他窗口中的图案。

【操作步骤】

（1）打开浏览器，搜索出跟“花束”有关的图片。

（2）打开“花语.docx”文档，将光标移动到“玫瑰花语”文本的前方，单击“插入”选项卡中的“屏幕截图”命令，在弹出的下拉菜单中选择“屏幕剪辑”选项，如图 9-38 所示。

图 9-38　使用屏幕截图

（3）在任务栏中选择浏览器窗口，待屏幕窗口颜色减淡，鼠标指针变成“十”字形，拖动鼠标选择要截取的图像，放开鼠标按键，即可将选中的图像插入到指定位置。

9.5.3　使用艺术字

艺术字是由专业的字体设计师经过艺术加工而成的汉字变形字体，是一种有图案意味或装饰意味的字体变形。

Word 2016 中可以按照预定义的形状创建艺术字。打开“插入”选项卡，在“文本”组中单击“艺术字”按钮，在弹出的艺术字列表框中，选择需要的样式后可以在光标的位置出现一个编辑框，在其中输入需要的文字后完成插入操作。如需要对艺术字做进一步的处理，可选中待编辑的艺术字，工具栏会出现“绘图工具”的“格式”选项卡，通过该选项卡可以设置艺术字的形状、样式等效果。

9.5.4 使用各类图形

Word 2016 提供了一套自选图形，包括直线、箭头、流程图、星与旗帜、标注等。可以使用这些形状灵活地绘制出各种图形。此外还提供了一套 SmartArt 图形，可帮助用户轻松制作出各种层次结构图、矩阵图、关系图等。

1. 插入形状

单击“插入”选项卡中的形状，在下拉菜单中选择需要的图形，在编辑区拖动鼠标即可绘制出需要的图形。同图片的编辑类似，选中图形，工具栏会出现“绘图工具”的“格式”选项卡，可以设置图形的填充颜色，形状轮廓以及形状效果。

右击选中的形状，选择“添加文字”选项，可在图形中添加一些说明文字。

当文档中插入多个图形后，有时需要将图形按照一定的方式对齐。选中多个待对齐的图形，选择“格式”选项卡中的“对齐”命令，在下拉菜单中可以选择需要的对齐方式。

有时为了方便图形的整体移动，可以对多个图形进行合并。选中多个待合并的图形，单击“格式”选项卡中的“组合”命令，选择“组合”选项，即可将多个图形合并为一个。

2. 插入 SmartArt 图形

例9-8 利用 SmartArt 软件制作图 9-39 所示的新生报到流程图。

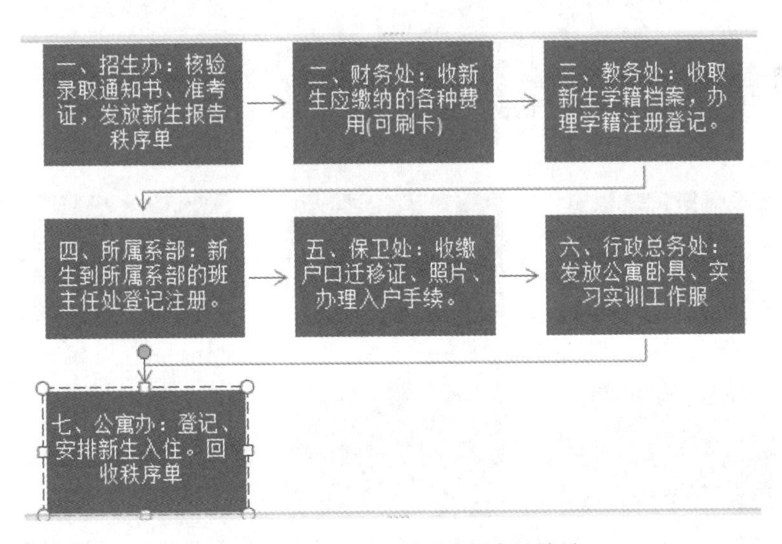

图 9-39 SmartArt 图形编辑完的效果

要求如下：

（1）流程图选择“重复蛇形流程”图。

（2）流程图中共有 7 个步骤。

【难点分析】

（1）如何插入 SmartArt 图形。

（2）如何修改 SmartArt 图形以符合实际的需要。

【操作步骤】

（1）新建一个空白文档，单击“插入”选项卡中的“SmartArt”命令，在弹出的“选择 SmartArt 图形”对话框中选择“流程”中的“重复蛇形流程”选项，如图 9-40 所示。

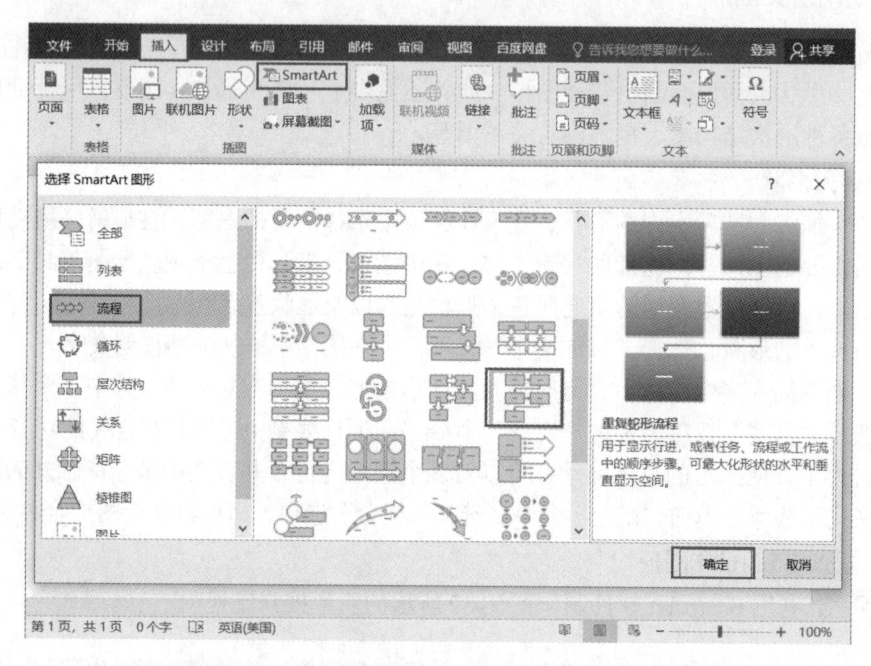

图 9-40　插入 SmartArt 图形

（2）在图形中分别输入相应的文字说明，如图 9-41 所示。

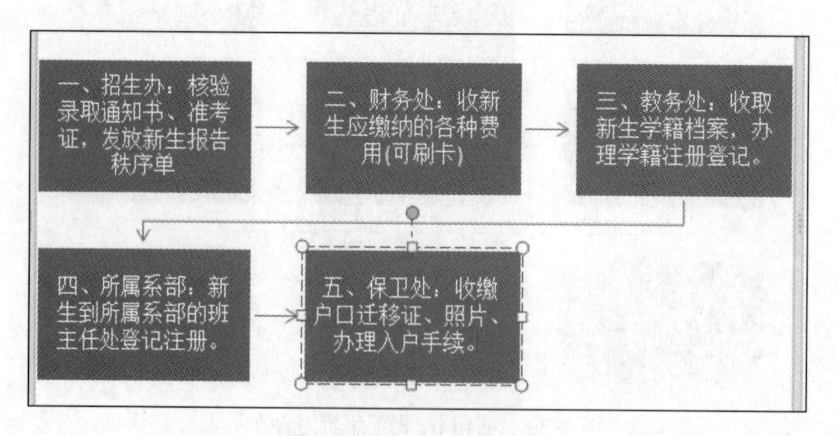

图 9-41　在图中添加文字

（3）此时图中还缺少两项。单击“SmartArt 工具”中的“设计”选项卡，单击其中的“添加形状”命令，连续添加两次。

（4）在新添加的形状中输入相应的文字说明，完成编辑，保存文档并退出。

9.5.5 使用图表

在文档中插入数据图表，可以将复杂的数据简单明了地表现出来，对于不是太复杂的数据，都可以使用 Word 2016 设计出专业的数据表。

单击“插入”选项卡中的“图表”命令，在弹出的“插入图表”对话框中选择需要的图表类型，即可在文档中插入图表。同时会启动 Excel 2016 应用程序，用于编辑图表中的数据，该操作和 Excel 类似，读者可参考第 10 章的内容。

9.6 使用表格

表格可以将一些复杂的信息简明扼要地表达出来。Word 2016 中不仅可以快速地创建各种样式的表格，还可以方便地修改或调整表格。在表格中可以输入文字或数据，还可以给表格或单元格添加边框、底纹。此外，还可以对表格中的数据进行简单的计算和排序等。

9.6.1 创建表格

Word 2016 提供了多种创建表格的方法，具体的命令位于“插入”选项卡的“表格”命令组中。有以下几种创建表格的方法：

- 使用网格创建表格。
- 使用“插入表格”对话框创建表格。
- 手动绘制表格。
- 通过表格模板快速创建表格。

1. 使用网格创建表格

单击“表格”的下拉按钮，拖动鼠标选择网格，例如选择 4×5 表格，单击即可将一个 4 列 5 行的表格插入文档中，如图 9-42 所示。

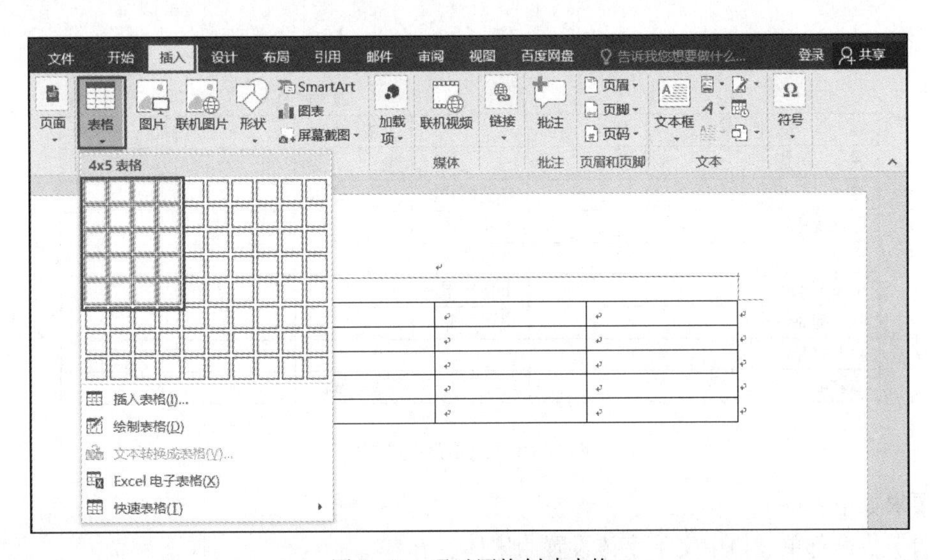

图 9-42　通过网格创建表格

这种方法创建的表格不带有任何的样式，操作简单方便，但一次最多只能插入 10 列 8 行的表格，适用于创建行、列数较少的表格。

2．使用“插入表格”对话框创建表格

该方法创建表格没有行列数的限制，创建的同时还可以对表格大小进行设置。单击“插入”选项卡，选择“表格”中的“插入表格”命令。在弹出的“插入表格”对话框中，可以输入要新建表格的行、列数，以及表格“自动调整”的属性。

3．手动绘制表格

手动绘制表格可以绘制方框、直线，也可以绘制斜线。但是在绘制表格时无法精确设定表格的行高、列宽等数值。

单击“表格”下拉按钮，选择“绘制表格”命令，当鼠标指针呈笔的形状时，按住鼠标左键向右下方拖动鼠标，绘制表格外框。在外框内部拖动鼠标，可以绘制内部的直线或斜线。

单击“表格工具”中的“擦除”按钮，在不需要的边框线上单击，可擦除多余的框线。

4．通过表格模板快速创建表格

单击“表格”下拉按钮，选择“快速表格”命令，可以在下一级菜单中看到多种 Word 内置表格，选择需要的格式，即可快速插入带有一定格式的表格。

9.6.2 编辑表格

表格创建完之后，还可以根据需要对其进行编辑，例如编辑文本，插入或删除行、列，或者对单元格进行拆分或合并等。

1．编辑表格中的文本内容

在表格中输入文本以及编辑文本的字体、字号等方法与在 Word 文档中编辑文本的方法类似。

例 9-9 编辑文档“招聘人员登记表.docx”，编辑后的效果如图 9-43 所示。

招聘人员登记表

填表时间：　　年　　月　　日

姓　名		性　别		出生日期		照　片
民　族		学　历		婚　否		
专　业			毕业院校			
政治面貌			健康状况			
户　籍			身份证号			
毕业时间			工作年限		职　称	
联系电话			电子邮箱			
联系地址						
应聘职位				期望年薪		

图 9-43　编辑后效果图

要求如下：

（1）将全部单元格中文字字体设置为宋体、五号。

（2）“姓名”“民族”“专业”“户籍”等两个字的文本分散对齐在单元格中。

【难点分析】

（1）如何选中全部单元格内容。

（2）如何选中多个不连续的单元格内容。

【操作步骤】

（1）打开“招聘人员登记表.docx”文档文件，单击表格左上角的单元格，按住【Shift】键不放开，再单击表格右下角单元格，选中表格中全部的单元格。

（2）在“开始”选项卡的“字体”命令组中设置字体为宋体，字号为五号。

（3）将鼠标指针移动到“姓名”所在单元格的左下角单击，选中该单元格。之后按下【Ctrl】键，再依次选中内容为“民族”“专业”“户籍”等其他两个字的单元格，如图 9-44 所示。

招聘人员登记表

填表时间：　　年　　月　　日

姓名		性别		出生日期		照片
民族		学历		婚否		
专业			毕业院校			
政治面貌			健康状况			
户籍			身份证号			
毕业时间			工作年限		职称	
联系电话			电子邮箱			
联系地址						
应聘职位				期望年薪		

图 9-44　选中表格中不连续的单元格

（4）在“开始”选项卡的“段落”命令组中设置对齐方式为“分散对齐”，完成设置保存文档并关闭。

小贴士

将鼠标指针移动到表格的左上角，单击表格移动控制点图标⊞，也可以选取整个表格，通常要设置整个表格的样式时会以这种方法选定表格。

2. 插入行、列及单元格

有三种方法实现插入行、列或者单元格。

（1）将光标移动到要插入的行、列或者单元格的相邻位置单元格，打开“表格工具”，选择“布局”选项卡，通过其中的“行和列”命令组实现插入。

（2）在要插入的行、列或者单元格的相邻位置单元格中右击，在弹出的快捷菜单中选择“插入”命令，再进一步选择要插入的内容。

以上两种方法中，光标的位置如图 9-45 所示。

（3）将光标移动到表格最后一行的行结束标记处，单击【Enter】键，可以快速地添加一行，此时光标的位置如图 9-46 所示。

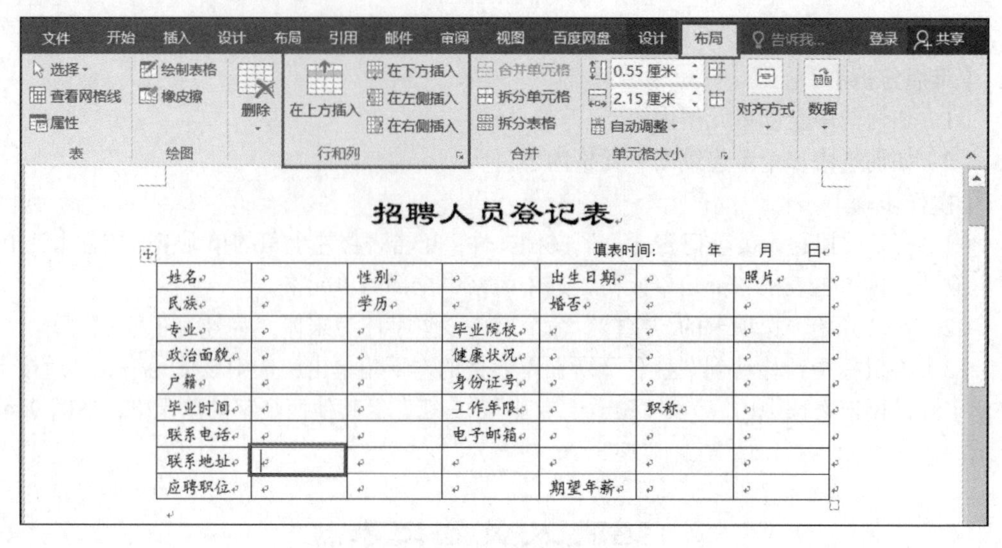

图 9-45　通过工具栏上的命令插入一行

招聘人员登记表

填表时间：　　年　　月　　日

姓名		性别		出生日期		照片
民族		学历		婚否		
专业			毕业院校			
政治面貌			健康状况			
户籍			身份证号			
毕业时间			工作年限		职称	
联系电话			电子邮箱			
联系地址						
应聘职位				期望年薪		

图 9-46　通过回车键快速插入一行

插入列及单元格的方法与行类似，此处不再赘述。

3．删除行、列或者单元格

通过以下两种方法删除行、列或单元格。

（1）将光标移动到要删除的行、列或者单元格中，打开“表格工具”，选择“布局”选项卡，通过其中的“行和列”命令组“删除”命令实现删除操作，如图 9-47 所示。

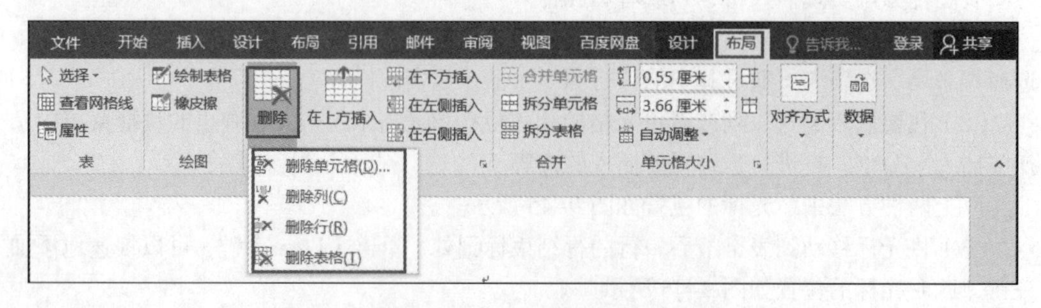

图 9-47　通过“布局”选项卡删除行列或单元格

（2）将光标移动到要删除的行、列或者单元格右击，在弹出的快捷菜单中选择“删除单元格”命令，再进一步选择要删除的方式，如图 9-48 所示。

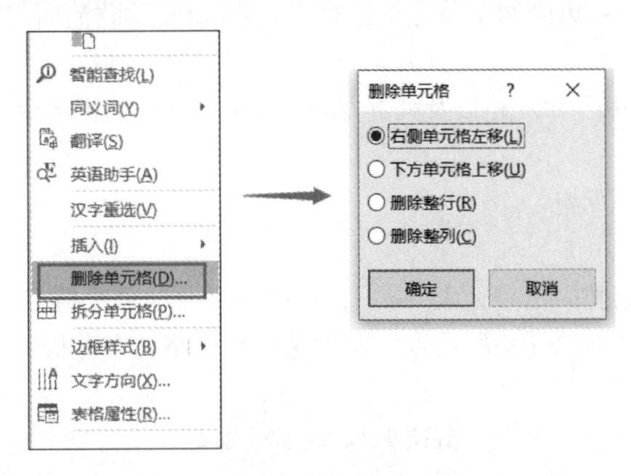

图 9-48　通过弹出菜单删除行列或单元格

4．单元格的合并与拆分

常用合并单元格的方法有两种，分别如下：

（1）选中要合并的单元格，打开“表格工具”，选择“布局”选项卡，通过其中“合并”命令组中的“合并单元格”命令，实现单元格的合并。

（2）选中要合并的单元格右击，在弹出的快捷菜单中选择“合并单元格”命令，实现单元格的合并。

例9-10 编辑“招聘人员登记表.docx”，编辑后的效果如图 9-49 所示。

填表时间：　年　月　日

姓　名		性　别		出生日期		照　片
民　族		学　历		婚　否		
专　业		毕业院校				
政治面貌		健康状况				
户　籍		身份证号				
毕业时间		工作年限		职　称		
联系电话		电子邮箱				
联系地址						
应聘职位		期望年薪				
个人专长						
培训经历	时　间	地点	培训内容			
工作经历	时　间	工作单位	职位描述			
备　注	1. 填写内容必须真实、有效。 2. 保证遵守国家法律规定和本公司规章制度。 3. 递交一寸免冠照片一张，毕业证和身份证复印件各一份。					

图 9-49　合并单元格后的效果

要求如下：

（1）“照片”单元格：合并第 1 至 5 行与第 7 列交汇处的单元格。

（2）合并“专业”右边的两个单元格，对“毕业院校”“政治面貌”等单元格执行类似的操作。

（3）合并“培训经历”单元格以及其下方的三个单元格，“工作经历”单元格的格式类似。

【难度分析】

如何合并相邻的单元格。

【操作步骤】

（1）打开文档“招聘人员登记表.docx”，选中“专业”单元格右侧的两个单元格右击，在弹出菜单上单击“合并单元格”命令，实现选中单元格的合并操作，如图 9-50 所示。

图 9-50　通过弹出菜单上的命令合并单元格

（2）同样的方法，合并“毕业院校”“政治面貌”“户籍”等右侧的单元格。

（3）选择“照片”及其下方的三个单元格，单击“表格工具”命令，选择“布局”选项卡中的“合并单元格”命令，将上下四个单元格合并。“培训经历”“工作经历”等单元格执行类似的操作，并在备注一栏的右侧填入相应文字，完成题目的要求。保存文档并关闭。

拆分单元格的操作方法与合并单元格类似，此处不再赘述。

9.6.3　设置表格格式

编辑完表格后，可以对表格的格式进行设置，例如调整表格的行高、列宽，设置表格的边框与底纹，套用样式等，使表格更加美观。

1. 调整表格的行高和列宽

常见设置表格行高与列宽的方法有两种：

（1）选中表格，单击“表格工具”的“布局”选项卡，选择“单元格大小”命令组中的命令。

（2）选中表格，在表格上右击，在弹出的快捷菜单上选择“表格属性”选项，弹出的对话框中有行、列选项卡，可以设置行列的属性。

2. 设置表格的边框和底纹

常见设置表格边框与底纹的方法有两种：

（1）在“表格工具”中的“设计”选项卡上，有设置边框和底纹的命令。

（2）在表格上右击，在弹出的快捷菜单上选择“表格属性”选项，弹出的对话框中有表格选项卡，单击其中的“边框和底纹”按钮，可以设置表格的边框和底纹。

3. 套用表格样式

Word 2016 中内置了多种表格样式，用户可根据需要方便地套用这些样式。单击“表格工具”的“设计”选项，可以看到有多个样式。使用样式时，先将光标定位到表格的任意单元格，再选择样式，即可将样式应用在表格中。

9.6.4 表格的高级应用

1. 绘制斜线表头

斜线表头可以将表格中行与列的多个元素在一个单元格中表现出来。用 Word 2016 制作斜线表头时，可以通过自选图形、文本框的组合完成。

例9-11 在“课程表.docx”文档中，为表格绘制斜线表头，如图 9-51 所示。

星期 节次	星期一	星期二	星期三	星期四	星期五
1	建筑美术(素描) 公教 105			建筑表现技法 主 1#301	大学英语 主 2#301
2					
3		建筑结构抗震 主 2#108			
4					
5		大学英语 主 2#301	大学语文 主 4#107		
6					
7					中国文学名著欣赏 主 5#417
8					

图 9-51 绘制斜线表头完成后效果

要求如下：

（1）在表格第 1 行第 1 列交汇处的单元格的左上角到右下角绘制斜线。

（2）标明第 1 行标题为：星期，第 1 列标题为：节次。

【难点分析】

（1）如何在单元格中绘制斜线。

（2）如何在斜线上标注行列的标题。

【操作步骤】

（1）打开设置完的课程表，单击“插入”选项卡中的“形状”选项，在下拉菜单中选择“斜线”形状。

（2）鼠标指针形状变为“+”形状时，在课程表第 1 行第 1 列交汇处的单元格上，从左上角到右下角沿对角线方向绘制斜线，并设置线条的颜色为黑色，如图 9-52 所示。

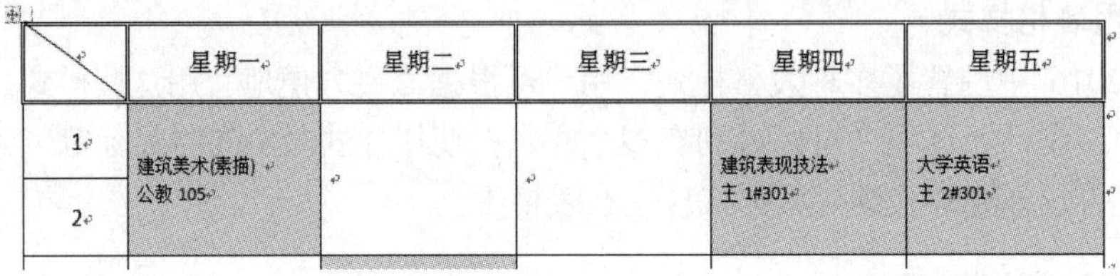

图 9-52　绘制斜线

（3）单击“插入”选项卡中的“文本框”选项，在弹出的菜单中选择“绘制文本框”，在斜线的上方绘制文本框，并输入“星期”二字。调整文本框位置使文字在斜线中间，并设置文本框的格式为无填充、无线条。

（4）同样的方法，在斜线的下方绘制文本框，并输入“节次”二字。完成带斜线表头的制作，单击“保存”按钮，关闭文档。

2．表格的分页显示

当表格数据较多时，数据可能会跨页显示，如果每页开头能有一个标题行，会帮助用户快速了解每列数据的意思。通过设置“重复标题行”可以为跨页表格自动添加标题行。如果跨页分界处的单元格内容较多，该单元格的内容可能会在两页上显示，通过设置不允许“跨页断行”，可确保一个单元格的内容在同一页显示。

例 9-12 打开素材中的“实习单位统计表.docx”，为跨页的表格设置表头，完成后的效果如图 9-53 所示。

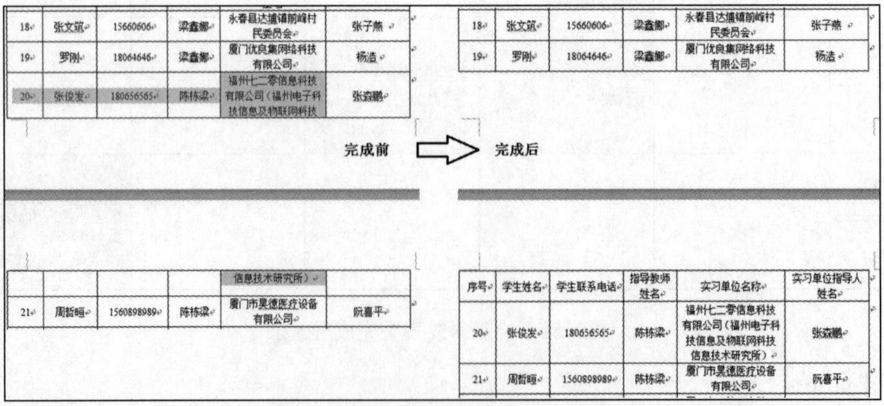

图 9-53　表格分页显示设置完后的效果

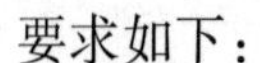

要求如下：

（1）将编号为 20 的行中数据在同一页显示。

（2）在表格每一页的第一行，重复显示标题行。

【难点分析】

（1）如何将跨页的行显示在同一页。

（2）如何在跨页的表格的每一页开始设置表的标题。

【操作步骤】

（1）当鼠标指针移动到表格的左上角时，指针形状变为⊞，单击该图标选中表格。单击“表格工具”中的“布局”选项卡，选择其中的“属性”选项。

（2）在弹出的“表格属性”窗口中单击“行”选项卡，取消选中“允许跨页断行”复选框，单击“确定”按钮，实现将跨页的行在同一行显示。显示后的结果如图 9-54 所示。

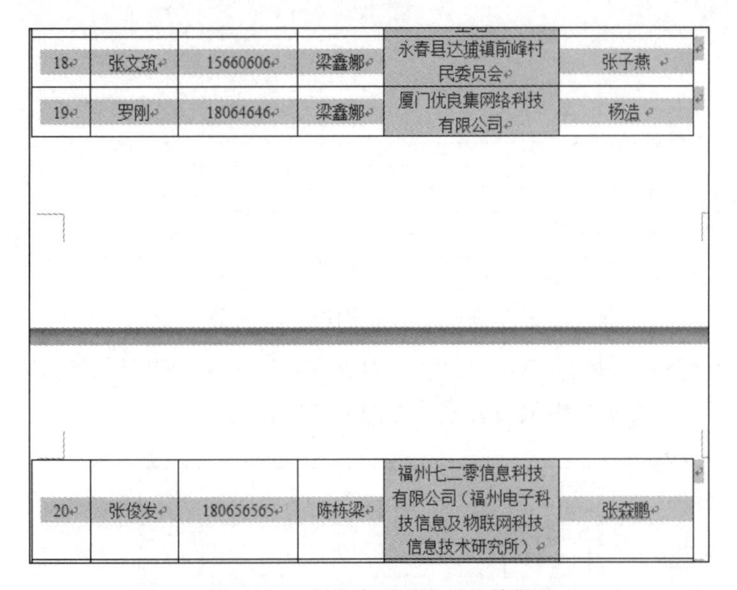

图 9-54　表格跨页显示后的效果

（3）选中表格的标题行，单击“表格工具”中的“布局”选项卡，选中“重复标题行”选项，如图 9-55 所示。完成对表格的设置，单击“保存”按钮，关闭文档。

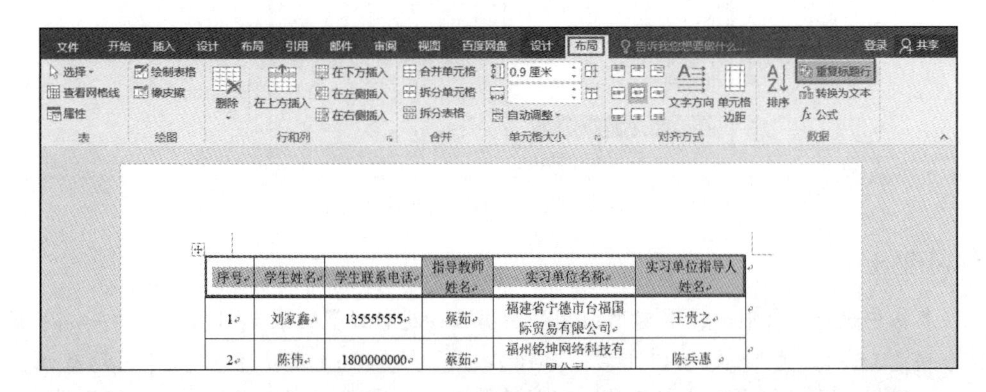

图 9-55　设置表格重复标题行

3．表格数据处理

在 Word 2016 中可以对表格中的数据执行一些简单的运算，例如求和、求平均值等，可以通过输入带有加、减、乘、除等运算符的公式进行计算，也可以使用 Word 2016 附带的函数进行较为复杂的计算。除此之外还可以对数据按照某种规则进行排序。

1）对表格中的数据进行计算

将光标移动到存放结果的单元格，单击“表格工具”组中的“布局”选项卡，选择“数据”组中的“公式”命令，如图 9-56 所示。

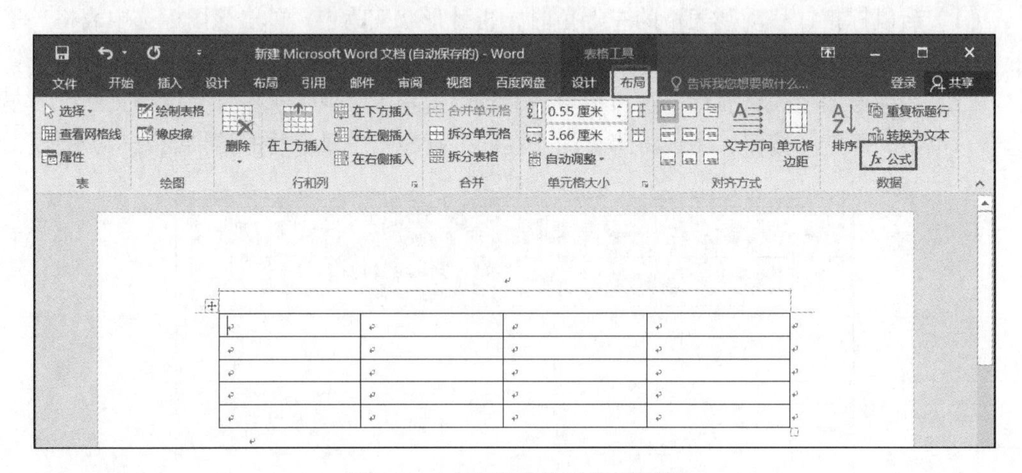

图 9-56　在表格中使用公式运算

在弹出的“公式”对话框中，单击 “粘贴函数”下拉按钮，选择需要的函数，还可以进一步在“公式”文本框中编辑公式，如图 9-57 所示。

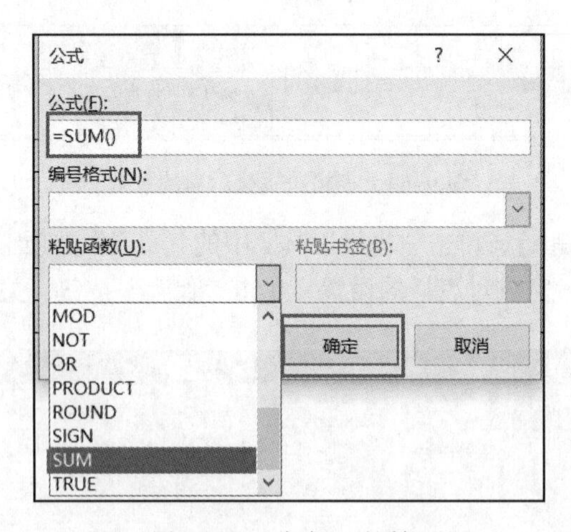

图 9-57　“公式”对话框

小贴士

在表格中进行运算时，需要对所引用的数据方向进行设置，表示引用方向的关键字有 4 个，分别是 LEFT（左）、RIGHT（右）、ABOVE（上）、BELOW（下）。大小写均有效。

在计算结束后，如果修改了表格中的原有数字，则需要对表格进行全选，然后按【F9】

键更新域，即可更新表格中所有公式的计算结果。

2）对表格中的数据进行排序

将光标移动到待排序表格的任意单元格上，单击“表格工具”上的“布局”选项卡，选择“排序”选项。在弹出的“排序”对话框中，设置排序的主要关键字以及排序方式，即可完成对表中数据的排序。

9.7 文档的高级排版

为提高文档的编排效率，创建有特殊效果的文档，Word 2016 提供了一些高级格式设置功能来优化文档的格式编排，例如：通过格式刷快速复制格式、通过编辑文档大纲浏览文档结构、通过添加分隔符对文档分节并设置不同格式、为文档增加页眉页脚等功能。

9.7.1 格式刷的使用

使用“格式刷”功能，可以快速地将指定文本或段落的格式复制到目标文本、段落上，提高工作效率。

复制格式前先选中已设好格式的文本，单击“开始”选项卡上的“格式刷”按钮。

当鼠标指针变成小刷子形状后，拖动鼠标扫过要复制格式的文本，即可将格式复制到目标文本上。

小贴士

单击“格式刷”按钮复制一次格式后，系统会自动退出复制状态，如果需要将格式复制到多处，可以双击“格式刷”按钮，完成格式复制后，再次单击“格式刷”按钮或者按【Esc】键，退出复制状态。

9.7.2 长文档处理

编辑较长文档时，可以使用大纲视图来组织和查看文档，帮助用户厘清文档思路，也可以在文档中插入目录，方便用户查阅。

1．创建、编辑文档大纲

Word 2016 中的“大纲视图”功能主要用于制作文档提纲，“导航窗格”功能主要用于浏览文档结构。

打开“视图”选项卡，在“视图”组中单击“大纲视图”命令，切换到大纲视图模式，此时窗口中出现“大纲”选项卡，如图 9–58 所示。

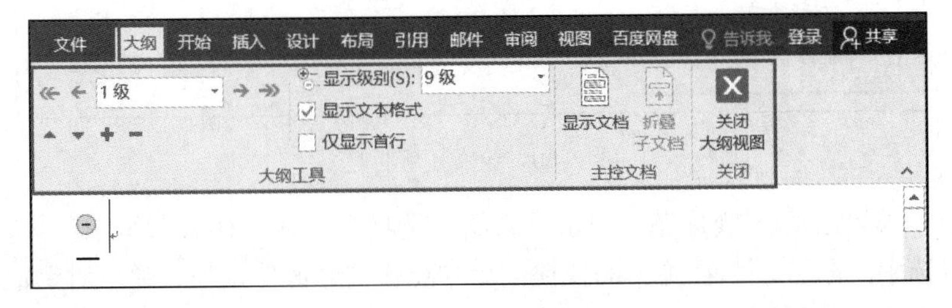

图 9–58 “大纲”选项卡

通过“大纲工具”组中的“显示级别”下拉列表框可以选择显示级别；通过将鼠标指针定位在要展开或折叠的标题中，单击“展开”+或“折叠”－按钮，可以扩展或折叠大纲标题。

例9-13 在“大纲视图”下创建论文的提纲，并设置各级标题的格式，完成效果如图 9-59 所示。

要求如下：

（1）创建 1 至 9 级目录。

（2）1 级标题的格式为：“黑体”“小三”“居中”；2 级标题的格式为：“黑体”“四号”；9 级标题及正文的格式为：“宋体”“小四”。

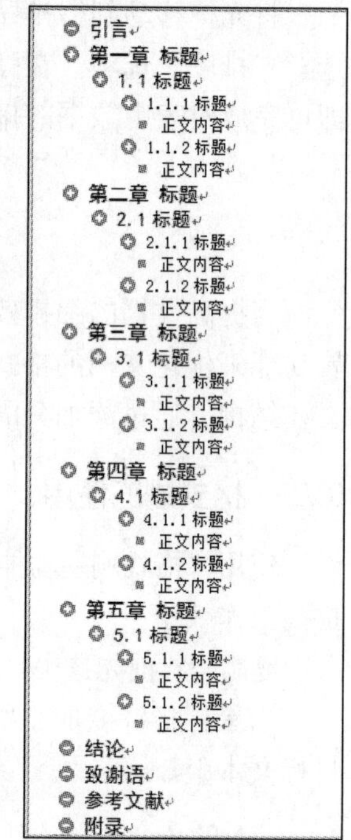

图 9-59　论文大纲

【难点分析】

（1）如何设置各个标题的级别。

（2）如何通过设置样式将标题的格式保存，以便后续增加同级标题时，不用再设置新标题的格式。

【操作步骤】

（1）新建一个 Word 文档，单击“视图”选项卡，选择“大纲视图”选项。

（2）在打开的大纲视图中，在分级显示栏中选定“1 级”（默认的级别），在编辑区输入“引言”，单击【Enter】键，继续输入“第一章 标题”，用同样的方法输入第二至五章标题以及结论、致谢语、参考文献、附录，建立起 1 级标题列表，如图 9-60 所示。

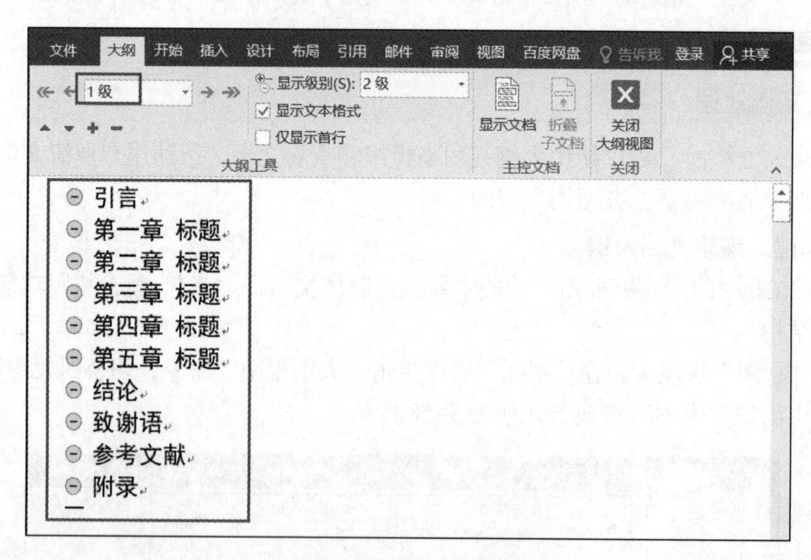

图 9-60　论文 1 级标题

（3）选中编辑区的 1 级标题，单击“开始”选项卡，在“样式”组中选择“标题 1”样式。右击选中“标题 1”，在弹出的快捷菜单中单击“修改”选项，弹出对话框如图 9-61 所示。在对话框中设置字体格式为“黑体”“小三”“居中”。

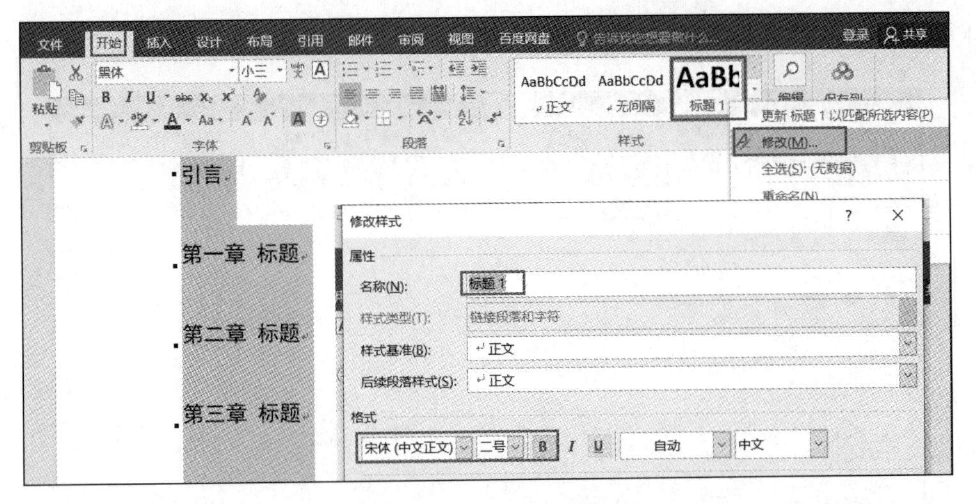

图 9-61　修改 1 级标题样式

（4）将光标移至“第一章　标题”后，单击【Enter】键另起一段，输入“1.1 标题”，用同样方法添加其他章的 2 级标题。按住【Ctrl】键选中所有的 2 级标题，如图 9-62 所示。设置其显示级别为“2 级”，修改字体格式为“黑体”“四号”。

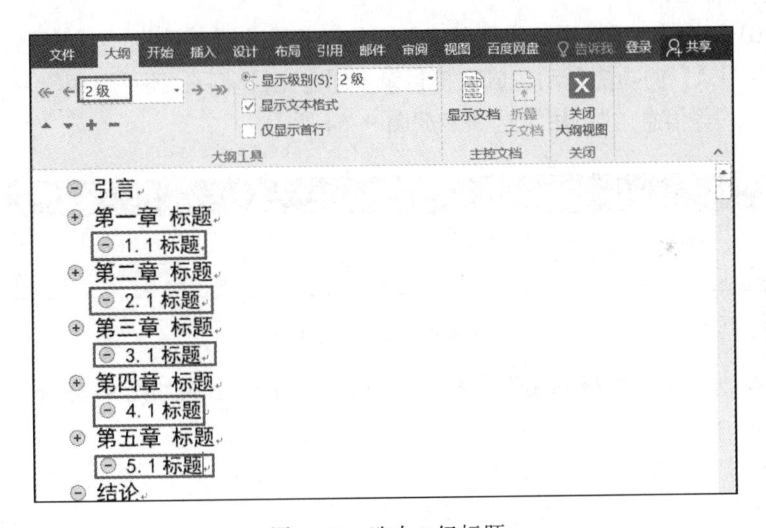

图 9-62　选中 2 级标题

（5）将光标移至“1.1 标题”后，按【Enter】键另起一段，输入“1.1.1 标题”，用同样方法添加每一章的 3 级标题。按住【Ctrl】键选中所有的 3 级标题，设置其显示级别为“3 级”，修改字体格式为“宋体”“小四”。

（6）将光标移至“1.1.1 标题”后，按住【Enter】键另起一段，输入“正文内容”，用同样的方法为每一章添加“正文内容”四个字。按住【Ctrl】键选中所有的正文内容，设置其显示级别为“正文文本”，字体格式为“宋体”“小四”。大纲创建完毕，关闭大纲视图。

（7）编辑完大纲后可以在“导航窗格”中浏览及快速定位到需要编辑的章节。单击“视图”选项卡，在“显示”组中的“导航窗格”前单击，此时可在窗口左侧看到导航窗格，在其中单击“3.1.1 标题”，右侧的文档编辑页面将自动跳转到对应的部分，如图 9-63 所示。

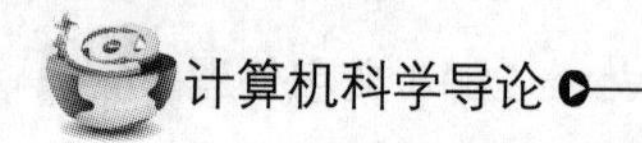

文档编辑完毕，保存并关闭文档。

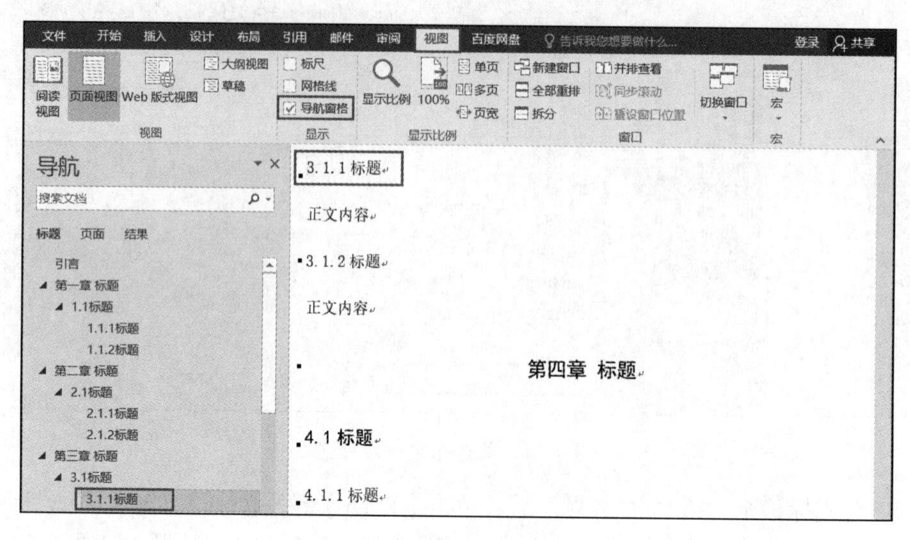

图 9-63 利用导航窗格浏览文档

2. 创建文档目录

Word 2016 中可以根据用户设置的大纲级别，提取出目录信息。可以通过“引用”选项卡中“创建目录”的功能自动生成文档目录。创建完目录后，还可以编辑目录中的字体、字号、对齐方式等信息。“引用”选项卡如图 9-64 所示。

图 9-64 “引用”选项卡

例 9-14 为“论文模板.docx”文档添加目录，添加的目录如图 9-65 所示。

要求如下：

（1）在论文引言前插入目录，使用 Word 自动生成目录。

（2）设置目录中的字体格式为：“宋体”“小四”。

【难点分析】

（1）如何为文档添加目录，使目录的内容跟论文中各级标题一致。

（2）如何设置目录中页码的对齐方式、字体等格式。

【操作步骤】

（1）打开“论文模板.docx”，在“引言”二字前按【Enter】键，在“引言”上方的新段落中输入“目录”二字。并在大纲视图中设置“目录”为“正文文本”级别，字体格式为“黑体”“四号”“居中显示”。

（2）在“目录”后按【Enter】键，开始一个新的段落。单击“引用”选项卡的“目录”选项，选择“插入目录”命令。

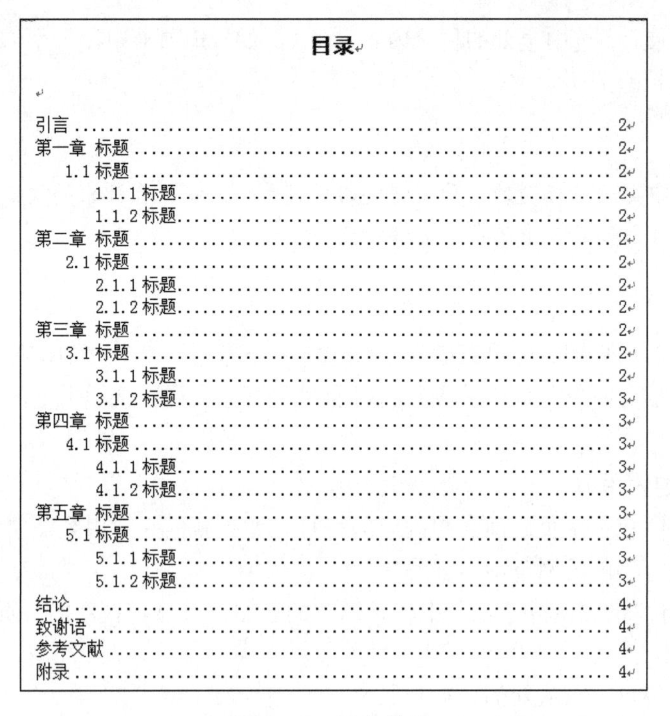

目录

引言 2
第一章 标题 2
1.1 标题 2
1.1.1 标题 2
1.1.2 标题 2
第二章 标题 2
2.1 标题 2
2.1.1 标题 2
2.1.2 标题 2
第三章 标题 2
3.1 标题 2
3.1.1 标题 2
3.1.2 标题 3
第四章 标题 3
4.1 标题 3
4.1.1 标题 3
4.1.2 标题 3
第五章 标题 3
5.1 标题 3
5.1.1 标题 3
5.1.2 标题 3
结论 4
致谢语 4
参考文献 4
附录 4

图 9-65　论文目录

（3）在弹出的“目录”窗口中，设置目录的样式，包括目录的显示页码及对齐方式、制表符前导符的形式、目录中显示的大纲级别等，此处用默认设置，如图 9-66 所示，单击“确定”按钮。

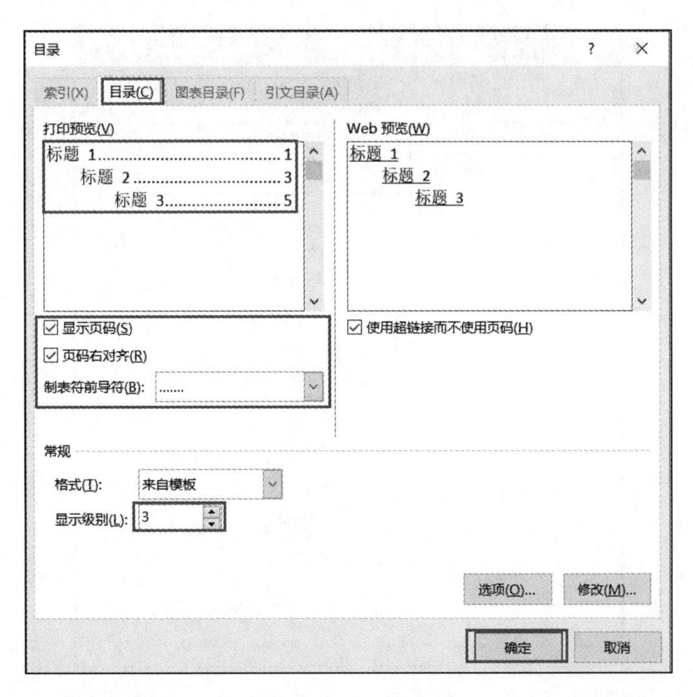

图 9-66　目录窗口

（4）创建目录后，选中全部的目录内容，在“开始”选项卡中设置字体格式为：“宋体”“小四”。保存文档并关闭。

小贴士

如果在论文中更改了标题的名称，需要回到目录，右击，在弹出的快捷菜单中选择“更新域”命令，才可以使目录中的标题同步修改。

9.7.3 分隔符

对文档排版时，根据需要可以插入一些特定的分隔符。Word 2016 提供了分页符、分节符等几种重要的分隔符。插入分隔符，可通过“页面布局”选项卡上的“分隔符”命令实现。

1．分页符的使用

分页符是分隔相邻两页之间文档内容的符号。如果新的一章内容需要另起一页显示，就可以通过分页符将前后两章内容分隔。

例 9-15 将“论文模板.docx”中各个章节的起始部分显示在新的一页。

【难点分析】

如何使论文中每一章从新的一页开始。

【操作步骤】

（1）打开编辑好目录的“论文模板.docx”，将光标移至“引言”二字之前。单击“布局”选项卡中的“分隔符”命令，在弹出的下拉菜单上选择“分页符”选项，如图 9-67 所示。插入分页符后“引言”的内容在新的一页上显示。

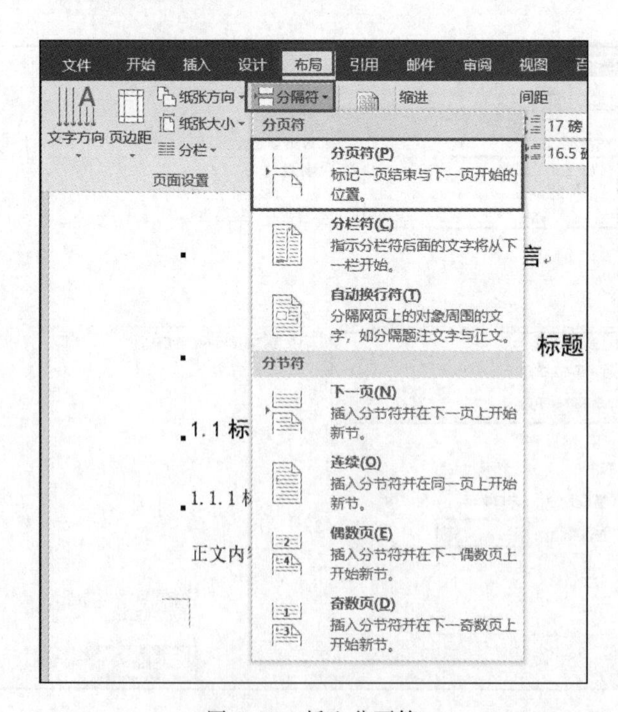

图 9-67　插入分页符

（2）同样的方法，将光标移至每一章标题的前面，插入分页符，使各章内容都从新的一页开始。完成操作保存文档并关闭。

小贴士

在移动光标至一章标题的前方时，可以使用“导航窗格”快速定位到相应的标题处。

默认状况下，在文档中无法看到“分页符”，可以通过单击“文件”中的“选项”命令，在对话框中选择“显示”选项，将“显示所有格式标记”选中，再切换到“草稿视图”，即可看到“分页符”。

2．分节符的使用

对于长文档，有时需要分几个部分设置格式和版式，例如不同章节设置不同的页眉，此时需要用到分节符将需要设置不同格式和版式的内容分开。

Word 2016 中有 4 种分节符：“下一页”“连续”“偶数页”“奇数页”。

（1）“下一页”命令插入一个分节符，并在下一页上开始新节。此类分节符对于在文档中开始新的一章尤其有用。这种分页符的位置如图 9-68（a）中虚线所示。

（2）“连续”命令插入一个分节符，新节从同一页开始。连续分节符对于在页上更改格式（如不同数量的列）很有用。这种分页符的位置如图 9-68（b）中虚线所示。

（3）“奇数页”或“偶数页”命令插入一个分节符，新节从下一个奇数页或偶数页开始。如果希望文档各章始终从奇数页或偶数页开始，请使用“奇数页”或“偶数页”分节符选项。这种分页符的位置如图 9-68（c）中虚线所示。

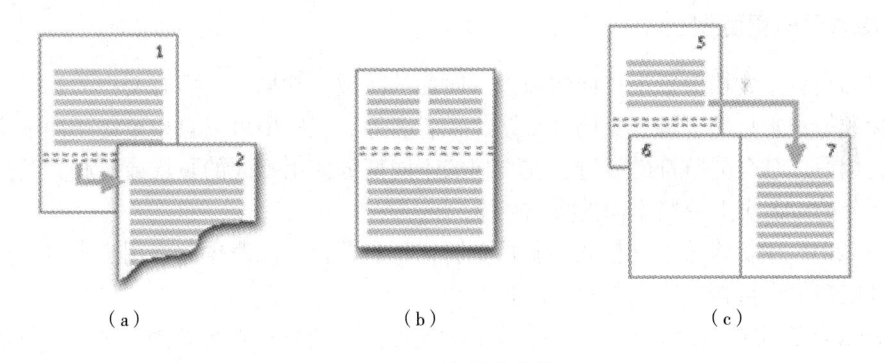

图 9-68　各种分节符

例9-16 将“论文模板.docx”中的内容分节。

要求如下：

（1）“目录”和“引言”为一节。

（2）之后每一章独立为一节。

（3）“结论”到“附录”为一节。

【难点分析】

如何根据需要在论文不同章标题前添加分节符。

【操作步骤】

（1）由于在例 9-15 中已经为各章插入了分页符，所以这里选择“连续”分节符。将光标移动至“第一章 标题”的前面，单击“布局”选项卡中的“分隔符”命令，选择“连续”分隔符，此时在引言及以前的内容和第一章内容之间插入了一个分隔符。

在“草稿视图”下，可以看到该分隔符，如图 9-69 所示。

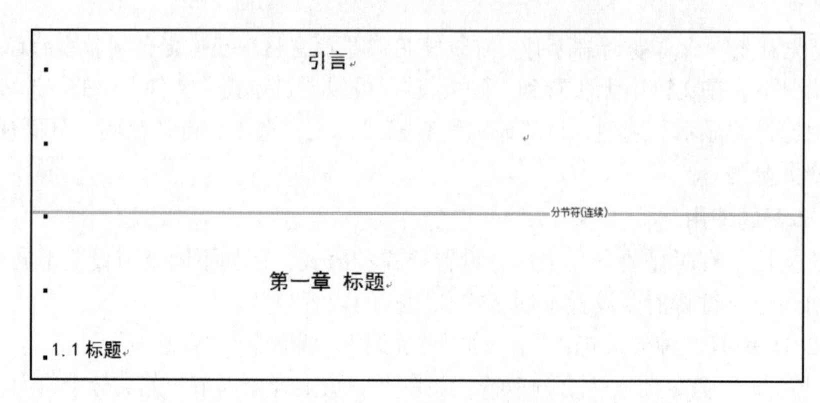

图 9-69 查看分节符

（2）切换到“页面视图”方式，用同样的方法，在各章标题及“结论”前插入“连续”分节符。完成操作保存文档并关闭。

小贴士

如果需要删除分节符，可以在“草稿视图”下，将光标移至分节符所在的虚线行，按【Delete】键即可删除该符号。

9.7.4 编辑页眉和页脚

页眉和页脚是文档中每个页面的顶部、底部的区域。常见的页眉有文档的标题、所在章节的标题等；常见的页脚有页码、日期、作者名等。文档中可以自始至终用同一个页眉或页脚，也可以结合分节符的设置，在文档的不同部分使用不同的页眉或页脚，甚至可以在同一部分的奇偶页上使用不同的页眉或页脚。

Word 2016 中提供了不同样式的页眉页脚供用户选择，同时也允许用户自定义页眉页脚，也可以在页眉页脚中插入图片等内容。

例 9-17 在文档“论文模板.docx”中，为文档的各个页在页脚处插入页码，并且为各节插入相应的页眉。

要求如下：

（1）“目录”和“引言”一节的页眉为论文标题。

（2）各章的页眉为章节的标题。

（3）“结论”至“附录”一节的页眉为论文标题。

【难点分析】

（1）如何为不同的节添加不同的页眉。

（2）如何添加页码。

【操作步骤】

（1）打开文档“论文模板.docx”，由于例 9-16 已经为文档分节，所以此处直接插入页眉页脚。将光标移至目录处，单击“插入”选项卡中的“页脚”命令，在弹出的下拉菜单中选择“编辑页脚”选项，如图 9-70 所示。

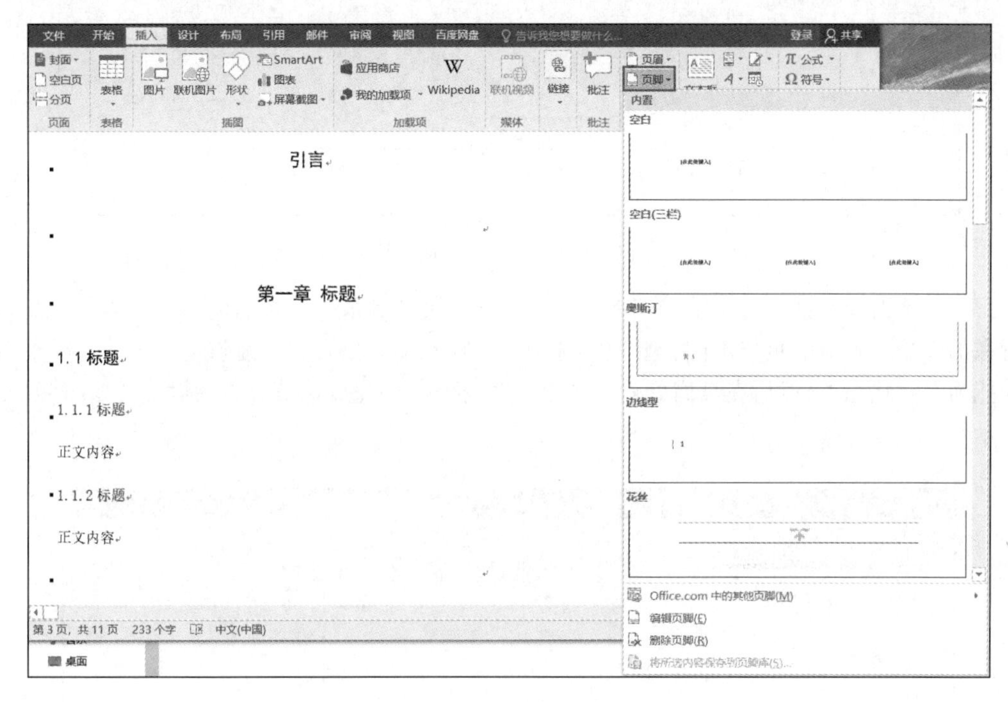

图 9-70 编辑页脚

（2）文档处于页眉页脚编辑状态，将光标移至页脚区域，单击“设计”选项中的“页码”命令。

（3）在弹出的下拉菜单中选择“当前位置”→“简单”→“普通数字”样式的页码，如图 9-71 所示。

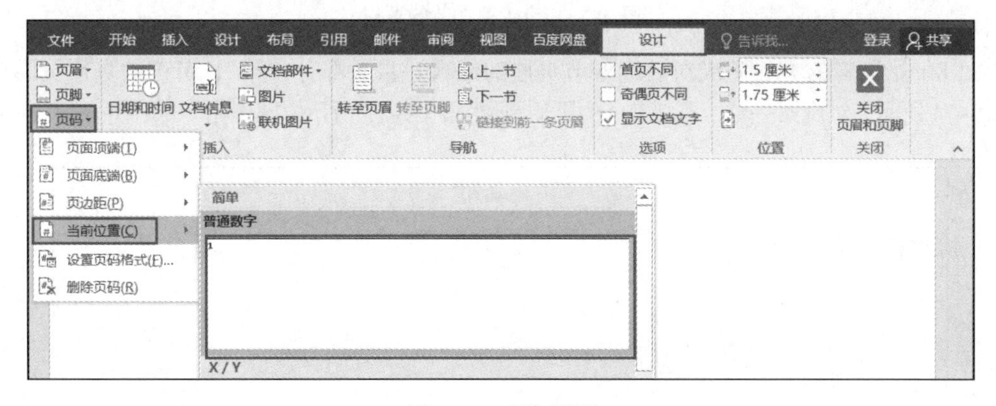

图 9-71 添加页码

（4）选中页脚中的页码，在“开始”选项卡中设置其为居中对齐。

（5）回到“设计”选项卡，单击“转至”页眉，将光标移动至页眉编辑区。

（6）输入“论文题目”四个字作为“目录”一节的页眉，如图 9-72 所示。

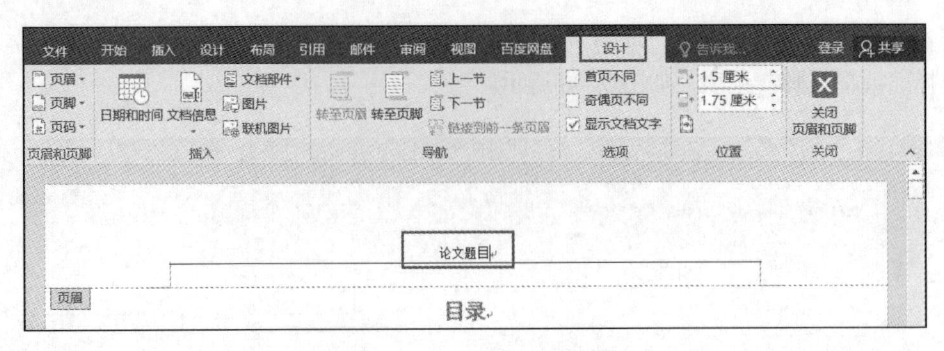

图 9-72　设置第 1 节的页眉

（7）单击“设计”选项中的“下一节”命令，跳转到下一节页眉的编辑，为了使光标所在的节与上一节的页眉不同，要取消选中“链接到前一条页眉”复选框（默认情况下该功能为有效状态），然后在页眉处输入“第一章 标题”，完成该节页眉的设置，如图 9-73 所示。

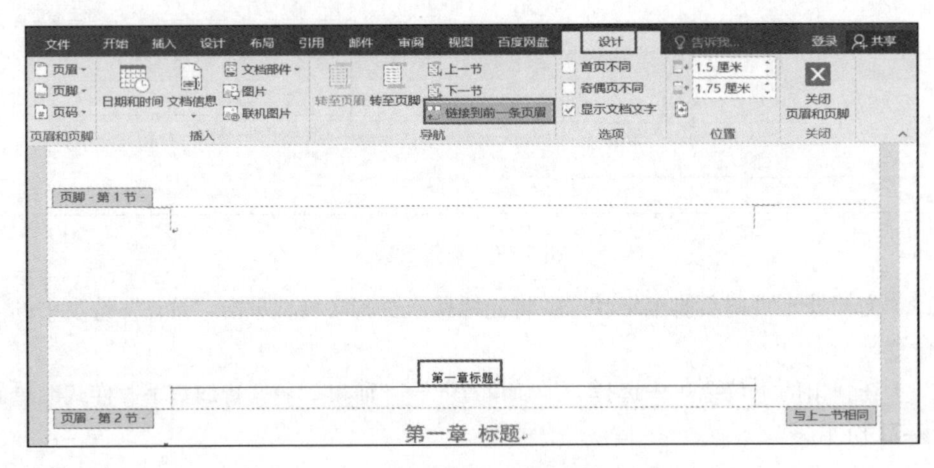

图 9-73　设置第 2 节的页眉

（8）用同样的方法完成对后续各节页眉的编辑。目录部分（第 1 节）的页眉页脚如图 9-74 所示，对比第一章（第 2 节）的页眉页脚如图 9-75 所示。操作完毕保存并关闭文档。

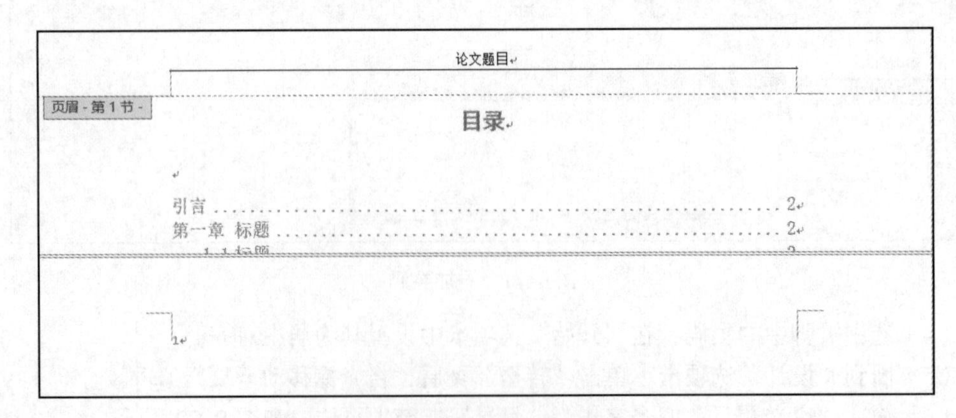

图 9-74　第 1 节的页眉页脚

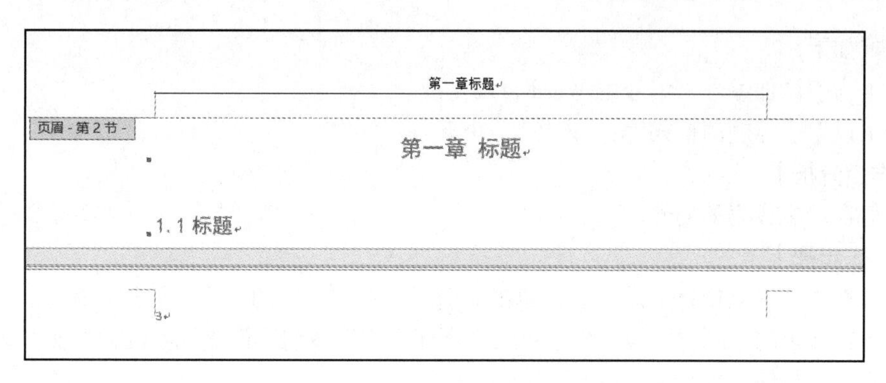

图 9-75　第 2 节的页眉页脚

9.7.5　脚注、尾注和题注

1．编辑脚注和尾注

脚注和尾注都不是文档正文，但仍然是文档的组成部分。它们在文档中的作用相同，都是对文档中的文本进行补充说明，如单词解释、备注说明或标注文档中引用内容的来源等。脚注一般位于插入脚注页面的底部，而尾注一般位于整篇文档的末尾。

插入脚注的方法如下：

（1）打开文档，选中文档的标题，单击“引用”选项卡中的“插入脚注”命令。

（2）在该页的下方出现了脚注编辑区，输入脚注内容，还可以为脚注文字设置字体格式。

添加尾注的方法与上述方法类似。

如果要删除脚注或尾注，可选中该脚注或尾注的标记，按【Delete】键即可删除单个的脚注或尾注。

2．编辑题注

使用 Word 2016 提供的题注功能，可以为文档中的图形、公式或表格等进行统一编号，从而节省手动输入编号的时间。

例9-18 在“家电类销售统计表.docx”中，为其中的表格添加自动编号，如图 9-76 所示。

家电销售记录

表1- 1

	一月利润(元)	二月利润(元)	三月利润(元)	季度总和
洗衣机	40000	25000	50000	115000
电冰箱	35000	20000	30000	85000
热水器	35000	10000	20000	65000

小家电销售记录

表1- 2

	一月利润(元)	二月利润(元)	三月利润(元)	季度总和

图 9-76　题注编辑完成后的效果

要求如下：

（1）为表添加编号，编号由 Word 自动生成。

（2）设置表标题的格式为："宋体""小五"。

【难点分析】

如何自动生成表的编号。

【操作步骤】

（1）选中"家电销售记录"表，单击"引用"选项卡中的"插入题注"命令。

（2）在弹出的"题注"窗口中，单击"新建标签"按钮，设置标签的内容为"表 1–"。单击"确定"按钮，如图 9–77 所示。

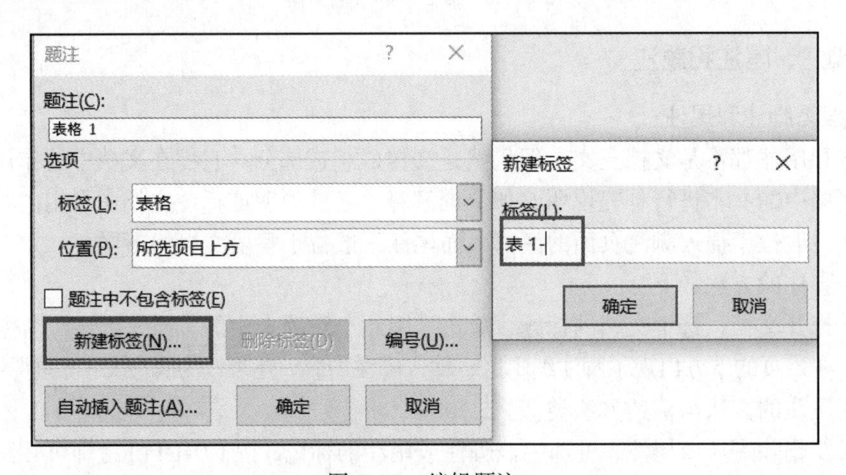

图 9–77　编辑题注

（3）设置编号的字体为"宋体""小五"，完成对"家电销售记录"表的编号。

（4）同样的方法可以为文档中另外一个表设置编号。单击"保存"按钮并关闭文档。

小贴士

题注中的标签是固定不变的，文档中使用该标签的题注会自动进行编号，需要时可以对标签进行统一修改。

9.7.6　文档的页面设置与打印

在文档进行排版过程中，有时需要对页面大小、页边距等进行设置；还需要设置文字的方向、对文档进行分栏、添加页面背景等，此时就用到了"页面设置"的功能。在页面设置好之后，还可以根据需要将文档打印。

1. 文字方向

用户可以根据需要设置文档中的文字方向。单击"布局"选项卡中的"文字方向"命令，在菜单中可以选择需要的文字方向，并且通过"文字方向选项"，对文字方向做进一步的设置，如图 9–78 所示。

2. 分栏符的使用

"分栏"功能可在一个文档中将一个版面分为若干个小块，通常情况下，该功能会应用于报纸、杂志的版面中。

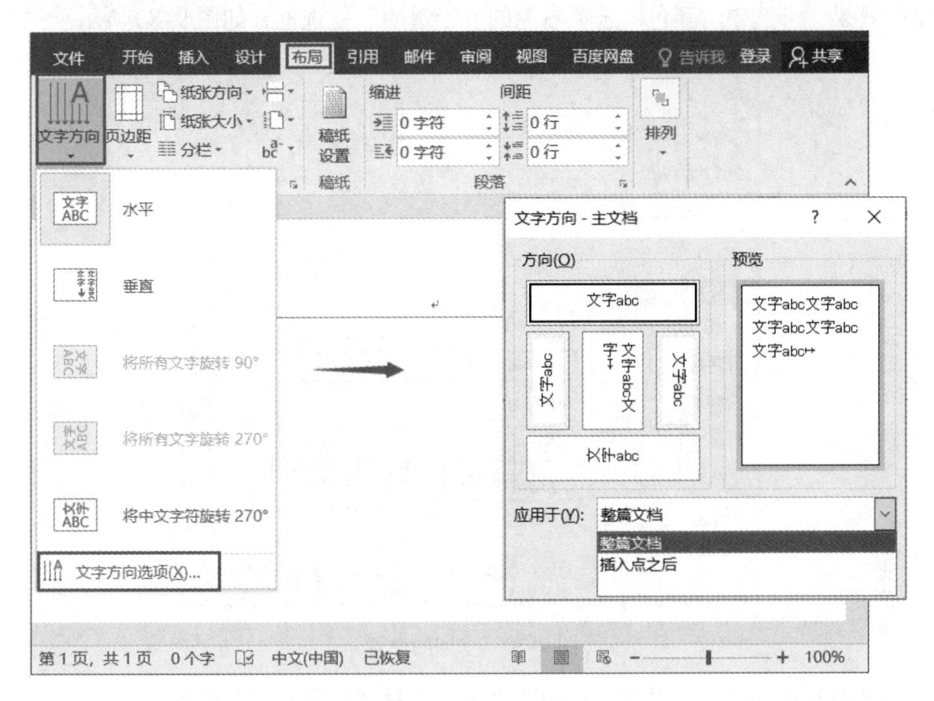

图 9-78　设置文字方向

选中要分栏的文字内容，单击“页面布局”选项卡中的“分栏”命令，在弹出的菜单中选择需要的栏数，可实现对选定内容的分栏显示。

小贴士

分栏只适用于文档中的正文内容，对于页眉、页脚或文本框等不适用；可以通过“更多分栏”选项对“栏数”“栏宽”等做进一步设置。

3. 文档背景的设置

在 Word 2016 中，可以对页面的背景进行设置，如设置页面颜色、设置水印背景、设置页面边框等，使页面更加美观，该组命令如图 9-79 所示。

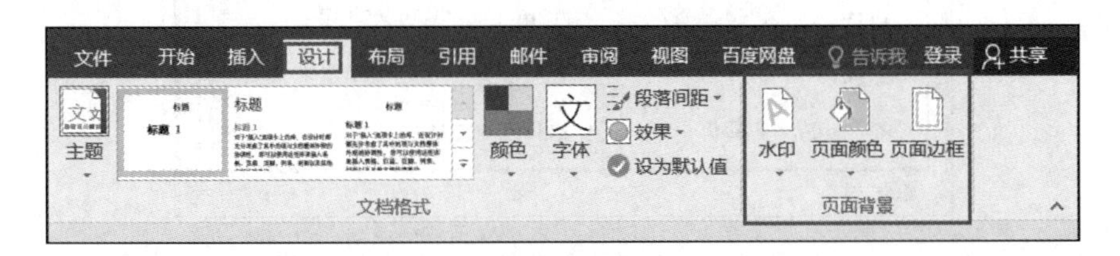

图 9-79　“页面背景”组

此处以添加水印为例介绍该组操作的方法：

（1）打开文档，单击“设计”选项卡中的“水印”命令，在弹出的菜单上选择“自定义水印”选项。

（2）在弹出的“水印”对话框中，选中“文字水印”单选框，在“文字”后的文本框中输入需要的水印文字，在“颜色”一栏中可以设置水印的颜色效果。如果想看到比较明显的水印效果，可选中“颜色”选项右侧的“半透明”复选框，如图 9-80 所示。

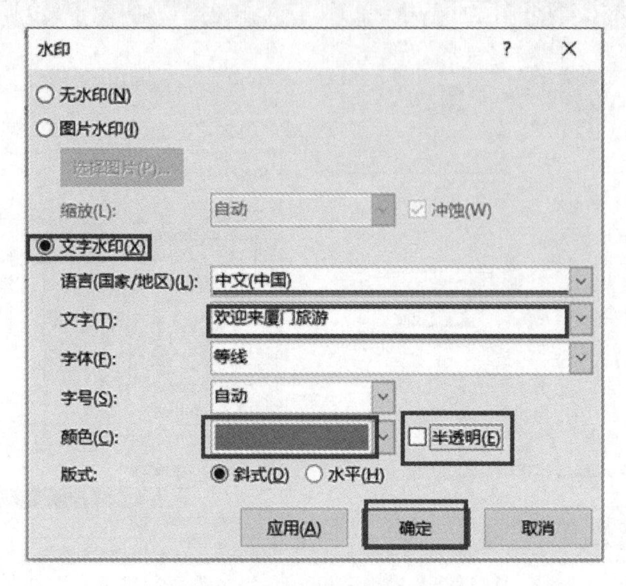

图 9-80　水印的设置

如果要删除水印效果，可在“水印”菜单上选择“删除水印”选项。

4. 页面设置

用户可以根据需要设置页边距。单击“布局”选项卡上的“页边距”命令，在弹出的菜单上选择“自定义边距”选项。

在弹出的“页面设置”对话框中，可以设置页面的上、下、左、右边距以及装订线的宽度和位置，对话框内容如图 9-81 所示。

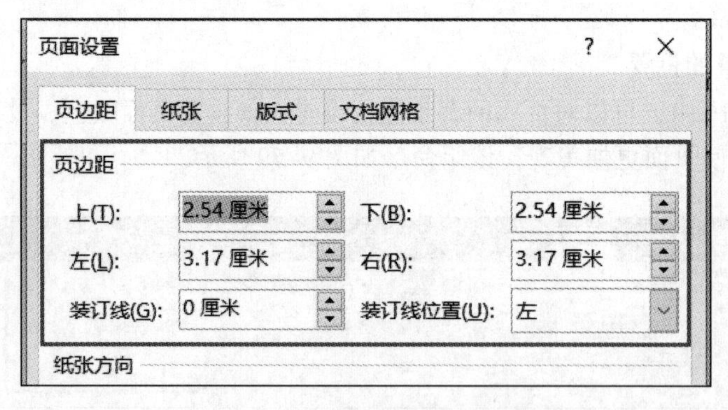

图 9-81　“页面设置”对话框

在图 9-81 所示的“页面设置”对话框中，还可以设置“纸张方向”以及“纸张大小”。

5. 打印文档

当需要对编辑好的文档进行打印时，可通过“文件”选项卡中的“打印”选项对打印内容进行设置，打印设置页面如图 9-82 所示。

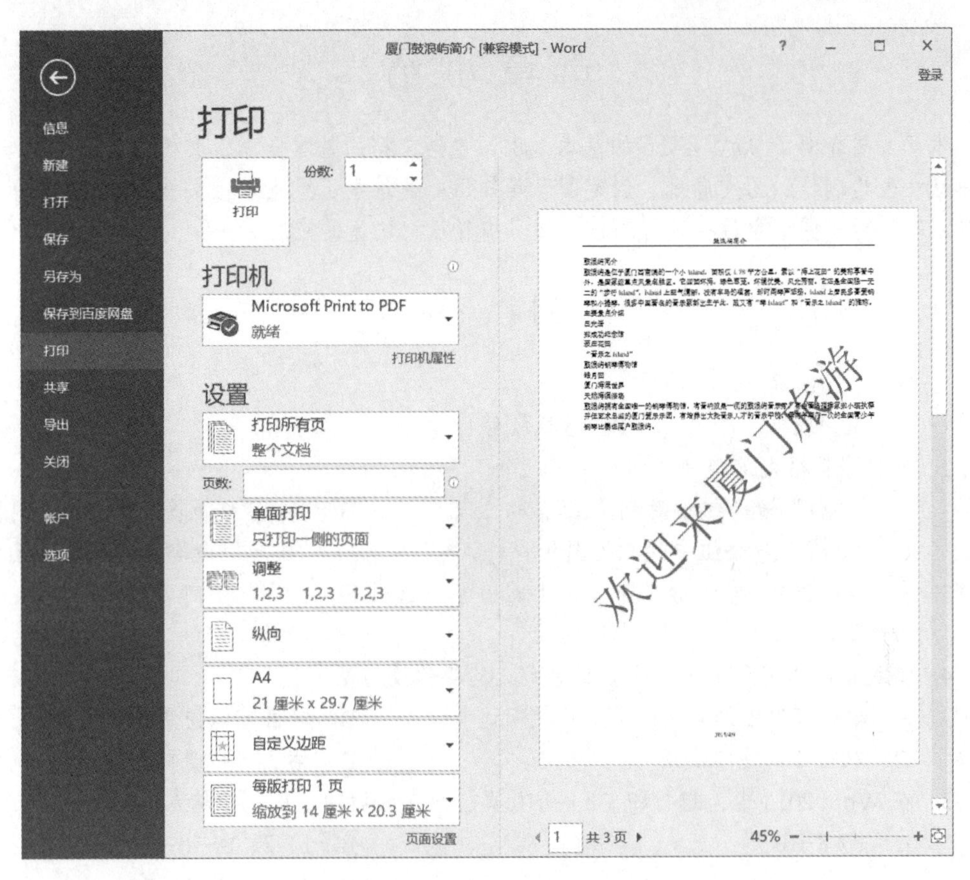

图 9-82 打印设置页面

其中可以设置以下内容：

（1）打印范围。默认的打印范围是打印文档中所有页，可以根据需要在“打印所有页”处选择打印“当前页”“奇数页”“偶数页”等，还可以在“页数”右侧的文本框中输入打印的页数或页数范围，如 2 或者 2–3 等。

（2）单双面打印。可以在“单面打印”选项中设置“单面打印”或者“手动双面打印”。

（3）逐份打印。如果文档包含多页，并且要打印多份时，可以按份数打印，也可以按页码顺序打印，通过“打印”窗口中的“调整”选项实现设置。其中“调整”选项指逐份打印，“取消排序”选项指按页码顺序打印。

（4）打印纸张方向。此处设置的是打印方向，最好与页面设置中的纸张方向一致。

（5）打印纸大小。如果实际打印时没有页面设置中设置的纸张尺寸，可以在此处选择现有的纸张尺寸，Word 会根据实际的纸张大小对文档进行缩放后再打印。

（6）打印页边距。在“打印”窗口中修改了页边距，在“页面设置”中设置的页边距也会被修改。

（7）每版打印页数。通常是每版打印 1 页，当需要把多页缩到一页中打印时，可以设置该选项。

（8）打印份数。在“打印”窗口的上方可以设置打印的份数。

设置完各个打印选项后，单击窗口中的“打印”按钮，可以打印文档。

本章小结

本章主要介绍了 Word 2016 的基本知识，包括文档的基本操作、文档的基本排版与高级排版、表格制作、图文混排、创建图表等知识。通过学习重点掌握文档的基本操作及排版方法与技巧，便于今后在日常工作与学习中轻松、快捷的应用。

习　题

1. Word 2016 是（　　）。

A. 应用软件　　B. 系统软件　　C. 硬件　　D. 操作系统

2. 设置字符格式用哪种操作？（　　）

A. “字体”命令组中的相关图标　　B. “段落”命令组中的相关图标

C. “样式”命令组中的相关图标　　D. “编辑”命令组中的相关图标

3. 在 Word 2016 中，“分节符”位于（　　）选项下。

A. 开始　　B. 插入　　C. 布局　　D. 视图

4. 格式刷的作用是用来快速复制格式，其操作技巧是（　　）。

A. 单击可以连续使用　　B. 双击可以使用一次

C. 双击可以连续使用　　D. 右击可以连续使用

5. 在 Word 2016 中，想打印 1,3,8,9,10 页，应在“打印范围”中输入（　　）。

A. 1,3,8-10　　B. 1、3、8-10

C. 1-3-8-10　　D. 1、3、8、9、10

6. 在 Word 中，每个段落的段落标记在（　　）。

A. 段落中无法看到　　B. 段落的结尾处

C. 段落的中部　　D. 段落的开始处

7. 在 Word 2016 中，下面哪个视图方式是默认的视图方式？（　　）

A. 阅读视图　　B. 页面视图

C. 大纲视图　　D. Web 版式视图

8. 在 Word 2016 表格中若要计算某列的总值，可以用到的统计函数为（　　）。

A. SUM()　　B. TOTAL()

C. AVERAGE()　　D. COUNT()

9. 目录可以通过（　　）选项插入。

A. 插入　　B. 布局　　C. 引用　　D. 视图

10. 在选定了整个表格之后，若要删除整个表格中的内容，以下哪个操作正确？（　　）

A. 右击表格，在弹出菜单中选择“删除表格”命令

B. 按【Delete】键

C. 按【Space】键

D. 按【Esc】键

11. Word 中插入图片的默认版式为（　　）。

A. 嵌入型　　B. 紧密型　　C. 浮于文字上方　　D. 四周型

12. 在 Word 2016 中欲选定文档中的一个矩形区域，应在拖动鼠标前按下列哪个键不放？（　　）

A. Ctrl　　B. Alt　　C. Shift　　D. 空格

13. Word 2016 文档的文件扩展名是（　　）。

A. doc　　B. docs　　C. docx　　D. dot

14. Word 2016 中，选定一行文本的方法是（　　）。

A. 将鼠标指针置于目标处，单击

B. 将鼠标指针置于此行的选定栏并出现选定光标时单击

C. 在此行的选定栏双击

D. 三击此行

15. 当一页内容已满，而文档文字仍然继续被输入，Word 将插入（　　）。

A. 硬分页符　　B. 硬分节符　　C. 软分页符　　D. 软分节符

16. 在某行下方快速插入一行最简便的方法是，将光标置于此行最后一个单元格的右边，按（　　）键。

A. Ctrl　　B. Shift　　C. Alt　　D. 回车

17. 在 Word 2016 打印设置中，可以进行以下哪些操作？（　　）

A. 打印到文件　　B. 手动双面打印

C. 按纸型缩放打印　　D. 设置打印页码

18. 关于 Word 2016 表格的“标题行重复”功能，说法正确的是（　　）。

A. 属于“表格工具”下“布局”选项卡的功能区命令

B. 属于“开始”选项卡中的命令

C. 能将表格的第一行即标题行在各页顶端重复显示

D. 当表格的标题行重复后，修改其他页面表格第一行，第一页的标题行也随之修改

19. 在 Word 2016 中，插入一个分页符的方法有（　　）。

A. 组合键【Ctrl+Enter】

B. 执行“插入”选项卡下，“符号”命令组中的“分隔符”命令

C. 执行“插入”选项卡下，“页面”命令组中的“分页”命令

D. 执行“布局”选项卡下，“页面设置”命令组中的“分隔符”命令

20. 在 Word 2016 中，若想知道文档的字符数，可以应用的方法有（　　）。

A. 单击“审阅”选项下“校对”命令组的“字数统计”按钮

B. 组合键【Ctrl+Shift+G】

C. 组合键【Ctrl+Shift+H】

D. 单击“审阅”选项卡下“修订”命令组的“字数统计”按钮

第 10 章

电子表格处理软件 Excel 2016

Excel 是 Microsoft Office 办公软件系列中的电子表格软件，也是目前市场上最常用的电子表格制作软件。可以使用该软件创建可视化的工作簿（电子表格集合）并设置工作簿格式，可以分析统计数据、编写公式以对数据进行计算，可以多种方式透视数据，并以各种具有专业外观的图表来显示数据，从而方便用户作出更明智的业务决策。

通过本章的学习，大家将会对 Excel 2016 的基础知识及基本使用方法具有初步的认知和掌握。

10.1 Excel 2016 的基础知识

学习和应用 Excel 2016，就必须先了解软件的基本功能以及主窗口页面的组成，下面就开始介绍该部分内容。

10.1.1 Excel 2016 的新增功能

Excel 2016 继承了 Excel 2013 版本中常用的功能，并且新增了更人性化的功能，下面将对 Office 2016 新增的一些热门新功能和改进功能进行介绍。

1. 六种图表类型

可视化对于有效的数据分析至关重要。在 Excel 2016 中，添加了六种新图表以帮助用户创建财务或分层信息的一些最常用的数据可视化，以及显示数据中的统计属性。在“插入”选项卡上单击“插入层次结构图表”命令，可使用“树状图”或“旭日图”图表，单击“插入瀑布图或股价图”命令可使用“瀑布图”，或单击“插入统计图表”可使用“直方图”、“排列图”或“箱形图”。

2. 新增主题颜色

Excel 2016 可以应用三种主题：彩色、深灰色和白色。可通过选择“文件”→“选项”→“常规”命令，单击“Office 主题”旁的下拉按钮访问这些主题。

3. 使用操作说明搜索框

Excel 2016 中功能区上的一个文本框显示“告诉我您想要做什么”。 这是一个文本字段，用户可以在其中输入与接下来要执行的操作相关的字词和短语，快速访问要使用的功能或要执行的操作。还可以选择获取与要查找的内容相关的帮助，或是对输入的术语执行

智能查找。

4. 快速形状格式设置

此功能通过在 Excel 2016 中引入新的“预设”样式，增加了默认形状样式的数量。

5. 3D 地图

三维地理可视化工具 Power Map 内置在 Excel 2016 中供用户使用。可以通过单击“插入”选项卡上的“3D 地图”命令来使用。

6. 墨迹公式

可通过选择“插入”→“符号”→“公式”→“墨迹公式”选项打开此功能。使用触摸设备时，则可以使用手指或触摸笔手动写入数学公式，Excel 2016 会将它转换为文本（如果没有触摸设备，也可以使用鼠标写入）。可以在进行过程中擦除、选择以及更正所写入的内容。

10.1.2 Excel 2016 的基本功能及特点

1. 制作表格

在 Excel 2016 中，通过使用工作表可以快速制作表格，系统提供了丰富的格式化命令，可以使用这些命令完成数据输入及显示、数据及单元格格式设计和表格美化等多种对表格的操作。同时，系统还提供了形式丰富的工作簿模板供用户选择，样本模板已经封装好了完整的格式，用户只需要填充数据即可生成专业化的工作表。

2. 强大的计算功能

Excel 2016 增加了处理大型工作表的能力，提供了 13 大类函数。通过使用这些函数，用户可以完成各种复杂的运算。在插入函数向导中，可以查看每一个函数的使用说明以方便用户选择。如果无法选择合适的函数，用户也可以利用自定义公式完成特定的计算任务。

3. 丰富的图表

在 Excel 2016 中，系统有大约 100 多种不同格式的图表可供选用。用户只需要通过几步简单的操作，就可以制作出精美的图表。对于已经生成的图表，用户也可以快速地修改其格式或者数据参数。完成之后的图表可以作为独立的文档打印，也可以与工作表中的数据一起打印。

4. 数据管理

Excel 2016 中的数据都是按照相应的行和列进行存储的。用户可以根据需要对数据进行排序、筛选、分类汇总等操作，以便有针对性地查看数据。

5. 打印工作表

Excel 2016 提供了丰富的页面设置功能以及报表打印模块。用户可以在打印之前自由设置页面参数，包括页眉页脚、打印区域等。

10.1.3 Excel 2016 的启动和退出

1. Excel 2016 的启动

要使用 Excel 2016 软件，必须先正确启动该程序。具体的操作方法有很多，下面介绍几种简单实用的：

1）使用桌面上的快捷图标

如果用户在计算机桌面上已经创建了 Excel 2016 程序的快捷方式，那么从桌面上双击该程序的快捷图标是运行程序快速有效的一种办法，快捷图标如图 10–1 所示。

图 10–1　Excel 2016 快捷图标

2）在桌面上新建 Excel 文档

如果桌面上没有 Excel 2016 的图标，那也可以右击桌面空白处，在弹出的快捷菜单里选择“新建”→“Microsoft Excel 工作表”选项，如图 10–2 所示，则会在桌面上创建一个新的 Excel 文档。双击打开该文档，则会启动相关联的 Excel 程序。该方法也适用在其他文件夹中新建文档。

3）打开已有的 Excel 文档

如果计算机中已经存在某 Excel 文档，那么直接打开该文档就是最简单的启动 Excel 程序的方法了。

4）使用开始菜单中的命令

在用户正常安装了 Excel 程序之后，在计算机的“开始”菜单中的所有程序里都能找到相应的快捷图标，如图 10–3 所示。

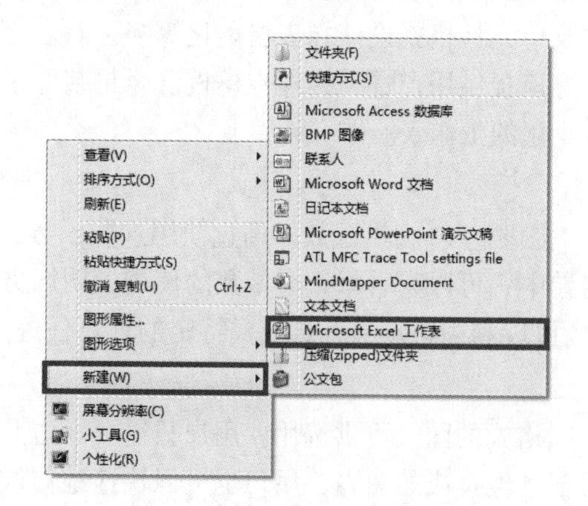

图 10–2　在桌面上新建 Excel 文档

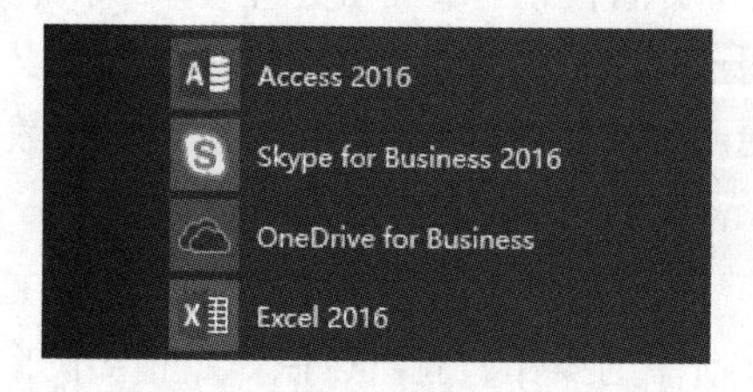

图 10–3　“开始”菜单中 Excel 图标

2．Excel 2016 的退出

如何退出 Excel 2016，具体的操作方法也有很多，以下介绍两种常用的方法。

1）使用菜单中的“关闭”命令

单击工作页面左上方的“文件”菜单，在弹出的菜单项中选择“关闭”命令，如图 10–4 所示。执行该项操作后，即可退出 Excel 2016 程序。如果当前的 Excel 文档编辑之后尚未保存，那么系统会弹出一个对话框询问用户是否要保存对文件的修改，如图 10–5 所示。如果单击“保存”按钮，系统保存文档后再退出程序；如果单击“不保存”按钮，系统直接退出程序；如果单击“取消”按钮，系统将返回当前页面并不退出程序。

2）使用窗口上的“关闭”按钮

每一个 Excel 文件的主窗口页面的右上角都有“关闭”按钮，单击该按钮的效果与上述选择“退出”按钮的效果一样。因此，用户可以根据自己的操作习惯选择合适的方式来退出程序。

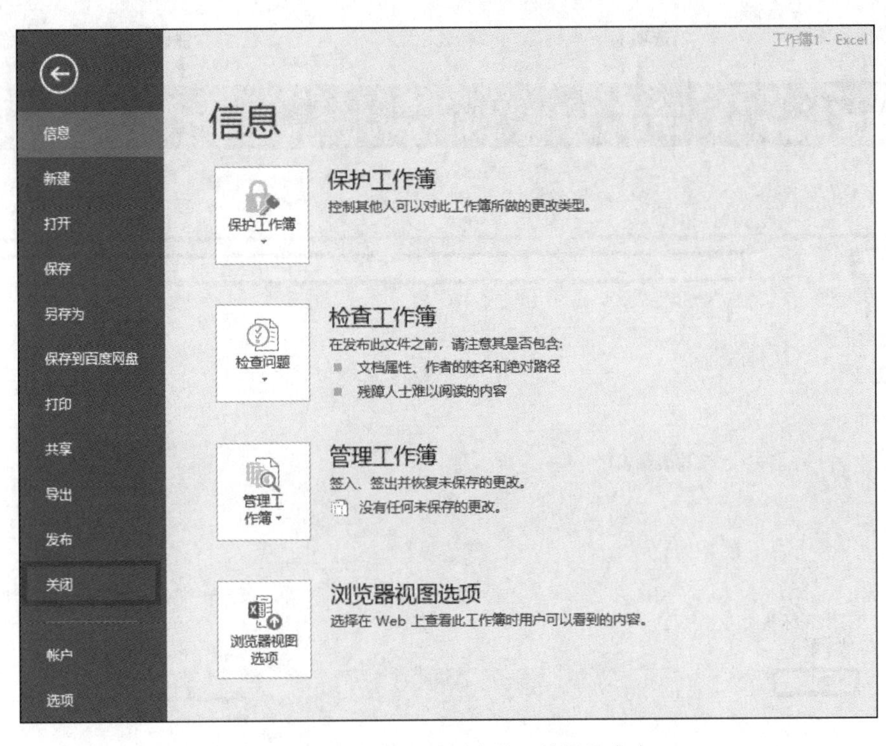

图 10–4 “文件”选项卡的“关闭”命令

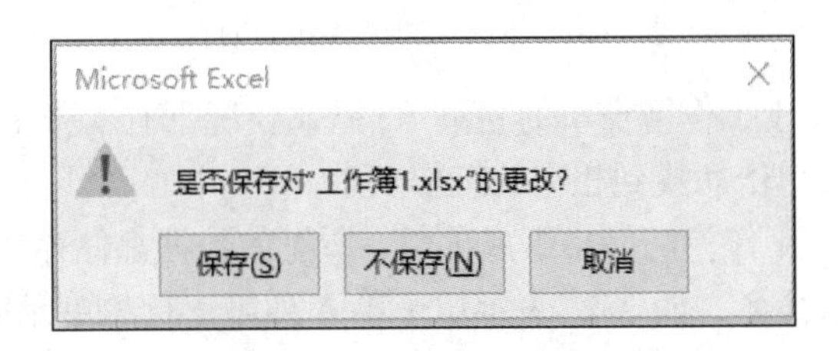

图 10–5 “是否保存”提示框

10.1.4 Excel 2016 的窗口页面

当用户启动 Excel 程序之后就会看到图 10–6 所示的主窗口页面。其中主要组成部分介绍如下：

（1）快速访问工具栏：该工具栏位于工作页面的左上角，包含用户经常使用的一组工具，如“保存”、“撤销”和“恢复”。用户可以单击该工具栏右侧的三角按钮，在展开的列表中选择更多的工具按钮显示出来或隐藏。

（2）功能区：位于标题栏的下方，由 9 个（或以上）选项卡组成。Excel 2016 将所有数据处理命令组织在不同的选项卡中。单击不同的选项卡标签，可切换各功能区的工具命令。在每一个选项卡中，命令又被分类放置在不同的组中。每个组的右下角通常会有一个对话框的启动按钮，用来打开相关的对话框，以便用户进行更多设置。

（3）编辑栏：主要用于输入和修改单元格的数据。若直接在某个单元格中输入数据时，编辑栏会同步显示输入的内容。

（4）工作表编辑区：用于显示或编辑表中的数据。

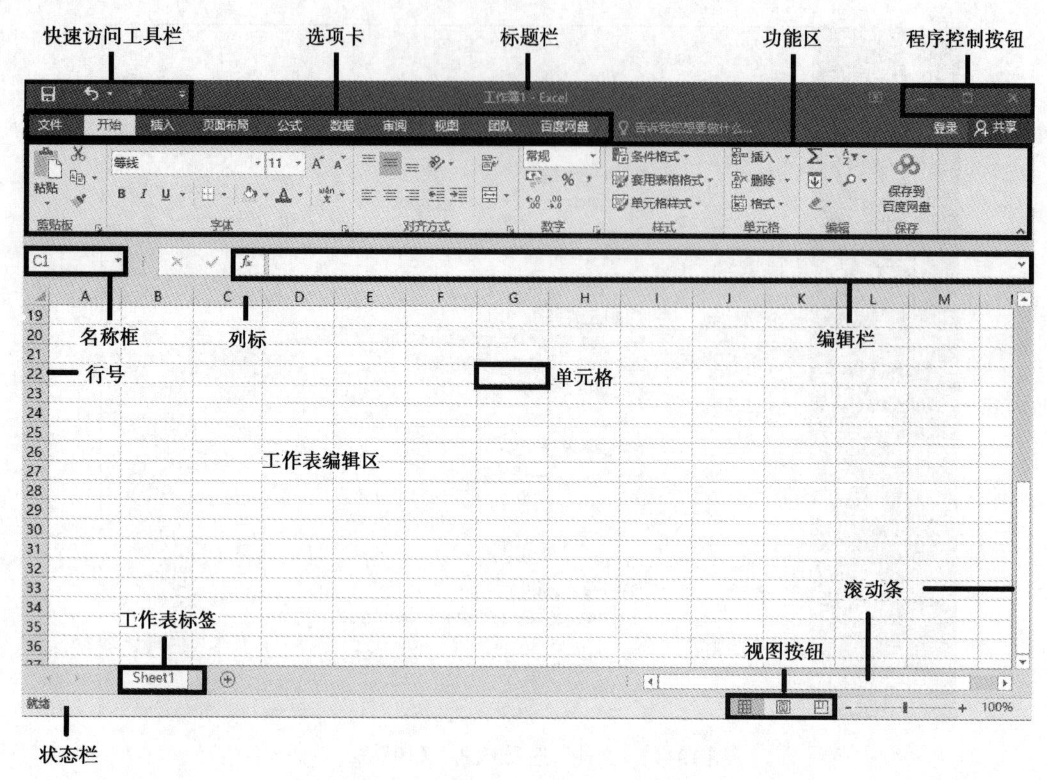

图 10-6　Excel 2016 主窗口页面

（5）工作表标签：位于工作簿窗口的左下角，默认情况下有 1 张工作表，名称为 Sheet1，可增加工作表，或通过单击切换到相应的工作表中。

（6）单元格：Excel 工作簿的最小组成单位，所有的数据都储存在单元格中。每一个单元格都由列标和行号来命名，如 A1，表示位于第 A 列第 1 行的单元格。

（7）视图按钮：Excel 2016 提供多种视图用来查看工作表。该栏总共有 3 种视图可供用户进行快速切换，默认视图是普通视图，可以切换到页面视图或分页浏览视图。

10.2　Excel 2016 的基本操作

Excel 2016 的最基本也是最常用的操作就是创建工作簿并新建工作表，即在空白工作表中进行数据编辑，在编辑数据的过程中又时常需要修改数据表的单元格、行或者列。本节将详细介绍相关操作及原理。

10.2.1　工作簿的创建、保存和打开

1. 工作簿的创建

创建新的工作簿时，可以使用空白的工作簿模板，也可以使用现有模板来创建工作簿。操作步骤如下：

（1）如果尚未启动 Excel 程序，请按照 10.1.3 中所叙述的方式打开 Excel 2016，即可创建一个空白工作簿。

（2）如果已经启动程序又需要另外创建一个新的工作簿，就需要单击“文件”选项卡。该操作将打开 Microsoft Office Backstage 视图（暂时隐藏工作表），再选择“新建”命令。如需新的、空白的工作簿，请双击“空白工作簿”选项，如图 10-7 所示。也可以通过搜索找到要使用的工作簿模板，或选择其他要使用的工作簿模板。

图 10-7　创建工作簿

2. 工作簿的保存

默认情况下，Microsoft Excel 程序将文件保存到默认的工作文件夹中，也可以根据需要指定其他位置。操作步骤如下：

（1）单击“文件”选项卡。

（2）单击“保存”按钮。如果采用键盘快捷方式，请按【Ctrl+S】组合键。或者，单击“快速访问工具栏”上的“保存”图标。如果是第一次保存该文件，则必须输入文件名称。

Excel 也可以保存文件的副本（通过“另存为”命令），操作步骤如下：

（1）单击“文件”选项卡。

（2）单击“另存为”命令。如果采用键盘快捷方式，请依次按【Alt】、【F】和【A】键。

（3）在“文件名”文本框中，输入文件的新名称，如图 10-8 所示。

（4）单击“保存”按钮。若要将副本保存到其他文件夹中，请在“保存位置”列表中单击其他驱动器，或者在文件夹列表中单击其他文件夹。若要将副本保存到新文件夹中，可单击“新建文件夹”按钮。

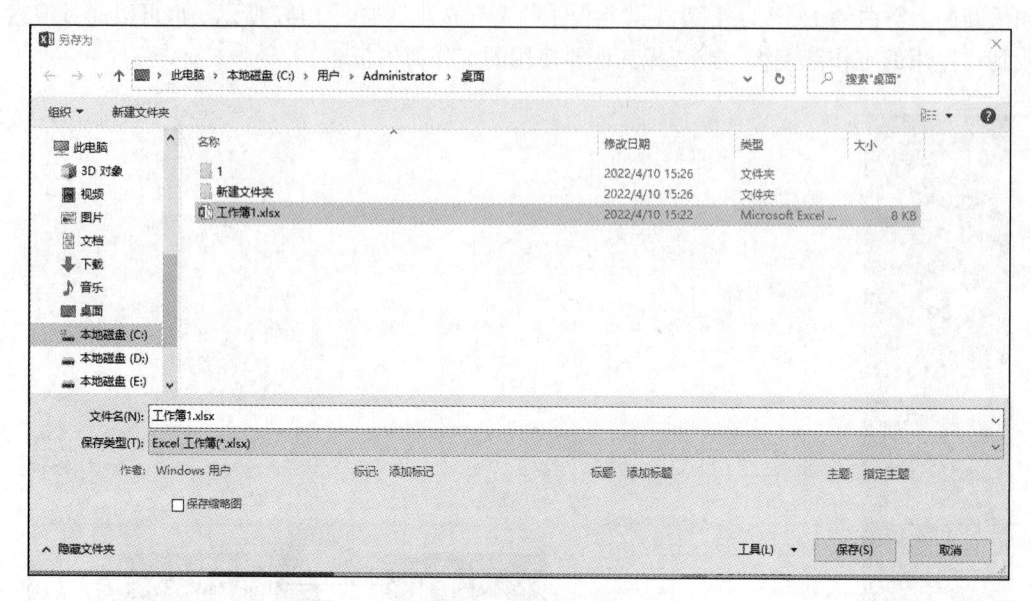

图 10-8　保存工作簿

Excel 也可以将工作簿保存为其他格式的文件（通过“另存为”命令），操作步骤如下：

（1）单击“文件”选项卡。

（2）单击“另存为”命令。

（3）在“文件名”文本框中，输入文件的新名称。

（4）在“保存类型”列表中，单击要在保存文件时使用的文件格式。例如，单击“RTF 格式（.rtf）”、“网页（.htm 或 .html）”或“逗号分隔（.csv）”选项。

（5）单击“保存”按钮。

为了兼容早期版本的 Microsoft Excel，可以在“另存为”对话框的“保存类型”列表中选择相应的版本。例如，用户可以将 Excel 2016 文档（.xlsx）另存为 Excel 97-2003 工作簿（.xls）。

3. 工作簿的打开

在 Excel 中打开工作簿的操作步骤如下：

单击“文件”选项卡→“打开”命令，在“打开”窗口中，单击“这台电脑”选择需要打开的文档。

也可以通过最近使用的文件列表，打开已有的文件。操作步骤如下：

单击“文件”选项卡→“打开”命令，在“最近”中查看最近使用的文件的列表，单击要打开的文件。

10.2.2 选定单元格

工作表是 Excel 中用于存储和处理数据的主要文档，也称为电子表格。工作表由排列成行或列的单元格组成。工作表总是存储在工作簿中。在工作表中，可以选择单元格、区

域、行或列来执行某些操作，例如，设置所选对象中数据的格式，或者插入其他单元格、行或列。还可以选择全部或部分单元格内容，并开启“编辑”模式以便修改数据。如果工作表处于受保护状态，可能无法在工作表中选择单元格或其内容。

选择单元格、区域、行或列的操作步骤如下：

（1）选定一个单元格，通过单击该单元格或按箭头键，将光标移至该单元格。

（2）选定单元格区域，单击该区域中的第一个单元格，然后拖至最后一个单元格，或者在按住【Shift】键的同时按箭头键以扩展选定区域。也可以选择该区域中的第一个单元格，然后按【F8】键，使用箭头键扩展选定区域。要停止扩展选定区域，再次按【F8】键。

（3）选定较大的单元格区域，单击该区域中的第一个单元格，然后在按住【Shift】键的同时单击该区域中的最后一个单元格。可以使用滚动功能显示最后一个单元格。

（4）选定工作表中的所有单元格，单击“全选”按钮，或者直接按组合键【Ctrl+A】。

10.2.3 撤销与恢复

在 Microsoft Excel 中，可以撤销和恢复多达 100 项操作，甚至在保存工作表之后也可以。单击“自定义快速访问工具栏”按钮，可以找到“撤销”与“恢复”命令。选中“撤销”“恢复”复选框之后，会自动将“撤销”和“恢复”按钮放置到快速工具栏中，如图 10-9 所示。

要撤销操作，可执行下列一项或多项操作：

（1）单击“快速访问”工具栏上的“撤销”按钮。如通过键盘快捷方式，也可以按【Ctrl+Z】组合键。

（2）要同时撤销多项操作，请单击“撤销”按钮旁的箭头，从列表中选择要撤销的操作，然后单击列表，Excel 将撤销所有选中的操作。

某些操作可能无法撤销，如单击“快速访问”工具栏上的“保存”命令或者保存工作簿。如果操作无法撤销，“撤销”命令会变成“无法撤销”。

图 10-9 撤销与恢复

要恢复撤销的操作，请单击“快速访问”工具栏上的“恢复”按钮。如通过键盘快捷方式，也可以按【Ctrl+Y】组合键。

10.2.4 数据编辑

若要在工作簿中处理数据，首先必须在工作簿的单元格中输入数据。Excel 允许在单元格中输入中文、西文数字等多种格式的信息。每个单元格最多容纳 32 767 个字符。

默认设置下，双击单元格或者按下 Excel 编辑单元格快捷键【F2】，就可以进入编辑状态。输入数据后，单击其他的单元格，即可完成编辑。也可以全部通过键盘来完成数据编辑，利用箭头键选择要编辑的单元格，按下【F2】键，编辑单元格内容，编辑完成后，按【Enter】键或者【Tab】键确认所做改动，或者按【Esc】键取消改动。

1. 输入文本

在 Excel 中，文本可以是数字、空格和非数字字符及它们的组合。对于数字形式的文本型数据，如学号、电话号码等，数字前加单引号（英文半角），用于区分纯数值型数据。

当输入的文字长度超出单元格宽度时，若右边单元格无内容，则扩展到右边列，否则将截断显示。系统默认文本对齐方式为左对齐。

2．输入数值

数值型数据除了数字 0~9 以外，还包括+、-、E、e、$、/、%、( ) 等字符。例如，输入并显示多于 11 位的数字时，Excel 自动以科学计数法表示，例如输入 12345678987 时，单元格会显示为“1.23456E+11”。系统默认数值的对齐方式为右对齐。

在输入负数时可以在前面加负号，也可以用圆括号括起来，如（56）表示“-56”。在输入分数时，必须在分数前加 0 和空格，如输入 6/7，则要输入“0 6/7”；否则显示的是日期或字符型数据。

3．输入日期和时间

Excel 内置了一些日期时间的格式，常见日期格式为 mm/dd/yy 和 dd-mm-yy。常见时间格式为 hh:mm AM/PM，特别要注意的是在分钟与 AM/PM 之间要有一个空格，如 8:45 AM，缺少空格将被当作字符数据处理。

4．输入特殊符号

在 Excel 中可以输入☆、℃（摄氏度）、™（商标）等键盘上没有的特殊符号或字符。单击要输入符号的单元格，单击“插入”选项卡“符号”组中的“符号”命令，打开“符号”对话框，如图 10-10 所示。选择“符号”或“特殊字符”选项卡，在列表框中选择要插入的符号（如“版权所有”），单击“插入”按钮，再单击“关闭”按钮即可完成操作。

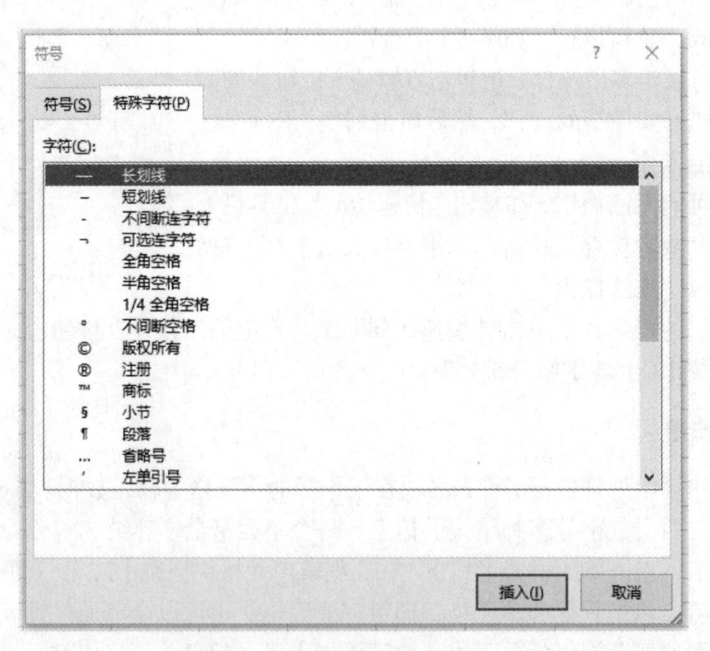

图 10-10 “符号”对话框

当输入数据之后，可能需要进行调整以保证数据的正确性。如果要修改某单元格的内容，可以双击该单元格，即可进入编辑状态，修改数据后，单击其他的单元格，即可确认修改。如果要删除某单元格的内容，可以单击该单元格（选定该单元格），单击【Delete】

键，即可删除该单元格的内容。

5. 定义单元格的数据列表

通过下拉列表选择数据，可以保持数据格式的一致性，避免工作人员输入一些无关的内容。如何将数据输入限制为下拉列表中的值？具体操作如下：

（1）选择一个或多个要进行验证的单元格。

（2）在“数据”选项卡上的“数据工具”组中，单击“数据验证”命令。

（3）在“数据验证”对话框中，单击“设置”选项卡。

（4）在“允许”框中，选择“序列”选项。

（5）单击“来源”框，然后用 Microsoft Windows 列表分隔符（默认情况下使用逗号）分隔的列表值。例如：要将课程类别的值限制为专业必修课和专业选修课中的一种，则在“来源”框中输入“专业必修课,专业选修课”。

（6）确保选中“提供下拉箭头”复选框。否则，将无法看到单元格旁边的下拉箭头。

10.2.5 数据自动填充

为了快速输入数据，Microsoft Excel 可以自动重复数据或者自动填充数据。在 Excel 中可以通过以下途径进行数据的自动填充：

1. 自动重复列中已有的值

如果在单元格中输入的前几个字符与该列中的某个现有条目匹配，Excel 会自动输入剩余的字符。Excel 仅自动完成包含文本或文本和数字组合的条目。在 Excel 完成开始输入的内容后，按【Enter】键接受建议的条目。完成的条目的大小写字母样式精确匹配现有条目。若要替换自动输入的字符，请继续输入。要删除自动输入的字符，请按【Backspace】键。

Excel 以活动单元格所在列中的潜在“记忆式键入”条目列表为基础，不自动完成行中重复的条目。如果不希望 Excel 自动完成单元格值输入，可以关闭此功能。单击“文件”选项卡，然后单击“选项”命令。单击“高级”选项，然后在“编辑选项”下，选中或取消选中“为单元格值启用记忆式输入”复选框以打开或关闭单元格值自动完成功能。

2. 使用填充柄将数据填充到相邻的单元格中

要快速填充多种类型的数据序列，可以选中单元格，然后拖动填充柄。若要使用填充柄，选择要用作其他单元格填充基础的单元格，然后将填充柄横向或纵向拖过填充的单元格，使其经过要填充的单元格。

拖动填充柄之后，将显示“自动填充选项”按钮。要更改选定区域的填充方式，请单击“自动填充选项”命令，然后单击所需的选项。例如，可以选择单击“仅填充格式”以只填充单元格格式，也可以选择单击“不带格式填充”命令以只填充单元格的内容。

可以通过以下操作来显示或隐藏填充柄：单击“文件”选项卡，然后单击“选项”命令。在“高级”类别中的“编辑选项”下，选中或取消选中“启用填充柄和单元格拖放功能”复选框，可显示或隐藏填充柄。

3. 使用“填充”命令将数据填充到相邻的单元格中

可以使用“填充”命令，用相邻单元格或区域的内容来填充活动单元格或选定区域。请选择包含要填充的内容的单元格以及要填充内容的相邻单元格。在“开始”选项卡上的

“编辑”组中，单击“填充”命令，然后单击“向下”“向右”“向上”“向左”命令。

如果通过键盘快捷方式，则按【Ctrl+D】组合键填充来自上方单元格中的内容，或按【Ctrl+R】组合键填充来自左侧单元格的内容。

4．填充一系列数字、日期或其他内置序列项目

可以使用填充柄或“填充”命令快速在区域中的单元格中填充一组数字或日期，或一组内置工作日、周末、月份或年份。

当使用填充柄产生序列单元格时，选择要填充的区域中的第一个单元格。输入这一组数字的起始值。在下一个单元格中输入值以建立模式。例如，如果要使用序列 1、2、3、4、5……请在前两个单元格中输入 1 和 2；如果要使用序列 2、4、6、8……输入 2 和 4；如果要使用序列 2、2、2、2……可以将第二个单元格留空。选择包含起始值的单个或多个单元格。拖动填充柄，使其经过要填充的区域。若要按升序填充，请从上到下或从左到右拖动。若要按降序填充，请从下到上或从右到左拖动。可以在拖动填充柄时按住【Ctrl】键，以禁止对两个或更多单元格进行序列“自动填充”。然后，所选的值被复制到相邻单元格，Excel 不扩展该序列。

当使用“填充”命令产生序列单元格时，选择要填充的区域中的第一个单元格。输入这一组数字的起始值。在“开始”选项卡上的“编辑”组中，单击“填充”命令，再单击“序列”命令。在“类型”栏中，单击以下选项之一：等差序列，创建一个序列，其数值通过对每个单元格数值依次加上“步长值”文本框中的数值计算得到；等比序列，创建一个序列，其数值通过对每个单元格数值依次乘以“步长值”文本框中的数值计算得到；日期，创建一个序列，其填充日期递增值在“步长值”文本框中，并依赖于“日期单位”下指定的单位；自动填充，创建一个与拖动填充柄产生相同结果的序列。要建立系列的范围，在“步长值”文本框中和“终止值”文本框中，输入所需的值，如图 10-11 所示。

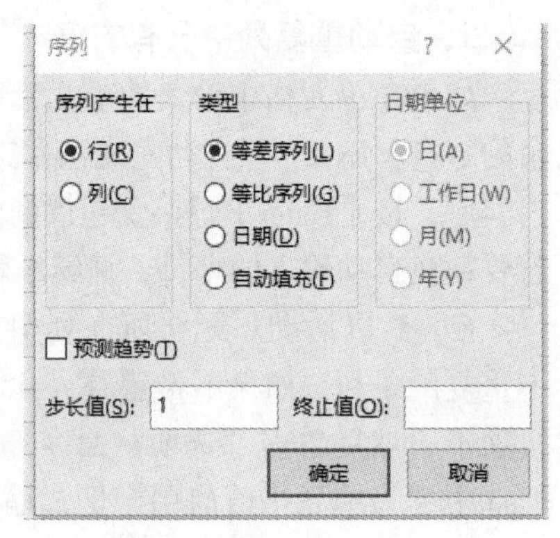

图 10-11　自动填充系列

10.2.6　单元格的操作

在工作表中插入或删除单元格时，会发生相邻单元格的移动，即地址变化。

1．单元格、行、列的插入

操作步骤如下：

（1）定位要插入对象的位置。

（2）单击“开始”选项卡中的“单元格”组中的“插入”按钮，在下拉列表中选择“插入单元格”选项，或右击插入对象的位置，在弹出的快捷菜单中选择“插入”命令，打开“插入”对话框，如图 10-12 所示。

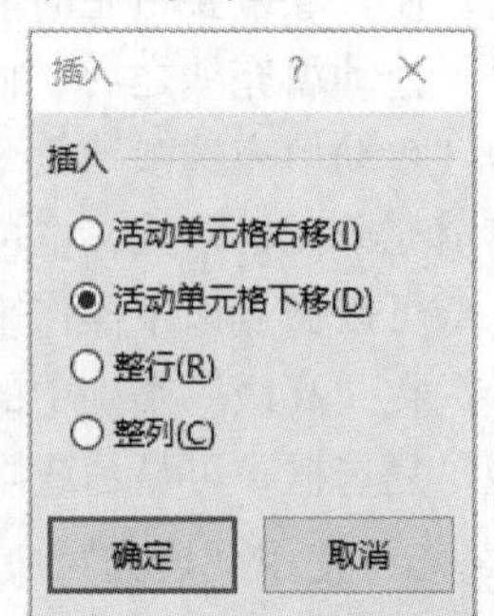

图 10-12　“插入”对话框

（3）该对话框中选中所需操作项的单选框。

① 若选中“活动单元格右移”单选框，活动单元格及右侧

的所有单元格依次右移一列。

② 若选中“活动单元格下移”单选框，活动单元格及下侧的所有单元格依次下移一行。

③ 若选中“整行”单选框，存在以下两种情况：

- 插入一行：在操作步骤（1）时，单击需要插入的新行之下相邻行中的任意单元格。例如，若要在第 5 行之上插入一行，单击第 5 行中的任意单元格。
- 插入多行：在操作步骤（1）时，选定需要插入的新行之下相邻的若干行。选定的行数应与要插入的行数相等。

④ 若选中“整列”单选框，也存在以下两种情况：

- 插入一列：在操作步骤（1）时，单击需要插入的新列右侧相邻列中的任意单元格。例如，若要在 B 列左侧插入一列，单击 B 列中的任意单元格。
- 插入多列：在操作步骤（1）时，单击需要插入的新列右侧相邻的若干列。选定的列数应与要插入的列数相等。

（4）单击“确定”按钮。

2. 单元格、行、列、区域的删除

操作步骤如下：

（1）定位欲删除的对象。

（2）单击“开始”选项卡“单元格”组中的“删除”按钮，在下拉列表中选择“删除单元格”命令，或者右击欲删除的对象，在弹出的快捷菜单中选择“删除”命令，打开“删除”对话框。

（3）在对话框中选中所需操作的单选框。

（4）单击“确定”按钮。

删除活动单元格或活动单元格区域后，单元格及数据均消失，同行右侧的所有单元格（或单元格区域）均左移或同列下面的所有单元格均上移。

例10-1 制作“学生信息”工作簿，内容如图 10-13 所示。

	A	B	C	D	E	F	G	H
1	学号	姓名	性别	年龄	籍贯	年级	专业	入学分数
2	A0001	吴天平	男	18	山东	2014	景观	600
3	B0002	张建安	男	19	福建	2014	中文	580
4	A0002	刘娜	女	18	辽宁	2014	景观	621
5	C0001	陈东	男	19	天津	2014	日语	589
6	D0003	王爱丽	女	20	内蒙古	2014	计算机	635
7	D0004	刘青	女	18	福建	2014	计算机	602
8	B0001	郑晓	男	19	福建	2014	英语	578
9								

图 10-13 “学生信息”工作簿内容

要求如下：

（1）在 Sheet1 工作表中输入学籍信息。

（2）在“入学分数”列前增加“奖励金额”列。

（3）删除“学号”为“B0001”的学生。

（4）将该工作簿保存在 D 盘根目录下，并同时保存一份 Excel 2003 的副本。

【难点分析】

（1）如何启动 Excel 2016。

（2）如何输入样表数据并进行修改。

（3）如何保存成两种不同格式的文件。

【操作步骤】

（1）新建工作簿。单击计算机桌面的“开始”按钮，选择“所有程序”→“Microsoft Office”→“Microsoft Excel 2016”命令，启动程序，新建一个空白工作簿。

（2）输入列标题。单击 Sheet1 表的 A1 单元格，输入“学号”，单击 B1 单元格，输入“姓名”，依此类推，输入其他标题内容。

（3）按行输入学生的学籍信息。

（4）插入列。单击“入学分数”列的任意单元格，单击“开始”选项卡“单元格”组中的“插入”命令，在下拉列表中选择“插入工作表列”命令，插入一列。单击 H1 单元格，输入“奖励金额”。

（5）删除行。单击 A8 单元格，单击“开始”选项卡“单元格”组中的“删除”命令，在下拉列表中选择“删除工作表行”命令，删除一行。

（6）保存文件。单击“文件”按钮，选择“保存”命令，打开“另存为”对话框，选择 D 盘根目录为保存路径，在文件名文本框中输入要保存的工作簿名称“学生信息”，单击“保存”按钮。

（7）保存 2003 的副本。单击“文件”按钮，选择“另存为”命令，打开“另存为”对话框，选择 D 盘根目录为保存路径，在文件名文本框中输入要保存的工作簿名称“学籍”，在“保存类型”的下拉列表中选择“Excel 97-2003 工作簿”选项，单击“保存”按钮。

10.3 工作表的编辑

工作表是组成工作簿文件的核心部分，一般情况下工作簿包含若干个工作表。如何进行工作表的增、删、改操作也是初学者必须学习的内容。

10.3.1 选定工作表

在编辑工作表之前，必须先选定工作表。

1. 选定一张工作表

单击要选择的工作表标签，则该工作表为活动工作表。若目标工作表未显示在标签行中，可以通过单击工作表标签滚动按钮，使工作表标签出现即可。

2. 选定多个相邻的工作表

单击要选定的多个工作表中的第一个工作表，然后按住【Shift】键并单击要选定的最后一个工作表标签。

3. 选定多个不相邻的工作表

按住【Ctrl】键并单击每一个要选定的工作表。

选定多个工作表时，在标题栏中文件名的右侧将出现“[工作组]”字样。此时，向工作组中的任意一个工作表输入数据或进行格式化，工作组中所有工作表的相同位置都会出现同样的数据和格式。

4. 取消工作表的选定

要取消对工作表的选定，只要单击任意一个未选定的工作表标签或右击工作表标签，在弹出的快捷菜单中选择“取消组合工作表”命令即可。

10.3.2 插入工作表

由于默认设置下一个工作簿只包含 1 张工作表，所以当数据表超过该数量时就需要插入新的工作表。插入工作表的方法有多种，分别如下：

（1）右击工作表标签（如 Sheet1），在弹出的快捷菜单中选择“插入”命令，在“插入”对话框中选择“工作表”图标，单击“确定”按钮。

（2）单击工作表标签右侧的“+”按钮，即可在所有工作表标签的右侧插入一张空白工作表。

（3）按【Shift+ F1】组合键，在当前工作表的左侧插入一张空白的工作表。

（4）单击“开始”选项卡“单元格”组中的“插入”按钮，在下拉列表中选择“插入工作表”选项，即可在当前工作表的左侧插入一张空白工作表。

10.3.3 删除工作表

相对于插入工作表，删除工作表的操作也是必须掌握的。操作方法有两种，分别如下：

（1）右击要删除的工作表标签，在弹出的快捷菜单中选择“删除”命令，即可将该工作表删除。

（2）单击“开始”选项卡“单元格”组中的“插入”按钮，在下拉表中选择“删除工作表”命令，删除当前工作表。

10.3.4 重命名工作表

一般情况下工作表的名字需要与数据表的主题相吻合，所以需要对工作表进行重命名。此处介绍三种操作方法：

（1）双击要改名的工作表标签，使其反白显示，直接输入新工作表名，然后按回车键即可。

（2）右击工作表标签，在弹出的快捷菜单中选择“重命名”命令。

（3）单击“开始”选项卡“单元格”组中的“格式”按钮，在下拉列表中选择“重命名工作表”命令。

10.3.5 复制和移动工作表

1. 同一个工作簿内的表的移动或复制

包括两种操作方法，分别如下：

（1）单击要移动（或复制）的工作表标签，沿着标签行水平拖动（或按住【Ctrl】键拖动）工作表标签到目标位置。在拖动过程中，屏幕显示一个黑色三角形，用来指示工作表要插入的位置。

（2）右击要移动（或复制）的工作表标签，在弹出的快捷菜单中选择“移动或复制”命令，弹出“移动或复制工作表”对话框。如果是复制操作，选中“建立副本”选项，否则为移动工作表，在“下列选定列表之前”列表中确定工作表要插入的位置。

2．不同工作簿之间的移动或复制

如果要实现工作表在不同工作簿之间移动或复制操作，只需要在“移动或复制工作表”对话框的“工作簿”下拉列表框中选中目标工作簿即可。在“下列选定工作表之前”列表框中选择插入位置。若选中“建立副本”复选框，则为复制工作表，否则为移动工作表，单击“确定”按钮。

10.3.6 隐藏或显示工作表

1．隐藏工作表

如果工作表中有数据需要保护或者有隐私不想公开，可以暂时将工作表隐藏。具体的操作方法有两种，分别如下：

（1）右击需要隐藏的工作表标签，在弹出的快捷菜单中选择“隐藏”命令即可。

（2）选择一张需要隐藏的工作表，单击“开始”选项卡中“单元格”组中的“格式”按钮，在弹出的下拉列表中选择“可见性”组中的“隐藏和取消隐藏”→“隐藏工作表”命令。

2．取消隐藏工作表

如果需要重新显示隐藏的工作表，需要进行取消隐藏的操作，同样有两种方法，具体操作如下：

（1）右击需要显示的工作表标签，在弹出的快捷菜单中选择“取消隐藏”命令，在弹出的窗口中可以看到已经隐藏的工作表清单，选择其中需要取消隐藏的工作表，然后单击“确定”按钮。

（2）直接单击“开始”选项卡中“单元格”组中的“格式”按钮，在弹出的下拉列表中选择“可见性”组中的“隐藏和取消隐藏”→“取消隐藏工作表”命令，同样会弹出已经隐藏的工作表窗口，选择其中需要取消隐藏的工作表，然后单击“确定”按钮。

10.3.7 共享工作簿

在一个多人协作的项目中，团队成员需要各自处理不同的工作表，又需要知道彼此的信息，那么可以将工作簿设置为共享模式，即创建共享工作簿。操作方法如下：

（1）在“审阅”选项卡上的“更改”组中，单击“共享工作簿”命令，如图10-14所示。

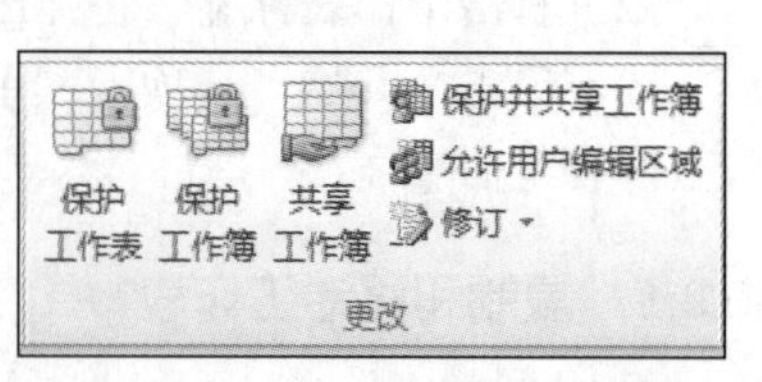

图10-14 “共享工作簿”命令

（2）在“共享工作簿”对话框中的“编辑”选项卡上，选中“允许多用户同时编辑，同时允许工作簿合并”复选框。

（3）在“高级”选项卡上，选择要用于跟踪和更新变化的选项，然后单击“确定”按钮。

（4）在弹出的“另存为”对话框中，执行下列操作之一：

- 如果这是新工作簿，请在“文件名”文本框中输入名称。
- 如果这是现有工作簿，请单击“确定”按钮保存该工作簿。

（5）在“保存位置”框中，选择目标用户能够访问的网络位置，然后单击“保存”按钮。

（6）如果工作簿包含指向其他工作簿或文档的链接，请验证链接并更新任何损坏的链接。

（7）单击“文件”选项卡，然后单击“保存”按钮。

例10-2 在“学生信息”工作簿中管理工作表。要求如下：

（1）将“Sheet1”表重命名为“学籍表”。

（2）删除其他工作表。

（3）在“学生信息”工作簿中创建一份“学籍表”的副本。

【难点分析】

（1）如何进行工作表的重命名。

（2）如何删除工作表。

（3）如何复制工作表。

【操作步骤】

（1）重命名工作表。右击“Sheet1”工作表标签，在弹出的快捷菜单中选择“重命名”命令，如图 10-15 所示。当标签变成被选中状态时直接输入“学籍”，最后单击当前工作表的任意位置即可。

图 10-15 重命名的快捷菜单

（2）删除工作表。右击“Sheet2”工作表标签，在弹出的快捷菜单中选择“删除”命令即可，如图 10-16 所示。同样的方式删除“Sheet3”表。

（3）复制工作表。右击“学籍”工作表，在弹出的快捷菜单中选择“移动或复制”命令，如图 10-17 所示。在弹出的对话框中选中“建立副本”选项，在“下列选定工作表之前”一栏中选择“(移至最后)”选项，最后单击“确定”按钮。

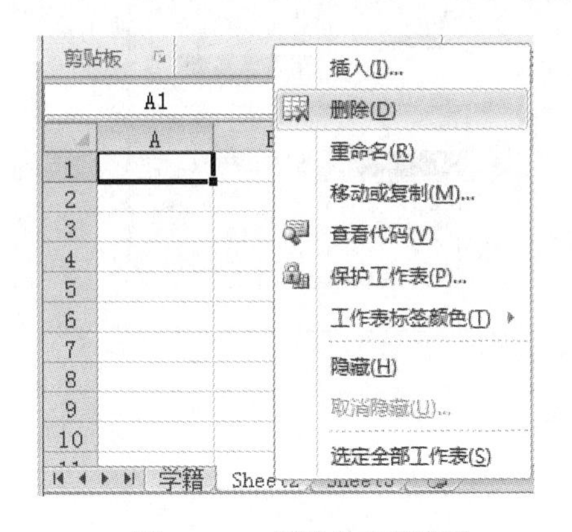

图 10-16 删除的快捷菜单

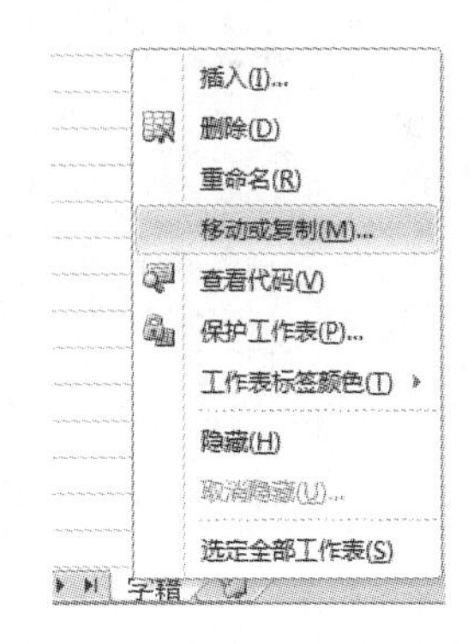

图 10-17 移动或复制的快捷菜单

10.4 工作表的格式化

当工作表中输入完数据之后，为了使表格整体看上去更加美观、内容更加一目了然，就需要对表格及数据进行格式的设置与修饰，例如字符的格式化、表格添加不同边框等。

10.4.1 使用格式刷

格式刷是 Office 操作软件的一个非常实用的工具，在 Excel 2016 中也有提供。格式刷的主要作用就是把指定位置的格式复制到目标位置，减少用户在设置格式时的重复性劳动。格式刷的命令位于“开始”选项卡当中，如图 10–18 所示。使用方法如下：

（1）选中要复制格式的源单元格（或单元格区域）。

（2）单击“格式刷”图标。

（3）再单击需要复制这个格式的位置。

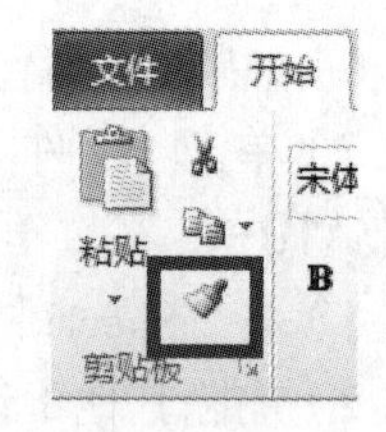

图 10–18 格式刷的命令图标

10.4.2 设置字符格式

（1）选择要进行格式设置的单元格（或单元格区域），或者直接选中文本内容，然后单击“开始”选项卡“单元格”组中的“格式”命令，在下拉列表中选择“设置单元格格式”命令打开对话框，选择其中的“字体”选项卡，如图 10–19 所示。在字体选项卡中包括字体、字形、字号及颜色等类似于 Word 中的格式类型，操作方法可参见上一章 Word 2016 的相关内容。

（2）另一种方法是利用右键的快捷菜单打开相应对话框，即右击单元格（或单元格区域），在弹出的快捷菜单中选中“设置单元格格式”命令即可。

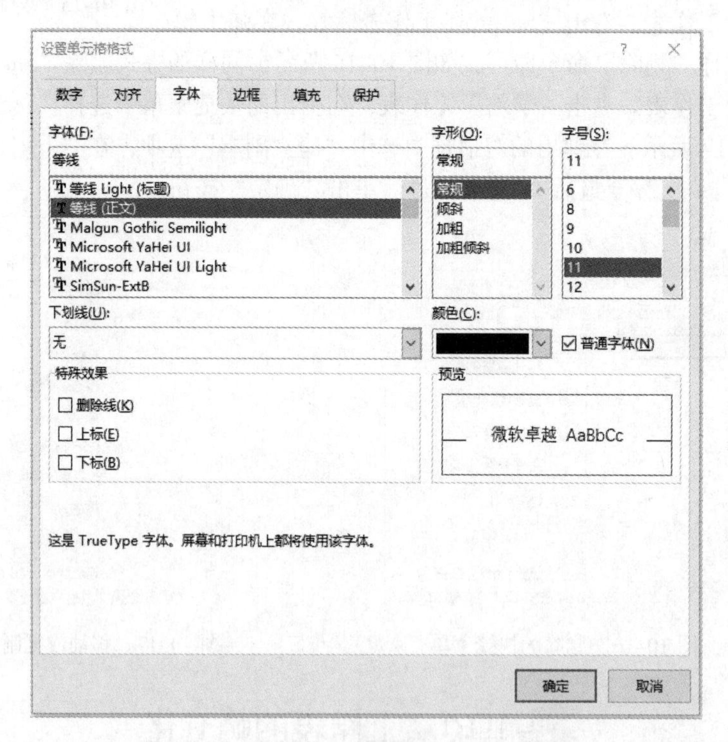

图 10–19 “设置单元格格式”对话框

10.4.3 设置数字格式

Excel 提供了丰富的数字格式，通过应用不同的数字格式，可将数字显示为百分比、日期、货币等。例如，如果进行季度预算，则可以使用“货币”数字格式来显示货币值。如图 10–20 所示，工作表中使用了美元的标记符号 US$。

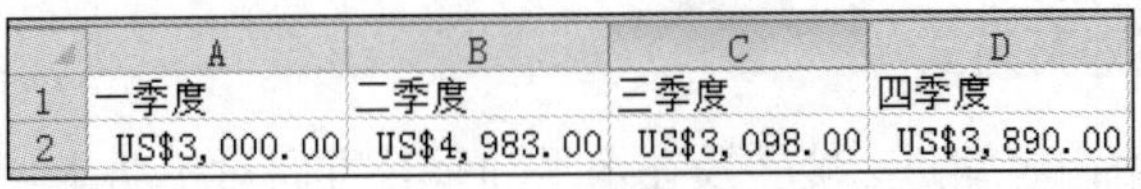

	A	B	C	D
1	一季度	二季度	三季度	四季度
2	US$3,000.00	US$4,983.00	US$3,098.00	US$3,890.00

图 10-20　设置货币格式的效果图

具体的操作步骤如下：

（1）选择要设置格式的单元格。

（2）参照 10.4.2 打开“设置单元格格式”对话框内容，选中其中的“数字”选项卡，如图 10-21 所示。

图 10-21　“设置单元格格式”对话框

（3）在“分类”列表框中选择需要的数据类型并进行相应的设置。例如，如果使用的是“货币”格式，则可以选择一种不同的货币符号，显示更多或更少的小数位，或者更改负数的显示方式。

（4）单击“确定”按钮。

如果设置完成后，单元格中显示的是一串#（“##########”），说明该单元格的宽度不够，可以调整列宽到合适的宽度以显示所有数据内容。

如果内置的数字格式不能满足需要，也可以创建自定义数字格式。由于用于创建数字格式的代码难以快速理解，因此最好先使用某一种内置数字格式，然后再更改该格式的任意一个代码节，以创建自己的自定义数字格式。若要查看内置数字格式的数字格式代码，请单击“自定义”类别，然后查看“类型”框。例如，使用代码（###） ###-#### 可以显示电话号码（555）555-1234。

10.4.4 设置单元格对齐方式

Excel 提供单元格内容缩进、旋转及在水平和垂直方向对齐功能。默认情况下，单元格中的文字是左对齐的，数值是右对齐的。为了使工作表美观和易于阅读，用户可以根据需要设置各种对齐方式。操作步骤如下：

（1）选中“设置单元格格式”对话框中的“对齐”选项卡，如图 10-22 所示。

（2）在选项卡中可以进行如下设置：

- “文本对齐方式”区域：可设置单元格的对齐方式。
- “文本控制”区域：可设置自动换行、缩小字体填充及合并单元格。
- “文字方向”区域：可对单元格中的内容进行任意角度的旋转。
- “从右到左”区域：可设置文字方向。

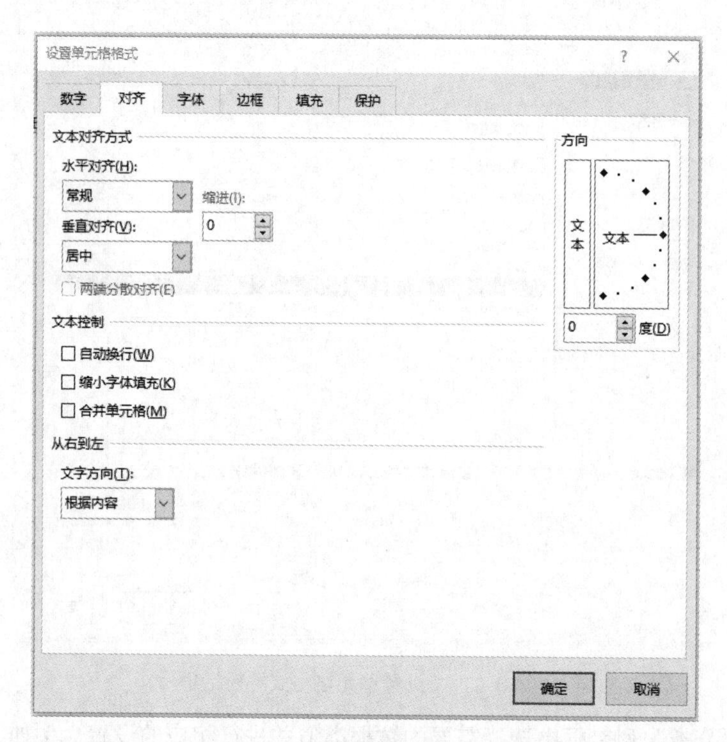

图 10-22 “设置单元格格式”对话框

通常对表格标题的居中，可采用先对表格宽度内的单元格进行合并，然后再居中的方法。也可以直接单击“开始”选项卡上的“对齐方式”组中的“合并后居中”命令。

另外，对单元格中的数据设置自动换行以适应列宽。当更改列宽时，数据换行会自动调整。如果所有换行文本均不可见，则可能是该行被设置为特定高度。

10.4.5 设置边框

1. 应用预定义的单元格边框

（1）在工作表上，选择要为其添加边框、更改边框样式或删除其边框的单元格或单元格区域。

（2）在“开始”选项卡上的“字体”组中，执行下列操作之一：

① 若要应用新的样式或其他边框样式，请单击“边框”旁边的下拉按钮，然后单击边框样式。

② 若要应用自定义的边框样式或斜向边框，请单击“其他边框”命令。

③ 在“设置单元格格式”对话框的“边框”选项卡的“线条”和“颜色”选项下，单击所需的线条样式和颜色。

④ 在“预置”和“边框”选项下，单击一个或多个按钮以指明边框位置。

⑤ 若要删除单元格边框，请单击“边框”旁边的下拉按钮，然后单击“无边框”命令。

小贴士

如果对选定的单元格应用边框，该边框还将应用于共用单元格边框的相邻单元格。例如，如果应用框线来包围区域 B1:C5，则单元格 D1:D5 将具有左边框。

如果对共用的单元格边框应用两种不同的边框类型，则显示最新应用的边框。选定的单元格区域作为一个完整的单元格块来设置格式。

如果对单元格区域 B1:C5 应用右边框，边框只显示在单元格 C1:C5 的右边。

2．创建自定义的单元格边框

（1）单击“设置单元格格式”对话框中“边框”选项卡，如图 10–23 所示。

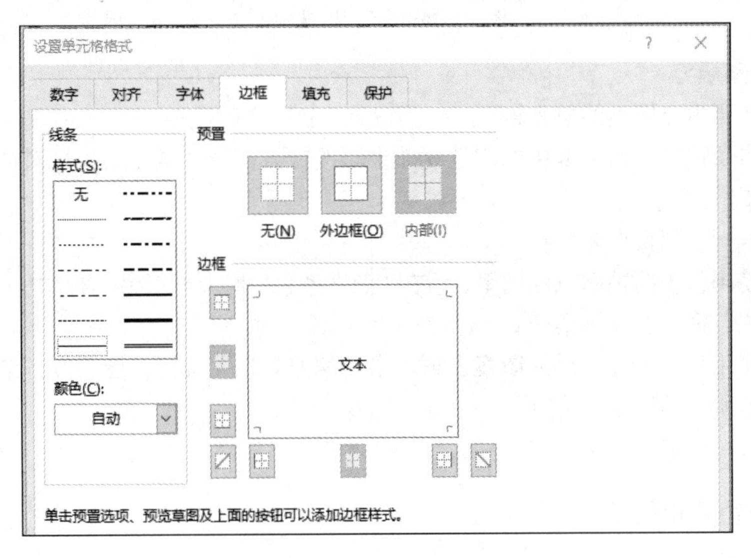

图 10–23 “边框”选项卡

（2）选择所需的边框线。系统提供内、外边框共 8 种，各边框线可以选择不同的线型和颜色，可单击“线条”区域中的“样式”列表框和“颜色”下拉列表框设置边框样式、颜色等。

（3）单击“确定”按钮。

10.4.6 设置背景

设置表格底纹，即设置选定的区域或单元格的颜色或背景图案。

1．用纯色填充

（1）选择要设置颜色的单元格。

（2）单击“设置单元格格式”对话框中“填充”选项卡，如图 10-24 所示。

（3）若要用系统提供的颜色填充单元格，单击背景色下面的颜色；若要用自定义颜色填充单元格，单击“其他颜色”按钮，然后在“颜色”对话框中选择所要的颜色。

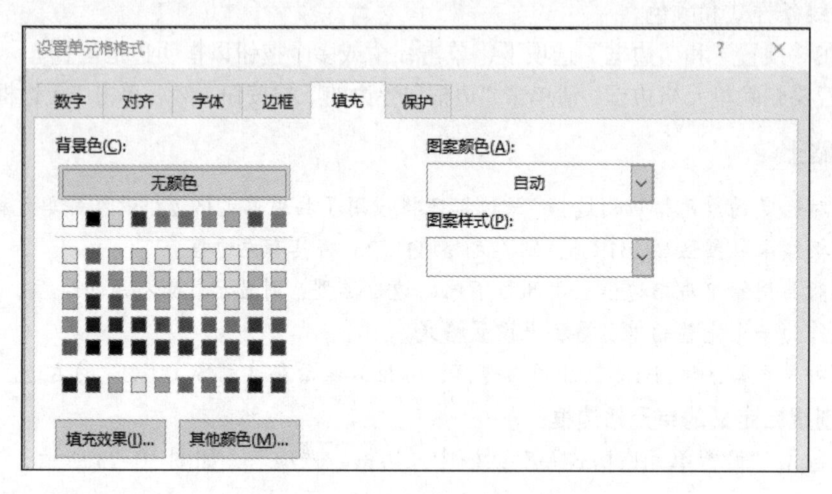

图 10-24 “填充”选项卡

2．用图案填充

（1）选择要填充图案的单元格。

（2）单击“填充”选项卡中的“填充效果”按钮，打开“填充效果”对话框，从中选择一种背景图案。

（3）请执行下列操作之一：

- 若要使用包含两种颜色的图案，请在“图案颜色”框中单击另一种颜色，然后在“图案样式”框中选择图案样式。
- 若要使用具有特殊效果的图案，请单击“填充效果”按钮，然后在“渐变”选项卡上单击所需的选项。

（4）单击“确定”按钮。

10.4.7 设置行高和列宽

1．调整行高

（1）选择要调整行高的单元格或区域。

（2）在“开始”选项卡上的“单元格”组中，单击“格式”命令。

（3）在“单元格大小”下，执行下列操作之一：

- 若要自动调整行高，请单击“自动调整行高”命令。
- 若要指定行高，请单击“行高”命令，然后在“行高”文本框中输入所需的行高。

2．调整列宽

（1）通过单击列标题选择列。

（2）在“开始”选项卡上的“单元格”组中，单击“格式”命令。

（3）在“单元格大小”下，单击“自动调整列宽”命令。

除了可以增加列宽以使其适合文本之外，也可以通过执行下列操作来缩小列中内容的文本大小，以使其适合当前列宽。

（1）通过单击列标题选择列。

（2）在“开始”选项卡上的“对齐方式”组中，单击“对齐方式”旁边的对话框启动器。

（3）在“文本控制”下，选中“缩小字体填充”复选框。

10.4.8 自动套用样式

Excel 提供了一系列表格样式和单元格样式，所谓的样式，就是系统提供的已经设定的若干格式的组合，套用表格样式中包含了行高、列宽、背景色等，如图 10–25 所示；单元格样式包含了字体、数字等格式，如图 10–26 所示。

操作方法如下：

（1）在工作表上，选择要包括在表格中的单元格区域。这些单元格可以为空，也可以包含数据。

（2）在“开始”选项卡的“样式”组中，单击“套用表格样式”或“单元格样式”命令，然后单击所需的表格样式或单元格样式。

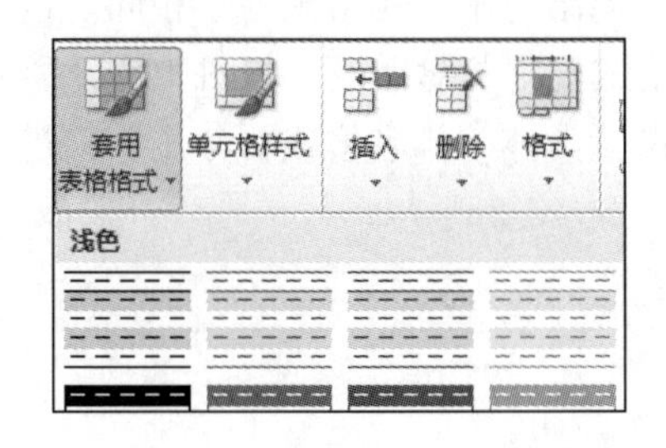

图 10–25 “套用表格格式”列表

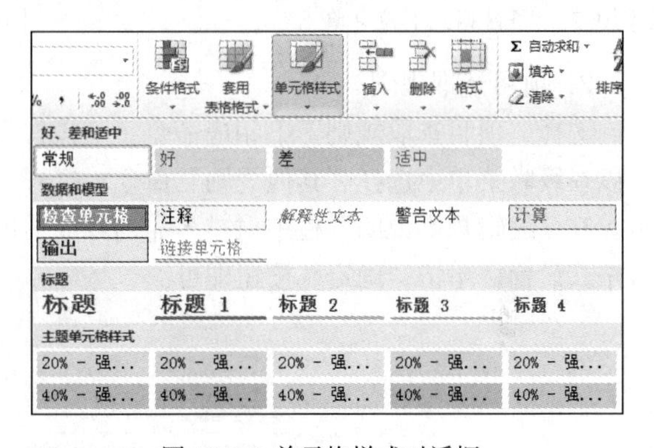

图 10–26 单元格样式对话框

10.4.9 条件格式

条件格式用于对选定区域内符合条件的单元格设置格式更改外观，这样可以让数据变得更加直观。使用条件格式可以突出显示所关注的单元格或单元格区域；强调异常值；使用数据条、颜色刻度和图标集来直观地显示数据。如果条件为 True，则基于该条件设置单元格区域的格式；如果条件为 False，则不基于该条件设置单元格区域的格式。

无论是手动还是按条件设置的单元格格式，都可以按格式进行排序和筛选，其中包括单元格颜色和字体颜色。

在创建条件格式时，只能引用同一工作表上的其他单元格；有些情况下也可以引用当前打开的同一工作簿中其他工作表上的单元格。不能对其他工作簿的外部引用使用条件格式。

在设置条件格式时，首先选择需要设置条件格式的区域，单击“开始”选项卡“样式”组中的“条件格式”按钮，弹出“条件格式”下拉菜单，如图 10–27 所示。

1．突出显示单元格规则

选择“突出显示单元格规则”级联菜单中的相应命令进行设置，如果要突出显示数值小于指定数值的单元格，则选择“小于”命令，打开“小于”对话框，如图 10–28 所示。在“为小于以下值的单元格设置格式”文本框中输入数值，在“设置为”下拉列表框中选择突出显示的颜色或样式，也可以通过“自定义”设置需要的格式，单击“确定”按钮即可。

图 10–27　条件格式下拉菜单

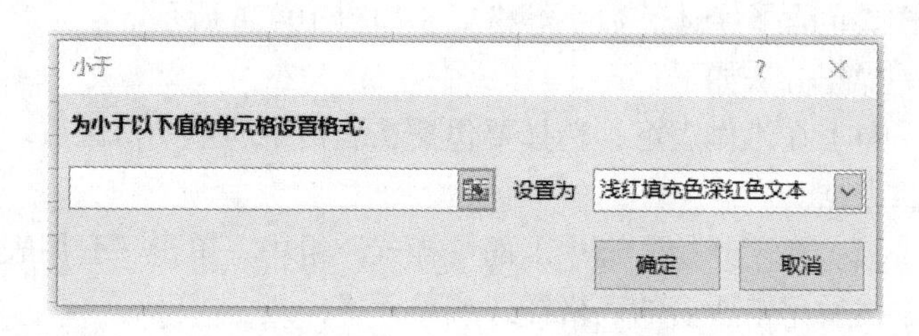

图 10–28　“小于”对话框

2．项目选取规则

选择“项目选取规则”下相应命令，其操作方式与“突出显示单元格规则”相同。也可以在级联菜单中选择“其他规则”命令，打开“新建格式规则”对话框，如图 10–29 所示。在“编辑规则说明”栏中对排名靠前或靠后的数值设置具体的排名值或百分比，并进行格式设置，单击“确定”按钮即可。

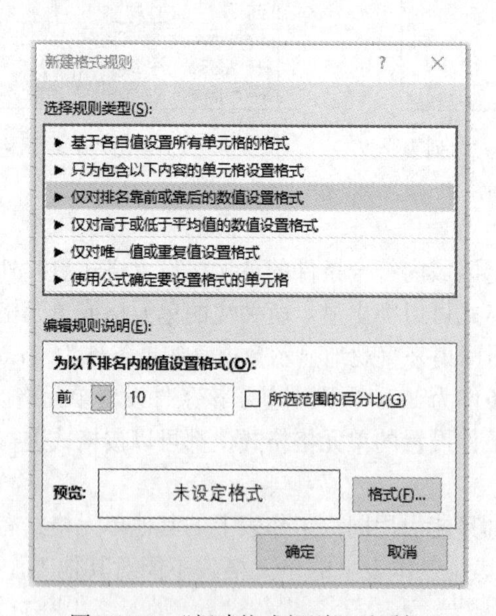

图 10–29　“新建格式规则”对话框

3. 数据条、色阶和图标集

数据条可帮助用户查看某个单元格相对于其他单元格的值。数据条的长度代表单元格中的值。数据条越长，表示值越高，数据条越短，表示值越低。在观察大量数据（例如节假日销售报表中最畅销和最滞销的玩具）中的较高值和较低值时，数据条尤其有用。

色阶作为一种直观的指示，可以帮助用户了解数据分布和数据变化。双色刻度使用两种颜色的渐变来帮助用户比较单元格区域。颜色的深浅表示值的高低。例如，在绿色和红色的双色刻度中，可以指定较高值单元格的颜色更绿，而较低值单元格的颜色更红。三色刻度使用三种颜色的渐变来帮助用户比较单元格区域。颜色的深浅表示值的高、中、低。例如，在绿色、黄色和红色的三色刻度中，可以指定较高值单元格的颜色为绿色，中间值单元格的颜色为黄色，而较低值单元格的颜色为红色。

使用图标集可以对数据进行注释，并可以按阈值将数据分为三到五个类别。每个图标代表一个值的范围。例如，在三向箭头图标集中，绿色的向上箭头代表较高值，黄色的横向箭头代表中间值，红色的向下箭头代表较低值。

可以选择只对符合条件的单元格显示图标；例如，对低于临界值的那些单元格显示一个警告图标，对超过临界值的单元格不显示图标。为此，可以在设置条件时，从图标旁边的下拉列表中选择“无单元格图标”以隐藏图标。还可以创建自己的图标集组合；例如，一个绿色的“象征性对号”、一个黄色的“交通信号灯”和一个红色的“旗帜”。

选择“数据条”、“色阶”或“图标集”级联菜单下的所需样式，进行相应的设置。也可以在级联菜单中选择“其他规则”命令，打开“新建格式规则”对话框，如图 10-29 所示，在“选择规则类型”栏下的对话框内选择格式类型，在对应的“编辑规则说明”栏下的对话框中进行相应的设置，单击“确定”按钮即可。

例10-3 对“学籍”工作表进行格式设置，效果如图 10-30 所示。

2014级学籍信息

学号	姓名	性别	年龄	籍贯	年级	专业	奖励金额	入学分数
A0001	吴天平	男	18	山东	2014	景观		600
B0002	张建安	男	19	福建	2014	中文		580
A0002	刘娜	女	18	辽宁	2014	景观		621
C0001	陈东	男	19	天津	2014	日语		589
D0003	王爱丽	女	20	内蒙古	2014	计算机		635
D0004	刘青	女	18	福建	2014	计算机		602
B0001	郑晓	男	19	福建	2014	英语		578

图 10-30　例 10-3 效果图

要求如下：

（1）在第一行上方插入一行，输入内容“2014 级学籍信息”，字体为“华文楷体”，字号为 32，垂直、水平方向合并居中。

（2）对“年级”列的数据设置为“文本”的数据类型。

（3）在数据区域添加边框，外边框用双实线，内边框用细实线。

（4）在列标题上设置填充效果，自定义颜色值均为 166。

（5）设置“奖励金额”的数据格式为带人民币符号“￥”的会计专用格式，并设置小数位数为 0。

（6）将“籍贯”为“福建”的单元格标识为“浅红色填充和深红色文本”（用“条件格式”设置）。

【难点分析】

（1）如何插入新行。

（2）如何设置不同的边框线。

（3）如何设置条件格式。

【操作步骤】

（1）打开“学生信息”工作簿，选定“学籍”工作表。单击第一行任意单元格，单击“开始”选项卡“单元格”组中的“插入”命令，在下拉列表中选择“插入工作表行”选项，插入一行。

（2）标题格式设置。单击单元格 A1，输入“2014 级学籍信息”，选定 A1:I1 区域，单击“开始”选项卡“对齐方式”组中的“合并后居中”按钮。在“开始”选项卡的“字体”组中，设置文本的字体为“华文楷体”，字号为“32”。

（3）选中 F2: F8 区域，单击“开始”选项卡“数字”组中的“数字格式”下拉框，选择最后一项“文本”选项。

（4）添加边框。选定 A2:I9 区域，右击该区域，在弹出的快捷菜单中选择“设置单元格格式”命令，在弹出的对话框中单击“边框”选项卡，在“样式”列表中选择“双实线”，单击“外边框”按钮，在“样式”列表中选择单实线，再单击“内部”按钮，单击“确定”按钮。

（5）列标题填充设置。选定 A2:I2 区域，右击该区域，在弹出的快捷菜单中选择“设置单元格格式”命令，在弹出的对话框中单击“填充”选项卡，单击“其他颜色”按钮，打开“颜色”对话框，单击“自定义”选项卡，在“红色”“绿色”“蓝色”数值列表框中输入“166”，单击“确定”按钮，返回“设置单元格格式”对话框，单击“确定”按钮。

（6）数据区域会计专用格式设置。F3:F9 区域，右击该区域，在弹出的快捷菜单中选择“设置单元格格式”命令，在弹出的对话框中单击“数字”选项卡，选择“会计专用”选项，在“货币符号”下拉列表中选择“¥”选项，再在“小数位数”下输入“0”。单击“确定”按钮（由于该列暂时无数据，所以设置“¥”符号后并不显示）。

（7）条件格式设置。选定 E3:E9 区域，单击“开始”选项卡“样式”组中的“条件格式”命令，在下拉列表中选择“突出显示单元格规则”中的“文本包含”选项，在打开的“文本中包含”对话框中输入文本“福建”，在“设置为”下拉列表框中选择“浅红填充色和深红色文本”选项，单击“确定”按钮。

10.5 公式与函数

当数据表中输入大量业务数据之后，常常需要进行各种统计。因此，Excel 支持用户手动输入公式，同时也提供了丰富的内置函数方便用户的选择。

10.5.1 使用公式

公式是可以进行以下操作的方程式：执行计算、返回信息、操作其他单元格的内容、

测试条件等。公式始终以等号“=”开头。

下面举例说明可以在工作表中输入的公式类型。

- =5+2*3：将 5 加到 2 与 3 的乘积中。
- =A1+A2+A3：将单元格 A1、A2 和 A3 中的值相加。
- =SQRT(A1)：使用 SQRT 函数返回 A1 中值的平方根。
- =IF(A1>0)：测试单元格 A1，确定它是否包含大于 0 值。

1．公式的组成部分

公式可以包含下列部分内容或全部内容：函数（函数：函数是预先编写的公式，可以对一个或多个值执行运算，并返回一个或多个值。函数可以简化和缩短工作表中的公式，尤其在用公式执行很长或复杂的计算时。）；引用（单元格引用：用于表示单元格在工作表上所处位置的坐标集，例如，显示在第 B 列和第 3 行交叉处的单元格，其引用形式为“B3”。）；运算符（运算符：一个标记或符号，指定表达式内执行的计算的类型。有数学、比较、逻辑和引用运算符等。）；常量（常量：不进行计算的值，因此也不会发生变化。例如，数字 210 以及文本“每季度收入”都是常量。表达式以及表达式产生的值都不是常量。）

综上所述，“=PI()*B3+10”就是一个符合规则的公式，其中 PI()函数返回值圆周率：3.142…；B3 返回单元格 B3 中的值；10 是直接输入公式中的数字；“*”运算符表示数字的乘积，还有“+”是加法运算符。

2．在公式中使用常量

常量是直接写入的值，其值不变。例如，日期 2021-10-9、数字 210 以及文本“季度收入”都是常量。表达式 （由运算符、字段名、函数、文本和常量组成的式子，其计算结果为单个值）或从表达式得到的值不是常量。如果在公式中使用常量而不是对单元格的引用（例如，=30+70+110），则只有在修改公式时结果才会发生变化。

3．在公式中使用计算运算符

运算符用于指定要对公式中的元素执行的计算类型。计算时有一个默认的次序（遵循一般的数学规则），但可以使用括号更改该计算次序。

1）运算符类型

计算运算符分为四种不同类型：算术、比较、文本连接和引用。

（1）算术运算符：若要进行基本的数学运算（如加法、减法、乘法或除法）、合并数字以及生成数值结果，可使用算术运算符（见表 10-1）。

表 10-1　算术运算符列表

算术运算符	含　义	示　例
+（加号）	加法	3+3
-（减号）	减法 负数	3 - 1 - 1
*（星号）	乘法	3*3
/（正斜杠）	除法	3/3
%（百分号）	百分比	20%
^（脱字号）	乘方	3^2

（2）比较运算符：可以使用下列运算符比较两个值。当使用这些运算符比较两个值时，结果为逻辑值 TRUE 或 FALSE，如表 10-2 所示。

表 10-2　比较运算符列表

比较运算符	含　义	示　例
=（等号）	等于	A1=B1
>（大于号）	大于	A1>B1
<（小于号）	小于	A1<B1
>=（大于等于号）	大于或等于	A1>=B1
<=（小于等于号）	小于或等于	A1<=B1
<>（不等号）	不等于	A1<>B1

（3）文本连接运算符：可以使用与号（&）连接（串连）一个或多个文本字符串，以生成一段文本，如表 10-3 所示。

表 10-3　文本运算符列表

文本运算符	含　义	示　例
&（与号）	将两个值连接（或串联）起来 产生一个连续的文本值	"North"&"wind" 的 结果为 "Northwind"

（4）引用运算符：可以使用以下运算符对单元格区域进行合并计算，如表 10-4 所示。

表 10-4　引用运算符列表

引用运算符	含　义	示　例
：（冒号）	区域运算符，生成一个对两个引用之间所有单元格的引用（包括这两个引用）	B5:B15
,（逗号）	联合运算符，将多个引用合并为一个引用	SUM（B5:B15,D5:D15）
（空格）	交集运算符，生成一个对两个引用中共有单元格的引用	B7:D7 C6:C8

在某些情况下，执行计算的次序会影响公式的返回值，因此，了解如何确定计算次序以及如何更改次序以获得所需结果非常重要。

2）计算次序

公式按特定次序计算值。Excel 中的公式始终以等号（=）开头。Excel 会将等号后面的字符解释为公式。等号后面是要计算的元素（即操作数），如常量或单元格引用，它们由计算运算符分隔。Excel 按照公式中每个运算符的特定次序从左到右计算公式。

3）运算符优先级（见表 10-5）

如果一个公式中有若干个运算符，Excel 将按下表中的次序进行计算。如果一个公式中的若干个运算符具有相同的优先顺序（例如，如果一个公式中既有乘号又有除号），则 Excel 将从左到右计算各运算符。

表 10-5 运算符优先级

运算符	说明
:（冒号） （单个空格） ,（逗号）	引用运算符
-	负数（如 -1）
%	百分比
^	乘方
* 和 /	乘和除
+ 和 -	加和减
&	连接两个文本字符串（串连）
= <> <= >= <>	比较运算符

4）使用括号

若要更改求值的顺序，请将公式中要先计算的部分用括号括起来。例如，公式“=5+2*3”的结果是 11，因为 Excel 先进行乘法运算后进行加法运算。该公式先将 2 与 3 相乘，然后再将 5 与结果相加。但是，如果用括号对该语法进行更改，改成“=（5+2）*3”，则 Excel 会先将 5 与 2 相加在一起，然后再用结果乘以 3 得到 21。

在下例中，公式“=(B4+25)/SUM(D5:F5)”第一部分的括号强制 Excel 先计算 B4+25，然后再用该结果除以单元格 D5、E5 和 F5 值的和。

4. 在公式中使用函数

函数是预定义的公式，通过使用一些称为参数的特定数值以特定的顺序或结构执行计算（关于函数的介绍请参照本书 10.5.2 小节）。

如果创建带函数的公式，则使用“插入函数”对话框将有助于用户输入工作表函数。在公式中输入函数时，“插入函数”对话框将显示函数的名称、其各个参数、函数及其各个参数的说明、函数的当前结果以及整个公式的当前结果。

若要更轻松地创建和编辑公式并将输入错误和语法错误减到最少，可使用“公式记忆式输入”。当用户输入 =（等号）和开头的几个字母或显示触发字符之后，Excel 会在单元格的下方显示一个动态下拉列表，该列表中包含与这几个字母或该触发字符相匹配的有效函数、参数和名称，然后可以将该下拉列表中的一项插入到公式中。

5. 在公式中使用引用

引用的作用在于标识工作表上的单元格或单元格区域，并告知 Excel 在何处查找要在公式中使用的值或数据。用户可以使用引用在一个公式中使用工作表不同部分中包含的数据，或者在多个公式中使用同一个单元格的值。还可以引用同一个工作簿中其他工作表上的单元格和其他工作簿中的数据。引用其他工作簿中的单元格被称为链接或外部引用（外部引用：对其他 Excel 工作簿中的工作表单元格或区域的引用）。

1）引用样式

默认情况下，Excel 使用 A1 引用样式，此样式引用字母标识列（从 A 到 XFD，共 16 384 列）以及数字标识行（从 1 ~ 1 048 576）。这些字母和数字被称为行号和列标。若要引用某个单元格，请输入行号和列标。例如，B2 引用列 B 和行 2 交叉处的单元格。如表 10-6 所示。

表 10-6　引用样式列表

若要引用	请使用
列 A 和行 10 交叉处的单元格	A10
在列 A 和行 10 到行 20 之间的单元格区域	A10:A20
在行 15 和列 B 到列 E 之间的单元格区域	B15:E15
行 5 中的全部单元格	5:5
行 5 到行 10 之间的全部单元格	5:10
列 H 中的全部单元格	H:H
列 H 到列 J 之间的全部单元格	H:J
列 A 到列 E 和行 10 到行 20 之间的单元格区域	A10:E20
当前工作簿中非当前工作表（例如工作表“Sheet2”）的 A1 单元格	Sheet2！A1
非当前工作簿中的工作表（例如工作簿“Book2”中“Sheet1”）的 A1 单元格	[Book2]Sheet1！A1

2）绝对引用、相对引用和混合引用之间的区别

（1）相对引用：公式中的相对单元格引用（如 A1）是基于包含公式和单元格引用的单元格的相对位置。如果公式所在单元格的位置改变，引用也随之改变。如果多行或多列地复制或填充公式，引用会自动调整。默认情况下，新公式使用相对引用。例如，如果将单元格 B2 中的相对引用复制或填充到单元格 B3，将自动从“=A1”调整到“=A2”。

（2）绝对引用：公式中的绝对单元格引用（如 A1）总是在特定位置引用单元格。如果公式所在单元格的位置改变，绝对引用将保持不变。如果多行或多列地复制或填充公式，绝对引用将不作调整。默认情况下，新公式使用相对引用，因此用户可能需要将它们转换为绝对引用。例如，如果将单元格 B2 中的绝对引用复制或填充到单元格 B3，则该绝对引用在两个单元格中一样，都是 =A1。

（3）混合引用：混合引用具有绝对列和相对行或绝对行和相对列。绝对引用列采用 $A1、$B1 等形式。绝对引用行采用 A$1、B$1 等形式。如果公式所在单元格的位置改变，则相对引用将改变，而绝对引用将不变。如果多行或多列地复制或填充公式，相对引用将自动调整，而绝对引用将不作调整。例如，如果将一个混合引用从 A2 复制到 B3，它将从 =A$1 调整到 =B$1。

6. 创建公式

（1）选择一个单元格并开始输入公式内容。在单元格中，输入一个等号（=）作为公式的开头。

（2）填写公式的其余部分，执行下列操作之一：

① 输入一个由数字和运算符构成的组合；例如，3+7。

② 用鼠标选中其他单元格，并在每两个单元格之间插入一个运算符。例如，选中 B1，然后输入一个加号“+”，选中 C1 再输入一个“-”，然后再选中 D1。

③ 输入一个字母，从工作表函数列表中选择函数。例如，输入字母 a，即可显示出所有以字母 a 开头的可用函数，如图 10-31 所示。

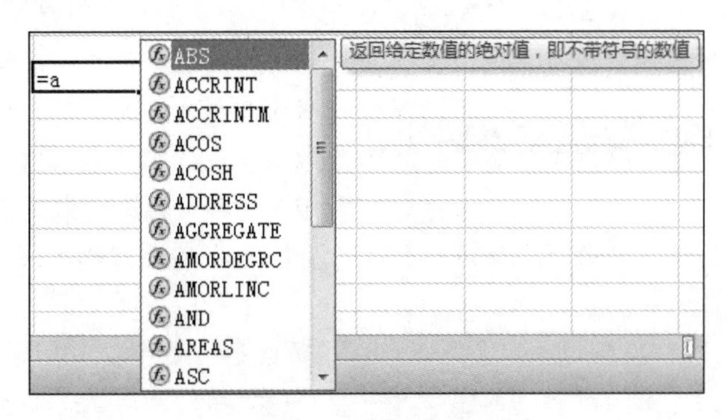

图 10-31　工作表函数列表

（3）完成公式：

① 若要完成一个由数字、单元格引用和操作符组合构成的公式，请按【Enter】键。

② 若要完成一个使用了函数的公式，请填写必需的函数信息，然后按【Enter】键。例如，ABS 函数需要一个数字值，用户可以输入一个数字或选择一个含有数字的单元格。

10.5.2 使用函数

除了使用公式进行计算，也可以插入函数来统计和汇总数据。Excel 提供了大量的函数，语法为函数名（参数 1，参数 2，参数 3，…）。

1. 函数的操作方法

一般使用函数的操作步骤如下：

（1）单击欲输入函数值的单元格。

（2）单击“公式”选项卡“函数库”组中的“插入函数”按钮 fx，编辑栏中出现“=”，并打开“插入函数”对话框，如图 10-32 所示。

（3）从“选择函数”列表框中选择所需函数。在列表框下方将显示该函数的使用格式和功能说明。

（4）单击“确定”按钮，打开“函数参数”对话框。

（5）输入函数的参数。

（6）单击“确定”按钮。

另外，在“开始”选项卡“编辑”组中也有插入函数的命令，如图 10-33 所示。

2. Excel 2016 常用的函数

1）求和函数 SUM

SUM 将指定参数的所有数字相加。每个参数都可以是单元格引用、数组、常量、公式或另一个函数的结果。例如，SUM（A1:A5）是将单元格 A1 至 A5 中的所有数字相加，再如，SUM（A1, A3, A5）是将单元格 A1、A3 和 A5 中的数字相加。

SUM 函数语法为 SUM (number1, [number2],…), 其中, number1 是必需的, 表示相加的第一个数值参数; number2, …是可选的, 表示想要相加的 2 ~ 255 个数值参数。

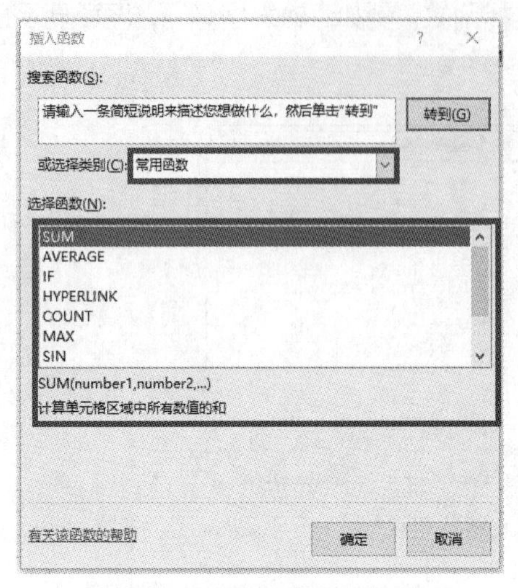

图 10-32 “插入函数”对话框

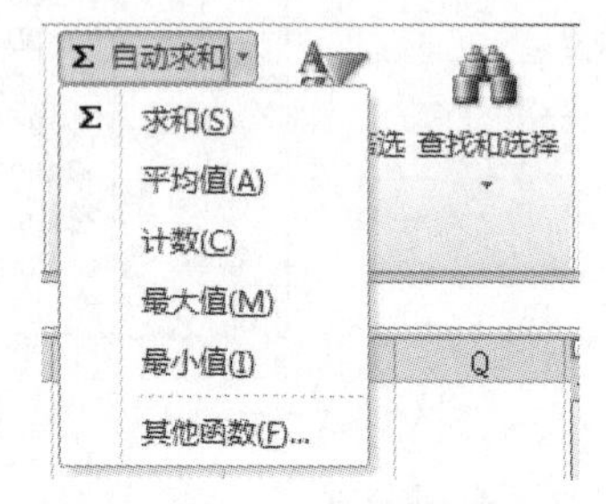

图 10-33 插入函数命令

2）求平均值函数 AVERAGE

AVERAGE 返回参数的平均值（算术平均值）。例如，如果区域 A1:A20 包含数字，则函数 =AVERAGE（A1:A20） 将返回这些数字的平均值。

AVERAGE 函数语法为 AVERAGE (number1, [number2], …), 其中 Number1 是必需的, 要计算平均值的第一个数字、单元格引用或单元格区域; Number2…是可选的, 是要计算平均值的其他数字、单元格引用或单元格区域, 最多可包含 255 个。

值得注意的是, 当对单元格中的数值求平均值时, 应牢记空单元格与零值单元格的区别, 尤其是在取消选中“Excel 选项”对话框中的“在具有零值的单元格中显示零”复选框时。选中此选项后, 空单元格将不计算在内, 但是零值会计算在内。

3）求最大值函数 MAX

MAX 函数返回一组值中的最大值。其语法是 MAX (number1, [number2], …), 其中 Number1 是必需的, 后续数值是可选的。

4）求最小值函数 MIN

MIN 函数返回一组值中的最小值。其语法是 MIN (number1, [number2], …), 其中 Number1 是必需的, 后续数值是可选的。

5）统计函数 COUNT

COUNT 函数计算包含数字的单元格以及参数列表中数字的个数。使用函数 COUNT 可以获取区域或数字数组中数字字段的输入项的个数。例如, 输入以下函数可以计算区域 A1:A20 中数字的个数: =COUNT (A1:A20), 在此示例中, 如果该区域中有 5 个单元格包含数字, 则结果为 5。

COUNT 函数语法是 COUNT (value1, [value2], …), 其中 value1 是必需的, 要计算其中数字的个数的第一项、单元格引用或区域; value2, …是可选的, 要计算其中数字的个数的其他项、单元格引用或区域, 最多可包含 255 个。

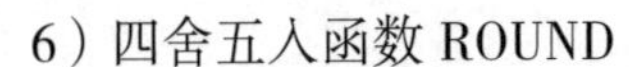

6）四舍五入函数 ROUND

ROUND 函数可以将某个数字四舍五入为指定的位数。例如，如果单元格 A1 含有 23.7825 并且希望将该数字四舍五入为小数点后两位，则可以使用以下函数：=ROUND(A1, 2)，此函数的结果为 23.78。

ROUND 函数语法是 ROUND (number, num_digits)，number 是必需的，表示要四舍五入的数字；num_digits 是必需的，表示按此位数对 number 参数进行四舍五入。

7）绝对值函数 ABS

ABS 函数返回数字的绝对值。其语法是 ABS (number)，其中 Number 是必需的，表示需要计算其绝对值的实数。

8）条件判断函数 IF

如果指定条件的计算结果为 TRUE，IF 函数将返回某个值；如果该条件的计算结果为 FALSE，则返回另一个值。例如，如果 A1 大于 10，函数 =IF(A1>10,"大于 10","不大于 10")将返回“大于 10”，如果 A1 小于等于 10，则返回“不大于 10”。

IF 函数语法是 IF(logical_test, [value_if_true], [value_if_false])，其中 logical_test 是必需的，表示计算结果可能为 TRUE 或 FALSE 的任意值或表达式。例如，A10=100 就是一个逻辑表达式，如果单元格 A10 中的值等于 100，表达式的计算结果为 TRUE，否则为 FALSE。此参数可以使用任何比较运算符；value_if_true 是可选的；表示 logical_test 参数的计算结果为 TRUE 时所要返回的值；value_if_false 也是可选的，表示 logical_test 参数的计算结果为 FALSE 时所要返回的值。

10.5.3 错误值

当输入的公式或函数有错误且不能进行正常计算时，Excel 会出现错误值提示用户，这些错误值根据错误的种类不同分为以下几种：

1. #VALUE!错误

该错误表示使用的参数或操作数的类型不正确，可能包含以下一种或几种错误：

（1）当公式需要数字或逻辑值（例如 TURE 或 FALSE）时，却输入了文本。

（2）输入或编辑数组公式,没有按组合键【Ctrl+Shift+Enter】，而是按了【Enter】键。

（3）将单元格引用、公式或函数作为数组常量输入。

（4）为需要单个值（而不是区域）的运算符或函数提供区域。

（5）在某个矩阵工作表函数中使用了无效的矩阵。

（6）运行的宏程序所输入的函数返回#VALUE!

2. #DIV/0!错误

这种错误表示使用数字除以零（0），具体表现在:

（1）输入的公式中包含明显的除以零的计算,如“=5/0”。

（2）使用了对空白单元格或包含零作为除数的单元格的引用。

（3）运行的宏中使用了返回#DIV/0!的函数或公式。

3. #N/A 错误

当数值对函数或公式不可用时，将出现此错误，具体表现在：

（1）缺少数据,在其位置输入了#N/A 或 NA()。

（2）为 HLOOKUP、LOOKUP、MATCH 或 VLOOKUP 工作表函数的 lookup_value 参数赋予了不正确的值。

（3）在未排序的表中使用了 VLOOKUP、HLOOKUP 或 MACTCH 工作表函数来查找值。

（4）数组中使用参数的行数或列数与包含数组公式的区域的行数或列数不一致。

（5）内置或自定义工作表函数中省略了一个或多个必需参数。

（6）使用的自定义工作表函数不可用。

（7）运行的宏程序所输入的函数返回#N/A。

4. #NAME?错误

当 Excel 无法识别公式中的文本时，将出现此错误，具体表现在：

（1）使用了 EUROCONVERT 函数，而没有加载“欧元转换工具”宏。

（2）使用了不存在的名称。

（3）名称拼写错误。

（4）函数名称拼写错误。

（5）在公式中输入文本时没有使用双引号。

（6）区域引用中漏掉了冒号。

（7）引用的另一张工作表未使用单引号。

（8）打开调用用户自定义函数（UDP）的工作薄。

5. #REF!错误

当单元格引用无效时，会出现此错误，具体表现在：

（1）删除了其他公式所引起的单元格，或将已移动的单元格粘贴到了其他公式所引起的单元格上。

（2）使用的对象链接和嵌入链接所指向的程序未运行。

（3）链接到了不可用的动态数据交换（DDE）主题，如“系统”。

（4）运行的宏程序所输入的函数返回#REF!。

6. #NUM!错误

如果公式或函数中使用了无效的数值,则会出现此错误，具体表现在：

（1）在需要数字参数的函数中使用了无法接受的参数。

（2）使用了进行迭代的工作表函数（如 IRR 或 RATE），且函数无法得到结果。

（3）输入的公式所得出的数字太大或太小，无法在 Excel 中表示。

7. #NULL!错误

如果指定了两个并不相交的区域的交点，则会出现错误，具体表现在：

（1）使用了不正确的区域运算符。

（2）区域不相交。

小贴士

引用之间的交叉运算符为空格。

例10-4 对“学籍”工作表进行数据计算，结果如图 10-34 所示。

2014级学籍信息

学号	姓名	性别	年龄	籍贯	年级	专业	奖励金额	入学分数
D0003	王爱丽	女	20	内蒙古	2014	计算机	3500	635
D0004	刘青	女	18	福建	2014	计算机	￥200	602
A0001	吴天平	男	18	山东	2014	景观	￥0	600
A0002	刘娜	女	18	辽宁	2014	景观	￥2100	621
C0001	陈东	男	19	天津	2014	日语	￥0	589
B0001	郑晓	男	19	福建	2014	英语	￥0	578
B0002	张建安	男	19	福建	2014	中文	￥0	580
						总金额	￥3500	
						平均分		601

图 10-34　例 10-4 结果图

要求如下：

（1）在“奖励金额”列进行公式计算，计算规则是：如果入学分数超过 600 分，就给予奖励：超过 1 分，奖励 100 元；超过 2 分，奖励 200 元，以此类推；600 分及其以下的不予奖励。

（2）汇总奖励金额的总数。

（3）对入学分数求平均分。

【难点分析】

（1）如何使用公式或函数。

（2）如何使用嵌套公式或函数。

【操作步骤】

（1）计算奖励金额。选中 H3 单元格，输入嵌套公式“=IF(I3-600>0,(I3-600)*100,0)”，按【Enter】键。

（2）复制公式。选中 H3 单元格，将鼠标指针移到该单元格的右下角变成“十”字图案，再按住鼠标左键向下拖动，直到 H9 单元格才释放鼠标。

（3）汇总奖励金额。在 G10 单元格中输入“总金额”，选中 H10 单元格，单击“开始”选项卡“编辑”组中的“自动求和”命令，按【Enter】键。

（4）求平均分。在 G11 单元格输入“平均分”，选中 I11 单元格，单击“开始”选项卡“编辑”组中的“自动求和”命令中的下拉按钮，在函数列表中选择“平均值”选项，此时将 I11 单元格中显示的“I10”改为“I9”，最后按【Enter】键。

10.6 数据管理

一个 Excel 数据清单是一个二维的表格，由行和列构成，是包含列标题的一组连续数据行的工作表，Excel 利用这些标题进行数据的排序和筛选等管理操作。数据清单与数据库相似，每行表示一条记录，每列代表一个字段。

数据清单具有以下几个特点：

（1）第一行是字段名，其余行是清单中的数据，每行表示一条记录；如果本数据清单有标题行，则标题行应与其他行（如字段名行）隔开一个或多个空行。

（2）每列数据具有相同的性质。

（3）在数据清单中，不存在全空行或全空列。

10.6.1　数据筛选

通过筛选工作表中的信息，可以快速查找数值。可以筛选一个或多个数据列。不但可以利用筛选功能控制要显示的内容，而且还能控制要排除的内容。既可以基于从列表中作出的选择进行筛选，也可以创建仅用来限定要显示的数据的特定筛选器。在筛选数据时，如果一个或多个列中的数值不能满足筛选条件，整行数据都会隐藏起来。用户可以按数字值或文本值筛选，或按单元格颜色筛选那些设置了背景色或文本颜色的单元格。

筛选有两种方式：自动筛选和高级筛选。自动筛选是对单个字段建立筛选，多个字段之间的筛选是逻辑与的关系，这种筛选操作方便，能满足大部分要求；高级筛选是对复杂条件所建立的筛选，需要建立条件区域。

1．自动筛选

（1）选择要筛选的数据区域（包含列标题和数据内容）。

（2）在“数据”选项卡上的“排序和筛选”组中，单击“筛选”按钮，如图 10-35 所示。

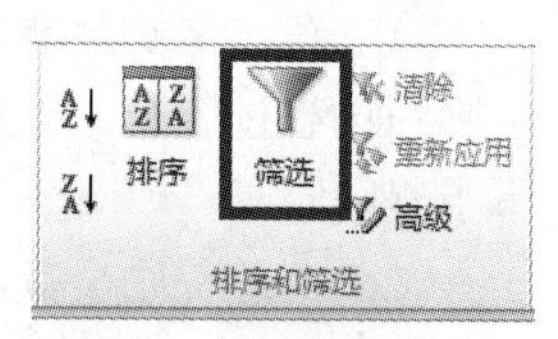

图 10-35　“筛选”命令

（3）在每一个列标题的旁边会出现一个下拉按钮，如图 10-36 所示。单击该按钮，会显示一个筛选器选择列表，该列中的所有值都会显示在列表中，如图 10-37 所示。根据列中的数据类型，Excel 会在列表中显示“数字筛选”或“文本筛选”。

学号	姓名	性别	年龄	籍贯	年级	专业	奖励金额	入学分数
A0001	吴天平	男	18	山东	2014	景观	0	600
B0002	张建安	男	19	福建	2014	中文	0	580
A0002	刘娜	女	18	辽宁	2014	景观	2100	621
C0001	陈东	男	19	天津	2014	日语	0	589
D0003	王爱丽	女	20	内蒙古	2014	计算机	3500	635
D0004	刘青	女	18	福建	2014	计算机	200	602
B0001	郑晓	男	19	福建	2014	英语	0	578

图 10-36　单击“筛选”命令结果图

（4）从列表中选择值和搜索是最快的筛选方法。在“搜索”文本框输入要搜索的文本或数字，或者选中或取消选中“用于显示从数据列中找到的值”的复选框。

（5）也可以按指定的条件筛选数据。通过指定条件，可以创建自定义筛选器以便缩小数据范围。操作如下：指向列表中的“数字筛选”或“文本筛选”，随即会出现一个允许用户按不同的条件进行筛选的菜单，如图 10-38 所示；选择一个条件，然后选择或输入其他条件；单击“与”按钮组合条件，即筛选结果必须同时满足两个或更多条件；而选择“或”按钮时只需要满足多个条件之一即可；单击“确定”按钮并获取所需结果。

2．高级筛选

如果要筛选的数据需要复杂条件（例如，籍贯 ="福建"或专业 = "计算机"），则可以使用“高级筛选”功能。“高级”命令的工作方式在几个重要方面与“筛选”命令有所不同：

（1）它显示了“高级筛选”对话框，而不是“自动筛选”菜单。

（2）可以在工作表以及要筛选的单元格区域或表上的单独条件区域中输入高级条件。Excel 将“高级筛选”对话框中的单独条件区域用作高级条件的源。

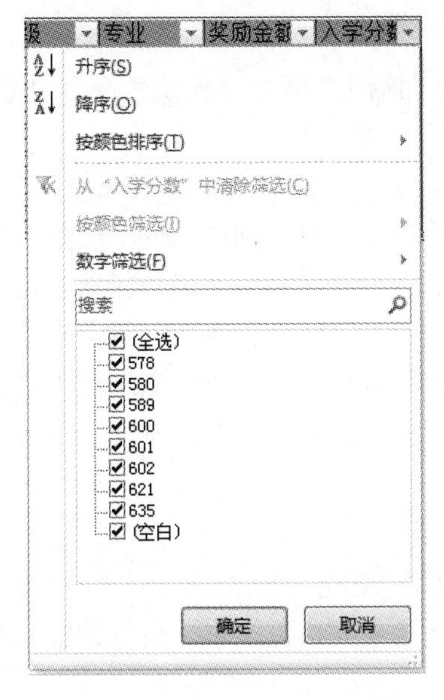

图 10-37　筛选器选择列表

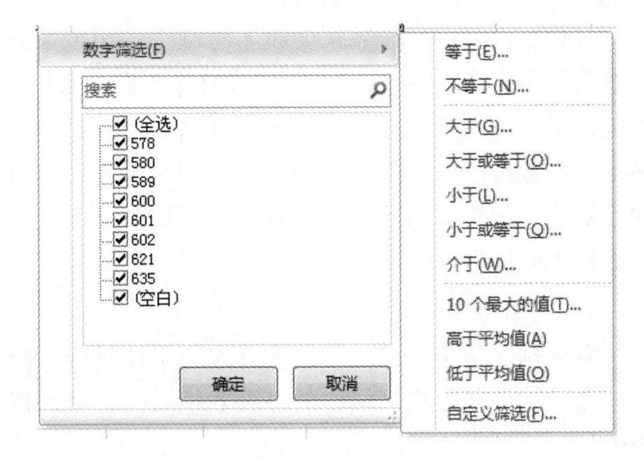

图 10-38　自定义筛选器

在条件区域需要用到比较运算符。比较运算符可以使用下列运算符比较两个值，如表 10-7 所示。当使用这些运算符比较两个值时，结果为逻辑值 TRUE 或 FALSE。

表 10-7　比较运算符列表

比较运算符	含义	示例
=（等号）	等于	A1=B1
>（大于号）	大于	A1>B1
<（小于号）	小于	A1<B1
>=（大于等于号）	大于或等于	A1>=B1
<=（小于等于号）	小于或等于	A1<=B1
<>（不等号）	不等于	A1<>B1

值得注意的是，由于在单元格中输入文本或值时，等号（=）用来表示一个公式，因此 Excel 会评估所输入的内容；不过，这可能会产生意外的筛选结果。为了表示文本或值的相等比较运算符，应在条件区域的相应单元格中输入作为字符串表达式的条件：="=条目"。其中条目是要查找的文本或值。例如：="=福建"。

高级筛选的操作步骤如下：

（1）将条件列的列标题复制并粘贴在空白区域。

（2）在列标题的下方输入条件表达式，如图 10-39 所示。如果条件表达式输入在同一行则表示条件与的关系，如果输入在不同行，则表示条件或的关系。

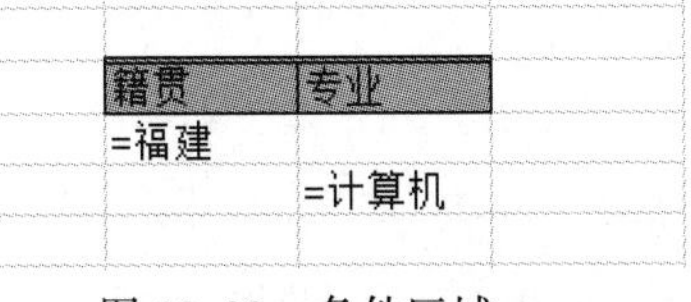

图 10-39　条件区域

（3）单击“数据”选项卡上的“排序和筛选”组中“高级”命令，在列表区域输入数据表（包含列标题和数据内容）所在区域，也可以使用鼠标直接选择；在条件区域输入条件所在的单元格区域，同样可以用鼠标选择。

（4）单击“确定”按钮。

（5）若要取消筛选，单击“数据”选项卡上的“排序和筛选”组中“清除”命令即可。

10.6.2 数据排序

对数据进行排序是数据分析不可缺少的组成部分。用户可以对一列或多列中的数据按文本（升序或降序）、数字（升序或降序）以及日期和时间（升序或降序）进行排序。还可以按自定义序列（如大、中和小）或格式（包括单元格颜色、字体颜色或图标集）进行排序。大多数排序操作都是按列进行排序，但是，也可以按行进行排序。对数据进行排序有助于快速直观地显示数据并更好地理解数据，有助于组织并查找所需数据，有助于最终做出更有效的决策。

1. 简单排序

简单排序是指对单一字段按升序或降序排列。操作方法如下：

（1）选择单元格区域中的一列数值数据，或者确保活动单元格位于包含数值数据的列表中。

（2）在“数据”选项卡的“排序和筛选”组中，执行下列操作之一：

- 若要按从小到大的顺序对数字进行排序，请单击“升序”。
- 若要按从大到小的顺序对数字进行排序，请单击“降序”。

2. 复杂数据排序

当排序的字段（主要关键字）有多个相同的值时，可根据另外一个字段（次要关键字）的内容再排序，依此类推，可使用多个字段进行复杂排序。操作方法如下：

（1）选择参与排序的数据区域。

（2）单击“开始”选项卡“编辑”组中的“排序和筛选”命令，在弹出的列表中单击“自定义排序”命令，如图 10-40 所示。

（3）在弹出的“排序”对话框中，选择“主要关键字”选项，再单击“添加条件”按钮，继续选择“次要关键字”选项，如图 10-41 所示。

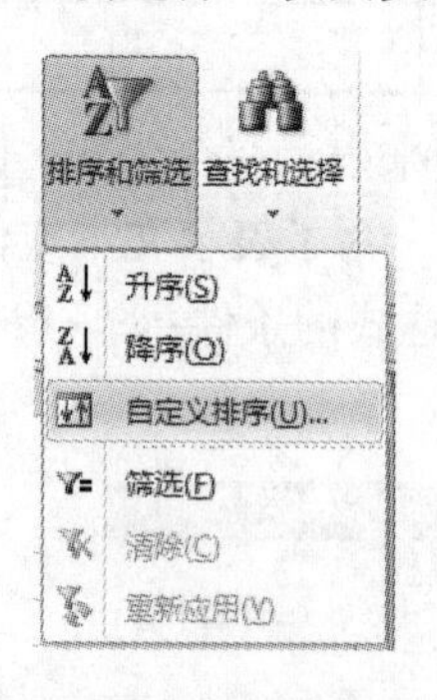

图 10-40 “自定义排序”命令

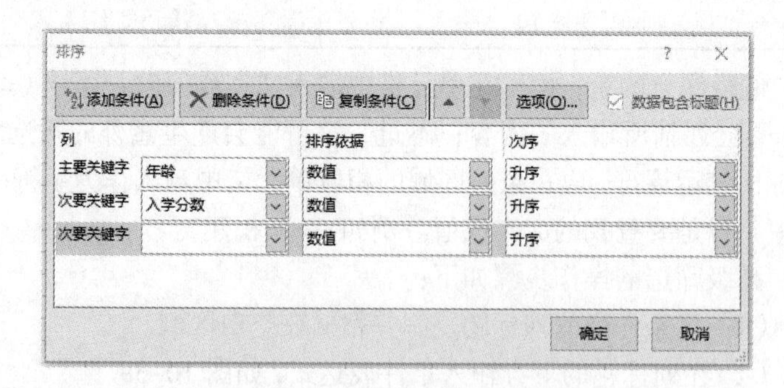

图 10-41 “排序”对话框

（4）单击“确定”按钮。

10.6.3 数据分类汇总

通过使用“分类汇总”命令可以自动计算列表中数据的分类汇总和总计。如果要统计

每个专业的入学平均分，图 10-42 显示了分类汇总的结果。

2	学号	姓名	性别	年龄	籍贯	年级	专业	奖励金额	入学分数
3	D0003	王爱丽	女	20	内蒙古	2014	计算机	3500	635
4	D0004	刘青	女	18	福建	2014	计算机	200	602
5							**计算机 平均值**		618.5
6	A0001	吴天平	男	18	山东	2014	景观	0	600
7	A0002	刘娜	女	18	辽宁	2014	景观	2100	621
8							**景观 平均值**		610.5
9	C0001	陈东	男	19	天津	2014	日语	0	589
10							**日语 平均值**		589

图 10-42　分类汇总效果图

1. **插入分类汇总**

（1）对要分类的字段进行排序（升序或降序均可）。

（2）确保数据区域中要对其进行分类汇总计算的每个列的第一行都有一个标签，每个列中都包含类似的数据，并且该区域不包含任何空白行或空白列。

（3）选择要进行统计的数据区域。

（4）单击“数据”选项卡“分级显示”组中的“分类汇总”命令，弹出“分类汇总”对话框，如图 10-43 所示。

（5）在对话框中选择分类的字段、汇总的类型以及要汇总的字段。

（6）单击“确定”按钮。

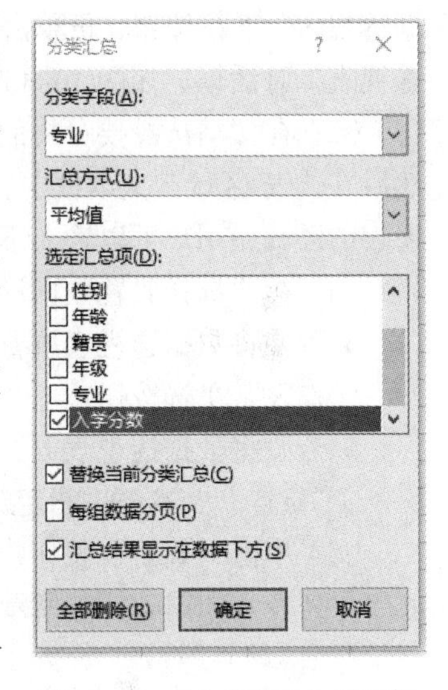

图 10-43　“分类汇总”对话框

2. **删除分类汇总**

（1）选择包含分类汇总的区域中的某个单元格。

（2）在“数据”选项卡上的“分级显示”组中，单击“分类汇总”命令。

（3）在“分类汇总”对话框中，单击“全部删除”按钮。

10.6.4　数据透视表和数据透视图

数据透视表对于汇总、分析、浏览和呈现汇总数据非常有用。数据透视图则有助于形象呈现数据透视表中的汇总数据，以便用户轻松查看比较模式和趋势。两种报表都能让用户就企业中的关键数据，做出明智决策。

1. **数据透视表**

一种交互的、交叉制表的 Excel 报表，用于对多种来源（包括 Excel 的外部数据）进行汇总和分析。数据透视表是专门针对以下用途设计的：

（1）以多种用户友好方式查询大量数据。

（2）对数值数据进行分类汇总和聚合，按分类和子分类对数据进行汇总，创建自定义计算和公式。

（3）展开或折叠要关注结果的数据级别，查看感兴趣区域汇总数据的明细。

（4）将行移动到列或将列移动到行（或“透视”），以查看源数据的不同汇总。

（5）对最有用和最关注的数据子集进行筛选、排序、分组和有条件地设置格式，使用户能够关注所需的信息。

（6）提供简明、有吸引力并且带有批注的联机报表或打印报表。

数据透视表的效果如图 10-44 所示。

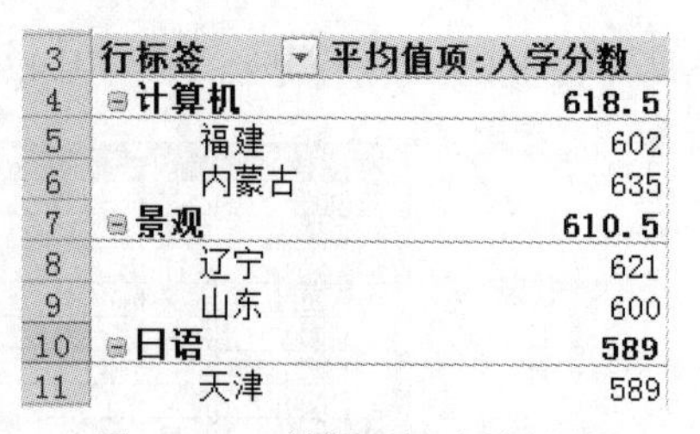

3	行标签	平均值项:入学分数
4	⊟计算机	**618.5**
5	福建	602
6	内蒙古	635
7	⊟景观	**610.5**
8	辽宁	621
9	山东	600
10	⊟日语	**589**
11	天津	589

图 10-44　数据透视表效果图

插入数据透视表的操作方法如下：

（1）执行下列操作之一：

- 若要将工作表数据用作数据源，请单击包含该数据的单元格区域内的一个单元格。
- 若要将 Excel 表格中的数据用作数据源，请单击该 Excel 表格中的一个单元格。

（2）在“插入”选项卡上的“图表”组中，单击“数据透视图”命令，或者单击“数据透视图”下拉按钮，再单击“数据透视图和数据透视表”命令。Excel 会显示“创建数据透视表”对话框，如图 10-45 所示。

（3）在“请选择要分析的数据”栏中，确保已选中“选择一个表或区域”单选按钮，然后在“表/区域”文本框中验证要用作基础数据的单元格区域。Excel 会自动确定数据透视表的区域，用户可以输入不同的区域或为该区域定义的名称来替换它。

（4）在“选择放置数据透视表的位置”栏中，执行下列操作之一来指定位置：

- 若要将数据透视表放置在新工作表中，并以单元格 A1 为起始位置，请选择“新工作表”单选按钮。
- 若要将数据透视表放置在现有工作表中，请选择“现有工作表”单选按钮，然后在“位置”文本框中指定放置数据透视表的单元格区域的第一个单元格。

（5）单击“确定”按钮。Excel 会将空的数据透视表添加至指定位置并显示数据透视表字段列表，如图 10-46 所示，以便添加字段、创建布局以及自定义数据透视表。

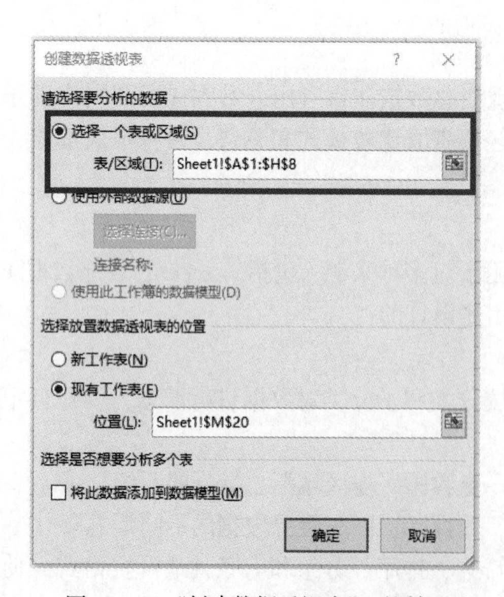

图 10-45　“创建数据透视表”对话框

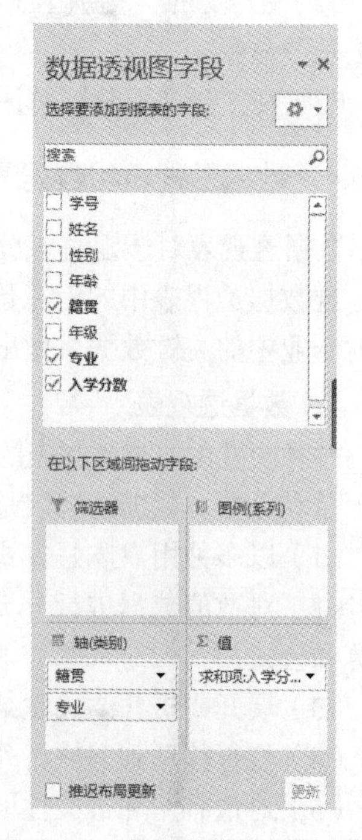

图 10-46　数据透视表字段列表

（6）若要向报表中添加字段，请执行下列一项或多项操作：

- 若要将字段放置到布局部分的默认区域中，请在字段部分中选中相应字段名称旁的复选框。
- 默认情况下，非数值字段会添加到“行标签”区域，数值字段会添加到“值”区域，日期和时间层级则会添加到“列标签”区域。
- 若要将字段放置到布局部分的特定区域中，请在字段部分中右击相应的字段名称，然后选择“添加到报表筛选”、“添加到列标签”、“添加到行标签”或“添加到值”选项。
- 若要将字段拖放到所需的区域，请在字段部分中单击并按住相应的字段名称，然后将它拖到布局部分中的所需区域中。

2. 数据透视图

提供交互式数据分析的图表，与数据透视表类似。可以更改数据的视图，查看不同级别的明细数据，或通过拖动字段和显示或隐藏字段中的项来重新组织图表的布局。与标准图表一样，数据透视图报表显示数据系列、类别、数据标记和坐标轴。用户还可以更改图表类型及其他选项，如标题、图例位置、数据标签和图表位置。

创建数据透视图的操作方法如下：

（1）单击已经创建的数据透视表。Excel 将显示“数据透视表工具”，其上增加了“选项”和“设计”选项卡。

（2）在“选项”选项卡上的“工具”组中，单击“数据透视图”命令。

（3）在“插入图表”对话框中，单击所需的图表类型和图表子类型。可以使用除 X-Y 散点图、气泡图或股价图以外的任意图表类型。

（4）单击“确定”按钮。数据透视图效果图如图 10-47 所示。显示的数据透视图中具有数据透视图筛选器，可用来更改图表中显示的数据。

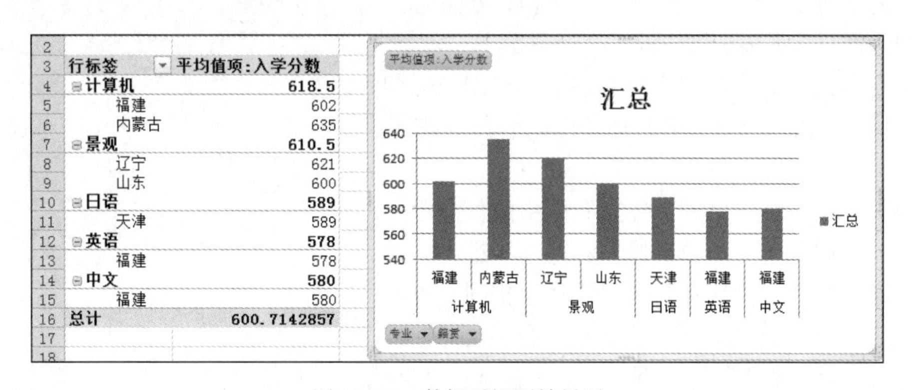

图 10-47 数据透视图效果图

例10-5 对“学籍”工作表进行数据管理。

要求如下：

（1）按“性别”升序排列，性别相同时，按“入学分数”降序排列。

（2）找出入学分数在 600 及其以上的学生。

（3）按性别统计入学分数的平均分。

（4）用数据透视表和数据透视图按“籍贯”和“专业”统计学生的入学分数的最大值。

【难点分析】

（1）如何解决多关键字的排序。

（2）如何自定义筛选。

（3）如何分类汇总。

（4）如何建立数据透视表和数据透视图。

【操作步骤】

（1）排序。单击数据区域的任意单元格，单击“数据”选项卡“排序和筛选”组中的“排序”按钮，在打开的“排序”对话框中，在“列”窗格中的“主要关键字”下拉列表中选择“性别”选项，在“排序依据”窗格中的下拉列表中选择“数值”选项，在“次序”窗格中的下拉列表中选择“升序”选项。再单击“添加条件”按钮，按照上述操作将“次要关键字”的“列”设置为“入学分数”，“排序依据”设置为“数值”，“次序”设置为“降序”。最后单击“确定”按钮，结果如图 10-48 所示。

学号	姓名	性别	年龄	籍贯	年级	专业	奖励金额	入学分数
A0001	吴天平	男	18	山东	2014	景观	0	600
C0001	陈东	男	19	天津	2014	日语	0	589
B0002	张建安	男	19	福建	2014	中文	0	580
B0001	郑晓	男	19	福建	2014	英语	0	578
D0003	王爱丽	女	20	内蒙古	2014	计算机	3500	635
A0002	刘娜	女	18	辽宁	2014	景观	2100	621
D0004	刘青	女	18	福建	2014	计算机	200	602

图 10-48　排序效果图

（2）筛选。单击标题行的任意单元格，单击“数据”选项卡“排序和筛选”组中的“筛选”按钮，单击“入学分数”字段右侧的下拉按钮，在下拉列表框中选择“数据筛选”中的“大于或等于”命令，打开“自定义自动筛选方式”对话框，如图 10-49 所示，输入“入学分数”的筛选条件，单击“确定”按钮。

图 10-49　“自定义自动筛选方式”对话框

（3）分类汇总。单击“性别”列中的任意单元格，在“数据”选项卡的“排序和筛选”组中，单击“排序”按钮按“性别”升序或降序排列。单击“数据”选项卡“分级显示”组中的“分类汇总”按钮，打开“分类汇总”对话框。分类字段选择“性别”，“汇总方式”选择“平均值”，“选定汇总项”选择“入学分数”，单击“确定”按钮，结果如图 10-50 所示。

（4）创建数据透视表和数据透视图。单击数据清单的任意单元格，单击“插入”选项卡的“表格”组中的“数据透视表”按钮，在下拉列表中选择“数据透视图”选项，打开“创建数据透视表及数据透视图”对话框。选择或输入 A2:I9 区域，选择放置数据透视表的位置，单击“确定”按钮，打开“数据透视表字段列表”对话框。

学号	姓名	性别	年龄	籍贯	年级	专业	奖励金额	入学分数
D0003	王爱丽	女	20	内蒙古	2014	计算机	3500	635
A0002	刘娜	女	18	辽宁	2014	景观	2100	621
D0004	刘青	女	18	福建	2014	计算机	200	602
		女 平均值						619.3333
A0001	吴天平	男	18	山东	2014	景观	0	600
C0001	陈东	男	19	天津	2014	日语	0	589
B0002	张建安	男	19	福建	2014	中文	0	580
B0001	郑晓	男	19	福建	2014	英语	0	578
		男 平均值						586.75

图 10-50 分类汇总效果图

（5）将“专业”字段拖动到“轴字段（分类）”区域内，“籍贯”字段拖动到“图例字段（系列）”区域内，“入学分数”字段拖动到“数值”区域内，单击“数值”文本框中要改变的字段，在弹出的快捷菜单中选择“值字段设置”选项，打开“值字段设置”对话框，在“值汇总方式”选项卡中选择“平均值”选项，单击“确定”按钮，效果图如图 10-51 所示。

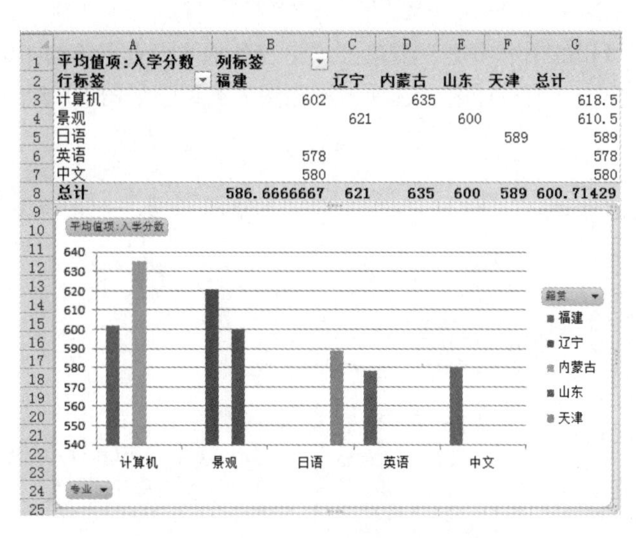

平均值项:入学分数	列标签					
行标签	福建	辽宁	内蒙古	山东	天津	总计
计算机	602		635			618.5
景观		621		600		610.5
日语					589	589
英语	578					578
中文	580					580
总计	586.6666667	621	635	600	589	600.71429

图 10-51 数据透视表和数据透视图效果图

10.7 数据图表

图表是数据的一种可视表示形式。通过使用类似柱形（在柱形图中）或折线（在折线图中）这样的元素，图表可以按照图形格式显示系列数值数据。图表的图形格式可让用户更容易理解大量数据和不同数据系列之间的关系。图表还可以显示数据的全貌，以便用户可以分析数据并找出重要趋势。

10.7.1 创建图表

在工作表中制作数据图表的操作步骤如下：

（1）选择要为其绘制图表的数据。用户应按照行或列的形式组织数据，并在数据的左侧和上方分别设置行标签和列标签，如图 10-52 所示，Excel 会自动确定在图表中绘制数据的最佳方式。

	A	B	C	D	E	F
1		第一季度	第二季度	第三季度	第四季度	
2	计划	75	85	95	105	
3	实际值	84	99	105	118	
4						

图 10–52　图表数据

（2）在“插入”选项卡上的“图表”“演示”“迷你图”组中，可选择使用不同的图表类型。单击要使用的图表类型，然后单击图表子类型，可以选择常用图表，如图 10–53 所示。

图 10–53　图表类型

若要查看所有可用的图表类型，请单击“图表”功能组右下角的图标以启动“插入图表”对话框，然后单击“所有图表”选项卡浏览图表类型，如图 10–54 所示。

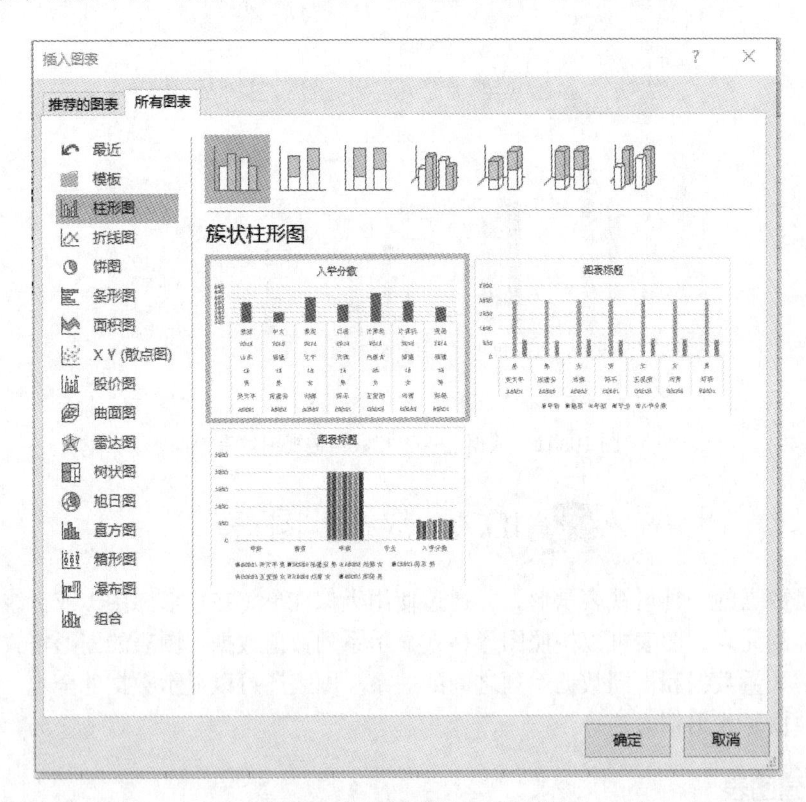

图 10–54　“插入图表”对话框

（3）使用“图表工具”选项卡添加图表元素（如标题和数据标签），以及更改图表的设计、格式，如果“图表工具”不可见，请单击图表内的任何位置将其激活。

（4）经过初步的设计，得到的结果如图 10–55 所示，若要清楚地知道在图表中可以添加或更改哪些内容，请单击“设计”和“格式”选项卡，然后探索每个选项卡上提供的组和选项。也可以单击“图表布局”中的“添加图表元素”按钮来对图表布局进行设计修改。

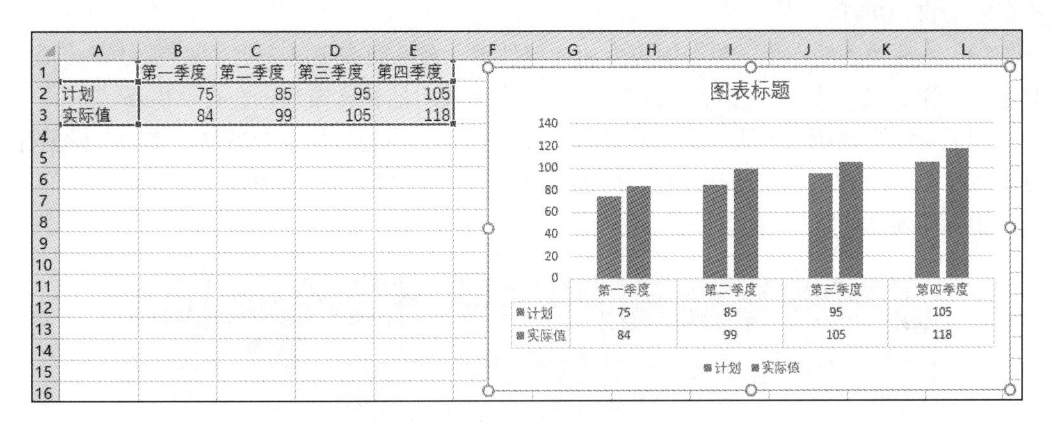

图 10-55　图表结果

（5）还可以通过右击图表中的某些图表元素（如图表轴或图例），访问这些图表元素特有的设计、布局和格式设置功能。

10.7.2　修改图表

用户不仅可以通过图表工具当中的“设计”“布局”“格式”三个组对图表进行简单的格式化工作，还可以对图表元素进行单独的格式化操作。选择图表元素的方法很多，可以通过单击的方法快速选择图表元素，也可以通过“布局”选项卡或者“格式”选项卡中所提供的“当前所选内容”选项组来进行选择。在“当前所选内容”选项组中有一个图表元素下拉列表框，通过它可以选择相应的元素。如果想对图表中的元素进行更加细致的格式化操作，直接双击图表元素就可以打开“格式”对话框进行相应的更改。

下面演示几个常用的操作：

（1）修改图表的数据来源，单击图表内的任何位置，激活图表工具。在“数据”组中，单击“选择数据”按钮，弹出“选择数据源”对话框，如图 10-56 所示。单击“选择数据区域”按钮，选取需要展示的数据范围。数据来源选定后，图表的内容也会自动更新。

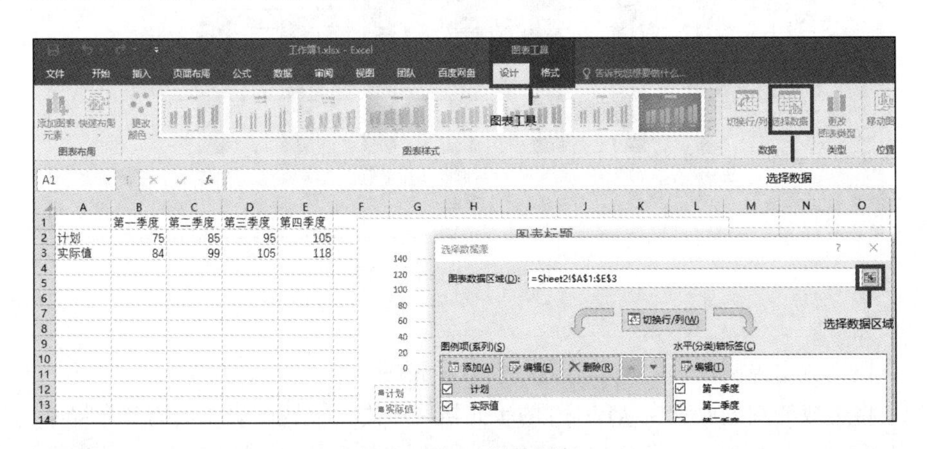

图 10-56　选择数据源

（2）变更图表的类型，单击图表内的任何位置，激活图表工具。在“类型”组中，单击“更改图表类型”按钮，弹出“更改图表类型”对话框，选取图表类型后，图表展示的类型也会自动更新。

（3）修改图表的布局，单击图表内的任何位置，激活图表工具。在“图表布局”组中，单击“快速布局”按钮。选取图表布局后，图表所展示的整体布局也会自动更新。

如果需要更改图表元素，需要单击添加图表元素，再进行相应的更改。比如在横坐标轴下方显示一个标题，需选择“添加图表元素”→“坐标轴”→“主要横坐标轴”选项，如图 10-57 所示。

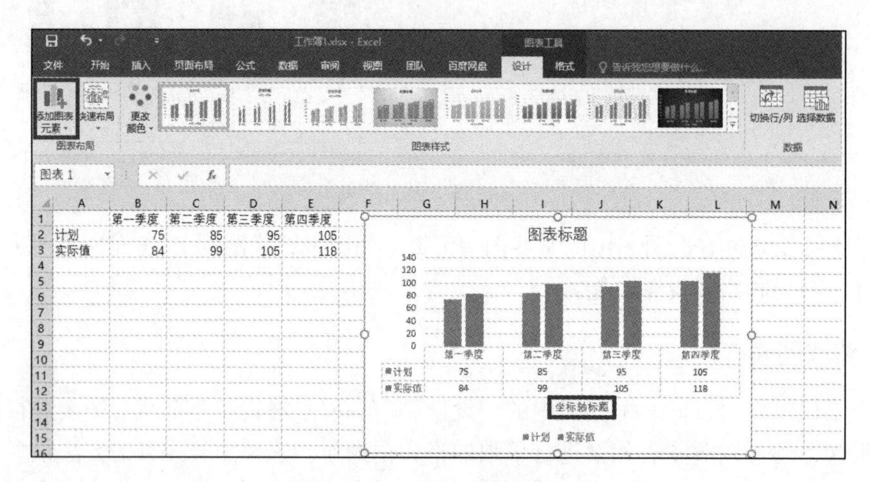

图 10-57　添加坐标轴标题

例10-6 制作“学籍”工作表的图表，效果如图 10-58 所示。

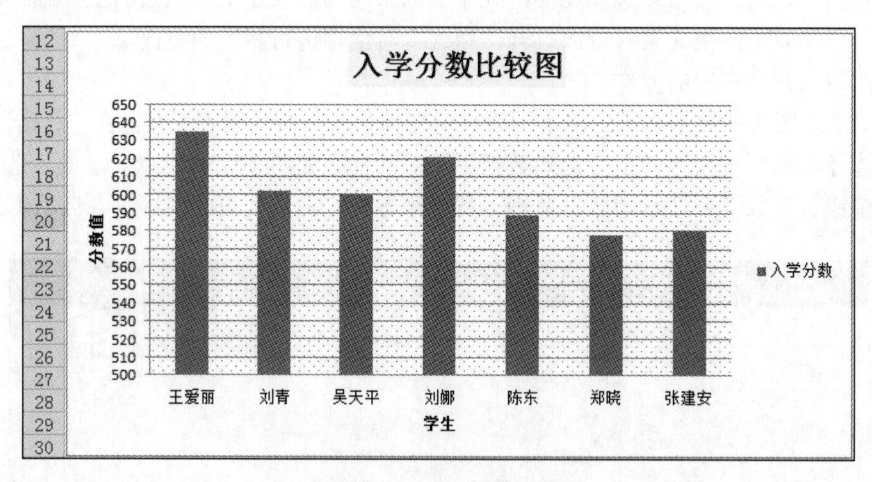

图 10-58 例 10-6 效果图

要求如下：

（1）根据数据源制作学生入学分数的簇状柱形图。

（2）将生成的图表放置在 A12:I30 的单元格区域内，设置图表布局为“布局 9”。

（3）图表标题改为“入学分数比较图”，字体设为“宋体”“加粗”，字号为 18，标题底纹为“蓝色，强调文字颜色 1，淡色 80%”。

（4）设置纵坐标轴标题为“分数值”，纵坐标的最小刻度为 500，主要刻度为 10；横坐标轴标题为“学生”。

（5）设置绘图区背景图案 5%点状填充，颜色为“深蓝，文字 2，淡色 40%”。

【难点分析】

（1）如何选定区域制作图表。

（2）如何对图表进行编辑。

（3）如何对图表进行格式设置。

【操作步骤】

（1）选定数据区域。选择 B2:B9 区域，按住【Ctrl】键，再选择 I2:I9 区域。

（2）插入图表。单击“插入”选项卡“图表”组中的“柱形图”命令，在弹出的列表中选择“簇状柱形图”选项。

（3）编辑图表。用鼠标拖动图表区到 A12 单元格附近，再调整图表大小至 A12:I30 区域。在“图表工具”中的“设计”选项卡“图表布局”组中，单击右侧的下拉按钮，打开“图表布局库”，选择其中的“布局 9”命令。

（4）格式化图表。选中图表标题，将“入学分数”改为“入学分数比较图”，右击标题文字，在弹出的快捷菜单中选择“字体”命令，设置“宋体”“加粗”，字号为“18”；选择“设置图表标题格式”命令，在弹出的“设置图表标题格式”对话框左侧窗格中选择“填充”选项，右侧选中“纯色填充”复选框，在“填充颜色”区域内单击“颜色”右侧的下拉按钮，在弹出的颜色列表中选择“蓝色，强调文字颜色 1，淡色 80%”选项，单击“关闭”按钮。

（5）格式化坐标轴。选中纵坐标轴，输入文字“分数值”，选中横坐标轴，输入文字“学生”；右击纵坐标轴的数值区域，在弹出的快捷菜单中选择“设置坐标轴格式”命令，打开“设置坐标轴格式”对话框，设置“坐标轴选项”中的“最小值”和“主要刻度”分别为“500”和“10”，单击“关闭”按钮。

（6）在“图表工具”中的“格式”选项卡中，单击“绘图区”，选择“设置绘图区格式”命令，在“绘图区选项”中，选择“填充”命令，在右侧窗格中选中“图案填充”单选按钮，并选定“5%”图案填充模式，单击“前景色”右侧的下拉按钮，在弹出的颜色列表中选择“深蓝，文字 2，淡色 40%”选项，单击“关闭”按钮。

10.8 页面设置与打印

打印包含大量数据或多个图表的 Microsoft Office Excel 工作表之前，可以在“页面布局”视图中快速对其进行微调，以获得专业的外观效果。在这里不仅可以更改数据的布局和格式，还可以使用标尺测量数据的宽度和高度，更改页面方向，添加或更改页眉和页脚，设置打印边距，隐藏或显示网格线、行标题和列标题以及指定缩放选项。当在“页面布局”视图中完成工作后，可以返回至“普通”视图。

10.8.1 页面设置

在“页面布局”选项卡上的“页面设置”组中，单击“页面设置”旁边的对话框启动器图标，Excel 将显示“页面设置”对话框。在该对话框中，有“页面”选项卡、“页边距”选项卡、“页眉/页脚”选项卡和“工作表”选项卡，如图 10-59 所示。

在“页面”选项卡中，可以对打印方向、缩放比例及纸张大小等进行设置。

在“页边距”选项卡中，可以设定页边距、页眉/页脚与页边距的距离，以及表格内容的居中方式。

在“页眉/页脚”选项卡中，可以设计页眉/页脚。具体步骤如下：

（1）单击“自定义页眉”或“自定义页脚”按钮。

（2）单击“左部”、“中部”或“右部”文本框，然后单击其上的按钮以在所需位置插入相应的页眉或页脚信息。

（3）若要添加或更改页眉或页脚文本，请在“左部”、“中部”或“右部”文本框中输入其他文本或编辑现有文本。

在“工作表”选项卡中，可以设置打印区域、打印标题、打印顺序和打印方式。如果工作表跨越多页，则可以在每一页上打印行和列标题或标签（也称作打印标题），以确保可以正确地标记数据。在“工作表”选项卡上的“打印标题”组下，执行下列一项或两项操作：

- 在“顶端标题行”文本框中，输入对包含列标签的行的引用。
- 在“左端标题列”文本框中，输入对包含行标签的列的引用。

例如，如果要在每个打印页的顶部打印列标签，则可以在“顶端标题行”文本框中输入$1:$1，还可以单击“顶端标题行”和“左端标题列”文本框右端的“压缩对话框”按钮，然后选择要在工作表中重复的标题行或列。在选择完标题行或标题列后，请再次单击“压缩对话框”按钮以返回到对话框，如图 10-60 所示。

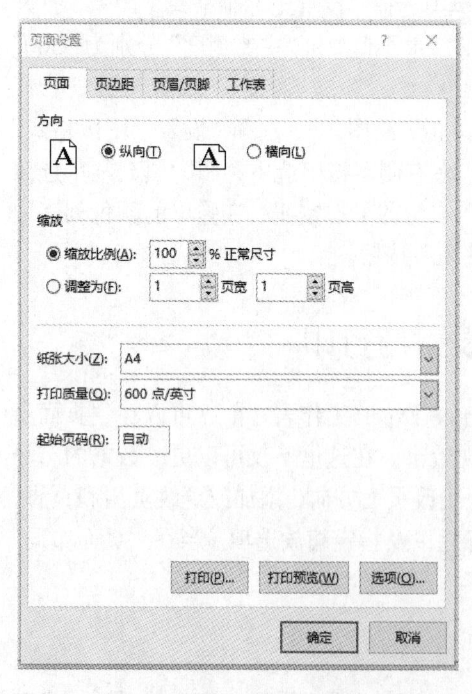

图 10-59 “页面设置”对话框

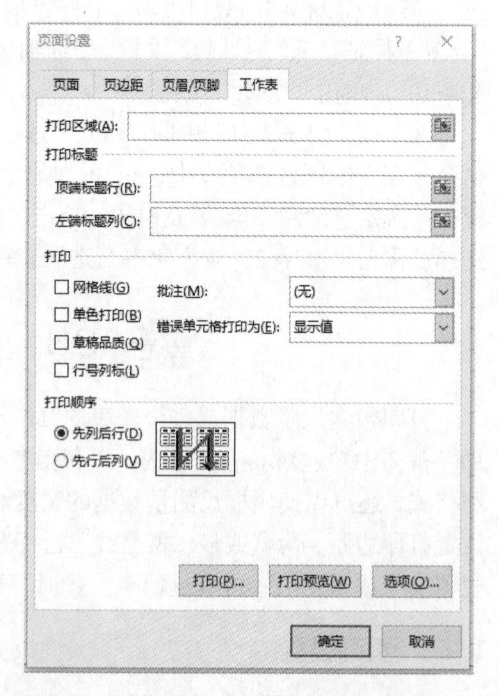

图 10-60 “工作表”选项卡

小贴士

如果选择了多个工作表，则“页面设置”对话框中的“顶端标题行”和“左端标题列”文本框将不可用。

10.8.2 打印预览

可以通过在打印前预览工作表来避免意外结果和浪费纸张，操作步骤如下：

（1）单击工作表或选择要预览的工作表。

如果是单个工作表，则单击工作表标签。

如果是两个或更多相邻的工作表，单击第一个工作表的标签。然后，按住【Shift】键同时单击要选择的最后一个工作表的标签。

如果是两个或更多不相邻的工作表，单击第一个工作表的标签。然后，按住【Ctrl】键的同时单击要选择的其他工作表的标签。

如果是工作簿中的所有工作表，右击某一个工作表标签，然后在快捷菜单上单击“选定全部工作表”按钮。

选定多个工作表后，工作表顶部的标题栏中将出现“[组]”。若要取消选择工作簿中的多个工作表，则单击任何未选定的工作表。如果看不到未选定的工作表，则右击选定工作表的标签，然后在快捷菜单上单击“取消组合工作表”按钮。

（2）单击“文件”按钮，然后单击“打印”按钮。如果通过键盘快捷方式，也可以按【Ctrl+F2】组合键。注意，除非已配置为在彩色打印机上进行打印，否则，无论工作表是否有颜色，都将以黑白模式显示预览窗口。

（3）要预览下一页和上一页，请在“打印预览”窗口的底部单击“下一页”和“上一页”按钮。注意，只有在选择了多个工作表，或者一个工作表中含有多页数据时，“下一页”和“上一页”选项才可用。若要查看多个工作表，请在“设置”组中单击“整个工作簿”按钮。

（4）要退出打印预览并返回工作簿，请单击预览窗口顶部的任何其他选项卡。

（5）要查看页边距，请在“打印预览”窗口底部单击“显示边距”按钮。

要更改页边距，可将页边距拖至所需的高度和宽度，也可通过拖动打印预览页顶部或底部的控点来更改列宽。

要更改页面设置（包括更改页面方向和页面尺寸），请在“设置”下选择合适的选项。

10.8.3 打印工作表

经过打印预览后，就可以正式打印了，具体操作步骤如下：

（1）单击工作表或选择要预览的工作表。

（2）单击“文件”→“打印”命令。如果通过键盘快捷方式，可以按【Ctrl+P】组合键，打开的界面如图 10-61 所示。

（3）若要预览不同的页，填写“打印预览”窗口底部的页码。

（4）若要设置打印选项，可执行下列操作：

- 若要更改打印机，请单击“打印机”下的下拉列表，然后选择所需的打印机。

- 若要更改页面设置，包括更改页面方向、纸张大小和页边距，请在“设置”组中选择所需选项。
- 若要缩放整个工作表以适合单个打印页，请在“设置”组中的缩放选项下拉列表中单击所需选项。

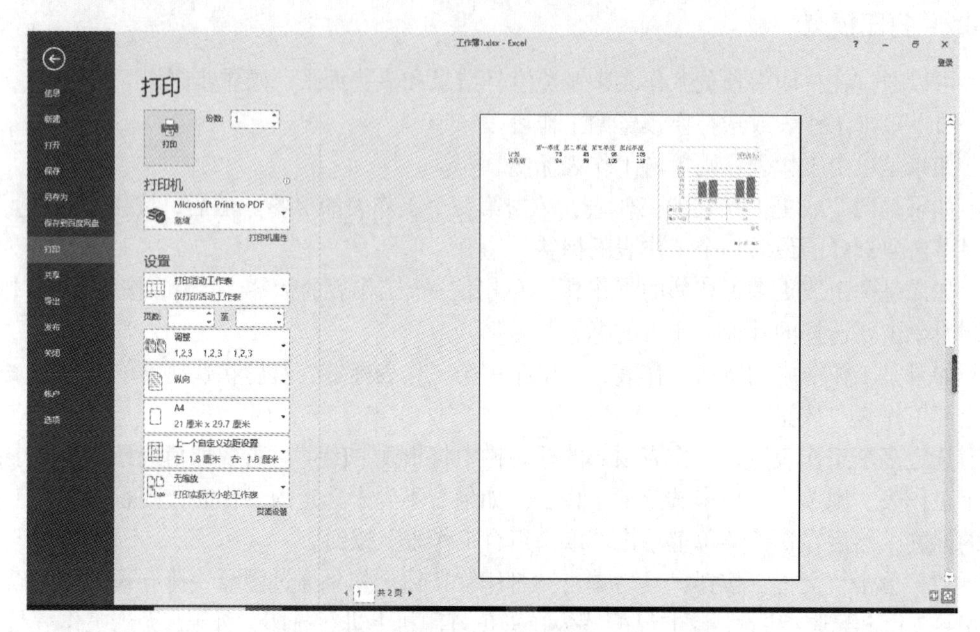

图 10-61 打印窗口

（5）若要打印工作簿，请执行下列操作：

- 若要打印某个工作表的一部分，可单击该工作表，然后选择要打印的数据区域。
- 要打印整个工作表，请单击该工作表以激活它。

（6）单击“打印”按钮。

例10-7 打印“学籍”工作表。

要求如下：

（1）将页边距分别设置为：上 2.5 厘米，下 2.5 厘米，左 1.0 厘米，右 1.0 厘米。

（2）插入页码打印，内容超过一页的情况下每页都应有标题行。

（3）用 B5 纸打印 3 份。

【难点分析】

（1）如何进行页面设置。

（2）如何进行打印预览与打印。

【操作步骤】

（1）选定“学籍”工作表。单击“页面布局”选项卡“页面设置”组中的对话框启动器按钮，打开“页面设置”对话框。

（2）打开“页面”选项卡，“纸张大小”选择 B5。

（3）打开“页边距”选项卡，在相应区域填写要求的页边距参数。

（4）在“页眉/页脚”选项卡中选择“页脚”项中的页码格式，插入页码。

（5）在“工作表”选项卡中，在“顶端标题行”文本框中选定顶端区域$1:$2，单击“确定”按钮。

（6）单击“文件”按钮，选择“打印”命令，打开“打印”窗口，在“份数”栏中输入“3”，窗口的右侧是“打印预览”区域，单击“打印”按钮。

10.9 Excel 2016 的重要功能

10.9.1 自定义功能区

利用功能区，用户可以轻松地查找以前隐藏在复杂菜单和工具栏中的命令和功能。在 Excel 2016 中，用户不仅可以将命令添加到快速访问工具栏中，而且可以创建自己的选项卡和组，还可以重命名或更改内置选项卡和组的顺序，从而完全自定义功能区。

打开“自定义功能区”窗口的操作步骤如下：

（1）单击“文件”选项卡。

（2）单击“选项”命令。

（3）单击“自定义功能区”命令。弹出“自定义功能区”界面，如图 10-62 所示。

图 10-62 “自定义功能区”界面

同时，用户还可以下载免费的 Microsoft Office 2016 自定义功能区，这些功能区具有一个名为“收藏夹”的新自定义选项卡。此“收藏夹”选项卡是根据用户反馈的最常用 Microsoft Office 程序命令而创建的。用户可以按原样使用这些自定义功能区，或将这些自定义功能区作为基础，按照所需的方式个性化功能区。

定制一个自定义功能区的操作步骤如下：

（1）打开“自定义功能区”界面。

（2）添加自定义选项卡，在“自定义功能区”界面的“自定义功能区”列表中，单击“新建”选项卡。

如果需要重命名的话，单击需要重命名的选项卡，单击“重命名”按钮，然后输入新名称，并单击“确定”按钮。

如果需要隐藏相应的选项卡，取消选中“要隐藏的默认选项卡”或“自定义选项卡”旁的复选框即可。

如果需要更改默认或自定义选项卡的顺序，单击要移动的选项卡，单击“上移”或“下移”箭头，直到获得所需顺序。

如果需要删除自定义选项卡，单击要删除的选项卡，单击“删除”按钮。

（3）向选项卡中添加自定义组，单击要向其中添加组的选项卡，单击“新建组”按钮。若要重命名“新建组（自定义）”，请右击该组，单击“重命名”按钮，然后输入新名称。

（4）向自定义组中添加命令。

① 单击要向其中添加命令的自定义组。

② 在“从下列位置选择命令”列表中，单击要从中添加命令的列表，例如“常用命令”或“所有命令”。

③ 在所选列表中单击命令。

④ 单击“添加”按钮。

⑤ 如果要保存自定义设置，请单击“确定”按钮。

经过操作后，用户返回工作簿，会在功能区显示新建的选项卡、新建组以及命令。

用户可以选择重置功能区上的所有选项卡，或仅将所选选项卡重置为其原始状态。当重置功能区上的所有选项卡时，还会重置快速访问工具栏，使其仅显示默认命令。用户还可以将功能区和快速访问工具栏的自定义设置导出到一个文件中，该文件可以在其他计算机上导入和使用。用户也可以导入自定义文件以替换功能区和快速访问工具栏的当前布局。

10.9.2 公式编辑器

Excel 2016 增加了数学公式编辑功能，在“插入”选项卡中，单击“公式”图标 π，会弹出一个公式编辑页面。在这里提供了一些常用的公式，如二项式定理、傅里叶级数、三角恒等式等数学公式，同时它还提供了包括积分、矩阵、大型运算符等在内的单项数学符号，如图 10-63 所示，以满足专业用户的录入需要。

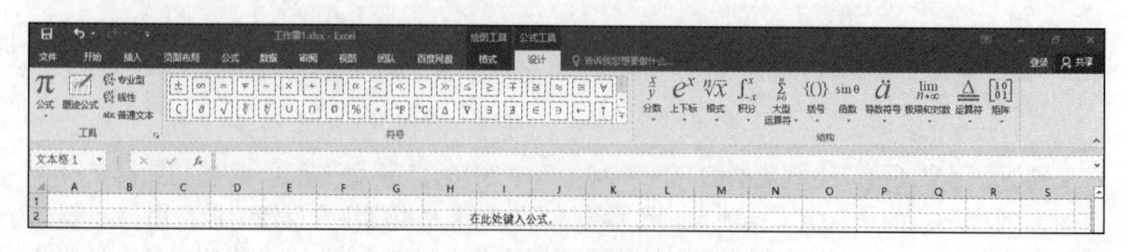

图 10-63　公式符号

下面，举个在 Excel 2016 中用公式编辑器同时输入上标和下标的例子，操作步骤如下：

（1）在“插入”选项卡的“符号”组中单击“公式”图标，“公式工具–设计”选项卡会自动出现，同时文本框中出现“在此处输入公式”字样。

（2）在“公式工具–设计”选项卡的“结构”组中单击“上下标”命令，选择同时包含上下标的第一排第三个选项，如图 10–64 所示。

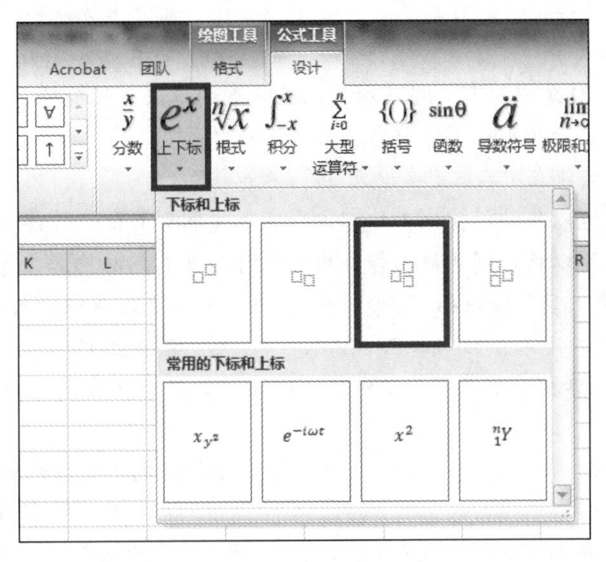

图 10–64　公式上下标

（3）单击选择左侧的虚线框,并在其中输入所需的字符,本例为“H”。

（4）然后按【Tab】键，下标会被选中,在其中输入下标,注意此时上标虚线框已消失，但不影响输入，接着再次按【Tab】键就会选中上标,尽管上标虚线框已经看不到了，直接输入上标。

（5）单击某个单元格完成输入。

本章小结

本章主要介绍了电子表格处理软件 Excel2016 的基础知识、基本操作、工作表的编辑、格式化、公式与函数的使用、数据管理、数据图表、页面设置与打印以及 Excel2016 的重要功能等知识。通过本章的学习，掌握了 Excel 2016 的基础功能及使用方法。

习　题

1. 在 Excel 2016 中，给当前单元格输入数值型数据时，默认为（　　）。

   A. 居中　　B. 左对齐　　C. 右对齐　　D. 随机

2. 在 Excel 工作表单元格中，输入下列表达式（　　）是错误的。

   A. =（15–A1）/3　　B. = A2/C1

   C. SUM（A2:A4）/2　　D. =A2+A3+D4

3. Excel 2016 工作簿文件的默认类型是（　　）。

A. txt　　B. xlsx　　C. docx　　D. wks

4. 在 Excel 工作表中，不正确的单元格地址是（　　）。

A. C$66　　B. $C 66　　C. C6$6　　D. C66

5. Excel 工作表可以进行智能填充时，指针的形状为（　　）。

A. 空心粗十字　　B. 向左上方箭头

C. 实心细十字　　D. 向右上方箭头

6. 在 Excel 工作簿中，有关移动和复制工作表的说法，正确的是（　　）。

A. 工作表只能在所在工作簿内移动，不能复制

B. 工作表只能在所在工作簿内复制，不能移动

C. 工作表可以移动到其他工作簿内，不能复制到其他工作簿内

D. 工作表可以移动到其他工作簿内，也可以复制到其他工作簿内

7. 在 Excel 中，日期型数据“2003 年 4 月 23 日”的正确输入形式是（　　）。

A. 03-4-23　　B. 23.4.2003　　C. 23,4,2003　　D. 23:4:2003

8. 在 Excel 工作表中，选定某单元格，单击“开始”功能区下的“删除”选项，不可能完成的操作是（　　）。

A. 删除该行　　B. 右侧单元格左移

C. 删除该列　　D. 左侧单元格右移

9. 若在数值单元格中出现一连串的“###”符号，希望正常显示则需要（　　）。

A. 重新输入数据　　B. 调整单元格的宽度

C. 删除这些符号　　D. 删除该单元格

10. 右击工作表标签处当前工作表名字后选择“插入-工作表”，每次可以插入（　　）个工作表。

A. 1　　B. 2　　C. 3　　D. 4

11. 为了区别"数字"与"数字字符串"数据，Excel 要求在输入项前添加（　　）符号来确认。

A. "　　B. '　　C. #　　D. @

12. 在同一个工作簿中区分不同工作表的单元格，要在地址前面增加（　　）来标识。

A. 单元格地址　　B. 公式

C. 工作表名称　　D. 工作簿名称

13. 当在某单元格内输入一个公式并确认后，单元格内容显示为#REF!，它表示(　　)。

A. 公式引用了无效的单元格　　B. 某个参数不正确

C. 公式被零除　　D. 单元格太小

14. 在 Excel 中，如果单元格 A5 的值是单元格 A1、A2、A3、A4 的平均值，则不正确的输入公式为（　　）。

A. =AVERAGE（A1:A4）　　B. =AVERAGE（A1,A2,A3,A4）

C. =（A1+A2+A3+A4）/4　　D. =AVERAGE（A1+A2+A3+A4）

15. 在单元格中输入公式时，编辑栏上的“√”按钮表示（　　）操作。

A. 拼写检查　　B. 函数向导　　C. 确认　　D. 取消

16. Excel表示的数据库文件中最多可有（　　）条记录。

A. 65 536　　B. 65 535　　C. 1 023　　D. 1 024

17. 下列操作中，不能为表格设置边框的操作是（　　）。

A. 选择“开始→字体→边框”命令后选择框线种类

B. 选择表格区域后，右击，选择“设置单元格格式→边框”命令

C. 选择“开始→样式→套用表格格式”命令后选择表格格式

D. 选择“开始→单元格→格式→组织工作表”命令

18. 在Excel中，想要删除已有图表的一个数据系列，不能实现的操作方法是（　　）。

A. 在图表中单击选定这个数据系列，按【Delete】键

B. 在图中选定这个数据系列，右击，选择“删除”命令

C. 在工作表中选定这个数据系列，右击，选择“清除内容”命令

D. 在图中选定这个数据系列，右击，选择“开始→编辑→清除→清除内容”命令

19. 在完成了图表后，想要在图表中显示工作表中的图表数据，操作不正确的是(　　)。

A. 单击图表中的数据系列，右击，选择“添加数据标签→添加数据标签”命令

B. 单击图表中的数据系列，选择“图表工具→设计→图表布局→添加图标元素→数据标签”命令

C. 单击图表中的数据系列，选择“图表工具→设计→图表样式”命令中带有数据标签的样式

D. 选中图表，右击，选择“设置图表区域格式”命令

20. 重新命名工作表Sheet1的正确操作是（　　），再单击“确定”按钮。

A. 单击选中的工作表标签，选择“文件”→“保存”命令

B. 单击选中的工作表标签，选择“文件”→“另存为”命令

C. 单击选中的工作表标签，选择“插入”命令

D. 右击选中的工作表标签，选择“重命名”命令

第 11 章

PowerPoint 2016 电子演示文稿 «

PowerPoint 2016 主要用于制作、播放演示文稿。使用该软件可以集成文本、表格、图片、动画、视频、音频等信息形式，创建出内容丰富、图文并茂、形象生动的演示文稿。演示文稿广泛应用于宣传展示、演讲报告、教学演示、产品推广等领域。相对于以前的版本，PowerPoint 2016 新增和改进了工具，功能更加强大，更具人性化。

通过本章的学习，大家将了解 PowerPoint 2016 的功能并掌握 PowerPoint 2016 的使用方法。

11.1 PowerPoint 2016 的基础知识

11.1.1 PowerPoint 2016 的新增功能

使用 PowerPoint 2016，用户可以使用比以往更多的方式创建精美的演示文稿。该版本的功能更加完善，其新增的常用功能如下：

- 主题色：增加了彩色和黑色。
- 幻灯片主题：在 PowerPoint 2013 的基础上新增了一些幻灯片主题。
- “告诉我你要做什么”功能：与 Excel 2016 增加的功能搜索框一致。
- 墨迹公式和墨迹书写功能：用于手动书写和绘制。
- 屏幕录制：录制计算机屏幕中的内容，以视频文件的形式插入在幻灯片中。
- 缩放功能：该功能可以做出一个导航页的效果，也可以做放大缩小的效果。

11.1.2 PowerPoint 2016 的工作界面

PowerPoint 2016 是 PowerPoint 2013 的升级版本，其工作界面具有更强的可操作性和观赏性。熟悉 PowerPoint 2016 的工作界面，有利于用户熟练地使用该软件创建演示文稿。PowerPoint 2016 启动后的窗口如图 11-1 所示。

（1）快速访问工具栏：位于 PowerPoint 2016 窗口的左上方，包含一组常用命令，如“保存”“撤销”。用户通过快速访问工具栏右侧的“自定义快速访问工具栏”按钮▾，可以添加或删除快速访问工具栏中的常用命令。

（2）标题栏：显示正在编辑的演示文稿的文件名和所使用的软件名。

（3）功能区：由以前版本的工具栏和菜单栏合并为功能区，更方便用户可以快速地找到完成操作所需的命令。功能区包含“文件”“开始”“插入”等选项卡以及每个选项卡中的逻辑组。逻辑组中除了包含与一类活动相关的命令组织外，右下角设有“对话框启动器”，单击可以打开与该命令组相关的更多选项的对话框和任务窗格。

图 11-1 “PowerPoint 2016”窗口

（4）文件选项卡：该选项卡取代了 2013 版的 Office 按钮或更早版本的“文件”菜单。单击“文件”选项卡后，可以看到“Microsoft Office Backstage”视图，在该视图中可以管理文件和设置演示文稿信息。

（5）视图窗格：用于显示演示文稿的幻灯片数量及位置。

（6）幻灯片编辑区：是编辑幻灯片的场所。PowerPoint 2016 编辑文本、添加图片或动画等操作都在此区域进行。

（7）备注、批注：位于“幻灯片编辑区”下方，可以添加与幻灯片内容相关的备注、批注，可以让用户更好地掌握幻灯片的内容。

（8）状态栏：位于窗口的最底部，显示正在编辑的演示文稿的相关信息。右击状态栏的空白处，可以在打开的项目列表中选择需要在状态栏中显示的项目。

（9）显示按钮：可以更改正在编辑的演示文稿的显示模式。如，阅读视图、幻灯片放映等。

（10）缩放滑块：可以对正在编辑的演示文稿进行缩放设置。

11.1.3 PowerPoint 2016 的视图

PowerPoint 2016 提供了 6 种显示演示文稿的方式，用户可以从不同的角度管理演示文稿。这 6 种演示文稿视图的方式为：普通视图、幻灯片浏览视图、幻灯片放映视图、备注页视图、阅读视图和母版视图。

普通视图、幻灯片浏览视图和幻灯片放映视图是 3 种最常用的视图。普通视图主要在制作演示文稿的时候使用，它是默认的视图模式。用户在需要浏览所有幻灯片整体效果的时候可以使用幻灯片浏览视图，在幻灯片浏览视图中，幻灯片以缩略图的形式显示。幻灯片放映视图是在放映幻灯片的时候使用。

在 PowerPoint 2016 中，用户通过单击状态栏或视图选项卡中“演示文稿视图”组中的相应按钮，即可实现不同视图模式的切换，如图 11–2 所示。

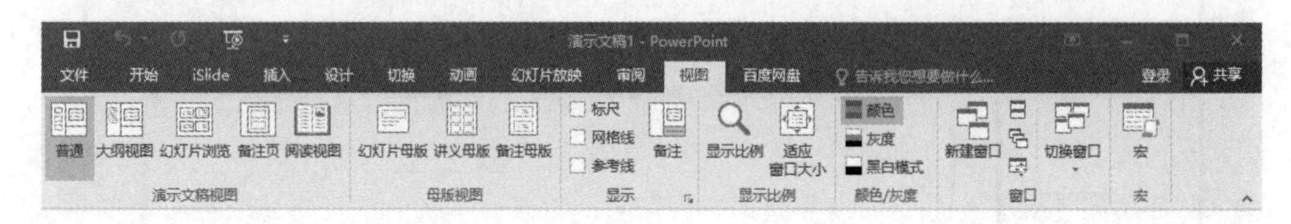

图 11–2　PowerPoint 2016“视图”选项卡

1. 普通视图

普通视图是用户使用最多的视图。在默认情况下，PowerPoint 2016 以普通视图模式显示。普通视图方式下的窗口包含三个窗格，如图 11–3 所示，左侧的“视图”窗格、右侧上方的“幻灯片”窗格和右侧下方的“备注”窗格。通过拖动窗格间的边框，可以调整窗格的大小。

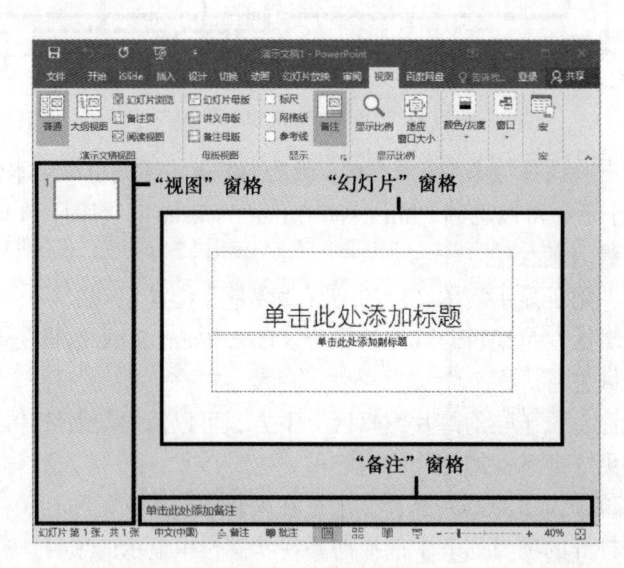

图 11–3　普通视图

（1）视图窗格：该窗格中以缩略图的形式显示当前演示文稿中的所有幻灯片，以便查看幻灯片的设计效果。

（2）幻灯片窗格：在该窗格下主要显示当前幻灯片。在该窗格内可以进行添加文本、编辑文本、插入表格、图表、图形对象、电影、声音等操作。

（3）备注窗格：单击“备注”按钮后，将出现“备注”窗格，该窗格用于添加与每个幻灯片的内容相关的备注信息，并且在放映演示文稿时将它们用作打印形式的参考资料。

2. 幻灯片浏览视图

在该视图模式下，当前演示文稿的所有幻灯片以缩略图的形式排列在屏幕上。用户可以很方便地在幻灯片之间添加、删除和移动幻灯片以及选择幻灯片切换效果。若要对当前幻灯片进行编辑，则可以双击幻灯片切换到普通视图，或者右击该幻灯片，在弹出的快捷菜单中选择相应命令。图 11-4 是一个演示文稿的幻灯片浏览视图窗口。

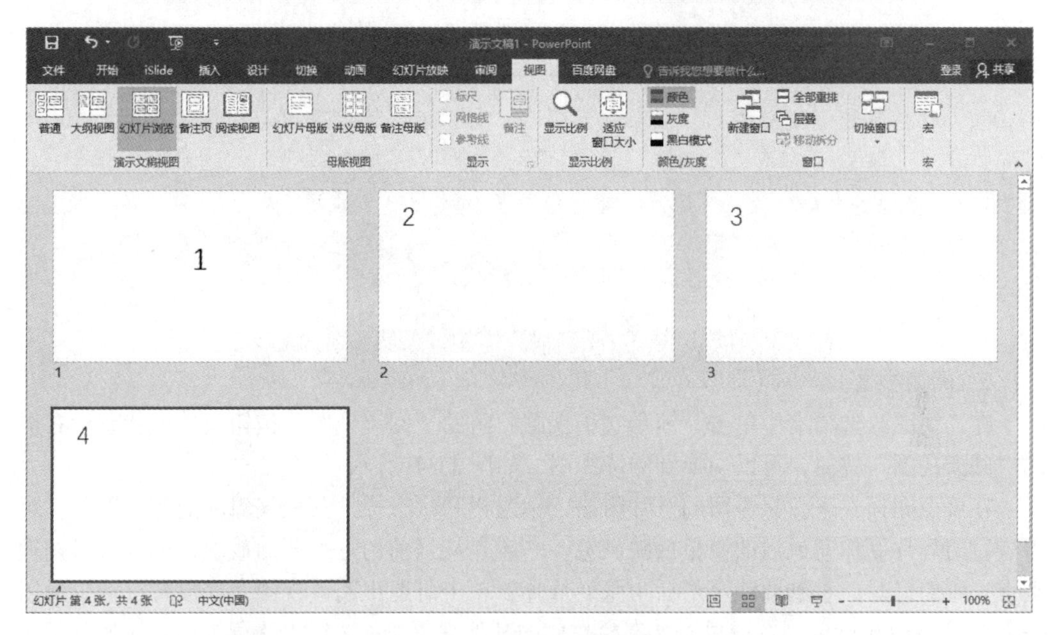

图 11-4　幻灯片浏览视图窗口

3. 幻灯片放映视图

演示文稿制作完成后，可以将幻灯片以全屏的方式、窗口的形式和自动播放的形式放映出来。在幻灯片放映模式下，看到的是幻灯片的最终效果。该视图下显示的不是单个的静止的幻灯片，而是以动态的形式显示演示文稿中所有的幻灯片。具体操作方法有以下三种：

（1）单击状态栏右下角的“幻灯片放映”按钮，从当前幻灯片开始播放。

（2）选择“幻灯片放映”选项卡的“开始放映幻灯片”组中相应的命令，可以看到对幻灯片演示设置的各种放映效果。

（3）按下【F5】键，直接进入放映方式，并从头开始放映。

在放映过程中单击可使幻灯片前进一张或者完成后一个动作，幻灯片放至最后一张后，单击会退出放映模式，返回工作模式。任何时候按【Esc】键均可结束放映返回 PowerPoint 2016 主窗口。

4. 备注页视图

在“视图”选项卡中单击“备注页”按钮，进入备注页视图。每张备注页上方都显示小版本的幻灯片，下方显示备注窗格中的内容，如图 11-5 所示。

在备注页视图中，可以很方便地对文本进行编辑，包括内容编辑和格式设置。同时，表格、图表、图片等对象也可以插入到备注页中，但这些对象只会在打印的备注页中显示出来，而不会在其他视图中显示。

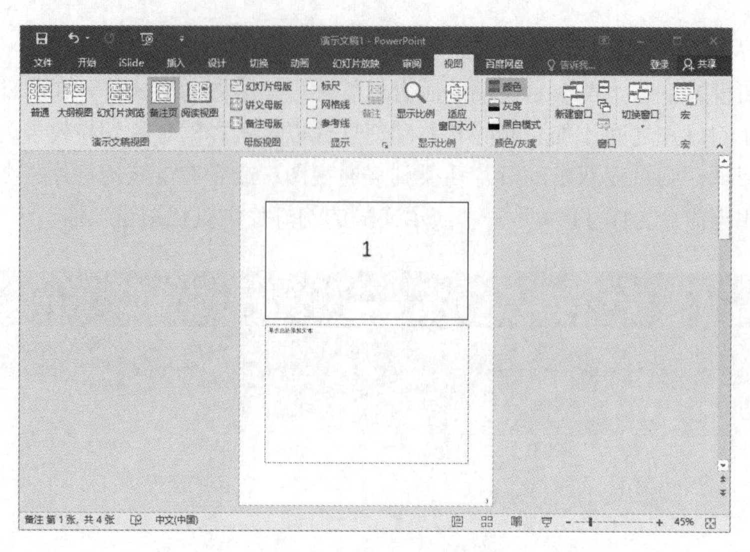

图 11–5　备注页视图

5．阅读视图

在“视图”选项卡中单击“演示文稿视图”组的“阅读视图”按钮或单击状态栏右侧的“阅读视图”按钮，可以切换到阅读视图，如图 11–6 所示。

在该视图模式下，只保留幻灯片窗格、标题栏和状态栏，其他编辑功能都被屏蔽，可以进行幻灯片制作完成后的简单放映浏览。一般是从当前幻灯片开始放映，单击可以切换到下一张幻灯片，直到放映至最后一张幻灯片，单击可退出阅读视图。在放映过程中可以按【Esc】键退出阅读视图或单击状态栏右侧的其他视图按钮，退出阅读视图并切换到相应视图。

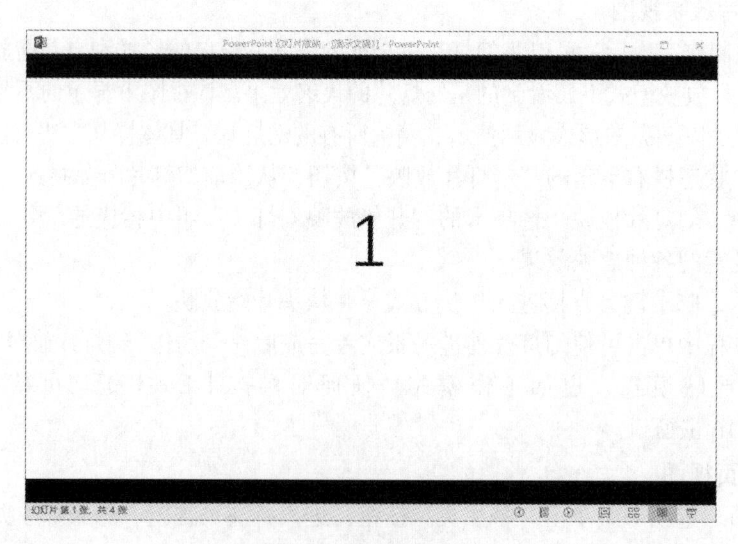

图 11–6　阅读视图

6．母版视图

PowerPoint 2016 包含 3 种母版：幻灯片母版、讲义母版和备注母版。在幻灯片母版中，可以设置幻灯片风格；在讲义母版中，可以设置讲义形式；在备注母版中，可以设置备注内容。

在这 3 种母版中，幻灯片母版是最常用的母版。幻灯片母版是幻灯片层次结构中的顶层幻灯片，用于存储有关演示文稿的主题和幻灯片版式的信息，包括背景、颜色、字体、效果、占位符大小和位置。幻灯片版式则包含幻灯片上的标题和副标题文本、列表、图片、表格、图表、自选图形和视频等元素的排列方式，如图 11-7 所示。

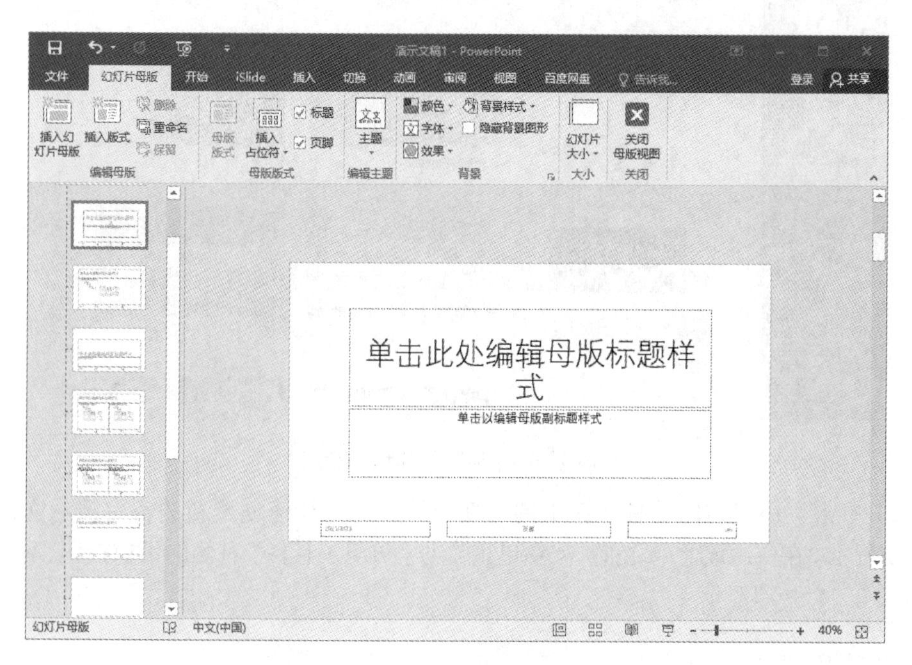

图 11-7　母版视图

每个演示文稿至少包含一个幻灯片母版。通过修改母版，用户可以对演示文稿中的每张幻灯片进行统一的样式更改。后续添加到演示文稿中的幻灯片会自动应用修改后的母版样式。另外使用幻灯片母版时，由于无须在多张幻灯片上输入相同的信息，因此更方便快捷。

11.2　创建演示文稿

使用 PowerPoint 2016 编辑演示文稿前，要先掌握演示文稿的新建、保存、打开和关闭等基本操作。本章主要介绍演示文稿的创建、幻灯片的操作与编辑，使用户轻松掌握制作演示文稿的基本方法和技巧。

11.2.1　创建空白演示文稿

空白演示文稿是界面中最简单的一种演示文稿，没有配色方案和动画方案等，但会留给用户最大限度的设计空间。启动 PowerPoint 2016，系统以普通视图模式自动新建一个空白演示文稿。用户可以直接利用默认的演示文稿，也可以通过命令等多种方法创建空白文档。

（1）在 PowerPoint 窗口中，单击“文件”选项卡，在左侧窗格中选择“新建”命令，在“可用的模板和主题”栏中选择“空白演示文稿”选项，然后单击“创建”按钮即可创建空白演示文稿，如图 11-8 所示。

图 11-8 创建空白演示文稿

（2）单击“快速访问工具栏”中的“新建”按钮，快速创建新的空白演示文稿，如图 11-9 所示。在使用该命令之前，需要单击“快速访问工具栏”右侧的下拉按钮，添加“新建”命令。

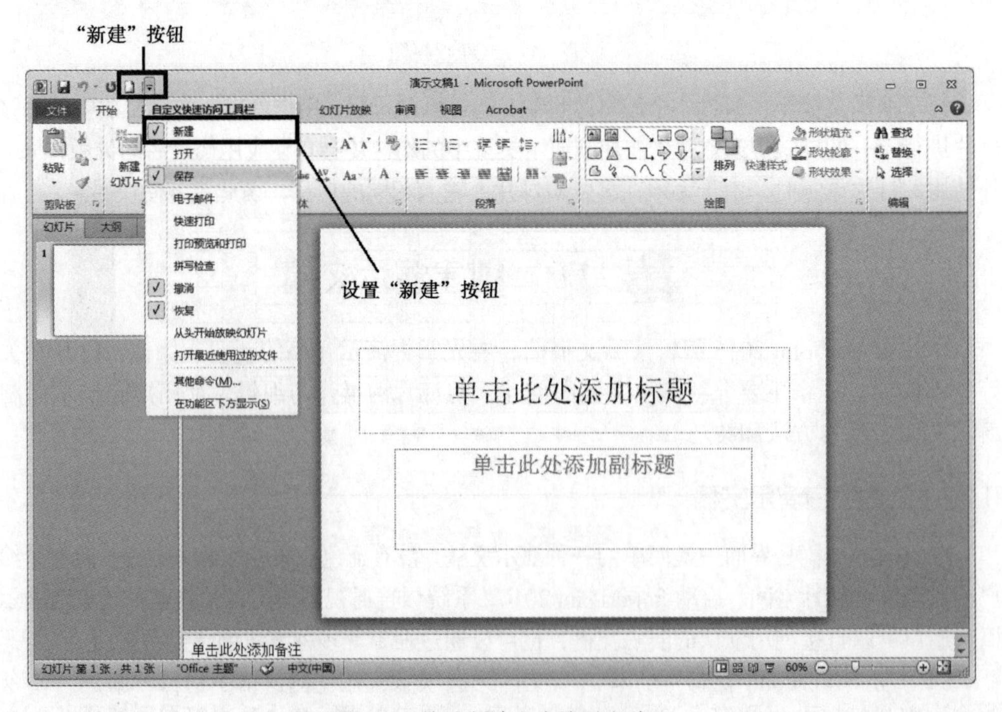

图 11-9 快速创建空白演示文稿

小贴士

使用【Ctrl+N】组合键可以直接创建空白演示文稿。

11.2.2 用模板来创建文稿

PowerPoint 2016 提供了多种模板类型，用户可以利用这些模板快速创建新演示文稿。

在 PowerPoint 2016 窗口中切换到“文件”选项卡，在左侧窗格中选择“新建”命令，在展开的“可用模板和主题”列表中选择需要的选项，在弹出的对话框中单击“创建”按钮。此时，系统会自动创建一个本次选择类型的演示文稿。

11.2.3 幻灯片的操作与编辑

演示文稿由多张幻灯片组成。幻灯片的操作包括新建幻灯片、选择幻灯片、删除幻灯片、复制幻灯片和移动幻灯片等。一个演示文稿的制作过程实际上是几张幻灯片的制作过程，编辑幻灯片通常是在普通视图方式下进行的。

1. 新建幻灯片

在默认的情况下，新建的空白演示文稿中只有一张幻灯片。用户可以按照需要添加幻灯片。

在“开始”选项卡的“幻灯片”组中，单击“新建幻灯片”按钮 ,如图 11-10 所示。

在普通视图的“视图”窗格中，右击当前幻灯片，在打开的快捷菜单中选择“新建幻灯片”命令，如图 11-11 所示；或者选定一张幻灯片，然后按回车键；或者选定某幻灯片，然后按组合键【Ctrl+M】。

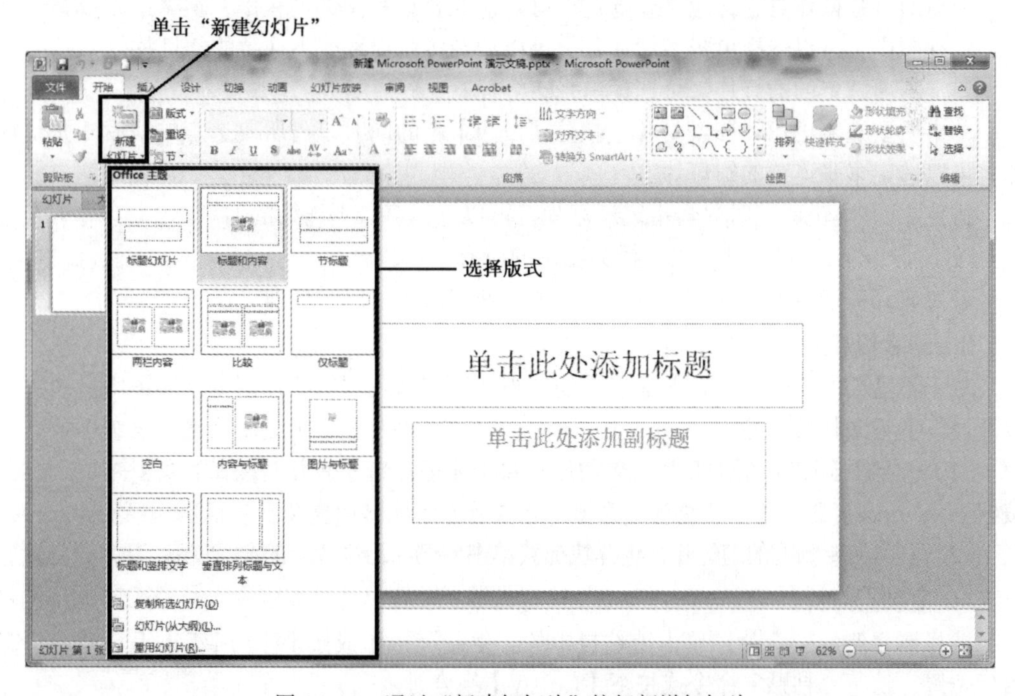

图 11-10　通过“新建幻灯片”按钮新增幻灯片

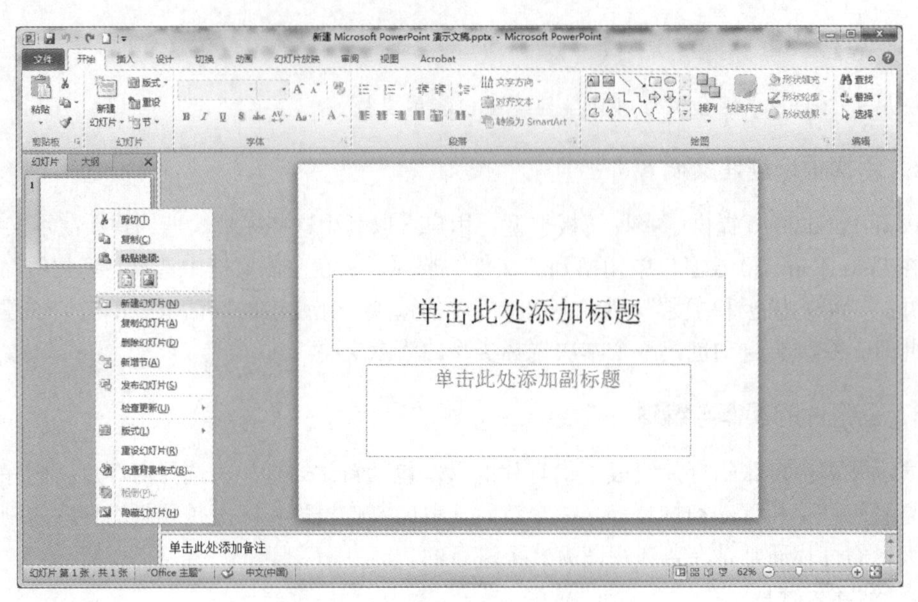

图 11-11　通过快捷菜单新增幻灯片

小贴士

新加的幻灯片位于当前幻灯片之后，通常采用系统默认的版式，即“标题和内容”版式。用户可通过单击“开始”选项卡“幻灯片”组中的“版式”图标，在打开的“版式”列表中选择合适的版式。

2．选定幻灯片

在对幻灯片操作之前，应该先选定幻灯片。在普通视图的“视图”窗格中，或在幻灯片浏览视图中，可以选择单张幻灯片，也可以选择多张连续或不连续的幻灯片。

单击需要选定的幻灯片，可选择单张幻灯片。

单击所要选定的第一张幻灯片，按住【Shift】键的同时单击所要选定的最后一张幻灯片，可以选定多张连续的幻灯片。

按住【Ctrl】键的同时单击指定幻灯片，可以选择多张不连续的幻灯片。

按下【Ctrl+A】组合键可以选择文稿中的所有幻灯片。

若要放弃被选定的幻灯片，单击幻灯片以外的任何空白区域即可。

3．删除幻灯片

对于不需要的幻灯片，在普通视图的“视图”窗格或“幻灯片浏览”视图中，用户可以通过以下方法将其删除：

（1）选定所要删除的幻灯片，然后按【Delete】键；或者单击“剪贴板”组中的“剪切”按钮。

（2）右击所要删除的幻灯片，选择快捷菜单中“删除幻灯片”的命令或者“剪切”命令。

4．复制幻灯片

选择要复制的幻灯片，单击剪贴板中的“复制”按钮或按下【Ctrl+C】组合键，选定目标位置，执行“粘贴”命令或按下【Ctrl+V】组合键。

右击所要复制的幻灯片，选择快捷菜单中的“复制”命令，选定目标位置，执行“粘贴”命令或按下【Ctrl+V】组合键。

按住【Ctrl】键的同时，用鼠标将幻灯片直接拖到目标位置。

5. 移动幻灯片

选择要移动的幻灯片，单击剪贴板中的“剪切”按钮或按下【Ctrl+C】组合键，选定目标位置，执行“粘贴”命令或按下【Ctrl+V】组合键。

右击所要移动的幻灯片，选择快捷菜单中的“剪切”命令，选定目标位置，执行“粘贴”命令或按下【Ctrl+V】组合键。

选择要移动的幻灯片，按住鼠标左键并拖动鼠标，将幻灯片直接拖到目标位置。删除、复制、移动幻灯片之后，PowerPoint 将自动重新对各幻灯片进行编号。

6. 幻灯片的编辑

1）输入文本

在普通视图中，幻灯片中会出现有虚线的“文本占位符”，它们会显示“单击此处添加标题”等提示内容。用户可单击文本占位符开始输入文本。和 Word 一样，在文本区输入文字也可以自动换行。

2）编辑文本

在 PowerPoint 2016 中可以对文本进行删除、插入、复制、移动等操作，与 Word 2016 操作方法基本相同。另外，用户可利用鼠标拖动选定文本，双击可以选定一个单词，连击三次可以选定一个段落。

3）文本格式化

文本格式化包括字体、字形、字号、颜色和效果的设置。其中效果包括下画线、上/下标、阴影、阳文等设置。

用户要对文本进行格式化处理，需要先选定文本，再选择“开始”选项卡中的“字体”组，选择相关按钮进行设置；或单击“字体”组右下方“字体”对话框，在“字体”对话框中完成字体格式化的设置。

4）段落格式化

段落格式化包括行距、对齐方式、缩进等设置。用户可以选择“开始”选项卡中的“段落”组，选择相关按钮进行设置；或通过单击“段落组”右下方的对话框，在“段落”对话框中进行设置。

5）增加或删除项目符号和编号

默认情况下，在幻灯片上各层次小标题的开头位置上都会显示项目符号（如“·”），以突出小标题层次。“项目符号”和“编号”命令分别是“段落”组中的第 1 个和第 2 个按钮，用户可单击该按钮进行设置。

11.3 制作幻灯片

11.3.1 选择幻灯片版式

幻灯片版式包含要在幻灯片上显示的全部内容的格式设置、位置和占位符。占位符是版式中的容器，可容纳文本（包括标题文本和正文文本）、表格、图表、SmartArt 图形、影片、声音、图片等内容。

新创建的幻灯片的版式都被默认为“标题和内容”版式。在 PowerPoint 2016 中，幻灯片版式包括“标题和内容”“仅标题”“节标题”等 11 种版式，如图 11–12 所示。用户可以根据设计需要，选择不同的幻灯片版式。

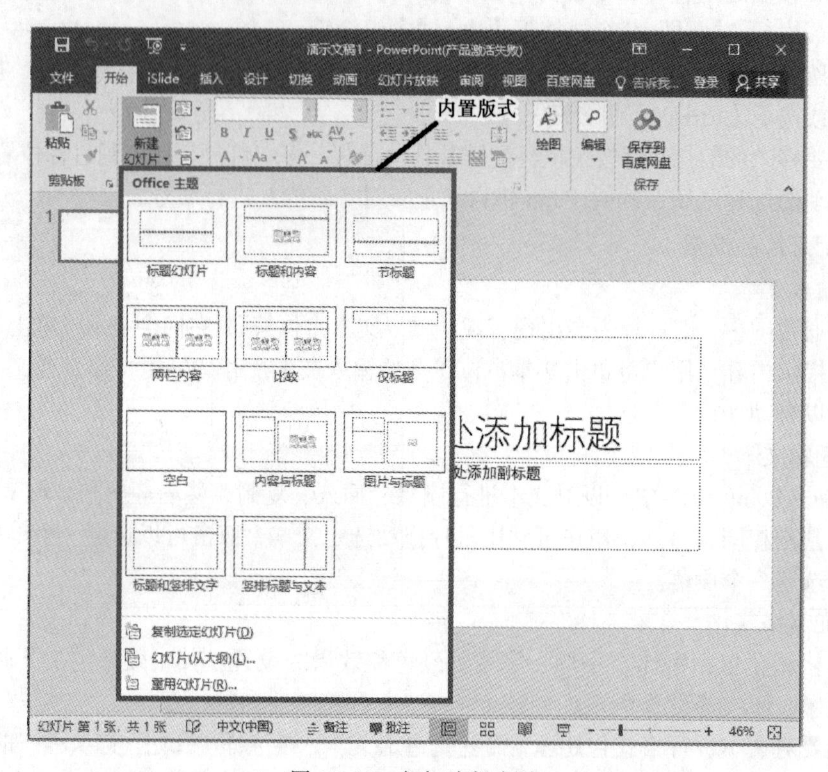

图 11–12　幻灯片版式图

在“开始”选项卡的“幻灯片”组中，单击“版式”按钮，在下拉菜单中选择所需要的版式。

在普通视图的“视图”窗格中，右击当前幻灯片，在打开的快捷菜单中选择“版式”命令，选择相应的版式，具体的版式名称和内容如下：

- 标题幻灯片：包括主标题和副标题。
- 标题和内容：主要包括标题和正文。
- 节标题：主要包括标题和文本。
- 两栏内容：主要包括标题和两个文本。
- 比较：主要包括标题、两个正文和两个文本。
- 仅标题：只包含标题。
- 空白：空白幻灯片。
- 内容与标题：主要包括标题、文本与正文。
- 图片与标题：主要包括图片和文本。
- 标题和竖排文字：主要包括标题与竖排正文。
- 竖排标题与文本：主要包括竖排标题与正文。

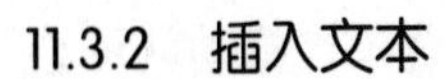

11.3.2 插入文本

PowerPoint 2016 幻灯片，可在文本占位符中编辑文本，也可以在文本框中编辑文本。PowerPoint 2016 的插入文本的功能项包括了文本框、页眉和页脚、艺术字、日期和时间等，如图 11-13 所示。

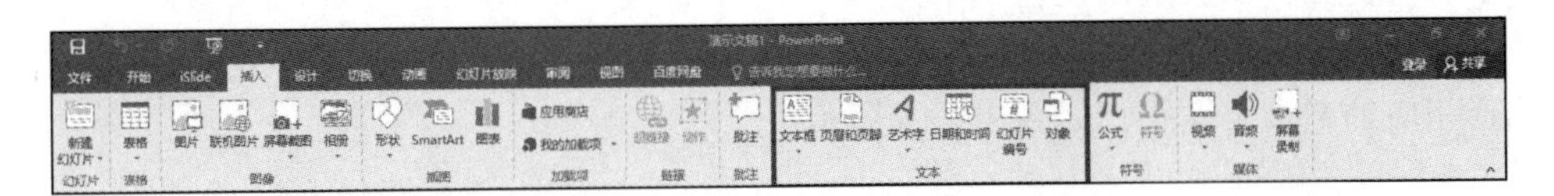

图 11-13　PowerPoint 2016“插入”选项卡

1. 在文本占位符中编辑文本

如“标题幻灯片”版式含有两个文本占位符，即标题占位符和副标题占位符。单击标题占位符，其中示例文本消失，占位符内将会出现光标（即插入点），用户即可输入文本、编辑文本。在文本占位符中对文本进行编辑，操作方法和 Word 文档处理文本一样。

“标题和内容”版式含有两个文本占位符，当单击内容占位符时，在输入的文本前会自动设置项目符号。用户如果不需要项目符号，可以通过“开始”选项卡“段落”组中的命令取消。若文本内容超出占位符内容，则文本字体会自动缩小，同时在占位符的左下角出现“自动调整更正选项”按钮，单击该按钮展开命令，然后单击“停止根据占位符调整文本”命令，占位符中的文本就不会根据占位符大小自动设置字体大小。当占位符中输入文本过多时，执行命令列表中的“将文本拆分到两个幻灯片”命令，即可将文本拆分到两个幻灯片上，如图 11-14 所示。

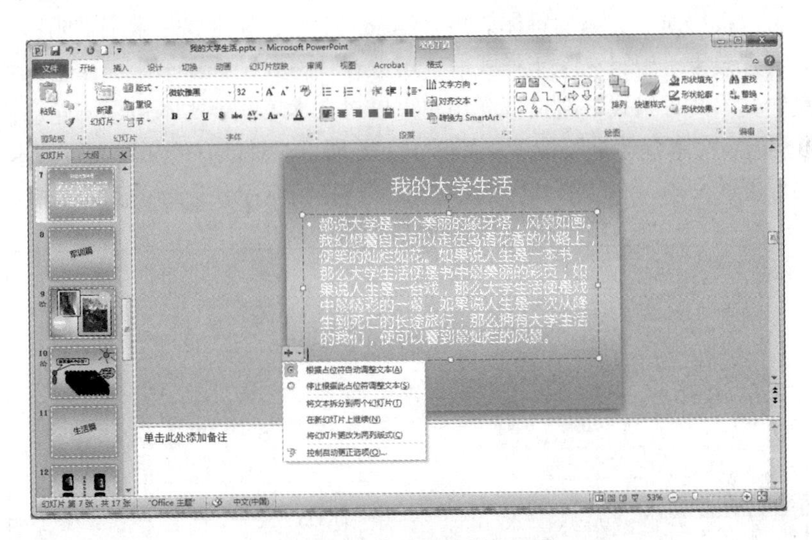

图 11-14　自动调整更正选项

2. 使用文本框输入文本

文本框是一种可移动、可调节大小的文字或图形容器，使用文本框，用户可以在幻灯片的任意位置设置多个文字块，包括横排文本框和竖排文本框。

在“插入”选项卡中，单击“文本”组的“文本框”下的三角按钮，在下拉列表中可以选择“横排文本框”和“竖排文本框”选项，此时在幻灯片的适当位置单击拖动就可绘制出需要的文本框，用户可以在文本框中输入文本并对其进行编辑。

3. 插入艺术字

艺术字广泛应用于幻灯片的标题和需要重点讲解的部分，用户可以对已有的文本设置艺术字样式，也可以直接创建艺术字。

在“插入”选项卡中的“文本”组中单击“艺术字”下的三角按钮，在下拉列表中可以选择相应的艺术字样式，如图 11-15 所示。

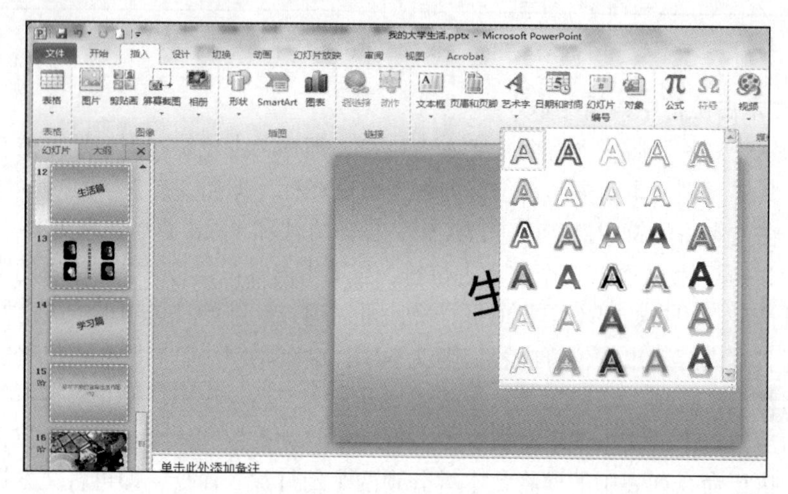

图 11-15 插入艺术字

用户还可以根据演示文稿的整体效果来编辑艺术字，如设置艺术字带阴影、扭曲、旋转或拉伸等特殊效果。编辑艺术字样式时，可以在“格式”选项卡中，单击艺术字样式组右边的“设置文本效果格式”对话框，用户可以对文本填充、文本边框、轮廓样式、三维格式、三维旋转、文本框等进行设置，如图 11-16 所示。对已有的文本设置艺术字样式时，需选择需要设置的文本，在“格式”选项卡中，选择相应命令进行设置。

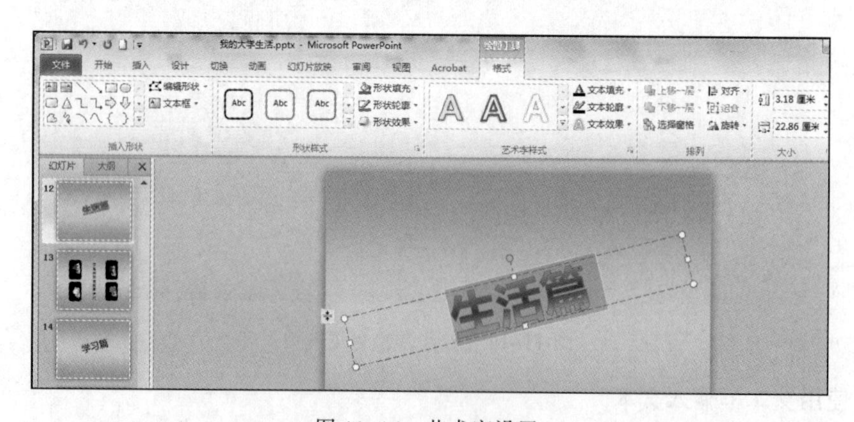

图 11-16 艺术字设置

4. 导入 Word 文档的文本

要把 Word 文档的文本导入到演示文稿中，用户需要对 Word 文档的文本进行标题样式格式化，进行分层处理，使文档内容获得不同的大纲级别。用户在“开始”选项卡的“幻灯片”组中，单击“新建幻灯片”图标右下角的箭头，在打开的版式窗格中选择“幻灯片(从大纲)”命令，打开“插入大纲”对话框，将 Word 文档插入即可。导入到演示文稿的 Word 文档，每个一级标题即为幻灯片的标题，一级标题下的文本为幻灯片的内容，二级标题为幻灯片内容的项目，三级标题为幻灯片内容的子项目。

5．添加页眉和页脚

页眉和页脚分别位于幻灯片的顶部和底部。在“插入”选项卡的“文本”组中，单击“页眉和页脚”按钮，选择相应命令添加页码、日期和时间、幻灯片编号等内容。此外，单击“文本”组中的“日期和时间”按钮 日期和时间，也可打开“页眉和页脚”对话框，从而添加日期和时间。

11.3.3 插入图片和剪贴画

PowerPoint 2016 提供了丰富的图片处理功能，用户可以轻松插入计算机里已有的文件，可插入 Office 自带的剪贴画，也可以插入屏幕截图。用户还可以根据需要对图片进行裁剪以及设置特殊效果等编辑操作。

1．插入图片

插入来自文件的图片，在“插入”选项卡的“图像”组中，单击“图片”按钮，在“插入图片”对话框中，找到目标文件即可插入图片文件。也可以通过占位符按钮插入，一些幻灯片的版式中预设了图片的占位符，用户可以直接单击“插入来自文件的图片”占位符按钮插入图片文件。

2．插入剪贴画

剪贴画是 PowerPoint 2016 幻灯片自带的插图、照片和图像的组合命令。用户可以在“插入”选项卡的“图像”组中，单击“剪贴画”按钮，或通过占位符按钮插入。在“剪贴画”窗口中，将需要的剪贴画搜索出来，然后插入，方法类似于 Word 中操作。

3．插入屏幕截图

屏幕截图是 PowerPoint 2016 的新增功能之一，用户可以将程序窗口以图片的方式直接截取到幻灯片中。在“插入”选项卡的“图像”组中，单击“屏幕截图”按钮，打开“可用视窗”对话框，在对话框中单击要插入的窗口缩略图，便插入打开的某程序窗口。执行“可用视窗”对话框的“屏幕剪辑”命令，可以选择窗口的部分截图插入到当前幻灯片中。

4．编辑图片

当用户在幻灯片中插入图片时，窗口将自动增加“图片工具/格式”选项卡，如图 11-17 所示。用户可以通过该选项卡的相关命令调整图片位置、裁剪图片、调整图片大小、旋转图片、删除图片背景、添加艺术效果、调整图片的叠放次序以及组合图片等。

调整图片大小的操作方法与对 Word 中的图片缩放方法相同，用户可以用鼠标拖动图片控点进行操作。

裁剪图片时，用户可以在“图片工具/格式”选项卡中的“大小”组中，单击“裁剪”按钮可对图片进行裁剪。单击“裁剪”下拉按钮，在下拉列表中用户可以选择相应命令将图片裁剪成特定形状。

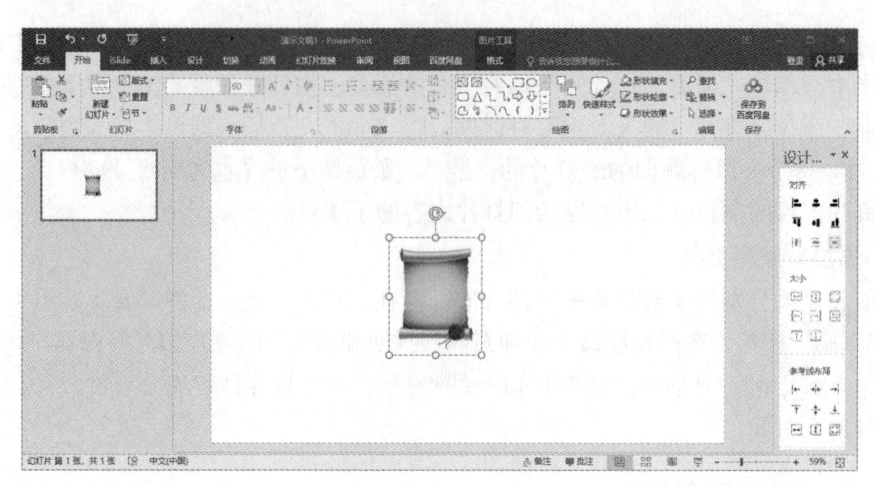

图 11-17　图片工具

在“图片工具/格式”选项卡的“调整”组中，单击“压缩图片”按钮，打开压缩图片的对话框，根据需要对幻灯片中的图片进行压缩。

11.3.4　插入表格和图表

在幻灯片中，有些信息和数据不能单纯用文字或图片来表示，在信息或数据比较繁多的情况下，用户可以在幻灯片中添加表格或图表，更直观地反映数据和信息。

1. 插入表格

在 PowerPoint 2016 中，表格的功能十分强大，并且提供了单独的表格工具模块，如图 11-18 所示。用户使用该模块不但可以创建各种样式的表格，还可以对创建的表格进行编辑。

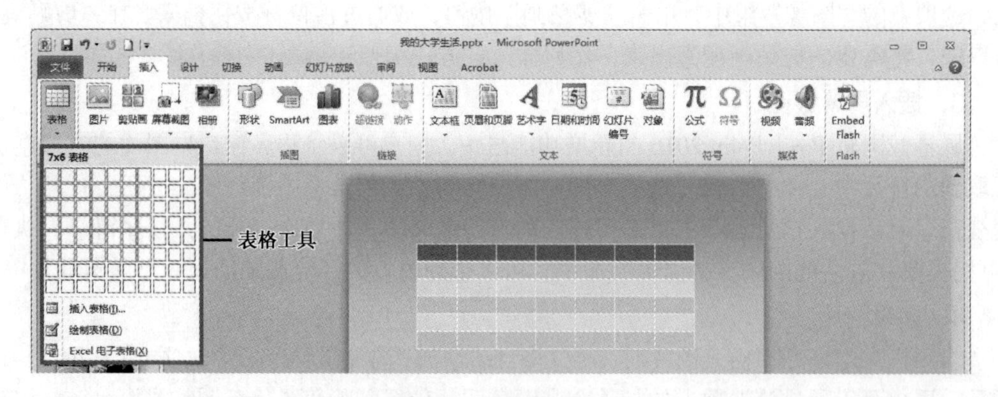

图 11-18　表格工具

选择要添加表格的幻灯片，在“插入”选项卡的“表格”组中，单击“表格”按钮，在下拉菜单中移动鼠标指针选择所需的行数和列数，然后单击，将表格添加到幻灯片中；或者在下拉菜单中，单击“插入表格”命令，然后在“插入表格”对话框中设置好“列数”和“行数”。

还有一种方法为：在包含表格内容版式的占位符中，单击“插入表格”的图标，然后在“插入表格”对话框中设置好“列数”和“行数”。

当直接插入的表格不符合要求时，还可以使用手动绘制表格功能，在“插入”选项卡的“表格”组中，单击“表格”按钮，在下拉菜单中单击“绘制表格”选项。

创建表格后，用户可以根据需要输入表格内容，修改表格的结构，如插入行或列、删除行或列、合并和拆分单元格、调整行高和列宽等。用户还可以使用表格工具更改表格的样式、边框或颜色等。

小贴士

除了直接在幻灯片中创建表格外，用户还可以从 Word 中复制和粘贴表格，从 Excel 中复制和粘贴一组单元格，或在幻灯片中插入 Excel 表格。在幻灯片中插入 Excel 表格后，可以在“插入”选项卡的“表格”组中，单击“表格”按钮，在下拉菜单中单击“Excel 电子表格”命令，可以在幻灯片中调用 Excel 应用程序。

2. 添加图表

使用图表可以轻松地体现数据之间的关系，PowerPoint 2016 提供了不同类型的图表，如柱形图、折线图、饼图等。

在“插入”选项卡的“插图”组中，单击“图表”按钮，或在包含图表内容版式的占位符中，单击“插入图表”图标。在“插入图表”对话框中，选择需要的图表类型，然后单击“确定”按钮，如图 11-19 所示。在 Excel 中编辑好数据后，关闭 Excel 即可。

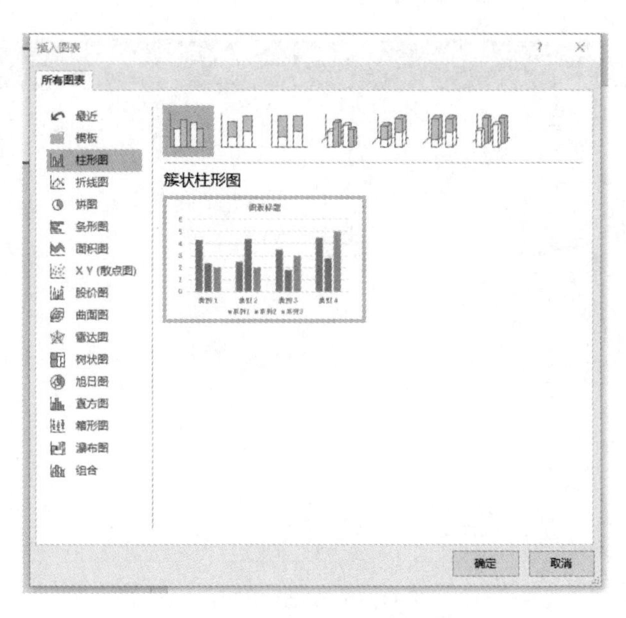

图 11-19 “插入图表”对话框

不同的图表类型适合表现不同的数据，如条形图与柱形图类似，主要用于强调各个数据之间的差别情况；折线图适用于显示某段时间内数据的变化及其变化趋势；饼图只适用于单个数据系列间各数据的比较，显示数据系列中每一项占该系列数值总和的比例关系；圆环图与饼图，用来显示部分与整体的关系；雷达图每个分类都拥有自己的数值坐标轴，并由折线将同一系列的值连接起来。

PowerPoint 2016 中的图表和 Excel 2016 中的图表一样，用户可以任意更改图表的类型、数据源、图表布局或图表样式。这些操作可以通过“图表工具设计”选项卡的各组命令完成。

创建好图表后，用户可以通过“图表工具/布局”选项卡的各组命令完成图表的布局和样式修改。

通过“图表工具/格式”选项卡的相应命令，可以对图表进行修饰，如使用“形状样式”美化图表元素，使用“艺术字样式”美化图表中的文本。

例 11-1 制作以柱形图展现学生成绩的幻灯片。

要求如下：

（1）新建一个 PPT 文档，文件名称为“学生成绩分析”。

（2）PPT 文档包含两张幻灯片，且第一张幻灯片的标题为“学生成绩分析”。

（3）第二张幻灯片的内容为学生成绩的柱状图，效果如图 11-24 所示。

【难点分析】

（1）如何新增幻灯片。

（2）如何在幻灯片中插入艺术字。

（3）如何在幻灯片中插入柱状图。

【操作步骤】

（1）创建空白 PPT 文档，新增一张幻灯片，并加入艺术字标题“学生成绩分析”，具体如图 11-20 所示。

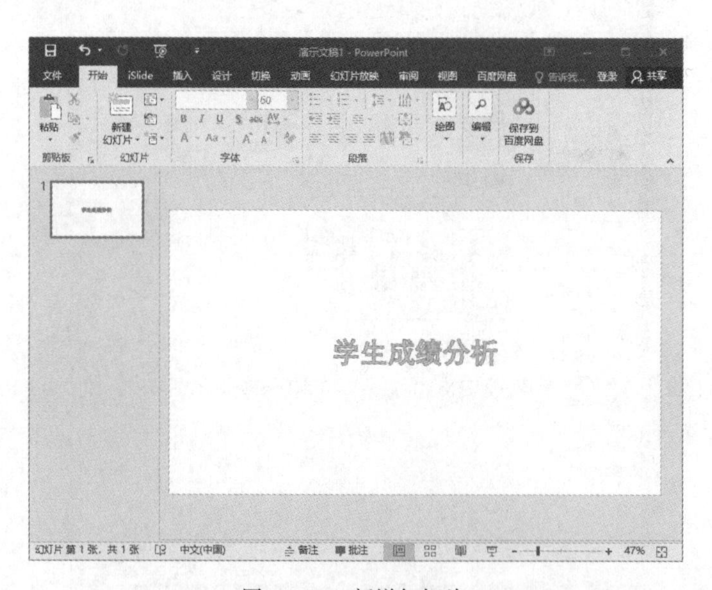

图 11-20　新增幻灯片

（2）选择“学生成绩”幻灯片，新增一页幻灯片后，单击“插入”选项组中的“图表”按钮，在弹出的“插入图表”对话框中右侧的列表中，选择一种柱形图（如簇状柱形图），如图 11-21 所示，单击“确定”按钮。

（3）弹出“Microsoft PowerPoint 中的图表–Microsoft Excel”文件，在单元格中输入要显示的数据，根据需要调整蓝色线区域大小，如图 11-22 所示。

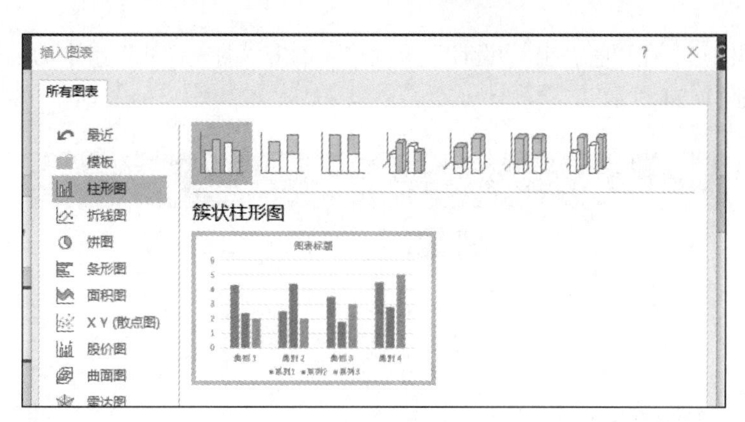

图 11-21　插入图表

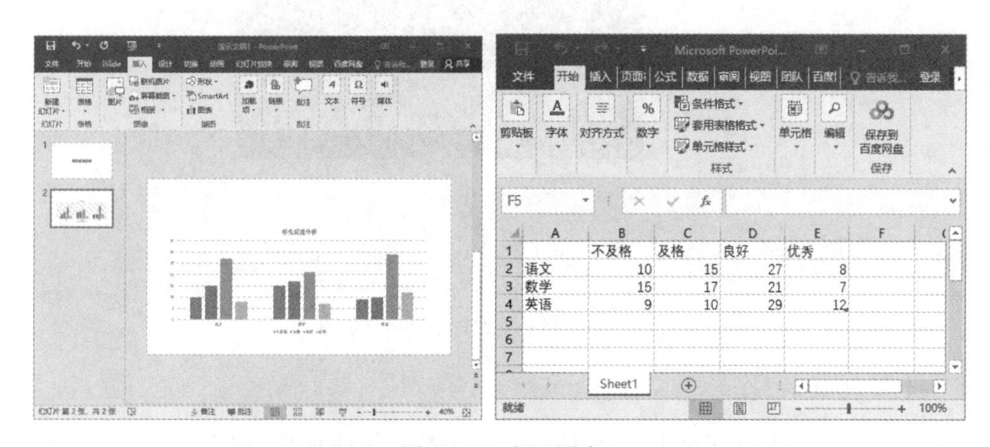

图 11-22　插入图表

（4）关闭 Excel 表后返回到幻灯片中，即可看到已经插入的柱形图，如图 11-23 所示。

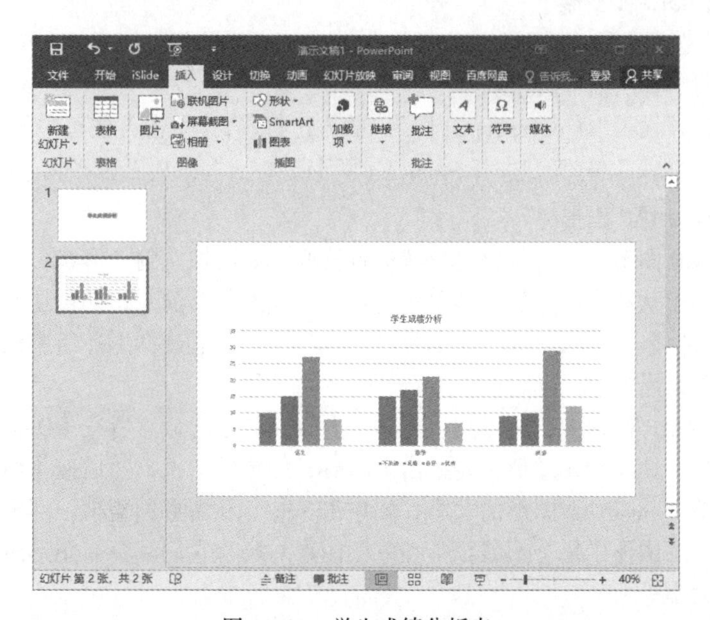

图 11-23　学生成绩分析表

(5) 选中图形，在“图表工具/设计”选项卡，单击“图表样式”组中的一种样式即可，最后结果如图 11-24 所示。

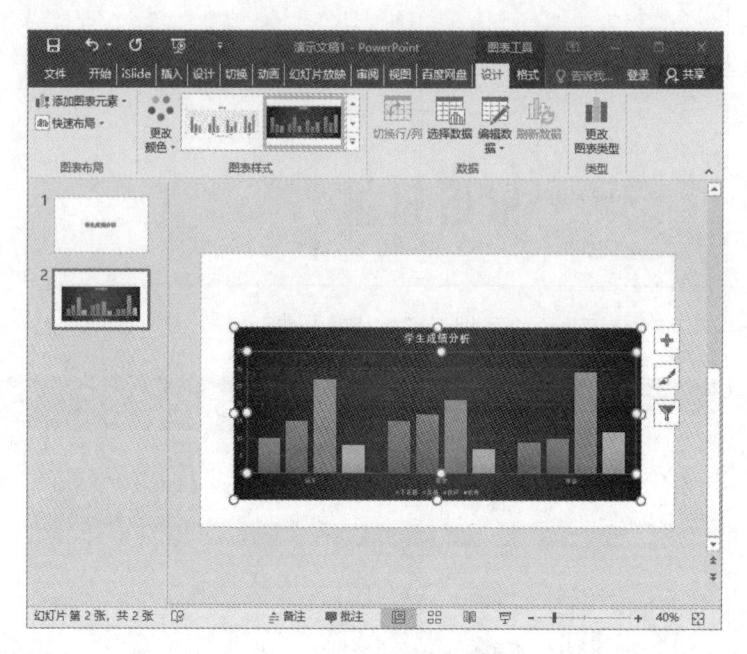

图 11-24 更改图表样式

11.3.5 插入 SmartArt 图形

SmartArt 图形可用于文档中演示流程、层次结构、循环或者关系，使用该功能即能形象地显示了幻灯片的动感效果，又能轻松有效地传达信息。

1. 插入 SmartArt 图形

在“插入”选项卡的“插图”组中，单击“SmartArt”按钮，打开“选择 SmartArt 图形”对话框，用户可选择所需的类型和布局。

某些幻灯片预设了“插入 SmartArt 图形”的占位符，直接单击占位符中的“插入 SmartArt 图形”按钮，也可以打开“选择 SmartArt 图形”对话框，从而选择相应的类型和布局。

2. 设置 SmartArt 图形

添加 SmartArt 图形之后，可以对形状进行修改，如添加、删除形状。

选择相应的形状右击，在快捷菜单中选择“添加形状”命令，即可在所需要的位置添加新形状；也可以单击“SmartArt 工具/设计”选项卡的“创建图形”组中的“添加形状”下拉按钮，在现有形状的位置附近添加新开关。

若要从 SmartArt 图形中删除形状，先单击要删除的形状，然后按【Delete】键。

若要删除整个 SmartArt 图形，先单击 SmartArt 图形的边框，然后按【Delete】键。

若要调整整个 SmartArt 图形的大小，先单击 SmartArt 图形的边框，然后向里或向外拖动控点。SmartArt 图形中每个形状都是独立的图形对象，它们都具有图形对象的特点，可以旋转、调整大小等。

设置好 SmartArt 图形的形状后，可以在“[文本]”占位符中输入和编辑文字。

通过“SmartArt 工具/设计”选项卡的“SmartArt 样式”组中的“更改颜色”命令，可以更改 SmartArt 图形的颜色；通过“SmartArt 样式”组中的 SmartArt 图库可以重新选择样式。

3．将幻灯片文本转换为 SmartArt 图形

用户可直接将带有项目符号列表的幻灯片文本转换为 SmartArt 图形。单击要转换的幻灯片文本占位符，在“开始”选项卡的“段落”组中，单击“转换为 SmartArt 图形”命令，在图形库中，单击所需的 SmartArt 图形布局，即可将幻灯片文本转换为 SmartArt 图形。

4．将图片转换为 SmartArt 图形

选择要转换为 SmartArt 图形的所有图片，在“图片工具/格式”选项卡的“图片样式”组中，单击“图片版式”命令，在库中，单击所需要的 SmartArt 图形布局，即可将幻灯片中的图片转换为 SmartArt 图形。

小贴士

除了 SmartArt 图形外，PowerPoint 2016 也提供了线条、基本几何形状、箭头、公式形状、流程图形状、星、旗帜和标注等形状。在“插入”选项卡的“插图”组中，单击“形状”按钮打开形状库，从形状库中选择要绘制的图形模板，然后按住鼠标左键在幻灯片中拖动即可加入相应的形状。用户可以通过“绘图工具/格式”选项卡中的命令，对形状进行调整大小、更改形状等设置。

例11-2 使用 SmartArt 图形创建大学生情商素质图。

要求如下：

（1）新建一个 PPT 文档，文件名称为“大学生情商素质图”。

（2）PPT 文档包含一张幻灯片，在该幻灯片中以 SmartArt 图形展示大学生情商素质，具体效果如图 11-25 所示。

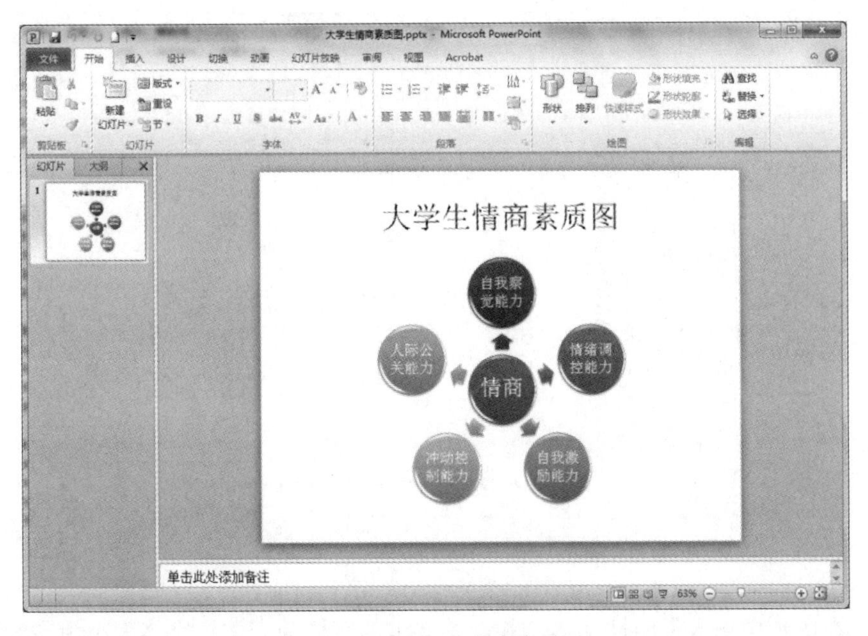

图 11-25　大学生情商素质图

【难点分析】

（1）如何在幻灯片中添加 SmartArt 图形。

（2）如何对 SmartArt 的文字和样式进行调整。

【操作步骤】

（1）创建空白 PPT 文档，新增一张空白幻灯片。

（2）在“插入”选项卡的“插图”组中，单击“SmartArt”按钮，打开“选择 SmartArt 图形”对话框（见图 11-26），选择“关系”列表中的“分离射线”选项。

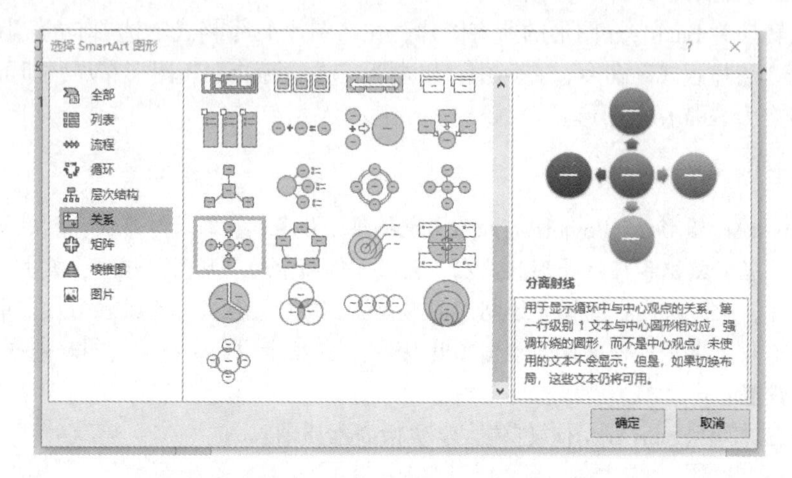

图 11-26 “选择 SmartArt 图形”对话框

（3）选中图形中的单个形状右击，在弹出的快捷菜单中选择“添加形状”命令，可以在该图形的前面或后面添加单个形状，这里选择“在后面添加形状”命令，如图 11-27 所示。

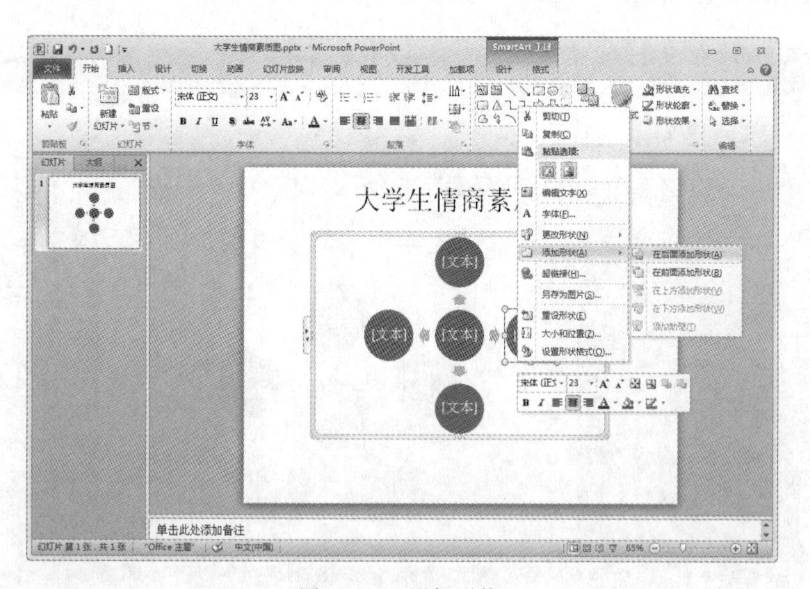

图 11-27 添加形状

（4）在图形中输入说明性文本，并设置文本的字体为宋体，字体大小为 22 号，如图 11-28 所示。

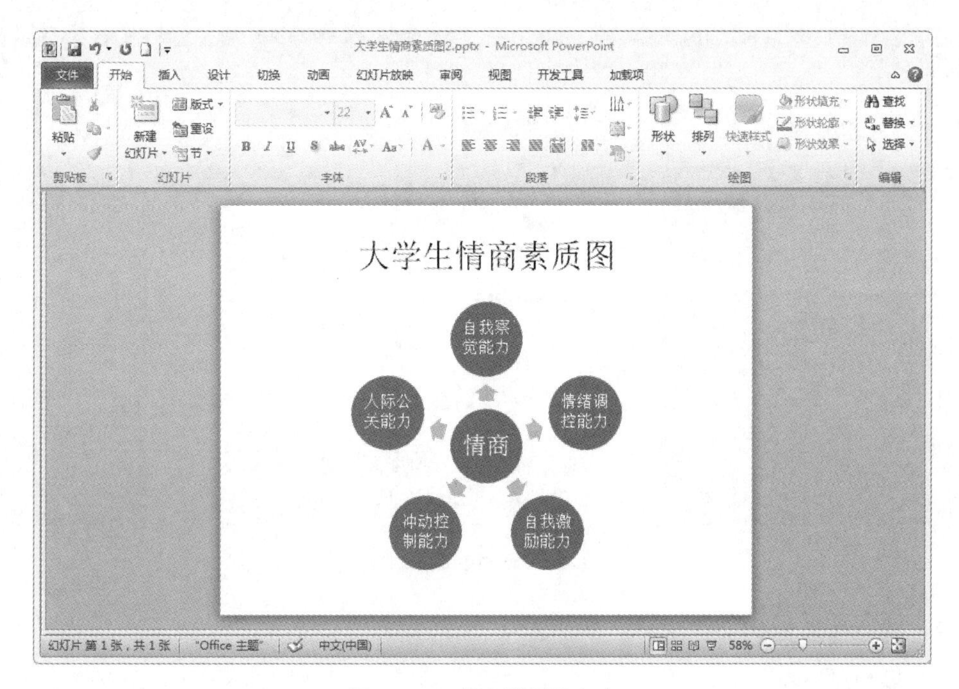

图 11-28　输入说明性文本

（5）选择图形，在“SmartArt 工具/设计”选项卡的“SmartArt 样式”组中，单击右下角的“其他”按钮，选择“三维”列表里的“优雅”命令，设置图形的样式，如图 11-29 所示。

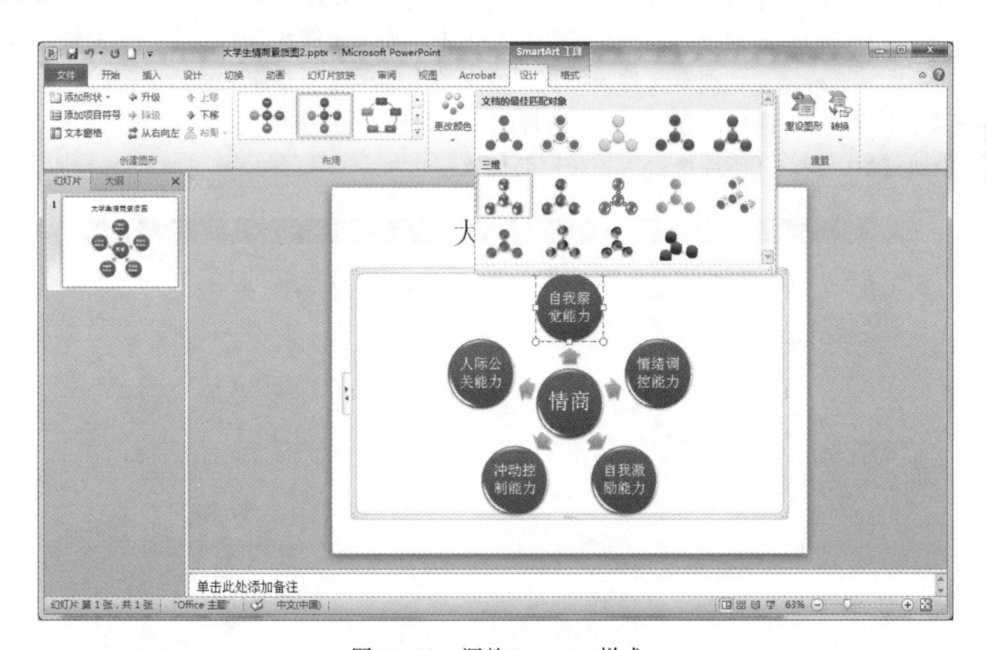

图 11-29　调整 SmartArt 样式

（6）在“SmartArt 工具/设计”选项卡的“SmartArt 样式”组中，单击“更改颜色”按钮，如选择“彩色-强调文字颜色”命令，更改图形的颜色，如图 11-30 所示。

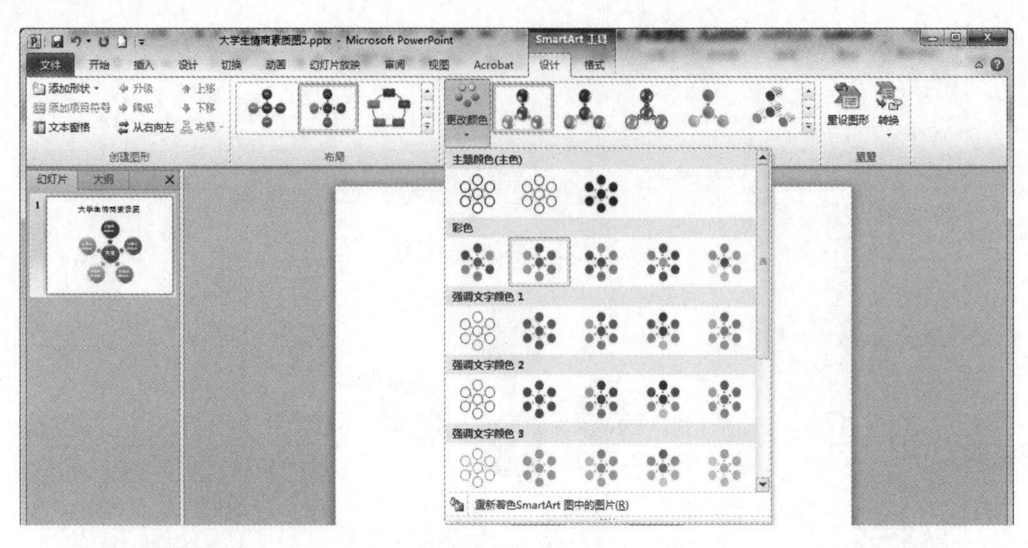

图 11-30　调整 SmartArt 颜色

11.3.6　插入超链接和动作设置（动画）

1．添加超链接

超链接是指跳转到特定位置或文件的一种连接方式，利用它可以从当前位置跳转到另一张幻灯片，或连接到电子邮件地址，或打开文件、网页。幻灯片中可显示的对象都可以作为超链接的载体，添加或修改超链接的操作通常在普通视图中进行。

选择文本或图片作为超链接的载体，在“插入”选项卡的“链接”组中单击“超链接”按钮，或者右击选中的对象，在弹出的快捷菜单中选择“超链接”命令，打开“插入超链接”对话框，选择链接到现有文件或网页、本文档中的位置、新建文档或电子邮件地址，如图 11-31 所示。超链接设置成功后，选择的文本以蓝色、下画线字显示，放映幻灯片时，单击添加过超链接的文本即可链接到相应的位置。

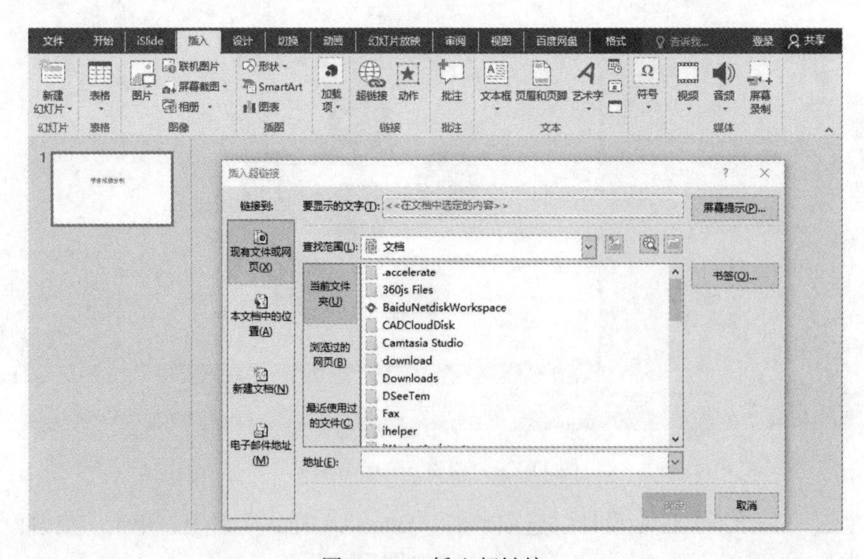

图 11-31　插入超链接

在幻灯片中一旦设置了超链接，那么链接的目标文件就不能随意更改文件夹路径和文件名，否则会导致链接失败而提示查找数据源。

用户也可以删除超链接，或重新设置链接的目标地址。在幻灯片中选中已添加超链接的对象，单击“插入”选项卡的“链接”组中的“超链接”按钮，在弹出的“编辑超链接”对话框中，可以删除或更改现有的超链接。

为了方便用户记忆超链接的目标位置，在“插入超链接”或“编辑超链接”对话框中单击屏幕提示命令，可以设置超链接屏幕提示。在幻灯片放映状态下，用户只要将鼠标指针指向超链接载体，即可显示目标位置的提示信息。

2. 添加动作设置

如果用户想要插入超链接，但没有合适的载体的话，可以选择使用动作按钮作为超链接载体。

在“插入”选项卡“插图”组中单击“形状”按钮，在弹出的下拉列表“动作按钮”组中选择相应的动作按钮。单击要添加的按钮，在幻灯片中选择合适位置后拖动鼠标，便绘制出所选中的按钮形状，同时自动弹出“动作设置”对话框，在“动作设置”对话框中可以进行相关动作的设置,如图 11-32 所示。

用户也可以为文本、图片等对象设置动作。选中要添加动作的对象，单击“插入”选项卡的“链接”组的“动作”按钮，在弹出的“动作设置”对话框中，进行相关动作的设置。

图 11-32　添加动作设置

例 11-3 使用动画设置完成电影字幕动画效果的设置。

要求如下：

（1）新建一个 PPT 文档，文件名称为“电影字幕”。

（2）PPT 文档包含一张幻灯片，该幻灯片的标题为“谢谢观赏”，并具有字幕式的动画效果。

【难点分析】

如何给幻灯片的对象添加动画。

【操作步骤】

（1）新建一个空白幻灯片，在“设计”选项卡的“主题”组中，单击“其他”按钮，选择“凸显”主题样式，如图 11-33 所示。

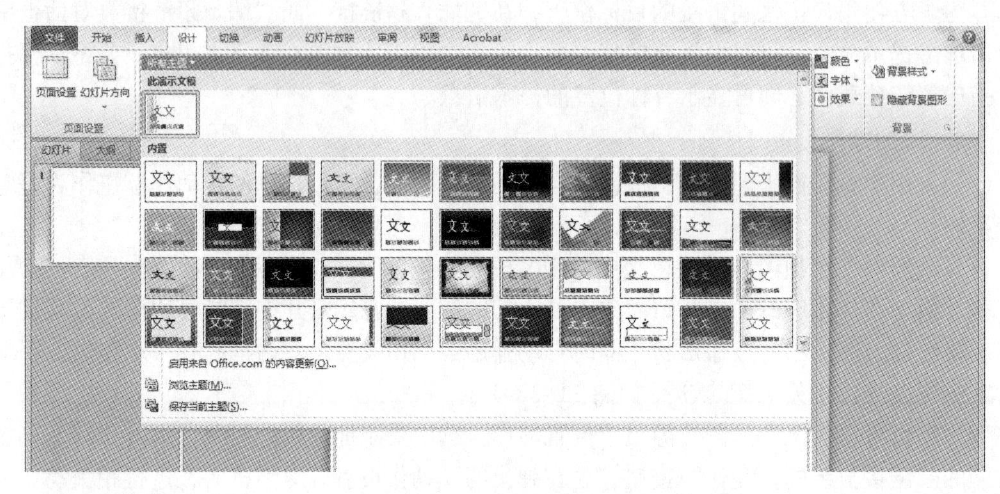

图 11-33　新建空白幻灯片

（2）单击“插入”选项卡“文本”组中的“艺术字”按钮，选择“渐变填充-橙色选项，强调文字颜色 1”命令（见图 11-34），然后在合适的位置输入“谢谢观赏!”文字内容。

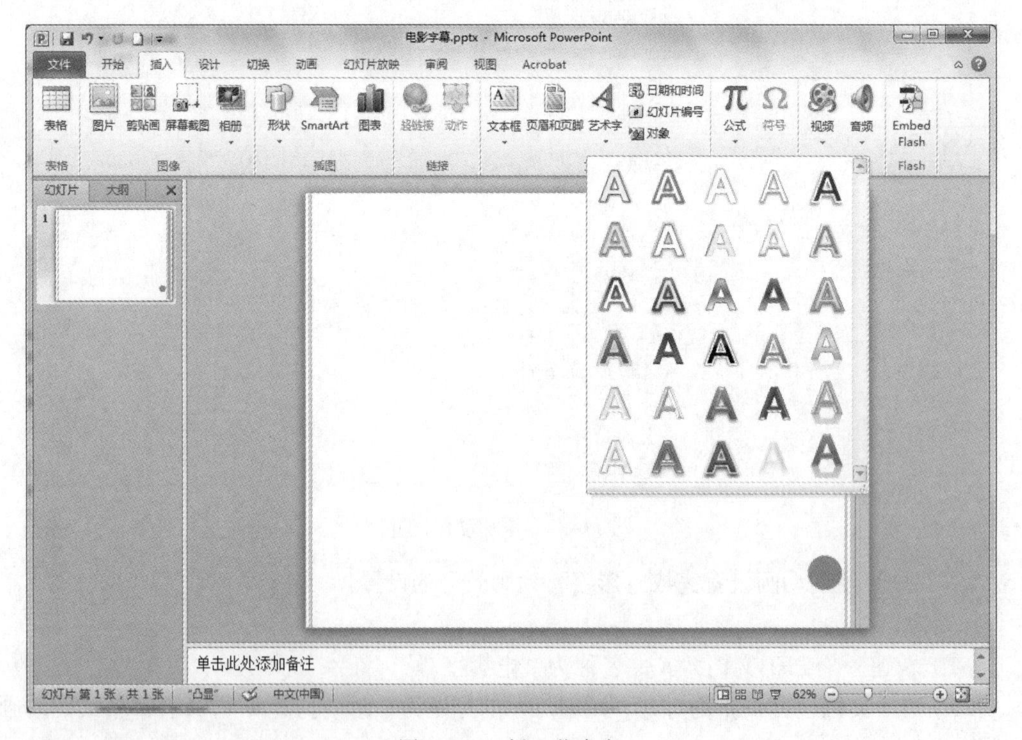

图 11-34　插入艺术字

选中输入的文字，在“动画”选项卡中的“动画”组中，单击“其他”按钮，在弹出的下拉列表中，选择“更多退出效果”选项，在弹出的“更改退出效果”对话框中，选择华丽型区域的“字幕式”选项，如图 11-35 所示，单击“确定”按钮，即可为文本对象添加字幕式动画效果。

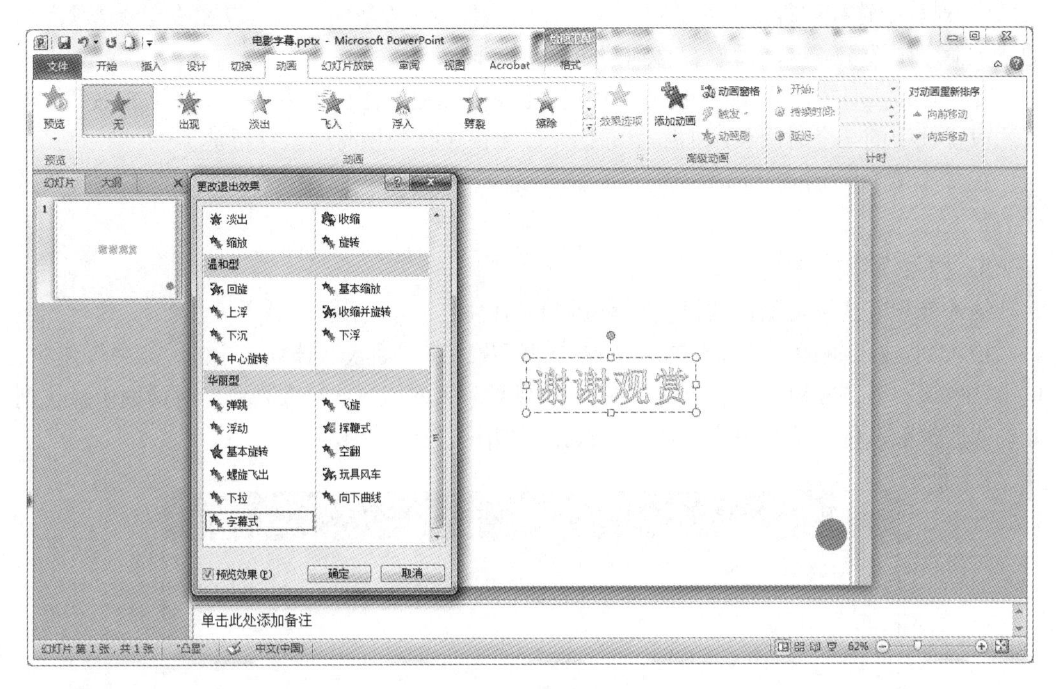

图 11-35　动画设置

11.3.7　添加音频和视频文件

演示文稿是一个全方位展示的平台，用户可以在幻灯片中添加多媒体，将适当的视觉和听觉效果加入幻灯片中，将极大地丰富演示文稿的效果。

1. 插入音频

PowerPoint 2016 可以直接将音频文件或录制音频文件插入到演示文稿中。

（1）插入音频文件。在“插入”选项卡的“媒体”组中，单击“音频”按钮，或单击“音频”下拉按钮，在下拉菜单中选择“PC 上的音频”命令，找到包含所需文件的文件夹，然后双击要添加的文件即可添加。

（2）可以使用 PowerPoint 2016 录音并插入到幻灯片中。在“插入”选项卡的“媒体”组中，单击“音频”下拉按钮，在下拉菜单中单击“录制音频”命令，弹出“录音”对话框，在“名称”栏输入该录音的名称，单击●按钮，即可通过麦克风进行录音。音频录制完成后单击■按钮停止录制，单击▶按钮，可以播放刚才的录音，然后单击“确定”按钮，即可将录音插入到幻灯片中。

插入音频文件后，幻灯片上会显示表示音频文件的图标，选择该声音图标，窗口的功能区会出现“音频工具”选项卡。通过“音频工具/格式”选项卡中的命令，可以对声音图标进行类似图片的设置。

2. 设置音频播放

在“音频工具播放”选项卡中，可以预览音频，设置音频的播放选项等。单击“音频选项”按钮，可以设置在幻灯片放映时隐藏音频图标、自动播放或单击时开始播放等命令。

若要在演示文稿切换到下一张幻灯片时继续播放音频文件，可以在“音频选项”组的“开始”列表中选择“跨幻灯片播放”命令。如果音频文件较短，也可以在“音频选项”组的下拉命令中选中“循环播放，直到停止”复选框。

在“音频工具/播放”选项卡中，单击“书签”按钮，还可以为声音文件添加书签，即在一段音频中的某个时间点添加一个标记，以便快速找到该时间点并播放。

在“音频工具/播放”选项卡中，单击“编辑”组的“剪裁音频”按钮，可以对音频进行剪裁。

3. 插入视频

插入视频有两种类型：联机视频和 PC 上的视频。

插入 PC 上的视频：选择要插入视频的幻灯片，在“插入”选项卡中的“媒体”组中，单击“视频”下拉按钮，然后单击“PC 上的视频”选项，在“插入视频”对话框中，找到要插入的视频文件，然后单击“插入”按钮，如图 11–36 所示。

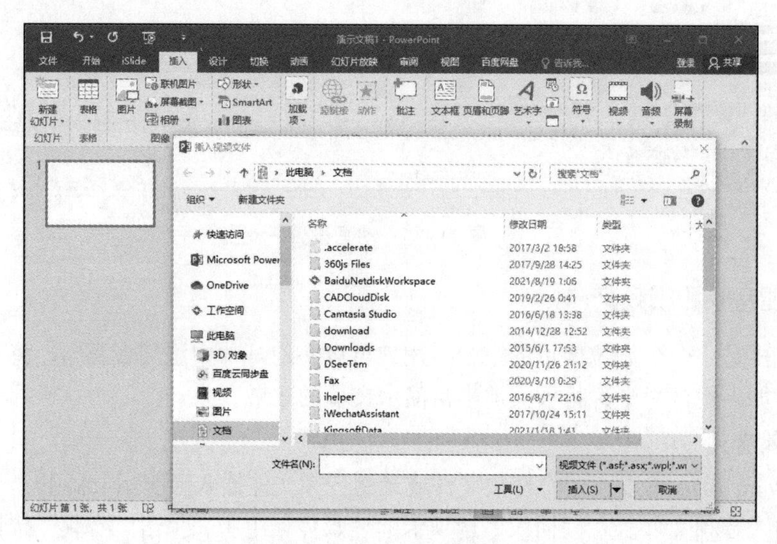

图 11–36　插入视频

用户也可以通过占位符按钮插入，一些幻灯片的版式中预设了视频的占位符，单击“插入媒体剪辑”图标，也可以插入视频文件。

4. 联机视频文件

插入来自网站的视频，其原理是直接使用视频网站提供的 HTML 嵌入代码将视频嵌入到幻灯片中，在播放时需要计算机连接到互联网。具体操作如下：打开要添加视频的幻灯片，在浏览器中打开目标视频的网页，在网页上找到视频，然后找到并复制“嵌入”代码，返回 PowerPoint 2016 中，在“插入”选项卡的“媒体”组中，单击“视频”下方的箭头，单击“来自视频嵌入代码”命令，在弹出的对话框中，粘贴嵌入代码，然后单击“插入”按钮。

在幻灯片中添加指向视频链接：选择要添加视频的幻灯片，在“插入”选项卡的“媒体”组中，单击“视频”下拉按钮，在下拉列表中选择“文件中的视频”命令，在“插入视频文件”对话框中找到并单击要链接到的文件，单击向后箭头即可。

11.4 修饰幻灯片

PowerPoint 2016 为用户提供了丰富的主题颜色和幻灯片版式，用户可以根据演示文稿的整体风格来设置幻灯片的母版和主题，增加幻灯片的实用性和美观性。

11.4.1 幻灯片母版

幻灯片的母版可用来为所有幻灯片设置默认的版式和格式，在 PowerPoint 2016 中有 3 种母版，分别为幻灯片母版、讲义母版和备注母版。

1. 制作幻灯片母版

幻灯片母版是最常用的母版，它包括标题区、内容区、日期区、页脚区和数字区，这些区域实际上就是占位符。幻灯片母版可以控制演示文稿中除标题版式外的大多数幻灯片，从而使整个演示文稿的所有幻灯片风格统一。

2. 添加幻灯片母版

在“视图”选项卡中的“母版视图”组中，单击“幻灯片母版”按钮，切换到幻灯片母版视图。在出现的“幻灯片母版”选项卡中的“编辑母版”组中，单击“插入幻灯片母版”按钮，系统将自动在当前母版中最后一个版式的下方插入新的母版，新插入的母版也默认自带 11 种版式。

在母版中也可以增加版式，先选择要添加版式的插入位置，然后在“编辑母版”组中单击“插入版式”按钮。插入的新版式其实是原版式的复制品，用户可以对其做相应的设置。

3. 设置母版的布局结构

（1）设置母版格式：进入“幻灯片母版”视图，在左窗格中选择母版（第一个缩略图），可以对其中占位符以及占位符中文本进行设置，其操作类似于演示文稿中的幻灯片操作。

（2）设置版式的布局：在“幻灯片母版”选项卡的“母版版式”组中，选择相应命令，为版式添加占位符、显示和隐藏标题和页脚占位符等。

（3）设置版式的背景：选定需要设置背景的版式，然后使用“幻灯片母版”选项卡中的“背景”组的相应命令进行设置。

4. 复制母版和版式

具体操作方法为：进入“幻灯片母版”视图，右击需要复制的幻灯片母版，从弹出的快捷菜单中单击“复制幻灯片母版”命令。在“幻灯片浏览”窗格中可以看到复制出的新母版，同理可以复制版式。

5. 重命名母版和版式

具体操作方法为：在“幻灯片母版”视图中，右击需要重命名的母版，从弹出的快捷菜单中单击“重命名母版”命令。弹出“重命名版式”对话框，在“版式名称”文本框中输入母版名称，单击“重命名”按钮即可。同理可以重命名版式。

6. 删除母版和版式

具体操作方法为：进入“幻灯片母版”视图，选择需要删除的母版，在“编辑母版”组中单击“删除”按钮即可。右击需要删除的版式，从弹出的快捷菜单中单击“删除版式”命令即可删除相应版式。

7. 制作讲义母版

讲义母版主要以讲义的方式来展示演示文稿内容，也用于控制讲义的打印格式，用户可以将多张幻灯片制作在同一个页面中。

设置讲义母版具体操作方法为：在“视图”选项卡中的“母版视图”组中，单击“讲义母版”按钮，切换到讲义母版视图中。在出现的“讲义母版”选项卡中选择相应的命令进行设置。如在“页面设置”组中，单击“讲义方向”按钮，在下拉菜单中选择“纵向”或“横向”命令，设置讲义母版的方向；在“背景”组中，单击“背景样式”按钮，用户可以设置相应的背景样式。

8. 制作备注母版

备注母版主要用于设置备注的格式。在备注母版中，主要包括一个幻灯片占位符和一个备注页占位符，可以对所有备注页中的文本进行格式编排。

设置备注母版具体操作如下：在“视图”选项卡中的“母版视图”组中，单击“备注母版”按钮，切换到备注母版视图。在出现的“备注母版”选项卡中选择相应的命令进行设置。如在，“页面设置”组中选择“页面设置”命令，可以设置幻灯片大小和方向；在“占位符”组中，取消选中“页眉”“页脚”“页码”复选框，可隐藏幻灯片中的页眉、页脚和页码；在“背景”组中，单击“背景样式”按钮，可以设置相应的背景样式。

11.4.2 幻灯片主题的设计

每个演示文稿都包含了一个主题，默认的是 Office 主题，它具有白色背景，同时包含默认的字体和不同深度的黑色。PowerPoint 2016 为用户提供了许多好看的主题。

1. 更换演示文稿主题

操作步骤为：打开演示文稿，在“设计”选项卡的“主题”组中，单击右下角的“其他”按钮，在弹出的列表框中选择一种主题样式，即可看到演示文稿被应用了新的主题样式，如图 11-37 所示。

2. 保存自定义主题

当用户对一个演示文稿的母版、背景、颜色或效果等进行设置时，就已经自定义了一个新的主题。一旦将这个主题保存下来，就相当于保存了这一系列的设置，并可以用到其他演示文稿中。

操作步骤如下：打开一个应用了母版的演示文稿，在“视图”选项卡的“母版视图”组中单击“幻灯片母版”按钮。在“幻灯片母版”选项卡中单击“编辑主题”组中的相应命令，进行颜色、字体、效果等设置。关闭幻灯片母版视图，切换到“设计”选项卡，单击“主题”右下角的“其他”按钮，在弹出的列表中单击下方的“保存当前主题”命令，最后单击“保存”按钮即可。

图 11-37　更改主题

11.5　设置幻灯片的放映效果

PowerPoint 2016 提供了丰富的动画效果，用户可以通过为幻灯片中文本对象添加、更改与删除动画效果的方法，来增加幻灯片对象的多样动感性。

11.5.1　幻灯片的动画

1. 为对象添加动画效果

用户可以为幻灯片中的文本、文本框、图片、形状、表格、SmartArt 图形等对象添加动画效果，赋予它们进入、退出、大小或颜色变化等视觉效果。

具体操作如下：选择要设置动画的对象，在“动画”选项卡的“动画”组中，单击其他按钮 ，然后选择所需的动画效果，进行“进入”“退出”“强调”“动作路径”等的设置。如果没有看到需要的效果，可以单击“更多进入效果”“更多强调效果”“更多退出效果”“其他动作路径”命令，打开相应对话框进行设置。用户还可以通过“高级动画”组的“添加动画”命令对文本对象进行动画设置；通过“动画”组的“效果选项”命令，设置动画播放方向和播放形状。

用户可以设置单个动画效果，也可以设置多个动画效果，将动画应用于对象后，对象旁边会出现编号标记，编号标记表示各动画发生的顺序。

2. 利用“动画窗格”进行设置

单击“动画”选项卡的“动画窗格”按钮，打开动画窗格，窗格会依次列出本幻灯片已设置的动画。选定某动画后，单击右侧的下拉按钮，或右击该动画，打开一个功能菜单。在菜单中可以选择“单击开始、从上一项开始或从上一项之后开始”命令，设置动画的开始方式；执行“效果选项...”命令，可以设置声音效果、播放后的效果等；执行“计时...”命令，可以设置动画的延迟时间、播放的重复次数等。

选定“动画窗格”中的某个动画，通过“动画”选项卡的“计时”组的“向前移动”和“向后移动”命令，可以对选定的动画重新排序。

3．使用动画刷

“动画刷”的功能与设置格式的“格式刷”类似。这个功能可以将设置动画时的所有属性（动画效果、计时、重复、开始等）都进行复制。

具体操作为：在幻灯片中选定设置好动画效果的对象，单击“动画”选项卡中的“高组动画”组的“动画刷”按钮，然后单击需要复制动画效果的对象即可。

在选定设置好动画效果的对象之后，双击“动画刷”按钮时，即可将同一动画应用到演示稿的多个对象之中。

小贴士

PowerPoint 2016 的动画效果说明。进入：对象以某种方式进入幻灯片放映视图中；退出：对象以某种方式从幻灯片放映视图中退出；强调：对象在幻灯片放映视图中的变化方式：动作路径：和上述效果一起使用，指定对象的运动轨迹。

11.5.2 设置幻灯片的切换效果

幻灯片的切换效果是指在幻灯片演示期间从一张幻灯片过渡到下一张幻灯片时出现的动画效果。在为对象添加动画后，可以通过“切换”选项卡来设置幻灯片的切换方式。

1．向幻灯片添加切换效果

选择幻灯片后，在“切换”选项卡的“切换到此幻灯片”组中，单击要应用于该幻灯片的切换效果。若单击“其他”按钮，可以从“切换到此幻灯片”库中选择更多切换效果。

如果要向演示文稿中的所有幻灯片应用相同的幻灯片切换效果，则添加切换效果后，在“切换”选项卡的“计时”组中，执行“全部应用”命令。

2．设置切换效果的计时

在“切换”选项卡的“计时”组中的“持续时间”文本框中输入时间，设置上一张幻灯片与当前幻灯片之间切换效果的持续时间。

通过“计时”组的命令，还可以设定当前幻灯片切换到下一张幻灯片的换片方式是单击换片，或经过指定时间后自动换片。

3．编辑切换效果的声音

选择要添加切换效果声音的幻灯片，在“切换”选项卡的“计时”组中，单击“声音”右边列表框的下拉按钮，在列表中选择一种声音，即可改变幻灯片的切换声音。

如果不想将切换声音设置为系统自带的声音，那么可以在“声音”下拉列表中选择“其他声音”选项，打开“添加声音”对话框，通过该对话框可以将计算机中保存的声音文件应用到幻灯片切换动画中。

4. 删除切换效果

选择需要删除切换效果的幻灯片，在“切换”选项卡的“切换到此幻灯片”组中，单击“无”按钮。

要删除演示文稿中所有幻灯片的切换效果时，首先删除当前幻灯片的切换效果，然后在“切换”选项卡中的“计时”组中，单击“全部应用”命令即可。

11.5.3 幻灯片的放映

放映演示文稿就是将演示内容动态地展示出来，放映方法主要有 4 种，分别是从头开始、从当前幻灯片开始、广播幻灯片和自定义幻灯片放映。

1. 隐藏幻灯片

在放映演示文稿前，用户可以通过隐藏某些幻灯片，有选择地展示演示文稿中的内容，即在放映时不显示某些幻灯片，但在普通视图下仍可查看隐藏的幻灯片。

操作步骤如下：选择要隐藏的幻灯片，在“幻灯片放映”选项卡的“设置”组中，单击“隐藏幻灯片”按钮。也可以在“幻灯片窗格”中右击需要隐藏的幻灯片，从弹出的快捷菜单中选择“隐藏幻灯片”命令。被隐藏的幻灯片编号上会出现一个带有斜线的灰色小方框，表示该幻灯片已被隐藏。

如果需要取消对幻灯片的隐藏，只要再次单击“隐藏幻灯片”按钮即可。幻灯片的编号也可恢复正常。

2. 排练计时

在“幻灯片放映”选项卡的“设置”组中，单击“排练计时”按钮，进入幻灯片放映视图，从第一张幻灯片开始放映演示文稿，并弹出“录制”工具栏。在“录制”工具栏中，自动显示当前幻灯片的放映时间和累计的放映时间。可以单击工具栏的“重复”按钮，将该幻灯片的排练计时归零并重新播放；单击空白处或单击“下一张”按钮切换到下一张幻灯片，直至演示文稿放映完毕。放映结束后，系统会弹出提示框，显示文稿放映的总时间，单击提示框的“是”按钮，可将排练时间保存并自动切换到幻灯片浏览视图，每张幻灯片缩略图下方会显示该张幻灯片的放映时间。

用户也可以单击“幻灯片放映”选项卡中的“设置”组的“录制幻灯片演示”按钮，选择相关命令进行排练计时。在“切换”选项卡的“计时”组的“换片方式”下，选中“设置自动换片时间”复选框，也可以设置幻灯片的播放时间。

3. 录制旁白

PowerPoint 2016“录制幻灯片演示”功能除了能进行排练计时外，还可以录制旁白。

具体操作如下：单击“幻灯片放映”选项卡“设置”组中的“录制幻灯片演示”按钮，在弹出的“录制幻灯片演示”对话框中，取消选中“幻灯片和动画计时”复选框。单击“开始录制”按钮，即可在放映视图中录制旁白。当完成幻灯片旁白的录制后，会自动切换到幻灯片浏览视图，并且在每张幻灯片中添加声音图标。

在“设置”组中单击“录制幻灯片演示”下的三角按钮，从展开的下拉列表中，用户可以选择“从头开始录制”或“从当前幻灯片开始录制”命令；也可以从展开的下拉列表中单击“清除”命令，清除当前幻灯片的旁白或计时、所有幻灯片的旁白或计时。

4. 设置幻灯片放映方式

在“幻灯片放映”选项卡的“设置”组中，单击“设置幻灯片放映”按钮，弹出“设置放映方式”对话框，可以在对话框中进行放映类型、放映选项、换片方式、设置绘图笔的默认颜色等设置。

5. 放映幻灯片

从头开始放映的三种操作方式：

- 在“幻灯片放映”选项卡的“开始放映幻灯片”组中单击“从头开始”按钮。
- 按【F5】快捷键。
- 选中第一张幻灯片，单击演示文稿底下的“幻灯片放映”视图按钮，即可实现从头开始放映。

从当前幻灯片开始放映的三种操作方式：

- 在“幻灯片放映”选项卡的“开始放映幻灯片”组中单击“从当前幻灯片开始”按钮。
- 按【Shift+F5】组合键。
- 选中需要首张播放的幻灯片，单击演示文稿底下的“幻灯片放映”视图按钮，即可从当前选中的幻灯片开始进行播放。

6. 联机演示

PowerPoint 2016 新增了联机演示功能，通过该功能，可以在任意位置通过 Web 与他人共享幻灯片放映。在放映过程中，演示者可以随时暂停幻灯片放映，或在不中断广播及不向访问群体显示桌面的情况下切换到另一个应用程序。

具体操作为：在“幻灯片放映”选项卡的“开始放映幻灯片”组中单击“广播幻灯片”按钮，在弹出“广播幻灯片”对话框中，单击“启动广播”按钮进行设置。

小贴士

用户若要观看广播，需要打开从演示者那里接收到的链接。

7. 自定义幻灯片放映

针对不同的场合和受众，演示文稿的放映顺序或内容可能会有所不同。演示者可以选择自定义放映顺序和内容。

具体操作如下：在“幻灯片放映”选项卡的“开始放映幻灯片”组中，单击“自定义幻灯片放映”按钮。在弹出的“自定义放映”对话框中，单击“新建”按钮。在弹出的“定义自定义放映”对话框中，选择“在演示文稿中的幻灯片”列表框中所需要的幻灯片，添加到“在自定义放映中的幻灯片”列表框，如图 11-38 所示。用户可以通过该对话框右边的调整顺序按钮，调整好各幻灯片的播放顺序。编辑完后单击“确定”按钮，即可完成自定义放映的创建。

8. 控制放映过程

如果演示文稿中的幻灯片没有设置自动切换效果，用户在放映过程中，可以进行手动控制，即用鼠标或键盘控制幻灯片的放映过程。

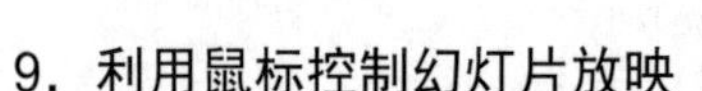

9．利用鼠标控制幻灯片放映

- 单击屏幕，切换到下一张幻灯片或下一个动画。
- 右击屏幕，打开放映控制菜单，可以执行“上一张”“定位至幻灯片”“暂停”“结束放映”“屏幕”等命令。

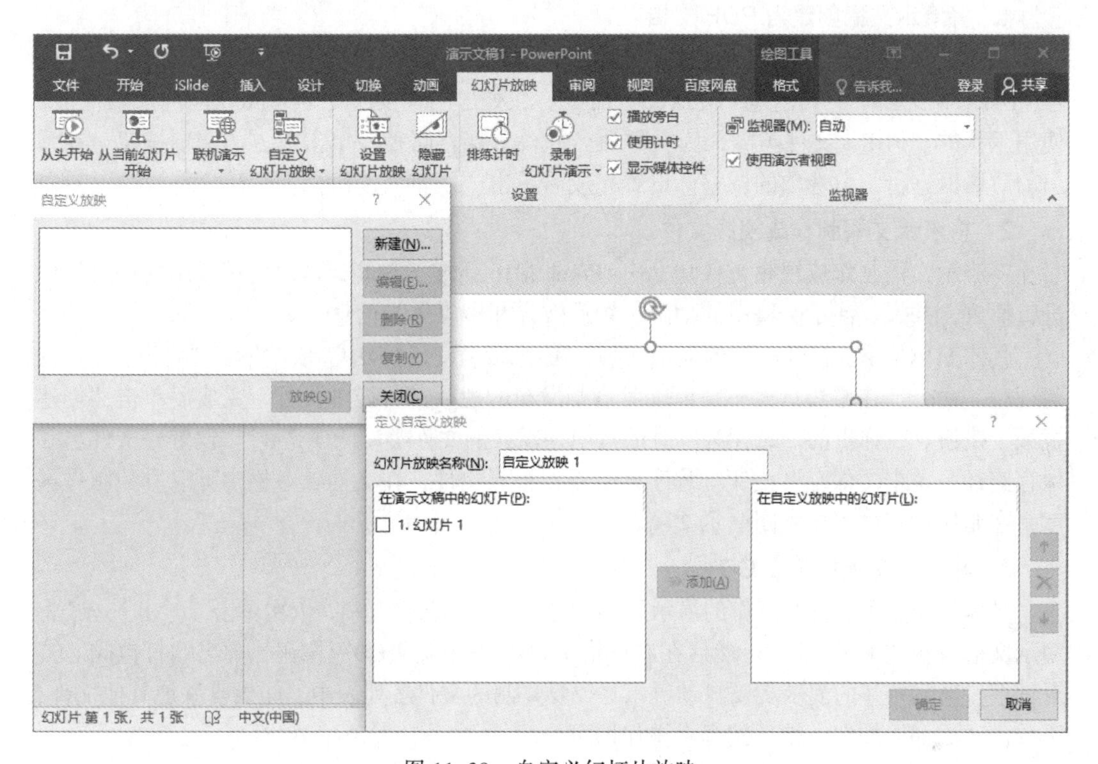

图 11-38　自定义幻灯片放映

10．利用键盘控制幻灯片放映

- 按【Home】键跳至第一张幻灯片。
- 按【End】键跳至最后一张幻灯片。
- 按【←】【→】【空格】【Enter】等键切换到下一张幻灯片或下一个动画。
- 按【Esc】键中途结束幻灯片放映。

11．利用幻灯片放映窗口按钮

演示文稿放映后，在屏幕左下角有一排可隐藏的控制按钮，单击相应按钮可以进行放映控制。

12．在幻灯片上做墨迹标记

在幻灯片放映过程中，单击屏幕左下角的 按钮，打开命令列表，在命令列表中选择画笔，选择墨迹颜色，在需要添加墨迹标记的位置拖动鼠标，即可在幻灯片上绘制墨迹标记。如果添加的墨迹不符合需要，可以选择“橡皮擦”命令，将已添加的墨迹清除。

为幻灯片的重点内容添加标记后，还可以将标记保留在演示文稿中。在结束放映时，演示文稿会弹出对话框询问用户是否保留墨迹注释。

11.6 演示文稿的导出

11.6.1 将演示文稿导出为其他格式文件

1. 将演示文稿创建为 PDF 文档

具体操作如下：打开制作的演示文稿，在“文件”选项卡中，依次单击“导出”→“创建 PDF/XPS 文档”→“创建 PDF/XPS”命令。在弹出的“发布为 PDF 或 XPS”对话框中，使用默认的“PDF”文件类型，为文件命名并设置保存路径。单击下方的选项按钮，在弹出的对话框进行细节选项的调整，设置完成后单击“发布”按钮。

2. 将演示文稿制作成视频文件

将演示文稿制作成视频文件是 PowerPoint 2016 新增的功能，可以使用常用的播放软件进行播放，并保留演示文稿中的动画、切换效果和多媒体等信息。

具体操作如下：打开制作的演示文稿，在“文件”选项卡中，依次单击“导出”→“创建视频”命令，在右边页面中，可以对将要发布的视频进行详细设置，完成后单击“创建视频”按钮。在弹出的“另存为”对话框中，默认的文件类型为“wmv”，设置好文件名和保存路径，单击“保存”按钮。程序开始制作视频文件，在文档状态栏中可以看到制作进度，在制作过程中不要关闭演示文稿。

3. 将演示文稿打包成 CD

具体操作如下：打开制作的演示文稿，在“文件”选项卡中，依次单击“导出”→“将演示文稿打包成 CD”命令。然后在右窗格中单击“打包成 CD”按钮，弹出“打包成 CD”对话框。当前打开的演示文稿自动显示在“要复制的文件”列表中，如果要添加其他文件，可单击“添加”按钮，然后按提示操作即可 。

4. 将演示文稿创建为讲义

可以将演示文稿创建成能在 Word 中编辑的讲义。该讲义包含演示文稿中的幻灯片和备注，可以使用 Word 设置讲义布局、格式和添加其他内容。

具体操作如下：打开制作的演示文稿，在“文件”选项卡中，依次单击“导出”→“创建讲义”命令，在右窗格中单击“创建讲义”按钮，弹出“发送到 Microsoft Word”对话框，选择所需的页面布局。若要确保对原始的演示文稿所作更新都反映在 Word 文档中，则单击“粘贴链接”命令，然后单击“确定”按钮。

5. 更改文件类型

可以将演示文稿创建成各类演示文稿、图片文件类型以及其他文件类型。

11.6.2 保护演示文稿

PowerPoint 对演示文稿提供了安全性设置，在“文件”选项卡中，依次单击“信息”→“保护演示文稿”命令，可以选择对文稿进行“标记为最终状态”“用密码进行加密”“限制访问”“添加数字签名”等安全性设置，如图 11-39 所示。

1. 标记为最终状态

将演示文稿标记为最终状态后，演示文稿将变为只读文件，将禁用输入、编辑命令和校对标记。在演示文稿窗口左下端的状态栏中会显示“标记为最终状态”图标。

如果要从演示文稿中删除“标记为最终状态”，可再次单击“保护演示文稿”中的“标记为最终状态”命令。

2．用密码进行加密

选择“用密码进行加密”选项，在出现的“加密文档”对话框的“密码”文本框中输入密码即可。如果用户遗忘密码，因没有找回密码的功能，则无法将其恢复。

3．限制访问

用户可以从网站上下载安装“信息权限管理（IRM）”软件，使用 Windows Live ID 账户登录，进行信息权限管理配置，授予人员访问权限，限制其编辑、复制和打印的功能。

4．添加数字签名

可以添加可见或不可见的数字签名来确保演示文稿的真实性和完整性。

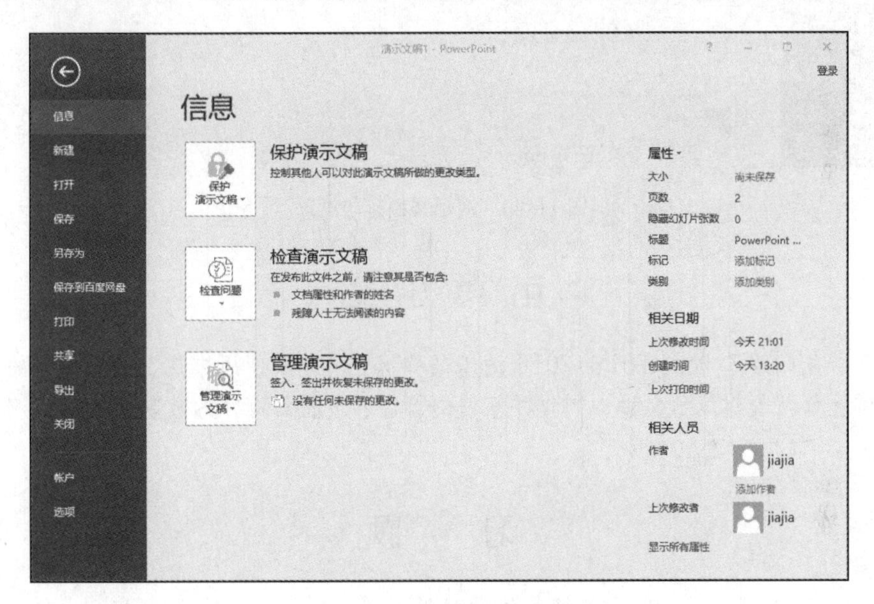

图 11-39　保护演示文稿

11.6.3　打印演示文稿

1．幻灯片页面设置

具体操作如下：在“设计”选项卡的“自定义”组中，单击“页面设置”按钮。在“页面设置”对话框中，单击“幻灯片大小”命令，在“幻灯片大小”对话框中可以对幻灯片打印页面大小、宽度高度、幻灯片编号起始值和打印页面方向等进行设置。

2．设置演示文稿打印选项

具体操作如下：在“文件”选项卡中选择“打印”命令，在弹出来的窗格中进行设置，如图 11-40 所示。在“打印”栏下的“份数”文本框中，输入要打印的份数；在“打印机”栏下，选择要使用的打印机；在“设置”栏下的第一个选项中，可以看到默认打印方式为“打印全部幻灯片”，单击其右侧的下拉按钮，可以重新选择打印方式；在“幻灯片”栏下可以选择一个页面打印的幻灯片张数。此外，还可以进行打印颜色等设置。

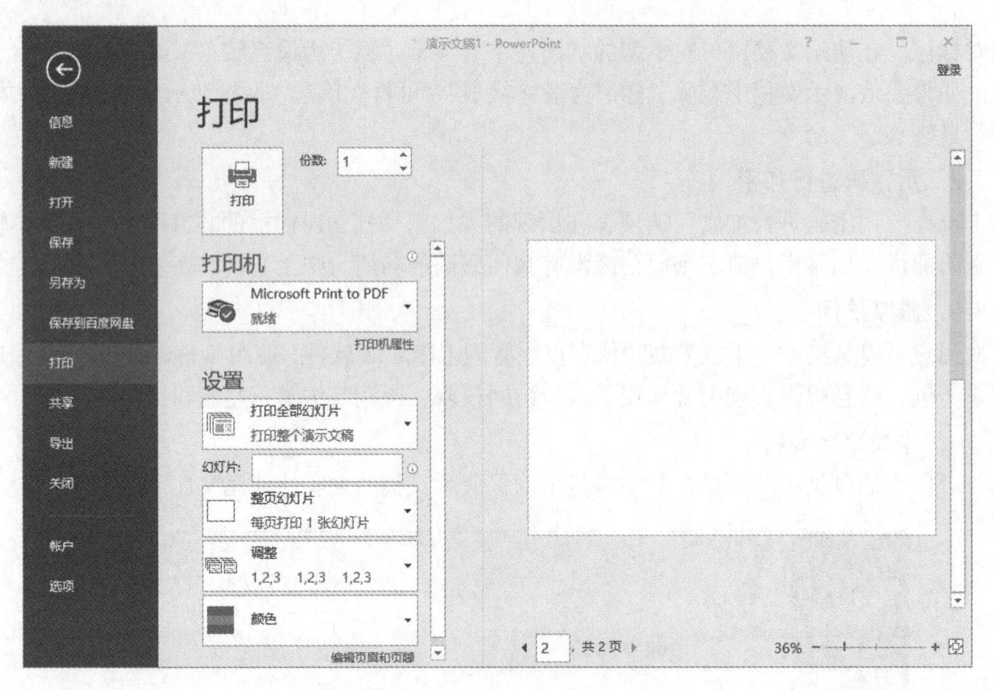

图 11-40　演示文稿打印设置

本章小结

本章首先介绍了 PowerPoint 2016 的基础知识、功能及使用方法。通过本章的学习，大家将掌握如何创建演示文稿、制作并修饰幻灯片、设置幻灯片的放映效果以及演示文稿的导出。

习　题

1. PowerPoint 2016 演示文稿文件的扩展名是（　　）。

   A. PPSX　　B. pptx　　C. ppt　　D. pps

2. 在 PowerPoint 浏览视图下，按住【Ctrl】键并拖动某幻灯片，完成的操作是（　　）。

   A. 移动幻灯片　　B. 删除幻灯片

   C. 复制幻灯片　　D. 隐藏幻灯片

3. 演示文稿中，超链接中所链接的目标可以是（　　）。

   A. 计算机硬盘中的可执行文件　　B. 其他幻灯片文件

   C. 同一演示文稿的某一张幻灯片　　D. 以上都可以

4. 在 PowerPoint 中，停止幻灯片播放的快捷键是（　　）。

   A. Enter　　B. Shift　　C. Esc　　D. Ctrl

5. 在 PowerPoint 幻灯片中，直接插入*.swf 格式 Flash 动画文件的方法是（　　）。

   A. 单击“插入”选项卡中的“对象”命令

B. 设置按钮的动作

C. 设置文字的超链接

D. 单击“插入”选项卡中的“视频”命令，选择“文件中的视频”选项

6. 在 Powerpoint 2016 中，要设置幻灯片循环放映，应使用的选项卡是（　　）。

A. 开始　　B. 视图　　C. 幻灯片放映　　D. 审阅

7. 如果要从一张幻灯片“溶解”到下一张幻灯片，应使用（　　）选项卡进行设置。

A. 动作设置　　B. 切换　　C. 幻灯片放映　　D. 自定义动画

8. 在 PowerPoint 2016 中，能够将文本中的简体字符转换成繁体的设置在（　　）

A. “审阅”选项卡中　　B. “开始”选项卡中

C. “格式”选项卡中　　D. “插入”选项卡中

9. 在 PowerPoint 2016 中，对幻灯片重新排序、添加和删除等操作，以及审视整体构思都特别有用的视图是（　　）。

A. 幻灯片视图　　B. 幻灯片浏览视图

C. 大纲视图　　D. 备注页视图

10. PowerPoint 2016，要方便地隐藏某张幻灯片，应使用（　　）。

A. 选择“开始”选项卡中的“隐藏幻灯片”命令

B. 选择“插入”选项卡中的“隐藏幻灯片”命令

C. 单击该幻灯片，选择“隐藏幻灯片”命令

D. 右击该幻灯片，选择“隐藏幻灯片”命令

11. PowerPoint 幻灯片浏览视图中，若要选择多个不连续的幻灯片，在单击选定幻灯片前应该按住（　　）。

A.【Shift】键　　B.【Alt】键　　C.【Ctrl】键　　D.【Enter】键

12. 在 PowerPoint 2016 中，“文件”选项卡中的“新建”命令的功能是建立（　　）。

A. 一个新演示文稿　　B. 插入一张新幻灯片

C. 一个新超链接　　D. 一个新备注

13. 要为所有幻灯片添加编号，下列方法中正确的是（　　）。

A. 执行“插入”菜单的“幻灯片编号”命令即可

B. 在母版视图中，执行“插入”菜单的“幻灯片编号”命令

C. 执行“视图”菜单的“页眉和页脚”命令

D. 执行“审阅”菜单的“页眉和页脚”命令

14. 在 PowerPoint 2016 中，若要插入层次结构图应该进行的操作是（　　）。

A. 插入自选图形

B. 插入来自文件中的图形

C. 在“插入”选项卡中的 SmartArt 图形选项中选择“层次结构”命令

D. 在“插入”选项卡中的图表选项中选择“层次图形”命令

15. 幻灯片母版设置，可以起到的作用是（　　）。

A. 设置幻灯片放映方式

B. 定义幻灯片打印页面设置

C. 设置幻灯片的片间切换

D. 统一设置整套幻灯片的标志图片或多媒体元素

16. PowerPoint 2016 中，进入幻灯片母版的方法是（　　）。

A. 选择“开始”选项卡中的“母版视图”组中的“幻灯片母版”命令

B. 选择“视图”选项卡中的“母版视图”组中的“幻灯片母版”命令

C. 按住【Shift】键的同时，再单击“普通视图”按钮

D. 按住【Shift】键的同时，再单击“幻灯片浏览视图”按钮

17. 从头播放幻灯片文稿时，需要跳过第 5～9 张幻灯片接续播放，应设置（　　）。

A. 隐藏幻灯片　　B. 设置幻灯片版式

C. 幻灯片切换方式　　D. 删除 5～9 张幻灯片

18. 如果将演示文稿放在另外一台没有安装 PowerPoint 软件的计算机上播放，需要进行（　　）。

A. 复制/粘贴操作　　B. 重新安装软件和文件

C. 打包操作　　D. 新建幻灯片文件

19. 为 PowerPoint 2016 中已选定的文字设置“陀螺旋”动画效果的操作方法是（　　）。

A. 选择“幻灯片放映”选项卡中的“动画方案”命令

B. 选择“幻灯片放映”选项卡中的“自定义动画”命令

C. 选择“动画”选项卡中的“动画效果”命令

D. 选择“格式”选项卡中的“样式和格式”命令

20. 若要使幻灯片按规定的时间实现连续自动播放，应进行（　　）。

A. 设置放映方式　　B. 打包操作

C. 排练计时　　D. 幻灯片切换

21. 若要把幻灯片的设计模板，设置为“行云流水”应进行的一组操作是（　　）。

A. 幻灯片放映→自定义动画→行云流水

B. 动画→幻灯片设计→行云流水

C. 插入→图片→行云流水

D. 设计→主题→行云流水

22. 对幻灯片进行“排练计时”的设置，其主要的作用是（　　）。

A. 预置幻灯片播放时的动画效果　　B. 预置幻灯片播放时的放映方式

C. 预置幻灯片的播放次序　　D. 预置幻灯片放映的时间控制

第 12 章

计算机科学前沿 «<

计算机学科是一个不断发展、不断创新的学科，从 20 世纪中叶出现之后，从来没有停止过发展革新。进入 21 世纪以来，计算机科学出现了一些重大技术突破，这些突破引领了第四次工业革命的发展。在这个过程中，中国科学家也做出了重大的贡献，在人工智能、工业物联网、量子计算机、量子通信等领域走在了世界的前沿。

在本章中，大家将学习近年来计算机科学领域出现的一些新技术，包括人工智能、云计算、大数据、物联网和区块链等。本章会学习这些技术目前的发展状况和应用情况，以及这些新技术可能对未来带来的影响。

12.1 人工智能技术

12.1.1 人工智能技术概述

1. 定义

人工智能（Artificial Intelligence，AI）亦称智械、机器智能，指由人制造出来的机器所表现出来的智能。目前还没有统一的定义，人工智能的定义依赖于对智能的定义，但智能本身无严格定义。一般解释为，用人工的方法在计算机上实现智能，或称机器智能、计算机智能。用计算机模拟或者实现智能，研究的主要目标是使计算器能够胜任一些通常需要人类智能才能完成的复杂工作。AI 的核心问题包括建构能够跟人类相似甚至超越人类的推理、知识、规划、学习、交流、感知等各项能力。目前，弱人工智能已经有初步成果，甚至在一些影像识别、语言分析、棋类游戏等单方面的能力达到了超越人类的水平。但达到具备思考能力的强人工智能还有待于更深入的研究。人工智能目前应用在很多的工具上，如数学优化、搜索等，并在机器人、经济政治决策、控制系统、仿真系统中得到应用。

2. 发展历史

1956 年，在达特茅斯学院举行的一次会议上正式确立了人工智能的研究领域。会议的参加者在接下来的数十年间成为了 AI 研究的领军人物。他们中有许多人预言，经过一代人的努力，与人类具有同等智能水平的机器将会出现。同时，上千万美元被投入到 AI 研究中，以期实现这一目标。然而，研究人员发现自己大大低估了这一工程的难度，人工智能史上高潮和低谷不断交替出现；至今仍有人对 AI 的前景作出异常乐观的预测。

1）人工智能的诞生：1943—1956 年

在 20 世纪 40 年代和 50 年代，来自不同领域（数学，心理学，工程学，经济学和政治学）的一批科学家开始探讨制造人工大脑的可能性。1956 年，人工智能被确立为一门学科，经过达特茅斯会议，AI 诞生了。

2）黄金年代：1956—1974 年

达特茅斯会议之后的数年是大发现的时代。对许多人而言，这一阶段开发出的程序堪称神奇：计算机可以解决代数应用题，证明几何定理，学习和使用英语。当时大多数人几乎无法相信机器能够如此“智能”。研究者们在私下的交流和公开发表的论文中表现出相当乐观的情绪，认为具有完全智能的机器将在二十年内出现。DARPA（国防高等研究计划署）等政府机构向这一新兴领域投入了大笔资金。

3）第一次 AI 低谷：1974—1980 年

到了 20 世纪 70 年代，AI 开始遭遇批评，随之而来的还有资金上的困难。AI 研究者们对其课题的难度未能作出正确判断：此前的过于乐观使人们期望过高，当承诺无法兑现时，对 AI 的资助就缩减或取消了。同时，由于马文•闵斯基对感知器的强烈批评，联结主义（即神经网络）销声匿迹了十年。70 年代后期，尽管遭遇了公众的误解、AI 在逻辑编程、常识推理等一些领域还是有所进展。

4）第一次繁荣：1980—1987 年

在 20 世纪 80 年代，一类名为“专家系统”的 AI 程序开始为全世界的公司所采纳，而“知识处理”成为了主流 AI 研究的焦点。日本政府在同一年代积极投资 AI 以促进其第五代计算机工程。80 年代早期另一个令人振奋的事件是 John Hopfield 和 David Rumelhart 使联结主义重获新生，AI 再一次获得了成功。

5）第二次 AI 低谷：1987—1993 年

“AI 之冬”一词由经历过 1974 年经费削减的研究者们创造出来。他们注意到了对专家系统的狂热追捧，预计不久后人们将转向失望。事实被他们不幸言中：从 20 世纪 80 年代末到 90 年代初，AI 遭遇了一系列财政问题。到了 80 年代晚期，战略计算促进会大幅削减对 AI 的资助。DARPA 的新任领导认为 AI 并非“下一个浪潮”，拨款将倾向于那些看起来更容易出成果的项目。直到 1991 年，“第五代工程”并没有实现，其中一些目标，比如“与人展开交谈”，直到 2010 年也没有实现。尽管遇到各种批评，这一领域仍在不断前进。来自机器人学这一相关研究领域的 Rodney Brooks 和 Hans Moravec 提出了一种全新的人工智能方案。

6）AI 发展上升期：1993—2011 年

现已年过半百的 AI 终于实现了它最初的一些目标，它已被成功地用在技术产业中。AI 研究者们开发的算法开始成为较大的系统的一部分，解决了大量的难题。这些解决方案在产业界起到了重要作用，应用了 AI 技术的有数据挖掘，工业机器人，物流，语音识别，银行业软件，医疗诊断和 Google 搜索引擎等。

7）第二次繁荣：2011 年至今

进入 21 世纪，得益于大数据和计算机技术的快速发展，许多先进的机器学习技术成功应用于经济社会中的许多问题。到 2016 年，AI 相关产品、硬件、软件等的市场规模已经超过 80 亿美元，纽约时报评价 AI 已经到达了一个热潮。大数据应用也开始逐渐渗透到其

他领域，例如生态学模型训练、经济领域中的各种应用、医学研究中的疾病预测及新药研发等。深度学习（特别是深度卷积神经网络和循环网络）更是极大地推动了图像和视频处理、文本分析、语音识别等问题的研究进程。特别前些年的人机对弈事件，更是使得 AI 名声大噪。2016 年 3 月，AlphaGo 击败李世石，成为第一个不让子而击败职业围棋棋士的计算机围棋程序。2017 年 5 月，AlphaGo 在中国乌镇围棋峰会的三局比赛中击败当时世界排名第一的中国棋手柯洁。2019 年 9 月，由百度和一汽联手打造的中国首批量产 L4 级自动驾驶乘用车——红旗 EV。2020 年 4 月，Google（谷歌）教四足机器狗 Laikago 通过模仿真狗来学习新的技巧。谷歌的研究人员正在利用模仿学习来教自主机器人如何以更灵活的方式进行旋转和移动。

12.1.2 人工智能技术研究和应用

人工智能基本的应用可分为四大部分：

1. 感知能力（Perception）

感知能力指人类通过感官接收到环境的刺激、察觉消息的能力，简单说就是人类五官的看、听、说、读、写等能力，学习人类的感知能力是 AI 目前主要的焦点之一，包括：

（1）“看”：电脑视觉（Computer Vision）、图像识别（Image Recognition）、人脸识别（Face Recognition）、对象侦测（Object Detection）。

（2）“听”：语音识别（Sound Recognition）。

（3）“读”：自然语言处理（Natural Language Processing，NLP）、语音转换文本（Speech-to-Text）。

（4）“写”：机器翻译（Machine Translation）。

（5）“说”：语音生成（Sound Generation）、文本转换语音（Text-to-Speech）。

2. 认知能力（Cognition）

认知能力指人类通过学习、判断、分析等心理活动来了解消息、获取知识的过程与能力，对人类认知的模仿与学习也是目前 AI 第二个焦点领域，主要包括：

（1）分析识别能力：例如医学图像分析、产品推荐、垃圾邮件识别、法律案件分析、犯罪侦测、信用风险分析、消费行为分析等。

（2）预测能力：例如 AI 运行的预防性维修（Predictive Maintenance）、智能天然灾害预测与防治。

（3）判断能力：例如 AI 下围棋、自动驾驶车、癌症判断等。

（4）学习能力：例如机器学习、深度学习、增强式学习等等各种学习方法。

3. 创造力（Creativity）

创造力指人类产生新思想，新发现，新方法，新理论，新设计，创造新事物的能力，它是结合知识、智力、能力、个性及潜意识等各种因素优化而成，这个领域目前人类仍遥遥领先 AI，但 AI 也试着急起直追，主要领域包括 AI 作曲、AI 作诗、AI 小说、AI 绘画、AI 设计等。

4. 智能（Wisdom）

智能指人类深刻了解人、事、物的真相，能探求真实真理、明辨是非，指导人类可以过着有意义生活的一种能力，这个领域牵涉人类自我意识、自我认知与价值观，是目前 AI

尚未触及的一部分，也是人类最难以模仿的一个领域。

12.1.3 人工智能技术对未来的影响

1. 人工智能对自然科学的影响

在需要使用数学计算机工具解决问题的学科，AI 带来的帮助不言而喻。更重要的是，AI 反过来有助于人类最终认识自身智能的形成。

2. 人工智能对经济的影响

专家系统深入各行各业，带来巨大的宏观效益。AI 也促进了计算机工业网络的发展。但同时，也带来了劳务就业问题。由于 AI 在科技和工程中的应用，能够代替人类进行各种技术工作和脑力劳动，会造成社会结构的剧烈变化。

3. 人工智能对社会的影响

AI 也为人类文化生活提供了新的提升，游戏将逐步发展为更高智能的交互式文化娱乐手段，今天，游戏中的人工智能应用已经深入到各大游戏制造商的开发中。

伴随着人工智能和智能机器人的发展，不得不讨论的是人工智能本身就是超前研究，需要用未来的眼光开展现代的科研，因此很可能触及伦理底线。作为科学研究可能涉及的敏感问题，需要针对可能产生的冲突及早预防，而不是等到问题矛盾到了不可解决的时候才去想办法化解。

12.2 云计算技术

12.2.1 云计算技术概述

云计算（Cloud Computing）是分布式计算的一种，指的是通过网络“云”将巨大的数据计算处理程序分解成无数个小程序，然后，通过多部服务器组成的系统处理和分析这些小程序，得到结果并返回给用户。云计算早期，简单地说，就是简单的分布式计算，解决任务分发，并进行计算结果的合并。因而，云计算又称为网格计算。通过这项技术，可以在很短的时间内（几秒种）完成对数以万计的数据的处理，从而达到强大的网络服务。现阶段所说的云服务已经不单单是一种分布式计算，而是分布式计算、效用计算、负载均衡、并行计算、网络存储、热备份冗杂和虚拟化等计算机技术混合演进并跃升的结果。

目前，云计算的主要服务形式有：SaaS(Software as a Service)，PaaS(Platform as a Service)，IaaS(Infrastructure as a Service)。云计算系统关键技术体系结构如图 12-1 所示。

1. 软件即服务（SaaS）

SaaS 服务提供商将应用软件统一部署在自己的服务器上，用户根据需求通过互联网向厂商订购应用软件服务，服务提供商根据客户所定软件的数量、时间的长短等因素收费，并且通过浏览器向客户提供软件的模式。这种服务模式的优势是，由服务提供商维护和管理软件、提供软件运行的硬件设施，用户只需拥有能够接入互联网的终端，即可随时随地使用软件。这种模式下，客户不再像传统模式那样花费大量资金在硬件、软件、维护人员上，只需要支出一定的租赁服务费用，通过互联网就可以享受到相应的硬件、软件和维护服务，这是网络应用最具效益的营运模式。

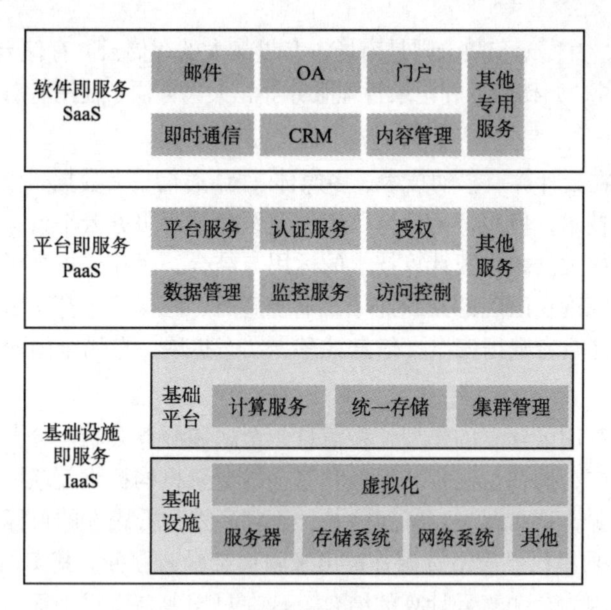

图 12-1　云计算系统关键技术体系结构

2．平台即服务（PaaS）

把开发环境作为一种服务来提供。这是一种分布式平台服务，厂商提供开发环境、服务器平台、硬件资源等服务给客户，用户在其平台基础上定制开发自己的应用程序并通过其服务器和互联网传递给其他客户。PaaS 能够给企业或个人提供研发的中间件平台，提供应用程序开发、数据库、应用服务器、试验、托管及应用服务。

3．基础设施服务（IaaS）

IaaS 即把厂商的由多台服务器组成的“云端”基础设施，作为计量服务提供给客户。它将内存、I/O 设备、存储和计算能力整合成一个虚拟的资源池为整个业界提供所需要的存储资源和虚拟化服务器等服务。这是一种托管型硬件方式，用户付费使用厂商的硬件设施。IaaS 的优点是用户只需低成本硬件，按需租用相应计算能力和存储能力，大大降低了用户在硬件上的开销。

12.2.2　云计算技术应用

云计算技术已经普遍服务于现如今的互联网服务中，最为常见的就是网络搜索引擎和网络邮箱。搜索引擎大家最为熟悉的莫过于谷歌和百度了，在任何时刻，只要用过移动终端就可以在搜索引擎上搜索任何自己想要的资源，通过云端共享数据资源。而网络邮箱也是如此，在过去，寄写一封邮件是一件比较麻烦的事情，同时也是很慢的过程，而在云计算技术和网络技术的推动下，电子邮箱成为了社会生活中的一部分，只要在网络环境下，就可以实现实时的邮件的寄发。其实，云计算技术已经融入现今的社会生活中了。

1．存储云

存储云，又称云存储，是在云计算技术基础上发展起来的一个新的存储技术。云存储是一个以数据存储和管理为核心的云计算系统。用户可以将本地的资源上传至云端上，可以在任何地方连入互联网来获取云上的资源。大家所熟知的谷歌、微软等大型网络公司均有云存储的服务，在国内，百度云和微云则是市场占有量最大的存储云。存储云向用户提供了存储容器服务、备份服务、归档服务和记录管理服务等，大大方便了使用者对资源的管理。

2．医疗云

医疗云，是指在云计算、移动技术、多媒体、5G通信、大数据，以及物联网等新技术基础上，结合医疗技术，使用“云计算”来创建医疗健康服务云平台，实现了医疗资源的共享和医疗范围的扩大。因为云计算技术的运用与结合，医疗云提高了医疗机构的效率，方便了居民就医。像现在医院的预约挂号、电子病历、医保等等都是云计算与医疗领域结合的产物，医疗云还具有数据安全、信息共享、动态扩展、布局全国的优势。

3．金融云

金融云，是指利用云计算的模型，将信息、金融和服务等功能分散到庞大分支机构构成的互联网“云”中，旨在为银行、保险和基金等金融机构提供互联网处理和运行服务，同时共享互联网资源，从而解决现有问题并且达到高效、低成本的目标。在2013年11月27日，阿里云整合阿里巴巴旗下资源并推出来阿里金融云服务。其实，这就是现在基本普及了的快捷支付，因为金融与云计算的结合，现在只需要在手机上简单操作，就可以完成银行存款、购买保险和基金买卖。现在，不仅仅阿里巴巴推出了金融云服务，像苏宁金融、腾讯等等企业均推出了自己的金融云服务。

4．教育云

教育云，实质上是指教育信息化的一种发展。具体的，教育云可以将所需要的任何教育硬件资源虚拟化，然后将其传入互联网中，以向教育机构和学生老师提供一个方便快捷的平台。现在流行的慕课就是教育云的一种应用。慕课MOOC，指的是大规模开放的在线课程。现阶段慕课的三大优秀平台为Coursera、edX以及Udacity，在国内，中国大学MOOC也是非常好的平台。

12.2.3 云计算技术对未来的影响

云计算使普通用户可以摆脱终端计算机的限制，使用简单的“瘦客户端”，即可实现复杂的功能。例如很多用户只使用移动智能手机，即可实现移动办公、娱乐、学习。这无疑进一步解放了生产力，是现代社会“去设施化”的一种体现。

云计算受到业界的极大推崇，并推出了一系列基于云计算平台的服务。然而在用户大量参与的情况下，不可避免地出现了隐私问题。用户在云计算平台上共享信息使用服务，那么云计算平台需要收集其相关信息。实际上，云计算的核心特征之一就是数据的储存和安全完全由云计算提供商负责。对于许多用户来说，可降低组织内部和个人成本，无须搭建平台即可享受云服务。但是，一旦数据脱离内网被共享至互联网上，就无法通过物理隔离和其他手段防止隐私外泄。因此，许多的用户担心自己的隐私权会受到侵犯，其私密的信息会被泄露和使用。

12.3 大数据技术

12.3.1 大数据技术概述

大数据（Big Data）是指数据规模大，尤其是因为数据形式多样性、非结构化特征明显，

导致数据存储、处理和挖掘异常困难的那类数据集。大数据需要管理的数据集规模很大，数据的增长快速，类型繁多，如文本、图像和视频等。处理包含数千万个文档、数百万张照片或者工程设计图的数据集等，如何快速访问数据成为核心挑战。大数据是指无法用常规的软件工具捕捉、处理的数据集合。麦肯锡全球研究所给出的定义是：一种规模大到在获取、存储、管理、分析方面大大超出了传统数据库软件工具能力范围的数据集合，具有海量的数据规模、快速的数据流转、多样的数据类型和价值密度低四大特征，通常数据量要达到PB数量级，常用的数据单位如表12-1所示。

表12-1 数据单位的定义

单位	定义	二进制量级	十进制量级
KB(千)	1,024 B	2^{10}	10^{3}
MB(兆)	1,024 KB	2^{20}	10^{6}
GB(吉)	1,024 MB	2^{30}	10^{9}
TB(太)	1,024 GB	2^{40}	10^{12}
PB(拍)	1,024 TB	2^{50}	10^{15}
EB(艾)	1,024 PB	2^{60}	10^{18}
ZB(泽)	1,024 EB	2^{70}	10^{21}
YB(尧)	1,024 ZB	2^{80}	10^{24}

除上述单位之外，还有一些更大的数据单位BB、NB、DB。

1 BB = 1 024 YB

1 NB = 1 024 BB

1 DB = 1 024 NB

数据量迅速的增长，部分原因是越来越多的信息被数量众多的物联网传感设备所收集，如移动设备、航空（遥感）、软件日志、照相机、麦克风、射频识别（RFID）阅读器和无线传感器网络等。自20世纪80年代以来，世界人均储存信息的能力大约每40个月翻一番；到2025年，IDC预测将有163 ZB的数据量。

12.3.2 大数据技术应用

海量数据的应用示例包括大科学、RFID、感测设备网络、天文学、大气学、交通运输、基因组学、生物学、大社会数据分析、互联网文件处理、制作互联网搜索引擎索引、通信记录明细、军事侦查、金融海量数据、医疗海量数据、社交网络、通勤时间预测、医疗记录、照片图像和影像封存、大规模的电子商务等。

1. 大科学

大型强子对撞机中有1.5亿个传感器，每秒发送4 000万次的数据。实验中每秒产生将近6亿次的对撞，在过滤去除99.999%的撞击数据后，得到约100次的有用撞击数据。

将撞击结果数据过滤处理后仅记录0.001%的有用数据，全部四个对撞机的数据量复制前每年产生25拍字节（PB），复制后为200拍字节。如此海量的短时间内产生的数据通过大数据的建模和分析，非常有利于新的粒子的发现。

2. 社会学

大数据产生的背景离不开 Facebook 等社交网络的兴起，人们每天通过这种自媒体传播信息或者沟通交流，由此产生的信息被网络记录下来，社会学家可以在这些数据的基础上分析人类的行为模式、交往方式等。

3. 商业

运用数据挖掘技术，分析网络声量，以了解客户行为、市场需求，做营销策略参考与商业决策支持，或是应用于品牌管理，经营网络口碑、掌握负面事件等。如电信运营商通过品牌的网络讨论数据，即时找出负面事件进行处理，减低负面讨论在网络扩散后所可能引发的形象危害。

电商行业的巨头天猫和京东，通过分析客户的购买习惯数据，将客户日常需要的商品，如鞋子、纸巾，衣服等商品依据客户购买习惯事先进行准备。当客户刚刚下单，商品就会在 24 小时内或者 30 分钟内送到客户门口，大大提高了客户的购物体验。

12.3.3 大数据技术对未来的影响

大数据时代的来临带来无数的机遇，但是与此同时个人或机构的隐私权也极有可能受到冲击，海量数据包含各种个人信息数据，现有的隐私保护法律或政策无力解决这些新出现的问题。有人提出，大数据时代，个人是否应拥有“被遗忘权”，被遗忘权即是否有权利要求数据商不保留自己的某些信息，大数据时代信息为某些互联网巨头所控制，但是数据商收集任何数据未必都获得用户的许可，其对数据的控制权不具有合法性。2014 年 5 月 13 日欧盟法院就“被遗忘权”（Right to be Forgotten）一案做出裁定，判决谷歌应根据用户请求删除不完整的、无关紧要的、不相关的数据，以保证数据不出现在搜索结果中。这说明在大数据时代，加强对用户个人权利的尊重才是时势所趋的潮流。

12.4 物联网技术

12.4.1 物联网技术概述

物联网（Internet of Things，IoT）即“万物相连的互联网”，是在互联网基础上延伸和扩展的网络，将各种信息传感设备与互联网结合起来而形成的一个巨大网络，实现在任何时间、任何地点，人、机、物的互联互通。

物联网是新一代信息技术的重要组成部分，IT 行业又叫泛互联，意指物物相连，万物万联。由此，“物联网就是物物相连的互联网”。这有两层意思：第一，物联网的核心和基础仍然是互联网，是在互联网基础上的延伸和扩展的网络；第二，其用户端延伸和扩展到了任何物品与物品之间，进行信息交换和通信。因此，物联网的定义是通过射频识别、红外感应器、全球定位系统、激光扫描器等信息传感设备，按约定的协议，把任何物品与互联网相连接，进行信息交换和通信，以实现对物品的智能化识别、定位、跟踪、监控和管理的一种网络。

如图 12-2 所示，物联网的架构一般分为三层或四层。三层之架构由底层至上层依序

为感知层、网络层与应用层；四层之架构由底层至上层依序为感知设备层（或称感测层）、网络连接层（或称网络层）、平台工具层与应用服务层。三层与四层架构之差异，在于四层将三层之“应用层”拆分成“平台工具层”与“应用服务层”，对于软件应用做更细致的区分。

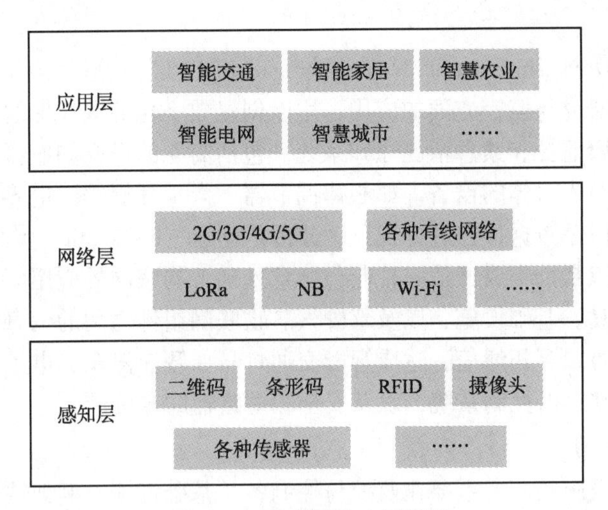

图 12-2　物联网的 3 层模型

12.4.2　物联网技术应用

1. 消费者应用

在消费领域，一些传统家电都采用了物联网技术进行赋能。例如 August Home 公司的智能门锁，支持 HomeKit、Google 个人助理、Amazon Alexa 等多平台。再如苹果公司的 HomeKit 物联网设备提供智能家庭平台，用户可以通过 iPhone、iPad、Apple Watch 等设备的 App 接口，或是由 Siri 语音控制支持 Apple HomeKit 标准的家用设备，如电视、电灯、空调、水龙头等，目前支持 28 类设备。

另一项主要的应用为辅助老年人与残疾人士，例如语音控制可以帮助行动不便人士，警报系统可以连接至听障人士的人工耳蜗，另外还有监控跌倒或癫痫等紧急情况的传感器，这些智能家庭技术可以提供用户更多的自由和更高的生活质量。

2. 工业应用

物联网在工业的应用称为工业物联网（Industrial Internet of Things，IIoT）。工业物联网专注于机器对机器（Machine to Machine，M2M）的通信，利用大数据、人工智能、云计算等技术，让工业运作有更高的效率和可靠度。工业物联网涵盖了整个工业应用，包括了机器人、医疗设备和软件定义生产流程等，为第四次工业革命中，产业转型至工业 4.0 中不可或缺的一部分。

大数据分析在生产设备的预防性维护中扮演关键角色，其核心为网宇实体系统。可通过 5C“连接（Connection）、转换（Conversion）、联网（Cyber），认知（Cognition）、配置（Configuration）”之架构来设计网宇实体系统，将收集来的数据转化为有用的资料，并藉以优化生产流程。

3．农业应用

物联网在农业中的应用包括收集温度、降水、湿度、风速、病虫害和土壤成分的数据，并加以分析与运用。这样的方式称为精准农业，其利用决策支持系统，将收集来的数据精准分析，藉以提高产出的质量和数量，并减少浪费。

4．商业应用

医疗：医疗物联网（Internet of Medical Things，IoMT）将物联网应用于医疗保健，包括数据收集、分析、研究与监控方面的应用，用以创建数字化的医疗保健系统。物联网设备可用于激活远程健康监控和紧急情况通知系统，包括简易的设施如血压计、便携式生理监控器，以及可监测植入人体的设备，如心律调节器、人工耳蜗等。世界卫生组织规划利用移动设备收集医疗保健数据，并进行统计、分析，创建“m-health”体系。

交通物联网可以帮助集成通信、控制与信息处理。物联网的应用可以扩展至运输系统整个层面，包括载具、基础设施，以及驾驶人。物联网组件之间的信息传递，使得载具内以及不同载具之间可以互相通信，达成智能交通灯号、智能停车、电子道路收费系统、物流和车队管理、主动巡航控制系统，以及安全和道路辅助等应用。

5．基础设施应用

物联网在基础设施的应用主要在监控与控制各类基础设施，例如铁轨、桥梁、海上与陆上的风力发电厂、废弃物管理等。通过监控任何事件或结构状况的变化，以便高效地安排维修和保养活动。

6．军事应用

军事物联网（Internet of Military Things，IoMT）是物联网在军事领域中的应用，目的是侦察、监控与战斗有关的目标。军事物联网相关领域包括传感器、车辆、机器人、武器、可穿戴式智能产品，以及在战场上相关智能技术的使用。

战地物联网（The Internet of Battlefield Things，IoBT）是美国陆军研究实验室（ARL）的一个研究项目，着重研究与物联网相关的基础科学，以增强陆军士兵的作战能力。2017年，ARL 引导了战地物联网协作研究联盟，创建了产业、大学和陆军研究人员之间的工作合作关系，以开展物联网技术在陆军作战中应用的理论基础研究。2021 年，美军致力于为 loBT 开发一个基于区块链的可信体系结构。美军提出的这个架构旨在解决 loBT 的信任、隐私和安全挑战。

12.4.3　物联网技术对未来的影响

安全性是物联网应用受到各界质疑的主要因素，质疑之处在于物联网技术正在快速发展中，但其中涉及的安全性挑战，与可能需要的法规变更等，目前均相当欠缺。

物联网面对的大多数技术安全问题类似于一般服务器、工作站与智能手机，包括密码太短、忘记更改密码的默认值、设备之间传输采用未加密信号、SQL 注入、未将软件更新至最新版本等。另外，由于多数物联网设备计算能力相当有限，无法使用常见的安全措施，例如防火墙或高强度的密码；许多物联网设备因为价格低廉，因此无法拥有人力与经费支持，将软件更新至最新版本。

安全性较差的物联网设备可能被当作跳板以攻击其他设备。2016 年时发生恶意程序

Mirai（辞源：日文“未来”）感染物联网设备，以分布式拒绝服务攻击（DDoS）攻击 DNS 服务器与许多网站。在 20 小时内，Mirai 感染了大约 65 000 台物联网设备，最终感染数量为 20～30 万台。

12.5 区块链技术

12.5.1 区块链技术概述

区块链（Blockchain 或 Block Chain）是借由密码学串接并保护内容的串连文字记录（又称区块）。每一个区块包含了前一个区块的加密散列、相应时间戳记以及交易资料[通常用默克尔树（Merkle Tree）算法计算的散列值表示]，这样的设计使得区块内容具有难以被篡改的特性。用区块链技术所串接的分布式账本能让双方有效记录交易，且可永久查验此交易。按照设计理念，区块链的类型可分为公有链、联盟链和私有链，它们的区别如表 12–2 所示。

表 12-2 私有链、公有链和联盟链的区别

项目	公有区块链	联盟区块链	私有区块链
参与者	任何人自由进出	联盟成员	链的所有者
共识机制	pow/pos	分布式一致性算法	solo/pbft 等
记账人	所有参与者	联盟成员协商确定	链的所有者
激励机制	需要	可选	无
中心化程度	去中心化	弱中心化	强中心化
如始特点	信用的自创建	效率和成本优化	安全性高、效率高
承载能力	<100 笔/秒	<10 万笔/秒	视配置决定
典型场景	加密货币	供应链金融、银行、物流、电商	大型组织、机构
代表项目	以太坊	R3、Hyperledger	—

1. 公有区块链

公有区块链（Public Block Chains)是指：所有人都可以参与的区块链。换言之，它公平公开，所有人可以自由访问，发送、接收、认证交易。另外公有链亦被认为是“完全去中心化”的区块链。公有链的代表有 BTC 区块链、ETH、EOS 等，它们之间存在不同架构。例如，以太坊（ETH）是一条公有链，在以太坊链上运作的每一项应用都会消耗这条链的总体资源；EOS 只是一个区块链的基础架构，开发人员可以自由地在 EOS 上创建公链，每条链与链之间都不会影响彼此拥有的资源，换言之不会出现因个别应用资源消耗过多而造成的网络拥挤。

2. 联盟（行业）区块链

联盟区块链(Consortium Block Chains)：由某个群体内部指定多个预选的节点为记账人，

每个块的生成由所有的预选节点共同决定（预选节点参与共识过程），其他接入节点可以参与交易，但不过问记账过程(本质上还是托管记账，只是变成分布式记账，预选节点的多少、如何决定每个块的记账者成为该区块链的主要风险点)，其他任何人可以通过该区块链开放的 API 进行限定查询。

3．私有区块链

私有区块链（Private Block Chains）：仅仅使用区块链的总账技术进行记账，可以是一个公司，也可以是个人，独享该区块链的写入权限，本链与其他的分布式存储方案没有太大区别。传统金融都想尝试私有区块链，而公链的应用已经工业化，私链的应用产品还在摸索当中。

12.5.2 区块链技术应用

1．金融领域

区块链在国际汇兑、信用证、股权登记和证券交易所等金融领域有着潜在的巨大应用价值。将区块链技术应用在金融行业中，能够省去第三方中介环节，实现点对点的直接对接，从而在大大降低成本的同时，快速完成交易支付。

比如 Visa 推出基于区块链技术的 Visa B2B Connect，它能为机构提供一种费用更低、更快速和安全的跨境支付方式来处理全球范围的企业对企业的交易。要知道传统的跨境支付需要等 3～5 天，并为此支付 1%～3%的交易费用。

2．物联网和物流领域

区块链在物联网和物流领域也可以天然结合。通过区块链可以降低物流成本，追溯物品的生产和运送过程，并且提高供应链管理的效率。该领域被认为是区块链一个很有前景的应用方向。

区块链通过结点连接的散状网络分层结构，能够在整个网络中实现信息的全面传递，并能够检验信息的准确程度。这种特性一定程度上提高了物联网交易的便利性和智能化。区块链+大数据的解决方案就利用了大数据的自动筛选过滤模式，在区块链中建立信用资源，可双重提高交易的安全性，并提高物联网交易便利程度。为智能物流模式应用节约时间成本。区块链结点具有十分自由的进出能力，可独立参与或离开区块链体系，不对整个区块链体系有任何干扰。区块链+大数据解决方案就利用了大数据的整合能力，促使物联网基础用户拓展更具有方向性，便于在智能物流的分散用户之间实现用户拓展。

3．公共服务领域

区块链在公共管理、能源、交通等领域都与民众的生产生活息息相关，但是这些领域的中心化特质也带来了一些问题，可以用区块链来改造。区块链提供的去中心化的完全分布式 DNS 服务，通过网络中各个节点之间的点对点数据传输服务就能实现域名的查询和解析，可用于确保某个重要的基础设施的操作系统和固件没有被篡改，可以监控软件的状态和完整性，发现不良的篡改，并确保使用了物联网技术的系统所传输的数据没用经过篡改。

4. 数字版权领域

通过区块链技术，可以对作品进行鉴权，证明文字、视频、音频等作品的存在，保证权属的真实、唯一性。作品在区块链上被确权后，后续交易都会进行实时记录，实现数字版权全生命周期管理，也可作为司法取证中的技术性保障。例如，美国纽约一家创业公司Mine Labs开发了一个基于区块链的元数据协议，这个名为Mediachain的系统利用IPFS文件系统，实现数字作品版权保护，主要是面向数字图片的版权保护应用。

5. 保险领域

在保险理赔方面，保险机构负责资金归集、投资、理赔，往往管理和运营成本较高。通过智能合约的应用，既无须投保人申请，也无须保险公司批准，只要触发理赔条件，就可以实现保单自动理赔。一个典型的应用案例就是LenderBot，是2016年由区块链企业Stratumn、德勤与支付服务商Lemonway合作推出，它允许人们通过Facebook Messenger的聊天功能，注册定制化的微保险产品，为个人之间交换的高价值物品进行投保，而区块链在贷款合同中代替了第三方角色。

6. 公益领域

区块链上存储的数据，高可靠且不可篡改，天然适合用在社会公益场景。公益流程中的相关信息，如捐赠项目、募集明细、资金流向、受助人反馈等，均可以存放于区块链上，并且有条件地进行透明公开公示，方便社会监督。

12.5.3 区块链技术对未来的影响

从实践进展来看，区块链技术在商业银行的应用大部分仍在构想和测试之中，距离在生活、生产中的运用还有很长的路，而要获得监管部门和市场的认可也面临不少困难，主要有：

1. 受到现行观念、制度、法律制约

区块链去中心化、自我管理、集体维护的特性颠覆了人们生产生活方式，淡化了国家、监管概念，冲击了现行法律安排。对于这些，整个世界完全缺少理论准备和制度探讨。

2. 在技术层面，区块链尚需突破性进展

区块链应用尚在实验室初创开发阶段，没有直观可用的成熟产品。比之于互联网技术，人们可以用浏览器、App等具体应用程序，实现信息的浏览、传递、交换和应用，但区块链明显缺乏这类突破性的应用程序，面临高技术门槛障碍。再比如，区块容量问题，由于区块链需要承载复制之前产生的全部信息，下一个区块信息量要大于之前区块信息量，这样传递下去，区块写入信息会无限增大，带来的信息存储、验证、容量问题有待解决。

3. 竞争性技术挑战

虽然有很多人看好区块链技术，但也要看到推动人类发展的技术有很多种，哪种技术更方便更高效，人们就会应用该技术。比如，如果在通信领域应用区块链技术，发信息的方式是每次发给全网的所有人，但是只有拥有私钥的人才能解密打开信件，这样信息传递的安全性会大大增加。同样，量子技术也可以做到，量子通信——利用量子纠缠效应进行信息传递——同样具有高效安全的特点，近年来更是取得了不小的进展，这对于区块链技

术来说，就具有很强的竞争压力。

本章小结

本章主要介绍了计算机科学的几个前沿技术，包括人工智能、区块链和大数据等。它们是当前计算机科学领域中最具代表性的几种前沿技术，在新的应用领域中有着重要的地位，在一定的程度上也代表着计算机科学未来的发展方向。掌握本章的知识，将扩展大家对计算机新技术应用的知识面，为今后专业学习指明方向。

习 题

1. 请谈谈你对人工智能、云计算等新兴技术的认识，并预测一下它们未来的发展情况。

2. 你认为计算机科学未来的发展方向有哪些？请大胆预测一下，计算机科学领域下一个突破口在哪里？

参考文献

[1] 佛罗赞. 计算机科学导论：第 4 版[M]. 吕云翔，译. 北京：机械工业出版社，2020.

[2] 帕森斯，奥加. 计算机文化：第 15 版[M]. 吕云翔，傅尔，译. 北京：机械工业出版社，2014.

[3] 布鲁克希尔，布罗里. 计算机科学概论：第 12 版[M]. 刘艺，吴英，毛倩倩，译. 北京：人民邮电出版社，2017.

[4] 赵晓波. 计算机应用基础实践教程[M]. 西安：电子科技大学出版社，2019.

[5] 方志军. 计算机导论[M]. 3 版. 北京：中国铁道出版社，2017.